Gudrun A. Leierer • Helmut Vonhoegen

# Excel 5

# TIPS & TRICKS

DATA BECKER

**Copyright** © 1994 by DATA BECKER GmbH & Co.KG
Merowingerstr. 30
40223 Düsseldorf

1. Auflage 1994

**Lektorat** Claudia Kreiten

**Umschlaggestaltung** Werner Leinhos

**Schlußredaktion** Astrid Bittner

**Textverarbeitung und Gestaltung** Georg Michels

**Belichtung** MANZ Computer Publishing, Wien

**Druck und buchbinderische Verarbeitung** Wiener Verlag, Himberg bei Wien



ISBN 3-8158-1131-7

## Wichtiger Hinweis

Die in diesem Buch wiedergegebenen Verfahren und Programme werden ohne Rücksicht auf die Patentlage mitgeteilt. Sie sind für Amateur- und Lehrzwecke bestimmt.

Alle technischen Angaben und Programme in diesem Buch wurden von den Autoren mit größter Sorgfalt erarbeitet bzw. zusammengestellt und unter Einschaltung wirksamer Kontrollmaßnahmen reproduziert. Trotzdem sind Fehler nicht ganz auszuschließen. DATA BECKER sieht sich deshalb gezwungen, darauf hinzuweisen, daß weder eine Garantie noch die juristische Verantwortung oder irgendeine Haftung für Folgen, die auf fehlerhafte Angaben zurückgehen, übernommen werden kann. Für die Mitteilung eventueller Fehler sind die Autoren jederzeit dankbar.

Wir weisen darauf hin, daß die im Buch verwendeten Soft- und Hardwarebezeichnungen und Markennamen der jeweiligen Firmen im allgemeinen warenzeichen-, marken- oder patentrechtlichem Schutz unterliegen.

# So einfach geht's mit Tips und Tricks

Ein guter Tip spart Zeit und Arbeit - aber wie findet man bei über 250 Tips und Tricks genau den, der einem weiterhilft? Zwei Verzeichnisse helfen Ihnen auf dem Weg zum leichteren Arbeiten: Ein **Praxisregister** greift die typischen Alltagsprobleme und -fragen auf, und ein **Problemregister** am Ende des Buches führt Sie gezielt zu den Informationen, die Sie brauchen. Sie schlagen einfach das Thema nach und finden dann alle Informationen zu diesem Bereich übersichtlich zusammengefaßt.

Die einzelnen Tips und Anregungen sind so aufgebaut, daß Sie immer nur so viel lesen müssen, wie Ihr Kenntnisstand erfordert, drei Icons helfen bei der Orientierung:

Nach einer kurzen Beschreibung des Problems finden Sie neben dem Blitzicon die **Blitzlösung** - die Überschrift spricht schon Bände, aber wenn das Aha-Erlebnis nicht gleich kommt, hilft der Informationstext, eine Tabelle oder ein Makro weiter. Manchmal gibt es mehr als nur eine Lösung, dann finden Sie die verschiedenen Möglichkeiten übersichtlich untereinander. Die Anzahl der Blitze sagt Ihnen auch gleich, wie komplex die Lösung ist.

Wenn Sie nach der Blitzlösung noch eine detaillierte **Schritt-für-Schritt-Anleitung** oder ein konkretes Beispiel haben möchten, schauen Sie sich den Text neben dem Treppen-Icon an: Dort steht, wie's geht.

Alle, die mehr wissen wollen, sollten sich am Lupen-Icon orientieren. Dort finden Sie **Hintergrundinformationen** zu den Programmfunktionen, weitere Nutzungsmöglichkeiten oder Hinweise zum Thema.

Wenn Sie einfach nur eine kleine Arbeitserleichterung suchen, einen speziellen Mausklick oder einen praktischen Hinweis, stöbern Sie doch 'mal in den Powertips, die Sie vorn im Buch finden. Sie erkennen diese Seiten an der Griffleiste.

Einen Überblick über die kleinen Tricks aus der Excel-Praxis finden Sie im Powertip-Register im hinteren Einband.

# Inhaltsverzeichnis

# Powertips - Die Excel Trickkiste



## 1 Textfelder als Kommentar einfügen, aber nicht ausdrucken

Wenn Sie Textfelder zur Dokumentation von Tabellen verwendet haben und verhindern möchten, daß diese beim Ausdrucken der Tabelle mitgedruckt werden, doppelklicken Sie auf den Rand des betreffenden Textfeldes, so daß das Registerdialogfeld *Objekt formatieren* geöffnet wird. Im Register *Eigenschaften* finden Sie das Kontrollkästchen *Objekt drucken.* Wenn Sie dieses Kontrollkästchen deaktivieren, wird das Textfeld beim Ausdrucken der Tabelle nicht mitgedruckt.

## 2 Symbolleisten für die Ansicht „Ganzer Bildschirm" festlegen

Wenn Sie trotz dem Wunsch nach größtmöglicher Einsicht nicht auf wenigstens eine spezielle Symbolleiste verzichten möchten, dann öffnen Sie über der Symbolleiste *Ganzer Bildschirm* das Kontextmenü und wählen die gewünschte Symbolleiste aus. Die eingeblendete Symbolleiste wird daraufhin fest mit der Ansicht *Ganzer Bildschirm* verbunden und immer mit dem Befehl *Ansicht/Ganzer Bildschirm* geöffnet, solange Sie keine andere Einstellung vornehmen.

## 3 Wie Sie an die Original-Mustervorlage heran kommen

Beim Öffnen einer Mustervorlage wird immer eine Kopie geöffnet. Wie aber kommt man an die Original-Mustervorlage wieder heran, falls man dort Änderungen vornehmen will, weil sich z. B. die Telefonnummer in einem Briefkopf geändert hat? Öffnen Sie, wenn Sie die Original-Mustervorlage bearbeiten möchten, die Datei, indem Sie *Datei/Öffnen* wählen, im Listenfeld *Dateiname* die Datei markieren und dann die **Umschalt**-Taste drücken, während Sie auf die Schaltfläche *OK* klicken. In diesem Fall wird statt einer Kopie die Originaldatei geladen. Sie können Ihre Änderungen vornehmen und die Datei mit *Datei/Speichern* erneut abspeichern.

## 4 Legen Sie den Standard selbst fest

Wenn Sie möchten, daß die Arbeitsmappe, die automatisch beim Start von Excel zur Verfügung gestellt wird, andere Formatierungen und Voreinstellungen enthält, dann definieren Sie Ihre eigene Standardarbeitsmappe. Speichern Sie dazu eine Arbeitsmappe mit den gewünschten Formatierungen unter dem Namen MAPPE.XLT im Startverzeichnis XLSTART.

## 5 So benennen Sie ganz schnell Zellen und Bereiche

Eine Zelle oder einen Bereich können Sie bequem benennen, wenn Sie die Zelle oder den Bereich markieren, in das Namensfeld der Bearbeitungsleiste klicken (der momentane Inhalt wird invers markiert, so daß er nicht gelöscht werden muß, sondern einfach überschrieben werden kann) und dort den Namen der Zelle bzw. des Bereichs eintippen.

## 6 So wandeln Sie schnell einen relativen Bezug in einen gemischten oder absoluten Bezug um

Setzen Sie die Einfügemarke hinter den Bezug und betätigen Sie die **F4**-Taste. Beim ersten Drücken wird der relative Bezug (z. B. B7) zu einem absoluten Bezug (z. B. $B$7), beim zweiten Mal wird der Bezug zur Spalte relativ und der Bezug zur Zeile absolut (z. B. B$7), beim dritten Mal wird der Bezug zur Spalte absolut und zur Zeile relativ (z. B. $B7), beim vierten Drücken wird der gesamte Bezug wieder relativ.

## 7 Wie kann man Matrixformeln wieder in Einzelwerte umwandeln?

Wenn es notwendig ist, Matrixformeln in Einzelwerte - also in ihr jeweiliges Ergebnis - zu verwandeln, muß zunächst die gesamte Matrix markiert werden. Wählen Sie dann *Bearbeiten/Kopieren*, um die Matrix zu kopieren und anschließend *Bearbeiten/Inhalte einfügen*, um das Dialogfeld *Inhalte einfügen* zu öffnen. Aktivieren Sie die Option *Werte* und klicken Sie auf *OK*, um die Einzelwerte wieder herzustellen.

## 8 Aktuelles Datum und aktuelle Uhrzeit auf Tastendruck

Das aktuelle Datum können Sie blitzschnell in eine Zelle eintragen, indem Sie die Tasten **Strg**+. betätigen, wobei das Datum das Format TT.MM.JJJ erhält. Für die aktuelle Uhrzeit betätigen Sie die Tasten **Strg**+**Umschalt**+:. Die Uhrzeit wird im Format HH:MM eingetragen.

## 9 Datum auf Tastendruck in serielle Zahl umwandeln und umgekehrt

Ein Datum können Sie auf Tastendruck in die entsprechende serielle Zahl umwandeln, wenn Sie **Strg**+**Umschalt**+**&** betätigen. Die serielle Zahl eines Datums können Sie mit Hilfe der Tasten **Strg**+**z** wieder in den Datumswert umwandeln.

## 10 So können Sie relative Bezüge ohne Anpassung kopieren

Beim Kopieren relativer Bezüge werden die Bezüge automatisch angepaßt. Wenn Sie beim Kopieren relativer Bezüge die automatische Anpassung ausschalten möchten, dann kopieren Sie zunächst den relativen Bezug in die Zwischenablage, indem Sie diesen in der Bearbeitungszeile markieren und auf das Symbol *Kopieren* klicken. Klicken Sie dann in die Zelle, in die der Bezug kopiert werden soll, oder in irgendeine andere Zelle. Daraufhin wird die Zielzelle mit einem Laufrahmen umgeben. Betätigen Sie nun die **Esc**-Taste, um den Laufrahmen auszuschalten, daraufhin springt der Zellcursor wieder in die Quellzelle zurück. Klicken Sie nun erneut auf die Zelle, in die der relative Bezug eingetragen werden soll, und betätigen Sie das Symbol *Einfügen*, daraufhin wird der relative Bezug unverändert in die Zelle eingetragen.

## 11 Die Änderung eines Funktionsmakros soll sich auch auf Funktionen vor der Änderung auswirken

Wenn Sie eine benutzerdefinierte Funktion, die Sie bereits in Tabellen verwendet haben, nachträglich ändern, dringt diese Änderung nicht automatisch zu den Tabellen durch, in denen die Funktion bereits verwendet wurde. Die Formeln in den Tabellen müssen im Prinzip einzeln angefaßt werden, etwa indem Sie sie in die Bearbeitungszeile holen und noch einmal bestätigen. Das kann recht mühsam sein. Erstens wissen Sie vielleicht nicht, wo Sie die Funktion in einer Tabelle verwendet haben, und außerdem wäre es stupide, den Vorgang für alle Zellen wiederholen zu müssen, in denen die Funktion benutzt wird. Da hilft ein kleiner Trick!

Verwenden Sie einfach den Befehl *Bearbeiten/Ersetzen*, suchen Sie den Funktionsnamen und ersetzen Sie ihn durch sich selbst. Klicken Sie dann auf *Alle ersetzen*. (Dieser schnelle Weg setzt allerdings voraus, daß der Funktionsname sonst als Text nicht vorkommt. Wenn Sie da unsicher sind, verwenden Sie besser die Schaltflächen *Ersetzen* und *Weitersuchen*.)

## 12 Komplexe Formeln in der Bearbeitungsleiste strukturieren

Eine komplizierte Formel in der Bearbeitungsleiste kann schnell sehr unübersichtlich werden, da Formeln als ununterbrochene Zeichenfolge eingegeben werden. Mit der neuen Version von Excel können Sie Formeln in der Bearbeitungleiste mit Hilfe von Leerzeichen und Zeilenumbrüchen strukturieren, ohne daß dies einen Einfluß auf die Berechnung der Formel ausüben würde. Um Zeilenumbrüche in Formeln einzufügen, verwenden Sie die Tastenkombination **Alt+Enter**. Dies gilt auch für die direkte Zellbearbeitung.

## 13 Übersichtlichkeit in langen Formeln wahren

Wenn Sie in eine Zelle eine einzige Funktion schreiben, dann ist die Übersichtlichkeit kein Problem. Wenn jedoch mehrere Funktionen ineinander verschachtelt werden, dann wird es schon schwieriger, den Überblick zu behalten. Außerdem können in eine Zelle nur maximal 255 Zeichen eingegeben werden. In diesem Fall hilft Ihnen ein Trick weiter: Benennen Sie die Teile einer Formel, die keine variablen Bezüge enthalten. Wählen Sie dazu *Einfügen/Namen/Festlegen* oder **Strg**+**F3**, tippen Sie in die Eingabezeile *Namen in der Arbeitsmappe* einen Namen ein und tragen Sie unter *Zugeordnet zu* die entsprechende Teilformel ein.

Zum Beispiel könnten Sie die folgende Formel

=WURZEL(WURZEL(A1*B1)+(A1+B1)/2)

vereinfachen, indem Sie dem Formelteil

=WURZEL(A1*B1)

den Namen *MGeo* zuweisen und dem Formelteil

=(A1+B1)/2

den Namen *MArith*, so daß sich die Gesamtformel mit

=WURZEL(MGeo+MArith)

angeben läßt.

## 14 Zufallszahl in Wert umwandeln

Wenn Sie mit den Funktionen ZUFALLSZAHL oder ZUFALLSBEREICH Zahlen erzeugt haben, werden die Werte dieser Zahlen bei jeder Neuberechnung aktualisiert. Wenn Sie das verhindern möchten, weil Sie zwar eine Zufallszahl erzeugen, aber nicht möchten, daß sich deren Wert ständig verändert, dann geben Sie die entprechende Funktion in die Zelle bzw. Bearbeitungszeile ein und schließen den Eintrag mit der Funktionstaste **F9** ab. Dadurch wird die Zufallszahl erzeugt und sofort in einen konstanten Wert umgewandelt. Soll die Zufallszahl im nachhinein in einen konstanten Wert umgewandelt werden, dann aktivieren Sie mit **F2** die entsprechende Zelle und betätigen anschließend **F9**.

## 15 Wie Sie versteckte Nullwerte anzeigen können

Über *Extras/Optionen*, Register *Ansicht*, können Sie festlegen, daß Nullwerte in der Tabelle nicht angezeigt werden sollen. Was ist jedoch zu tun, wenn in einigen Ausnahmefällen die Nullwerte trotzdem sichtbar sein sollen? In diesem Fall muß den entsprechenden Zellen ein geeignetes Format zugewiesen werden. Wie Sie vielleicht wissen, können Zahlenformate in Excel bis zu vier Abschnitte, die durch Semikola voneinander getrennt sind, enthalten, nämlich:

```
Positives Format;Negatives Format;Null-Format;Alphanumerisches Format
```

Je nachdem, wie viele der angegebenen Abschnitte Sie verwenden, unterscheidet Excel zwischen den verschiedenen Werttypen und weist das entsprechende Format zu. Verwenden Sie z. B. nur den ersten Abschnitt für positives Format, werden alle mit diesem Format belegten Werte entsprechend formatiert. Sollen Nullwerte in einem bestimmten Format erscheinen, definieren Sie ein Zahlenformat für den dritten Abschnitt, z. B.:

```
#.##0,00;-#.##,00;0,00 DM
```

Excel behandelt Formatdefinitionen vorrangig, d. h. daß die Nullwerte im Format 0,00 angezeigt werden, obwohl die Option *Nullwerte* deaktiviert wurde.

## 16 Lassen Sie sich die Spaltenbreite und Zeilenhöhe exakt anzeigen

Wenn Sie die Spaltenbreite oder die Zeilenhöhe exakt bestimmen möchten, können Sie sich diese Werte anzeigen lassen, indem Sie auf die Spaltentrennlinie oder die Zeilentrennlinie klicken. Der Mauszeiger muß die Form eines Doppelpfeils mit einem waagrechten oder senkrechten Strich annehmen. Halten Sie die Maustaste gedrückt und lesen Sie im Namensfeld die exakten Werte ab.

## 17 Wenn Sie das Fenster ganz schnell individuell zoomen möchten

Mit Hilfe des Zoomfeldes in der Standardsymbolleiste kann auch individuell gezoomt werden. Wenn Sie in das Zoomfeld klicken, wird der Eintrag invers markiert. Tippen Sie den gewünschten Prozentsatz ein, z. B. 68. Die Angabe % ist nicht notwendig, da diese von Excel selbständig ergänzt wird.

## 18 Gezielte Sprünge im geteilten Fenster

Wenn Sie den Bildschirm in zwei oder vier Ausschnitte geteilt haben, können Sie mit der Funktionstaste **F6** zum jeweils nächsten Ausschnitt wechseln. Der Zellcursor markiert die Ausschnitte im Uhrzeigersinn und springt dort jeweils zur oberen linken Zelle. Wenn Sie jedoch in jedem Ausschnitt eine Zelle extra markieren, dann springt der Zellcursor mit **F6** zu der jeweils markierten Zelle des Fensterausschnitts und Sie können somit exakt festlegen, welchen Teil des jeweiligen Ausschnitts Sie wechselweise betrachten möchten.

## 19 Schnelles Blättern in der Seitenansicht

Im Seitenansicht-Fenster können mit Hilfe der Schaltflächen *Weiter* und *Vorher* die einzelnen Seiten eines Dokuments begutachtet werden. Wenn es sich um ein sehr umfangreiches Dokument handelt, und Sie nicht jede einzelne Seite, sondern nur bestimmte einsehen möchten, sollten Sie statt dessen das Kästchen in die Bildlaufleiste ziehen. Dabei wird die laufende Seitenzahl in der unteren linken Ecke angezeigt, damit Sie wissen, auf welcher Seite Sie sich befinden.

## 20 So können Sie alle Dateien auf einmal schließen

Halten Sie während der Auswahl des Menüs *Datei* die **Umschalt**-Taste gedrückt, dadurch wird der Befehl *Schließen* durch *Alles schließen* ersetzt. Wählen Sie *Alles schließen*, um alle momentan geöffneten Dateien zu schließen. Sind veränderte, aber nicht gespeicherte Dateien dabei, bekommen Sie von Excel die Möglichkeit, diese jetzt zu speichern. Also, keine Angst vor Datenverlust.

## 21 Grafikobjekt ganz schnell kopieren

Die schnellste Art, ein Grafikobjekt zu kopieren, besteht darin, auf den Rahmen des markierten Objekts zu klicken und das Objekt zu verschieben, während Sie die **Strg**-Taste drücken.

## 22 Wenn eine Datei beim Programmstart automatisch geöffnet werden soll

Falls Sie neben dem Speichern von Dateien im Verzeichnis XLSTART nach einer alternativen Möglichkeit suchen, Arbeitsmappen beim Programmstart automatisch zu öffnen: Alle Dateien, die sich in dem Verzeichnis befinden, in dem sich auch die Datei EXCEL.EXE befindet, und mit dem Namen START beginnen, z. B. START1.XLS werden beim Starten des Programms automatisch geöffnet. Diesen automatischen Start können Sie für Dateien mit der Dateinamenserweiterung XLS, XLC, XLM, XLA und XLW anwenden.

## 23 Liste der zuletzt verwendeten Funktionen festlegen

Immer wenn Sie den Funktions-Assistenten starten, wird von Excel automatisch die Kategorie *Zuletzt verwendet* markiert und demzufolge werden im Feld *Funktion* die zehn zuletzt verwendeten Funktionen angezeigt. Wenn Sie sich einen Rechner mit einem Kollegen oder einer Kollegin teilen müssen, dann kann es natürlich sein, daß in diesem Feld Funktionen angezeigt wurden, die Sie für Ihre Arbeit nicht benötigen, und Sie gezwungen sind, sich die entsprechende Funktion herauszusuchen, was unter Umständen ziemlich lästig sein kann. Dies können Sie verhindern, indem Sie vor dem Starten von Excel den entsprechenden Eintrag in der EXCEL5.INI im Windows-Verzeichnis verändern. Die zuletzt verwendeten Funktionen werden nämlich dort gespeichert, und zwar im Abschnitt [Microsoft Excel]. Der Eintrag lautet *MRUFuncs=Funktionsnummer*, z. B. *MRUFuncs=4,5,1,0,102,27,7,6,59,345.*

Wenn Sie herausfinden möchten, welche Funktionsnummer welcher Funktion zugeordnet ist, dann rufen Sie mit Hilfe des Funktions-Assistenten die zehn Funktionen auf, die als zuletzt verwendete Funktionen angezeigt werden sollen, und beenden Excel. Öffnen Sie dann die EXCEL5.INI, z. B. mit dem Notizblock-Editor von Windows, und sehen Sie sich an, welche Funktionsnummern von Excel vergeben wurden.

Diese Liste der zuletzt verwendeten Funktionen kann auch auf die Ausgangswerte zurückgesetzt werden, wenn Sie die Funktionsnummern löschen. Beim nächsten Starten von Excel werden dann wieder diejenigen Funktionen angezeigt, die Excel für Sie ausgesucht hat.



## 24 So drucken Sie mehrere Arbeitsblätter in einem Arbeitsgang

Wenn Sie mehrere Arbeitsblätter auf einmal ausdrucken möchten, dann gruppieren Sie die Blätter, die gedruckt werden sollen, mit Hilfe von Maus und **Umschalt** oder **Strg**. Wenn Sie in der Registerleiste Ihrer Arbeitsmappe ein weiteres Blatt markieren wollen und dabei **Umschalt** betätigen, so werden auch alle dazwischen liegenden Blätter gruppiert. Drücken Sie aber **Strg**, so werden nur die jeweils angeklickten Blätter gruppiert.

## 25 Drucktitel schnell löschen

Einen Drucktitel löschen Sie normalerweise, indem Sie *Datei/Seite einrichten/Tabelle* wählen und den Eintrag im Dialogfeld entfernen. Wesentlich schneller geht es, wenn Sie mit **Strg**+**F3** das Dialogfeld *Namen festlegen* aufrufen und hier die mit *Drucktitel* benannten Einträge löschen.

## 26 So kopieren Sie eine gegliederte Tabelle inklusive Gliederung

Wenn man eine gegliederte Tabelle in eine andere Datei kopiert, wird die Gliederung nicht automatisch mitkopiert. Wenn Sie das erreichen möchten, müssen Sie das *Alles auswählen*-Feld in der linken oberen Ecke anklicken, bevor Sie *Bearbeiten/Kopieren* verwenden. Auch in dem Tabellenblatt, in das Sie die gegliederte Tabelle kopieren wollen, müssen Sie dann das *Alles auswählen*-Feld anklicken. Wenn Sie anschließend *Bearbeiten/Einfügen* verwenden, wird die Tabelle samt Gliederung eingefügt. Wollen Sie dagegen nur die Daten kopieren, müssen Sie in der Tabelle den entsprechenden Bereich markieren. In diesem Fall wird die Gliederung nicht in eine andere Tabelle kopiert.

## 27 Spezialfilter in Listen verwenden - Achtung beim Wechsel einer Abfrage

Wenn Sie die Spezialfilter-Funktion in Datenlisten verwenden, um nach Datensätzen zu suchen, die bestimmte Suchkriterien erfüllen, müssen Sie einen Kriterienbereich einrichten und diesen Excel mitteilen. Ist der Kriterienbereich einmal eingerichtet, übernimmt Excel diesen beim nächsten Aufruf des Befehls automatisch. In den Kriterienbereich werden Und-Verknüpfungen nebeneinander und Oder-Verknüfungen untereinander eingetragen. Wenn Sie nun nach einer Oder-Verknüpfung, die mindestens aus einem dreizeiligen Kriterienbereich besteht, eine Und-Verknüpfung herstellen, die nur aus einem zweizeiligen Kriterienbereich besteht, und Sie den neuen Kriterienbereich Excel nicht explizit mitteilen, werden alle Datensätze gefunden, weil die Datensätze mit leeren Zellen verglichen werden. Sie müssen also beim Wechsel einer Abfrage immer überprüfen, ob der Kriterienbereich noch der momentanen Abfrage entspricht.

## 28 So können Sie in einem 3-D-Oberflächendiagramm die Farbe einer Datenreihe ändern

Bei anderen Diagrammen müssen Sie, um die Farbe einer Datenreihe zu ändern, die entsprechende Datenreihe markieren. Aber genau das gelingt Ihnen beim 3-D-Oberflächendiagramm nicht. Sie können das gewünschte Ergebnis aber trotzdem erreichen, wenn Sie die Datenreihe über die Legende formatieren. Falls keine Legende eingeblendet ist, klicken Sie einfach auf das Symbol *Legende* in der Diagramm-Symbolleiste. Klicken Sie dann in der markierten Legende auf das Legendensymbol (das kleine Quadrat, das die Farbe der Datenreihe markiert) der gewünschten Datenreihe, um es zu markieren. Danach können Sie mit einem Doppelklick auf das Legendensymbol das Dialogfeld *Legendensymbol formatieren* öffnen und unter *Ausfüllen* die gewünschte Farbe und/oder das Muster auswählen. Betätigen Sie Ihre Auswahl mit *OK*. Sie werden sehen, daß sich sowohl das Legendensymbol als auch die Datenreihe im Diagramm entsprechend der Auswahl geändert hat.

## 29 Was kann man tun, wenn man das Kennwort vergessen hat?

Sie haben eine Tabelle mit einem Kennwort, auf das ganz bestimmt niemand kommt, geschützt. Und Sie hatten recht - denn Sie wissen es selbst nicht mehr. Was ist zu tun? Aufgehoben werden kann die Veränderungssperre nur mit dem Befehl *Extras/Dokument schützen/Blattschutz aufheben*. Wenn Sie allerdings mit Kennwort gearbeitet und nun das Kennwort vergessen haben, sieht es schlecht aus. Auch das Abspeichern der Datei unter einem anderen Namen hilft hier nichts. Hier hilft nur ein Trick: Markieren Sie die gesamte Tabelle und kopieren Sie den Inhalt der Zellen in eine neue Tabelle. Geschützte Objekte gehen dabei allerdings verloren, weil diese sich nicht auswählen lassen.

## 30 Formatieren Sie einzelne Zeichen in einer Zelle

Haben Sie schon daran gedacht und es einmal ausprobiert, daß man seit Excel 5.0 einzelne Textzeichen in einer Zelle formatieren kann? Markieren Sie dazu das oder die einzelnen Zeichen in der Bearbeitungszeile oder in der Zelle und verwenden Sie die Formatierungs-Symbole aus der Standardsymbolleiste bzw. wählen Sie *Format/Zellen*. Beachten Sie, daß diese Formatierungsfunktion nur auf Zellen, die Text enthalten, anwendbar ist.

## 31 Text aus der Zwischenablage in Excel spaltenweise einlesen

Wenn Sie einen Teil einer Textdatei in Excel übernehmen möchten, oder sich die zu importierenden Daten nicht in einer Datei, die im Textformat gespeichert wurde, befindet, dann kopieren Sie den betreffenden Text in die Zwischenablage und fügen den Text mit *Bearbeiten/Einfügen* in eine Excel-Arbeitsmappe ein. Wählen Sie dann den Befehl *Daten/Text in Spalten*. Daraufhin öffnet sich der Text-Assistent. Dieser führt Sie in drei interaktiven Arbeitsschritten durch den Umwandlungsprozeß.

## 32 Excel-Tabelle mit Zeilen- und Spaltenköpfen in MS WinWord 6.0 einfügen

Beim einfachen Kopieren einer Tabelle in die Zwischenablage und Einfügen in ein Textverarbeitungsprogramm, z. B. MS WinWord 6.0, werden normalerweise die Zeilen- und Spaltenköpfe nicht übernommen. Wenn Sie das trotzdem erreichen möchten, um die Übersichtlichkeit und Lesbarkeit der Tabelle im Text zu maximieren, dann gehen Sie folgendermaßen vor: Wählen Sie *Datei/Seite einrichten/Tabelle*, aktivieren Sie das Kontrollkästchen *Zeilen- und Spaltenköpfe* und klicken Sie auf *OK*. Markieren Sie dann den betreffenden Tabellenausschnitt und kopieren Sie ihn, indem Sie die **Umschalt**-Taste drücken und aus dem Menü *Bearbeiten* den Befehl *Grafik kopieren* auswählen. Daraufhin öffnet sich das Dialogfeld *Grafik kopieren*, in welchem Sie unter *Darstellung* die Option *Wie ausgedruckt* aktivieren und auf *OK* klicken. Wechseln Sie nun in das Textverarbeitungsprogramm und stellen Sie die Einfügemarke an die Stelle, ab der die Tabelle eingefügt werden soll. Öffnen Sie das Menü *Bearbeiten* und fügen Sie den Inhalt der Zwischenablage mit dem Befehl *Einfügen* in das Dokument ein.

## 33 Im Dunkeln ist gut munkeln - Ausschalten der Bildschirm-Aktualisierung

Bei der Ausführung von umfangreichen VBA-Makros ist es oft sehr störend, wenn die einzelnen Zwischenschritte der Makroausführung am Bildschirm angezeigt werden. Zum einen weil die Bildschirmanzeige unnötig viel Zeit verbraucht, zum andern weil einem von dem ständigen Wechsel der Bildschirmanzeige fast schwindlig wird. Setzen Sie daher die Eigenschaft *BildschirmAktualisierung* des Anwendungsobjekts entsprechend der nachfolgenden Code-Zeile auf den Wert *Falsch*.

```
Anwendung.BildschirmAktualisierung = Falsch
```

## 34 Kein Spaghetti-Code - Strukturierter Programmcode in VBA mit Hilfe des Zeilenfortsetzungszeichens

Viele Prozeduraufrufe benötigen eine Parameterliste, die länger als 80 Zeichen ist. Um hier noch den Überblick zu behalten, sollten Sie das Zeilenfortsetzungszeichen verwenden. Das Zeilenfortsetzungszeichen, das durch ein Leerzeichen vom Programmcode getrennt eingegeben werden muß, ist der Unterstrich (_). Das folgende Beispiel zeigt anhand des Aufrufs der Prozedur *Regress*, wie durch Verwendung des Zeilenfortsetzungszeichens auch bei langen Parameterlisten eine strukturierte Anordnung des Programmcodes möglich ist:

```
Regress _ 'Aufruf der Prozedur Regress
    Eingbereich_y:= Bereich(„RegDaten!a1:a10"); _
    Eingbereich_untere_grenze:=Bereich(„RegDaten!b1:b10"); _
    Konstante:=0; Beschriftungen:=0; Konfid:=95; _
    NAusgbereich:="RegAus1"; _
    Abweichungen:=Wahr; NAbweichungen:=Wahr; _
    SepaDiagramm:=Wahr; LinienPlot:=Wahr; _
    ResAusgb:="RegAus2"; _
    NormalPlot:=Wahr; _
    pAusgb:="RegAus3"
' Ende Parameterliste
```

## 35 Wie vereinbart - Deklarieren Sie in VBA Ihre Variablen explizit

Um Probleme mit falsch geschriebenen Variablennamen zu umgehen, sollten Sie eine explizite Variablendeklaration durch Verwendung der Anweisung *Option Explizit* im Deklarationsabschnitt eines Moduls erzwingen.

In VBA ist es nicht erforderlich, daß Sie Variablen vor ihrer ersten Verwendung deklarieren. VBA initialisiert nicht-deklarierte Variablen automatisch bei ihrem ersten Auftreten. Diese Spielart der Deklaration von Variablen ist zwar bequem, kann jedoch, vor allem bei komplexeren Programmen, zu schwer auffindbaren Fehlern führen, z. B. wenn Sie sich bei einem Variablennamen verschreiben, da VBA bei jedem neuauftretenden Variablennamen eine neue Variable gleichen Namens initialisiert und nicht erkennt, ob eine Verwechslung oder ein Schreibfehler vorliegt.

Bei gesetzter *Option Explizit* antwortet VBA zur Übersetzungszeit mit einer Fehlermeldung (Variable nicht deklariert) wenn im Code einer Prozedur eine nicht explizit deklarierte Variable aufgefunden wird.

Die Verwendung der Anweisung *Option Explizit* wird daher generell empfohlen, da auf diese Weise eine kontrollierte Verwendung von Variablen erzwungen wird und Falscheingaben von Variablennamen im Programmcode verhindert werden.

## 36 Wörterbuch gefragt - Verwenden Sie die Datei VBALISTE.XLS, wenn Sie Probleme mit den englischsprachigen Entsprechungen der VBA-Befehle haben

Viele Programmierer und Programmiererinnen würden gerne aus alter Gewohnheit die englischsprachigen VBA-Schlüsselworte verwenden, kennen aber die entsprechenden englischsprachigen Objekt-, Eigenschaften- und Methodenbezeichner von Excel-VBA nicht. Mit Excel 5.0 wird jedoch eine Übersetzungstabelle namens VBALISTE.XLS mitgeliefert. Diese befindet sich im Hauptverzeichnis der jeweiligen Excel-Installation.

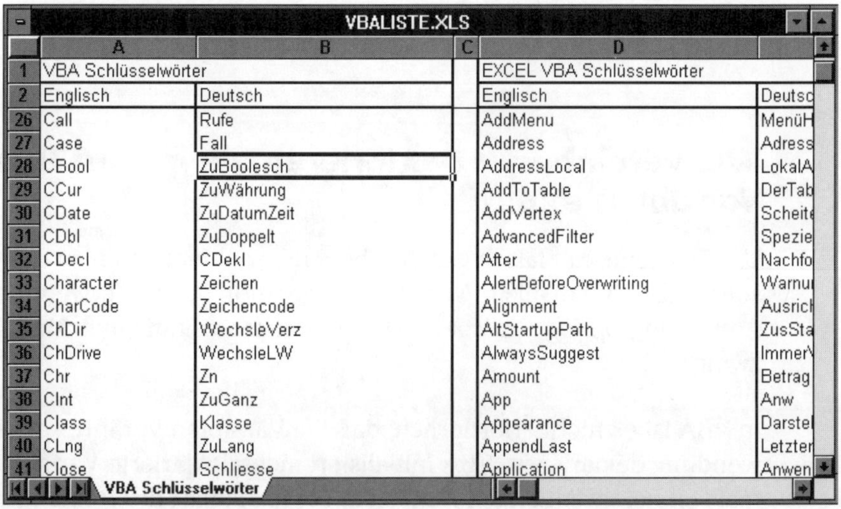


*Die Übersetzungstabelle VBALISTE.XLS, die bei der Umsetzung von deutschsprachigen in englischsprachige Bezeichner oder umgekehrt wertvolle Hilfe leistet*

## 37 Sage mir wie Du heißt - Festlegen der Quick-Info für benutzerdefinierte Symbole

Sie werden bestimmt schon festgestellt haben, daß Excel einem benutzerdefinierten Symbol die nichtssagende Quick-Info *Benutzerdefiniert* zuweist. Es wäre jedoch wünschenswert, wenn diese Quick-Info so abgeändert werden könnte, daß sie das Symbol aussagekräftig erklärt.

Um dies zu erreichen, müssen Sie der *Name*-Eigenschaft der *SymbolleistenschaltflächeListe*-Methode des *SymbolleisteListe*-Objekts eine Textvariable zugeordnen, die den festzulegenden Quick-Info-Text enthält.

Diese Wertzuweisung muß innerhalb einer Auto_Öffnen-Prozedur, die sich in der persönlichen Arbeitsmappe befindet, erfolgen. Der Programmcode dieser Prozedur lautet:

```
Sub Auto_Öffnen()
    QuickText$ = „Ausblenden"
    SymbolleisteListe(„VisualBasic"). _
    SymbolleistenschaltflächeListe(16).Name = QuickText$
Ende Sub
```

Im Beispiel wird das benutzerdefinierte Symbol in die *Visual-Basic*-Symbolleiste eingebunden und steht dort an 16. Stelle. Die Quick-Info, die beim Positionieren des Mauszeigers auf dieses Symbol erscheinen soll, lautet *Ausblenden.*

## 38 Code-Farben für bestimmte Textstellen selbst festlegen

In welcher Farbe der Visual-Basic-Programmcode auf dem Bildschirm erscheinen soll, können Sie selbst festlegen. So können Sie den Kommentar, die Schlüsselworte, Haltepunkte usw. verschiedenfarbig formatieren. Wählen Sie dazu *Extras/Optionen* aus und aktivieren Sie das Register *Modul Format.* In der Liste *Code-Farben* finden Sie alle Textarten, für die Sie eine Modifizierung vornehmen können, aufgelistet. Markieren Sie einen Eintrag in dieser Liste und legen Sie danach die gewünschten Optionen fest. Sie haben die Möglichkeit, die Farbe der Schrift oder die Farbe für den Hintergrund festzulegen. Außerdem können die Schriftart und die Schriftgröße individuell definiert werden. Unter *Vorschau* können Sie jede Veränderung überprüfen.

## 39 Spalten und Zeilen vertauschen

Eine Tabelle ist fertig gestellt, alle Überschriften, Werte und Formeln eingegeben. Leider wird Ihnen erst im nachheinein klar, daß es besser gewesen wäre, die Daten, die in Spalten angeordnet sind, in Zeilen anzuordnen, die Daten, die in Zeilen angeordnet sind, dagegen in Spalten. Die Tabelle sollte gewissermaßen gekippt bzw. gedreht werden, wobei der Drehpunkt die linke obere Ecke des Bereichs darstellt. Transponieren heißt hier das Zauberwort. Gehen Sie dazu folgendermaßen vor:

Markieren Sie den Bereich, der gedreht werden soll, und wählen Sie den Befehl *Kopieren* aus dem Kontextmenü. Markieren Sie danach an anderer Stelle in der Tabelle die linke obere Ecke für die gedrehte Tabelle und wählen Sie ebenfalls aus dem Kontextmenü den Befehl *Inhalte Einfügen*. Markieren Sie im Dialogfeld das Kontrollkästchen *Transponieren* und klicken Sie auf *OK*. Daraufhin wird die markierte Tabelle gedreht an der Stelle des Zellcursors eingefügt. Entfernen Sie den Laufrahmen, indem Sie die **Esc**-Taste benutzen. Verwenden Sie nicht die **Enter**-Taste, sonst wird lediglich eine Kopie der markierten Tabelle eingefügt.

Falls die Tabelle Formeln enthält, kann es sein, daß die Formelzellen den Fehlerwert #BEZUG! ausgeben, weil sich die Zelladressen verschoben haben. Diesem Problem können Sie jedoch zu Leibe rücken, indem Sie mit Namensbezügen arbeiten. Dann werden die den Namen zugeordneten Adressen automatisch angepaßt.

## 40 So fliehen Sie ohne Eingaben-Verluste aus einer fehlerhaften Funktion

Wenn man den Fehler in einer Funktion nicht sofort findet, kann man trotzdem aus der Bearbeitung der Formel „aussteigen“, ohne den gesamten Eintrag zu „verlieren“, so wie es der Fall ist, wenn man **Esc** betätigt.

Setzen Sie dazu die Einfügemarke vor das Gleichheitszeichen der Funktion und tippen Sie ein Anführungszeichen oder ein Hochkomma ein, um den Eintrag in einen Text umzuwandeln. Wenn Sie nun die **Enter**-Taste betätigen, können Sie die Funktion verlassen, ohne die bisherigen Einträge zu verlieren. So haben Sie wenigstens die Chance, sich eine Denkpause zu gönnen. Wenn Sie die Lösung wissen, brauchen Sie nur das Anführungszeichen bzw. Hochkomma und den Fehler zu entfernen.

# Die optimale Installation

Excel 5.0 erlaubt es den Benutzern, selbst zu bestimmen, welche Teile des Pakets Sie über den unerläßlichen Kern hinaus auswählen wollen. Wieviel MByte Excel 5.0 auf der Festplatte benötigt, hängt von dem Umfang ab, in dem Excel installiert wird. Die folgenden Tips geben Ihnen Entscheidungshilfen an die Hand, die Kapazitäten Ihres Computersystems entsprechend den Anforderungen, die Sie an Ihre Software stellen, effizient auszunutzen.

## Excel abgespeckt - wertvollen Speicherplatz auf der Festplatte sparen

1

Wie kann man Excel möglichst platzsparend installieren, also so, daß auf der einen Seite zwar alle notwendigen Excel-Funktionen vorhanden sind, auf der anderen Seite aber Speicherplatz nicht unnötig vergeudet wird?

### Nicht benötige Excel-Komponenten bei der Installation weglassen

Wenn Sie bei der Installation auf nicht benötigte Excel-Komponenten verzichten, können Sie einige MByte wertvollen Plattenspeicher einsparen: Verwenden Sie hierzu im Setup-Programm die Option *Vollständig/Benutzerdefiniert.* Markieren Sie unter *Optionen* die Kategorie der entsprechenden Excel-Komponenten, klicken Sie auf *Option ändern* und deaktivieren Sie die zu entfernenden Teil-Komponenten.

### So installieren Sie Excel benutzerdefiniert

Die Richtlinie für eine optimale Installation sollte sein: Keinen Speicherplatz vergeuden, aber alle Funktionen installieren, die tatsächlich gebraucht werden.

1. Starten Sie Windows und legen Sie die Installationsdiskette in Laufwerk A: (bzw. B:) ein.
2. Wählen Sie aus dem Menü des Programm-Managers *Datei/Ausführen* und geben Sie in die Befehlszeile folgendes ein:

```
A:SETUP (bzw. B:SETUP)
```

3. Betätigen Sie nun die **Enter**-Taste oder klicken Sie auf *OK.*

**4.** Wählen Sie im Setup-Fenster die Schaltfläche *Vollständig/Benutzerdefiniert* aus.

**5.** Unter *Optionen* werden die Komponenten von Excel aufgeführt. Wenn Sie das Kontrollkästchen einer Komponente deaktivieren, wird diese nicht installiert.

*Die Excel-Komponenten*

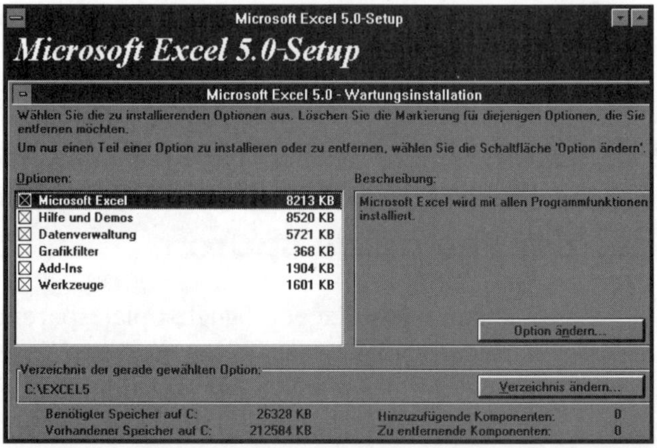


**6.** Wenn Sie die Installation einer Excel-Komponente in eingeschränktem Umfang installieren möchten, dann klicken Sie auf die Schaltfläche *Option ändern*. Wenn Sie z. B. die Excel-Komponente *Hilfe und Demos* auswählen, öffnet sich das folgende Fenster:

*Teiloptionen von Hilfe und Demos*

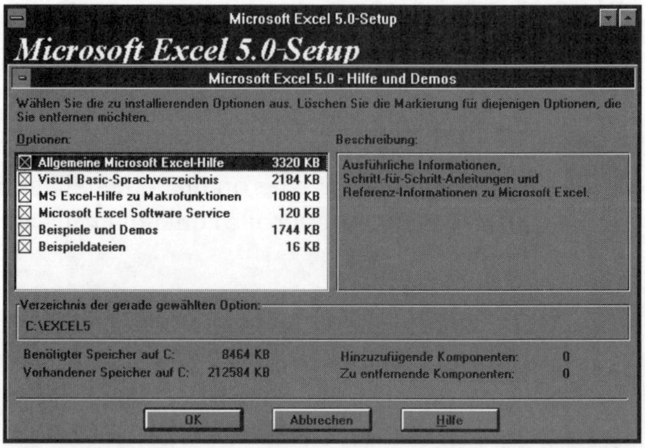

7. Deaktivieren Sie das entsprechende Kontrollkästchen des Programmteils, auf den Sie verzichten können. Wenn Sie z. B. nicht selbst programmieren, oder sicher sind, nur mit der Makrosprache zu arbeiten, kann *Visual-Basic-Sprachverzeichnis* deaktiviert werden.
8. Folgen Sie den ausführlichen Anweisungen des Installationsprogramms.

Bevor Sie sich entscheiden, auf MS Query einschließlich zugehöriger Hilfedateien zu verzichten (Platzersparnis immerhin ca. 2,7 MByte), sollten Sie sich jedoch klar machen, daß Sie auch eine Abfrage, die sich auf mehrere Excel-Tabellen bezieht, nur mit MS Query vornehmen können, da nur mit MS Query Tabellen, die gemeinsame Felder enthalten, miteinander verknüpft werden können.

Worauf Sie in jedem Fall verzichten können, sind Datenbanktreiber von Datenbanken, mit denen Sie mit Sicherheit nicht arbeiten werden. Beim Verzicht auf den dBASE-Treiber können Sie z. B. ca. 0,5 MByte einsparen.

## Es ist nie zu spät - Excel-Komponenten schnell nachträglich installieren

Sie stellen fest, daß eine für Sie wichtige Excel-Komponente nicht installiert ist. Muß in diesem Fall Excel neu installiert werden?

### Setup installiert auch nachträglich

Mit der Option *Hinzufügen/Entfernen* des Setup-Programms können Sie ohne Neuinstallation von Excel nachträglich die gewünschten Programmteile installieren. Wechseln Sie dazu in den Programm-Manager, öffnen Sie die Excel-Programmgruppe und wählen Sie das Symbol *Microsoft Excel-Setup*. Wählen Sie im Setup-Fenster die Schaltfläche *Hinzufügen/Entfernen*.

#### Das nachträgliche Installieren von Programmteilen

1. Öffnen Sie das Excel-Gruppenfenster im Programm-Manager und klicken Sie zweimal auf das Symbol *Microsoft Excel-Setup*.
2. Wählen Sie *Hinzufügen/Entfernen*, um das Setup-Fenster aufzurufen.
3. Wählen Sie unter *Optionen* die entsprechende Kategorie der Programm-Komponenten aus, die hinzugefügt werden sollen.

4. Klicken Sie auf die Schaltfläche *Option ändern*, um die Teil-Komponenten zu aktivieren.
5. Folgen Sie den ausführlichen Anweisungen des Setup-Programms.

Hinweis: Falls Sie Programmkomponenten entfernen wollen, muß das betreffende Kontrollkästchen deaktiviert werden.

## Für mehr Übersicht - ein zusätzlicher Bildschirmtreiber muß her

Bei sehr großen Tabellen verliert man bei der Arbeit am Bildschirm sehr schnell die Übersicht über die Gesamttabelle. Wie kann man erreichen, daß mehr Zeilen und Spalten auf dem Bildschirm dargestellt werden können?

### Installieren Sie einen hochauflösenden Bildschirmtreiber

Rufen Sie das Windows-Setup-Programm auf und wählen Sie den Befehl *Systemeinstellungen ändern* im Menü *Optionen*. Aus dem Listenfeld *Anzeige* können Sie dann den gewünschten Treiber auswählen.

### Die Installation eines Bildschirmtreibers

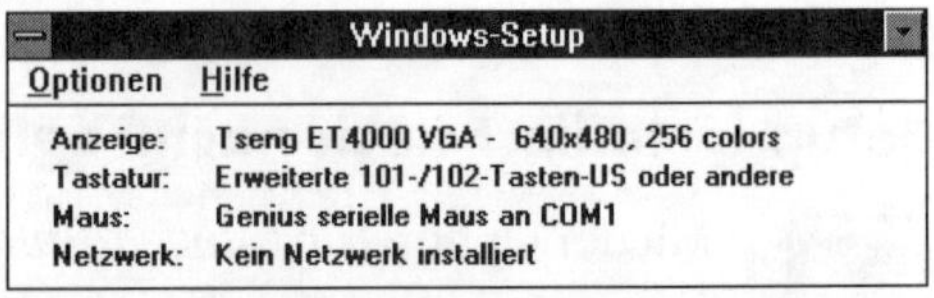


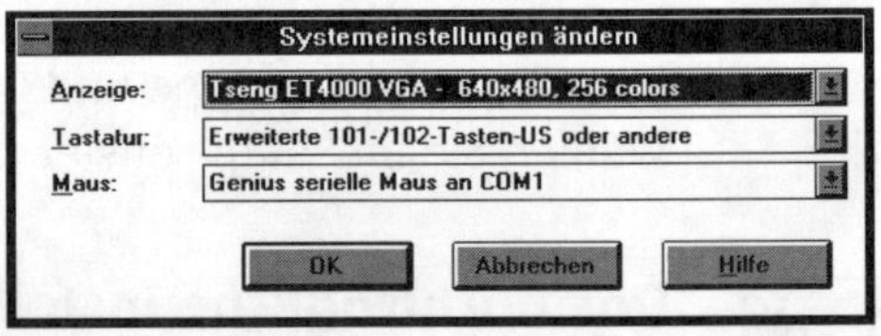


1. Öffnen Sie aus der Hauptgruppe des Programm-Managers das Symbol für *Windows-Setup*, indem Sie es doppelt anklicken.
2. Öffnen Sie danach das Menü *Optionen* und wählen Sie den Befehl *Systemeinstellungen ändern*.
3. Wählen Sie aus dem Listenfeld *Anzeige* den gewünschten Treiber aus. Ist kein Treiber vorhanden, müssen Sie *Andere Anzeige* auswählen. In diesem Fall benötigen Sie eine Diskette vom Hersteller der Grafikkarte.

Die Installation eines hochauflösenden Bildschirmtreibers, z. B. mit einer Auflösung von 1.024x768 Punkten oder mehr, ist in der Regel nur dann zu empfehlen, wenn Sie einen qualitativ hochwertigen Monitor besitzen.

## Für mehr Druckerpower - einen zusätzlichen Druckertreiber installieren

Sie möchten mit zwei verschiedenen Druckern arbeiten und dazu einen zusätzlichen Druckertreiber installieren. Was ist zu tun?

### Rufen Sie die Windows-Systemsteuerung auf

Mit Hilfe der *Systemsteuerung* in der Hauptgruppe des Programm-Managers können über die Option *Drucker* zusätzliche Druckertreiber eingebunden werden.

### So fügen Sie einen neuen Drucker hinzu

1. Wechseln Sie in den Programm-Manager von Windows, indem Sie die Tastenkombination **Alt+Tab** betätigen.
2. Klicken Sie zweimal in der *Hauptgruppe* auf das Programmsymbol *Systemsteuerung*.
3. Klicken Sie dort auf das Drucker-Symbol und benutzen Sie die Schaltfläche *Drucker hinzufügen*.
4. In der Druckerliste sind bereits zahlreiche Druckertreiber aufgeführt, die Sie auswählen können.
5. Mit *Installieren* gelangen Sie in ein Dialogfeld, in dem die entsprechende Windows-Installationsdiskette angefordert wird.

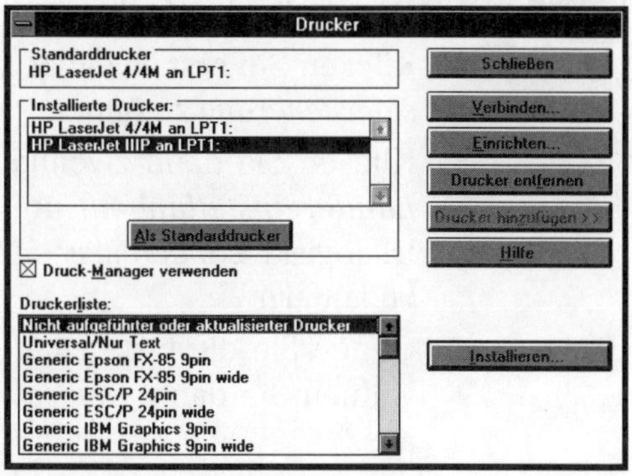

Ist der neue Drucker nicht in der Liste enthalten, können Sie *Nicht aufgeführter oder aktualisierter Drucker* markieren. In dieser Situation brauchen Sie wieder eine Diskette vom Druckerhersteller. Das gilt gerade bei brandneuen Druckern. Am besten versichern Sie sich gleich beim Kauf eines neuen Druckers, ob der benötigte Windows-Treiber vorhanden ist. Haben Sie beim Händler keinen Erfolg damit, kann Ihnen vielleicht die Microsoft-Hotline helfen - 089/31761110.

## Die Zahlen wechseln die Seite - Zahleneingaben erscheinen als Text

5

Excel wertet Zahleneingaben plötzlich als Text, das heißt, die Eingaben werden linksbündig ausgerichtet, obwohl nur Ziffern mit zwei Nachkommastellen eingegeben wurden. Woran kann das liegen?

### Sehen Sie in der Ländereinstellung der Systemsteuerung nach

Wenn Excel Zahlen als Text interpretiert, kann das an einer falschen Ländereinstellung in der Windows *Systemsteuerung* liegen. Im Dialogfeld *Ländereinstellung* der *Systemsteuerung* sollte *Deutschland* eingetragen sein.

#### Die Wahl der Ländereinstellung

1. Öffnen Sie die Hauptgruppe im Windows-Programm-Manager.
2. Klicken Sie erst zweimal auf *Systemsteuerung*, um das Dialogfeld *Systemsteuerung* zu öffnen.
3. Klicken Sie dann zweimal auf *Ländereinstellungen*, um das Dialogfeld *Ländereinstellungen* zu ändern.
4. Öffnen Sie die Liste *Land* und wählen Sie dann *Deutschland* aus.
5. Bestätigen Sie Ihre Eingaben mit *OK*.

Wenn Sie Dokumente für andere Länder erstellen oder Dokumente aus anderen Ländern verarbeiten wollen, sind diese Einstellungsmöglichkeiten besonders wichtig.

**Land** Mit der Wahl des Landes wird auch die in diesem Land verwendete Standard-Papiergröße für alle installierten Drucker eingestellt.

**Sprache** Die Einstellung *Sprache* betrifft die Einstellung der sprachspezifischen Besonderheiten bei der Groß-/Kleinschreibung und bei der Sortierreihenfolge.

**Tastaturlayout** Mit *Tastaturlayout* können Sie erreichen, daß die Tastatur die für die andere Sprache notwendigen Zeichen hergibt. Wenn Sie z. B. die spanischen Akzente und Sonderzeichen eingeben müssen, sollten Sie das Tastaturlayout auf Spanisch setzen.

**Maßsystem** Beim *Maßsystem* kann zwischen *Metrisch* und *Englisch* gewählt werden.

**Listentrennzeichen, Datums-, Zeit-, Währungs- und Zahlenformat** Für die verschiedenen Länder sind Voreinstellungen für das Listentrennzeichen, das Datums- und Zeitformat, das Währungs- und das Zahlenformat vorhanden. Sobald unter *Land* ein anderes Land ausgewählt wird, werden diese Voreinstellungen angezeigt. Wenn Sie diese Einstellungen ändern wollen, sollten Sie beachten, daß das Listentrennzeichen nicht gleichzeitig in einem der Formate verwendet wird. Windows läßt z. B. nicht zu, daß das Listentrennzeichen und das Dezimaltrennzeichen identisch sind.

# Tips & Tricks für Aufsteiger - von Excel 4.0 nach Excel 5.0

Auf einige Änderungen, die beim Umstieg von Excel 4.0 nach Excel 5.0 zu beachten sind, will dieses Kapitel aufmerksam machen. So erfahren Sie z. B., wie Sie Excel-4.0-Arbeitsblätter in Excel 5.0 weiterverarbeiten oder woran es liegen kann, wenn ein Excel-4.0-Makro nun nicht mehr funktioniert. Allgemein kann jedoch gesagt werden, daß Excel Ihnen den Umstieg so leicht wie möglich gemacht hat, da die Neuerungen zu einem beträchtlichen Teil im Bereich der effektiveren Handhabung des Programms begründet liegen. So werden z. B. komfortable Assistenten und Hilfsfunktionen angeboten, die die Bedienung des Programms noch weiter vereinfachen.

## Keine Altlasten - Excel-4.0-Arbeitsblätter problemlos weiterbearbeiten

Eine in das Excel-5.0-Format konvertierte Datei kann mit Excel 4.0 nicht mehr gelesen werden. Was ist in diesem Zusammenhang beim Öffnen von Excel-4.0-Dateien mit Excel 5.0 zu beachten?

### Datei normal öffnen, aber beim Speichern das zukünftige Dateiformat festlegen

Sie können die Tabelle, die mit einer früheren Version von Excel erstellt wurde, wie gewohnt öffnen, müssen aber beim Speichern entscheiden, ob die Datei in das Excel-5.0-Format konvertiert, oder als Excel-4.0-Datei bestehen bleiben soll.

### Die Datei-Konvertierung von Excel 4.0 nach Excel 5.0

1. Öffnen Sie die Tabelle, die mit einer früheren Version von Excel erstellt wurde, wie gewohnt. Die Tabelle wird zunächst in einer Arbeitsmappe geöffnet, die momentan lediglich ein Blatt, nämlich die geöffnete Tabelle, enthält.
2. Wenn Sie auf das Symbol *Speichern* klicken, dann öffnet sich ein Fenster, in welchem Sie darauf hingewiesen werden, daß diese Datei in einer alten Excel-Version erstellt wurde, und Sie werden gefragt, ob Sie diese Datei nun zum Excel-5.0-Format aktualisieren möchten. Beantworten Sie diese Frage mit *Ja*, falls Sie diese

Datei in Zukunft immer in der neuen Version von Excel bearbeiten möchten. Anworten Sie mit *Nein*, falls die Datei zu einem späteren Zeitpunkt mit Excel 4.0 bearbeitet werden soll.

Wenn Sie die Datei einmal im Excel-5.0-Format gespeichert haben, können Sie diese in Excel 4.0 nicht mehr bearbeiten.

In der folgenden Tabelle ist die Umwandlungsart der einzelnen Dateitypen aufgelistet, die beim Umstieg von Excel 4.0 nach 5.0 stattfinden.

| **Alte Excel-Version** | **Excel 5.0** |
|---|---|
| Add-In | Add-In |
| Arbeitsbereich | Arbeitsbereich |
| Arbeitsmappe | Arbeitsmappe, wobei eingebundene Dateien in die neue Arbeitsmappe als Blätter eingebunden und nichteingebundene als neue Arbeitsmappen geöffnet werden. |
| Diagramm | Ein Diagrammblatt in einer Arbeitsmappe |
| Makrovorlage | Ein Excel-4.0-Makroblatt in einer Arbeitsmappe |
| Mustervorlage | Arbeitsmappen-Mustervorlage |
| Tabellenblatt | Ein Tabellenblatt in einer Arbeitsmappe |

## Hilfe! - Dateiverlust beim Wechsel auf Excel 5.0

Sie haben eine Excel-4.0-Arbeitsmappe in Excel 5.0 geöffnet und entgegen allen Erwartungen ist dabei eine Tabelle scheinbar verlorengegangen, denn sie taucht nicht im Register der Excel-5.0-Arbeitsmappe auf, obwohl Bezüge auf diese Tabelle in der Arbeitsmappe enthalten sind.

### Die Tabelle wurde in Excel 4.0 ausgeblendet

Prüfen Sie, ob unter *Format/Blatt* der Befehl *Einblenden* aktiviert werden kann, und blenden Sie die Datei gegebenenfalls wieder ein.

### Die Tabelle wurde in Excel 4.0 als nichteingebundene Datei gespeichert

Eine weitere Möglichkeit für das „Verschwinden" der Datei kann darin liegen, daß die Datei in der Excel-4.0-Arbeitsmappe als nichteingebundene Datei gespeichert wurde, was zur Folge hat, daß Sie nicht als Blatt in der Arbeitsmappe, sondern als eigenständige Arbeitsmappe in Excel 5.0 geöffnet wird.

### Die Tabelle wurde in Excel 4.0 als nichteingebundene Datei gespeichert

1. Sie haben nicht daran gedacht, daß die „verschwundene" Tabelle in der Excel-4.0-Arbeitsmappe als nichteingebundene Datei gespeichert wurde, was zur Folge hat, daß sie nun als eigenständige Arbeitsmappe mit einem Blatt geöffnet wird. Sollte dies der Fall sein, können Sie jedoch das Blatt der vormals nicht eingebundenen Tabelle in die andere Arbeitsmappe einfügen, so daß alle Blätter wieder in einer einzigen Arbeitsmappe vereinigt sind.
2. Sorgen Sie dafür, daß beide Arbeitsmappen geöffnet sind.
3. Aktivieren Sie die Arbeitsmappe, die das Blatt enthält, das in die andere Arbeitsmappe eingefügt werden soll.
4. Positionieren Sie den Mauszeiger auf das Register der Tabelle, die verschoben werden soll. Öffnen Sie das Register-Menü, indem Sie die rechte Maustaste klicken, und wählen Sie den Befehl *Verschieben/Kopieren.*
5. Wählen Sie im Dialogfeld unter *Zur Mappe* den Namen der Arbeitsmappe aus, in die das Blatt verschoben werden soll.
6. Wählen Sie unter *Einfügen vor* aus, an welcher Stelle das Blatt eingefügt werden soll.
7. Bestätigen Sie Ihre Eingaben mit *OK*.

## Das Excel-4.0-Makro funktioniert nicht mehr - was nun?

Sie haben mit Excel 4.0 ein Makro geschrieben, das beim Öffnen einer Tabelle ein Menü in die Tabellen-Menüleiste einfügt und beim Schließen der Tabelle wieder entfernt. Beim Wechsel auf Excel 5.0 funktioniert zwar das Einfügen des Menüs, nicht aber das Löschen. Woran liegt das?

### Kennummer der Menüleiste ändern

Das Makro funktioniert nicht mehr, weil sich in Excel 5.0 die Kennummern der Menüleisten geändert haben. Die Standard-Menüleiste wird nun mit der Kennummer 10 definiert. Aus diesem Grund sollten Sie in den Funktionen MENÜ.EINFÜGEN und MENÜ.LÖSCHEN die Kennummern ändern.

Die neuen Kennummern können Sie übrigens in der Excel-Hilfe nachschlagen, und zwar in der Beschreibung der Funktion MENÜLEISTE.ZEIGEN.

# Wie man sich bettet, so liegt man - eingebettetes Diagramm in ein Diagrammblatt umwandeln

In Excel 4.0 konnte ein eingebettetes Diagramm durch Doppelklick in eine Diagrammdatei umgewandelt werden. In Excel 5.0 wird durch zweimaliges Klicken jedoch das Diagramm lediglich aktiviert. Wie kann man in Excel 5.0 ein eingebettetes Diagramm in ein Diagrammblatt umwandeln?

## Kopieren Sie das Diagramm in ein neues Diagrammblatt

Fügen Sie ein neues Diagrammblatt in die Arbeitsmappe ein, kopieren Sie das eingebettete Diagramm in die Zwischenablage und fügen Sie es in das neue Diagrammblatt ein.

Ein eingebettetes Diagramm kann in Excel 5.0, wenn es aktiviert ist, auch separat ausgedruckt werden. In vielen Fällen wird es also gar nicht nötig sein, es in einem extra Blatt darzustellen.

### So wandeln Sie ein eingebettetes Diagramm in ein Diagrammblatt um

1. Fügen Sie zunächst mit *Einfügen/Diagramm/Als neues Blatt* ein Diagrammblatt in die Arbeitsmappe ein.
2. Daraufhin öffnet sich der Diagramm-Assistent. Auf den können Sie in diesem Fall verzichten, klicken Sie deshalb auf die Schaltfläche *Ende*.
3. Wechseln Sie dann in die Tabelle, die das eingebettete Diagramm enthält, und aktivieren Sie das Diagramm.
4. Markieren Sie nun die Diagrammfläche. Im Namensfeld der Bearbeitungszeile können Sie überprüfen, ob Sie auch tatsächlich die Diagrammfläche markiert haben; dort muß *Diagramm* angezeigt werden.
5. Wählen Sie nun aus dem Menü *Bearbeiten* den Befehl *Kopieren*, wechseln Sie in das Diagrammblatt und fügen Sie das Diagramm mit *Bearbeiten Einfügen* dort ein.

Zum Kopieren und Einfügen können Sie natürlich auch die entsprechenden Symbole aus der Standardsymbolleiste verwenden.

# Metamorphose - Kreuztabellen in Pivot-Tabellen umwandeln

Kann man eine Excel-4.0-Kreuztabelle in Excel 5.0 weiter verwenden? Was ist dabei zu beachten?

## Verwenden Sie den Pivot-Tabellen-Assistenten

Öffnen Sie die Tabelle, die die Kreuztabelle enthält, wählen Sie *Daten Pivot-Tabelle* und folgen Sie den Anweisungen des Pivot-Tabellen-Assistenten.

### So wandeln Sie eine Kreuztabelle in eine Pivot-Tabelle um

1. Öffnen Sie zunächst die Tabelle mit der Kreuztabelle.
2. Wenn Sie nun *Daten/Pivot-Tabelle* wählen, wird der Schritt 3 des Pivot-Tabellen-Assistenten eingeblendet. Hier können Sie das Layout der Pivot-Tabelle bestimmen.

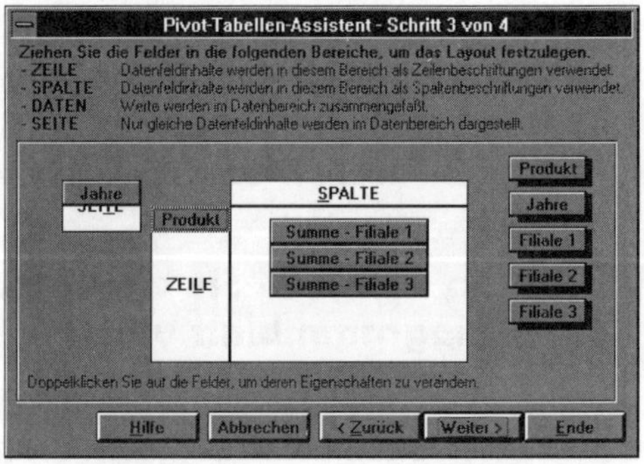


3. Folgen Sie den Anweisungen des Pivot-Tabellen-Assistenten.

Wichtig zu wissen ist allerdings, daß die Umwandlung einer Kreuztabelle in eine Pivot-Tabelle endgültig ist, d. h., Sie können die Tabelle nicht mehr als Excel-4.0-Kreuztabelle verwenden. Falls das weiterhin möglich sein soll, sollten Sie nur eine Kopie der Kreuz-Tabelle in eine Pivot-Tabelle umwandeln.

Mehr über Pivot-Tabellen erfahren Sie ab Seite 288.

# Vergangenheitsbewältigung - Datenmasken und Dialogfelder aus Excel 4.0 übernehmen

Sie möchten eine in Excel 4.0 erstellte Datenmaske in Excel 5.0 weiterhin verwenden. Wie geht das?

## Verwenden Sie den Befehl Daten/Maske

Öffnen Sie die Makrovorlage mit der Dialogfelddefinition und wählen Sie *Daten/Maske*, um die benutzerdefinierte Datenmaske anzuzeigen.

### Excel-4.0-Datenbanken in Excel 5.0 verwenden

1. Wenn Sie sich in Excel 4.0 zum Bearbeiten von Datenbanken eine benutzerdefinierte Datenmaske erstellt haben, die Sie in Excel 5.0 weiterhin verwenden möchten, dann geht das ganz einfach, indem Sie die Tabelle mit der Dialogfelddefinition in Excel 5.0 öffnen. Die Tabelle wird als Arbeitsmappe mit einem Blatt, das nach dem Dateinamen der Excel-4.0-Tabelle benannt ist, geöffnet.
2. Wählen Sie anschließend den Befehl *Daten/Maske*, daraufhin öffnet sich die gewohnte Datenmaske.

Sollten Sie Änderungen an der Datenmaske vornehmen wollen, denken Sie daran, daß der Definitionsbereich der Datenmaske mit dem Namen *Datenmaske* benannt werden muß.

Auch Dialogfelder können in Excel 5.0 problemlos übernommen und verwendet werden. Öffnen Sie dazu die Makrovorlage aus Excel 4.0 und verwenden Sie das Dialogfeld wie gewohnt. Sie können auch den Dialogeditor, der aus Excel 4.0 übernommen wurde, weiterhin benutzen, um z. B. Änderungen am Dialogfeld vorzunehmen.

# Die Macht der Gewohnheit - Excel-4.0-Menüleiste unter Excel 5.0 verwenden

Sie haben sich endlich an die Excel-4.0-Menüleiste gewöhnt und wissen im Schlaf, hinter welchem Menü sich welche Befehle befinden. Und nun sollen Sie sich schon wieder auf eine andere einstellen. Muß das sein?

## Verwenden Sie die Option *Alte Excel-4.0-Menüs*

Aktivieren Sie das Kontrollkästchen *Alte Excel-4.0-Menüs* im Register *Allgemein*, welches mit *Extras/Optionen* aufgerufen wird.

### So wählen Sie die Excel-4.0-Menüs aus

Wenn Sie die Excel-4.0-Menüleiste so sehr schätzen, daß Sie weiterhin damit arbeiten möchten, dann können Sie das auch tun. Gehen Sie dazu wie folgt vor:

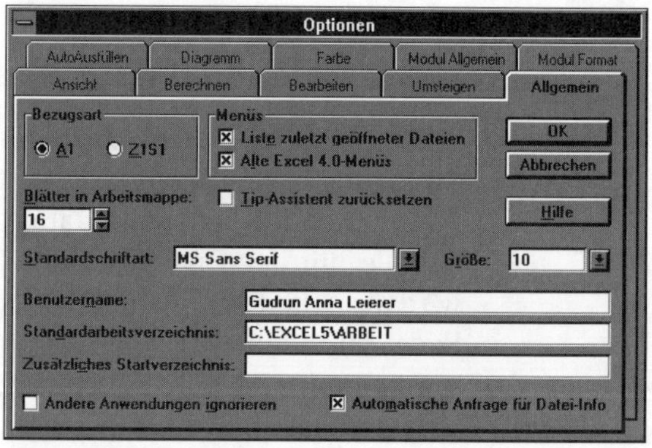


1. Wählen Sie im Menü *Extras* den Befehl *Optionen*.
2. Wählen Sie im Dialogfeld das Register *Allgemein*.
3. Kreuzen Sie unter *Menüs* das Kontrollkästchen *Alte Excel-4.0-Menüs* an.
4. Bestätigen Sie Ihre Eingaben mit *OK*.
5. Wenn Sie die Excel-5.0-Menüleiste wieder einblenden möchten, dann wählen Sie *Optionen/Neue Menüs*.

Diese Einstellung ist für die gesamte Arbeitssitzung gültig. Wenn Sie Excel zu einem späteren Zeitpunkt erneut starten, wird allerdings wieder die Excel-5.0-Menüleiste eingeblendet, da Excel davon ausgeht, daß Sie früher oder später doch die neue Excel-5.0-Menüleiste verwenden werden, schon allein deshalb, um auch tatsächlich die gesamte Funktionsvielfalt von Excel einsetzen zu können. Wenn bei jedem Programmstart die Excel-4.0-Menüleiste automatisch eingeblendet werden soll, müßten Sie ein Auto_Öffnen-Makro in der persönlichen Makroarbeitsmappe aufzeichnen.

Mehr zu Auto_Öffnen-Makros finden Sie auf Seite 343.

# Besser und schneller starten

Ehe Sie an Ihren Tabellen und Diagrammen arbeiten können, muß Windows und das Programm Excel geladen werden. Obwohl das alles nicht länger als einige Sekunden dauert, sucht der nervöse Zeigenosse doch immer nach einem Weg, wie es schneller geht.

## Achtung-fertig-los - Excel noch schneller starten

Wie kann man den Start von Excel beschleunigen?

### Befehl „Win Excel" in die AUTOEXEC.BAT einfügen

Wenn Sie an Ihrem Arbeitsplatz ausschließlich mit Excel arbeiten, sollten Sie in die Datei AUTOEXEC.BAT den Befehl:

```
WIN EXCEL
```

einfügen. Achten Sie darauf, daß vor diesem Befehl ein entsprechender PATH-Befehl eingetragen ist, damit das Programm auch gefunden werden kann, etwa:

```
PATH=C:\WINDOWS;C:\EXCEL5
```

In diesem Fall wird der Programm-Manager nach dem Start auf ein Symbol reduziert und Excel sofort geladen.

### Ziehen Sie das Excel-Programmsymbol in die Autostartgruppe

Alle Programme, die sich in der Autostartgruppe von Windows befinden, werden beim Starten von Windows automatisch gestartet.

## Befehl „Win Excel" in die AUTOEXEC.BAT einfügen

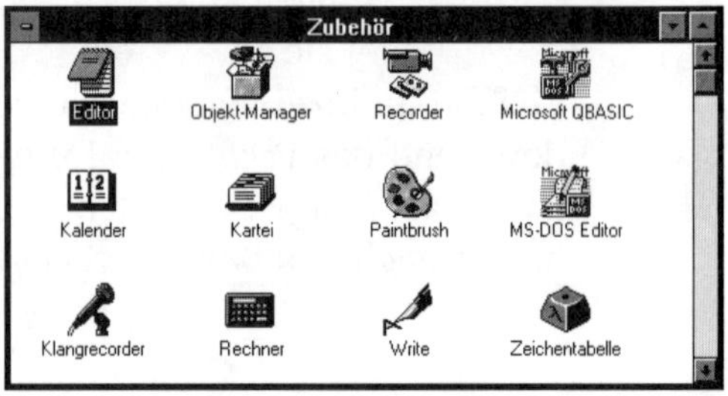


1. Rufen Sie den Windows-Editor auf (befindet sich standardmäßig in der Gruppe *Zubehör*).
2. Öffnen Sie das Menü *Datei* und wählen Sie den Befehl *Öffnen* aus, um das Dialogfeld *Datei öffnen* einzublenden.
3. Wählen Sie aus der Liste *Dateiformat* den Eintrag *Alle Dateien (*.*)* aus.
4. Wechseln Sie in das Verzeichnis, das die Datei AUTOEXEC.BAT enthält.
5. Wählen Sie im Listenfeld *Dateiname* den Eintrag AUTOEXEC.BAT aus.
6. Bestätigen Sie Ihre Eingaben mit *OK*, damit die Datei geöffnet wird.
7. Tippen Sie an das Ende der Datei den Eintrag WIN EXCEL ein.
8. Speichern Sie die Datei, indem Sie *Datei Speichern* wählen.
9. Beenden Sie die Datei, indem Sie *Datei Beenden* wählen.

Achten Sie darauf, daß vor diesem Befehl ein entsprechender PATH-Befehl eingetragen ist, damit das Programm auch gefunden werden kann, etwa:

```
PATH=C:\WINDOWS\;C:\EXCEL5
```

Sie können den Programmaufruf auch auf der DOS-Ebene direkt eingeben oder in eine eigene Batch-Datei mit dem Namen W.BAT schreiben, so daß Sie Excel mit einem einzigen Tastendruck starten können.

## Ziehen Sie das Excel-Programmsymbol in die Autostartgruppe

1. Öffnen Sie die Programmgruppe mit dem Excel-Programmsymbol.
2. Ziehen Sie das Excel-Programmsymbol auf das Gruppenfenster *Autostart*. Halten Sie beim Ziehen die **Strg**-Taste gedrückt, falls das Programmsymbol kopiert werden soll. Wenn Sie die **Strg**-Taste beim Ziehen nicht gedrückt halten, wird das Programmsymbol verschoben.

Auf diese Weise können Sie auch mehrere Programme in die Autostart-Gruppe einfügen. In diesem Fall öffnen sich die Programme in der Reihenfolge, in der sie als Symbole im Fenster erscheinen. Falls Excel vorerst nur als Symbol geöffnet werden soll, benutzen Sie den Befehl *Eigenschaften* aus dem Menü *Datei* und aktivieren dort das Kontrollkästchen *Als Symbol*.

Zwischen den einzelnen Programmen können Sie mit Hilfe der Tastenkombination **Alt+Tab** hin- und herschalten.

# Bessere Startbedingungen schaffen - Optionen beim Starten von Excel

Wie und auf welche Weise kann man den Start von Excel beeinflussen? Kann man z. B. Excel auch starten, ohne daß eine leere Arbeitsmappe geöffnet wird? Dies bietet sich vor allem dann an, wenn meist an bereits bestehenden Tabellen gearbeitet wird.

## Ändern Sie die Programmeigenschaften von Excel

Markieren Sie das Symbol für *Excel* in der entsprechenden Programmgruppe, und wählen Sie den Befehl *Eigenschaften* aus dem Menü *Datei*, um das Dialogfeld *Programmeigenschaften* zu öffnen und die gewünschten Optionen (siehe unten) einzutippen.

### Das Ändern der Programmeigenschaften

1. Wechseln Sie mit **Alt+Tab** in den Programm-Manager von Windows, öffnen Sie die Gruppe, in der sich das Excel-Symbol befindet, und markieren Sie es.
2. Öffnen Sie das Menü *Datei* und wählen Sie den Befehl *Eigenschaften*, oder betätigen Sie die Tastenkombination **Alt+Enter**, um das Dialogfeld *Programmeigenschaften* zu öffnen.

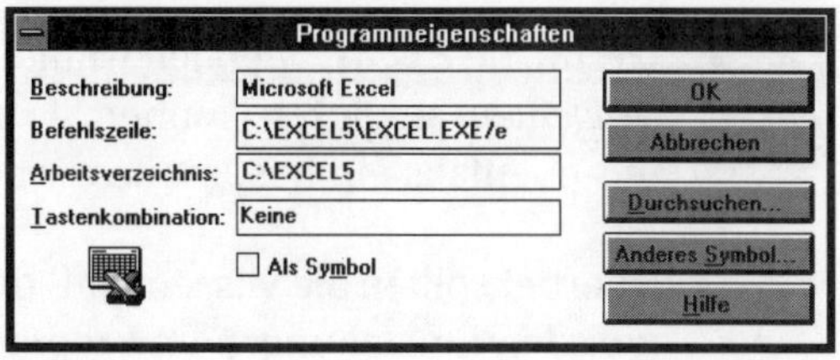


3. Tippen Sie in das Dialogfeld die gewünschten Optionen ein und bestätigen Sie die Eingaben mit *OK*.

### Excel ohne leere Arbeitsmappe starten:

Erweitern Sie unter *Befehlszeile* den Startbefehl um die Option /E, z. B.

```
excel.exe /e
```

### Excel mit einer bestimmten Datei starten:

Erweitern Sie die Befehlszeile um den Namen der zu öffnenden Datei, z. B.:

```
c:\excel5\excel.exe c:\excel4\arbeit\protok.xls
```

Eine weitere Möglichkeit, bestimmte Dateien beim Programmstart automatisch zu öffnen, finden Sie ab Seite 143.

### Excel mit einer schreibgeschützten Datei starten:

Rufen Sie Excel mit dem Paramter /R auf und erweitern Sie die Befehlszeile um den Namen der zu öffnenden Datei, z. B.:

```
c:\excel5\excel.exe /r c:\excel5\arbeit\protok.xls
```

### Ändern des Arbeitsverzeichnisses:

Wenn an Ihrem Arbeitsplatz mit einem anderen Arbeitsverzeichnis gearbeitet werden soll, als bei der Installation eingerichtet wurde, tippen Sie in das Eingabefeld *Arbeitsverzeichnis* das gewünschte Verzeichnis ein. Ein Eintrag könnte z. B. folgendermaßen lauten:

```
c:\excel\geschäft\briefe
```

Wenn Sie mehrere Startparameter angeben, müssen diese durch Leerzeichen voneinander getrennt werden.

Wenn Sie *Extras Optionen* wählen und im Dialogfeld *Optionen* das Register *Allgemein* anklicken, können Sie in das Eingabefeld *Standardarbeitsverzeichnis* ebenfalls ein bestimmtes Arbeitsverzeichnis eintragen.

Hierbei sollten Sie wissen, daß die Angaben im Register *Allgemein* Vorrang vor den Einstellungen im Programm-Manager haben.

# Der richtige Ausgangspunkt - Excel in einem bestimmten Verzeichnis starten

Möglicherweise ist die Arbeit an Ihrem Arbeitsplatz so organisiert, daß verschiedene Bereiche vorkommen, die möglichst separat abgewickelt werden sollen. In einem kleinen Betrieb wäre z. B. denkbar, daß sowohl die Finanzbuchhaltung als auch die Lohnabrechnung auf demselben PC abgewickelt werden.

In so einer Situation tun Sie gut daran, die Daten für die beiden Aufgaben in getrennten Verzeichnissen zu führen. Vielleicht haben Sie für diese verschiedenen Aufgaben auch spezielle Makros entwickelt, die nur für die jeweilige Anwendung benutzt werden sollen.

## Fügen Sie in die Programmgruppe von Excel weitere Excel-Symbole ein

Fügen Sie in die Excel-Programmgruppe weitere Excel-Symbole ein und ordnen Sie diesen ein entsprechendes Verzeichnis zu.

## Rufen Sie Excel über das Dialogfeld Ausführen auf

Wählen Sie im Windows-Programm-Manager *Datei/Ausführen* und tippen Sie in die Befehlszeile z. B.

```
excel.exe /p c:\geschäft\rechnung
```

ein, um das Arbeitsverzeichnis für die aktuelle Arbeitssitzung zu bestimmen.

### Excel-Symbole in die Programmgruppe einfügen

1. Benutzen Sie den Befehl *Datei/Neu* aus dem Menü des Programm-Managers.
2. Wählen Sie die Option *Programm* und tragen Sie in dem Dialogfeld *Programmeigenschaften* die entsprechenden Angaben ein.:

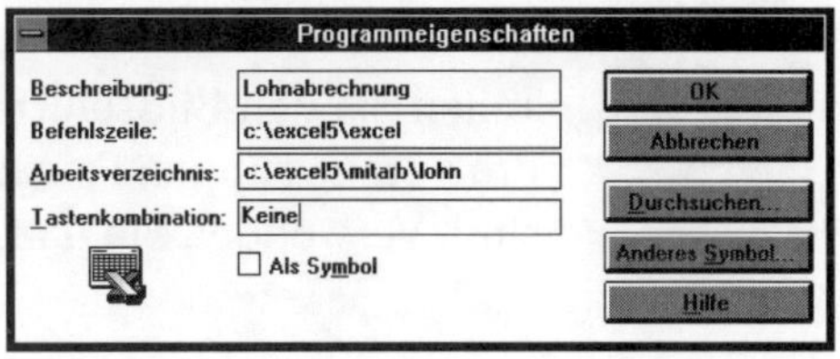

Geben Sie unter *Beschreibung* z. B. „Lohnabrechnung“ ein. Diese Bezeichnung erscheint dann unter dem Symbol in der Programmgruppe. Unter *Arbeitsverzeichnis* gehört das Verzeichnis, in dem die Daten für die Lohnabrechnung gespeichert werden sollen. Unter *Befehlszeile* tragen Sie das Verzeichnis und den Programmnamen von Excel 5.0 ein, dieser Eintrag ist bei allen Excel-Symbolen gleich.

Sind die Symbole für Finanzbuchhaltung und für Lohnabrechnung in dieser Weise definiert, haben Sie eine einfache Möglichkeit, Excel gleich mit dem entsprechenden Arbeitsverzeichnis zu starten. Wenn Sie genügend Hauptspeicher haben, können Sie Excel sogar zweimal starten, einmal mit dem Symbol für Finanzbuchhaltung und einmal mit dem für Lohnbuchhaltung, um Daten aus beiden Bereichen zu vergleichen. Sie können dann mit **Alt+Tab** zwischen den beiden Anwendungen wechseln oder auch die beiden Anwendungsfenster so anordnen, daß Daten aus beiden Anwendungen sichtbar sind.

## Direkt durchstarten - Excel mit einer bestimmten Datei starten

Kann man Excel mit einer bestimmten Arbeitsmappe auch starten, ohne daß man erst Excel öffnen und dann die Datei extra aus dem Menü aufrufen muß?

### Ziehen Sie die Datei in das Excel-Gruppenfenster

Sorgen Sie dafür, daß sowohl das Fenster des Datei-Managers als auch das Fenster des Programm-Managers sichtbar ist und ziehen Sie die Datei auf das Excel-Gruppenfenster.

#### So ziehen Sie die Datei in das Excel-Gruppenfenster

1. Laden Sie vom Programm-Manager aus den Datei-Manager.
2. Teilen Sie den Bildschirm so, daß das Datei-Manager-Fenster und das Programmgruppen-Fenster mit dem Excel-Symbol gleichzeitig sichtbar sind. Verwenden Sie dazu die Befehle im Menü *Fenster*.

**3.** Markieren Sie im Datei-Manager eine Datei, die beim Start von Excel geöffnet werden soll, und ziehen Sie diese in das Programm-Gruppenfenster. Wenn Sie die Maustaste loslassen, wird die Datei als Excel-Symbol in das Gruppenfenster eingefügt.

*Excel-Gruppenfenster mit verschiedenen Arbeitsmappen*

Klicken Sie doppelt auf eine Arbeitsmappe, z. B. *Umsatz*, damit Excel mit dieser Arbeitsmappe gestartet wird.

# Eine Arbeitsumgebung nach Maß

Mit der Vielzahl von Symbolen, die Excel 5.0 bereitstellt, ist das so eine Sache. Es ist eine große Vereinfachung, daß sich die häufigsten Operationen fast alle mit einem Klick auf ein Symbol erledigen oder wenigstens aufrufen lassen. Aber je mehr Symbole am Bildschirm eingeblendet sind, desto unübersichtlicher wird die Angelegenheit. Außerdem wird der Bereich für die Daten selbst zu sehr eingeschränkt.

Da andererseits nicht an jedem Arbeitsplatz dieselben Symbole mit derselben Häufigkeit verwendet werden, spricht viel dafür, daß Sie sich die Symbolleisten nach Ihren Bedürfnissen selbst zusammenstellen. Das gilt insbesondere für die Standardsymbolleiste.

Außerdem sollten Sie ausnutzen, daß Excel Ihnen die Möglichkeit gibt, eigene Symbole zu schaffen und diese mit Makros zu verknüpfen.

## Symbole? - Gern, aber wo und welche?

Die Symbolleisten dienen ebenso wie die Menüleiste und die Kontextmenüs zum Aufrufen von Befehlen. Mit Hilfe der Symbole können Befehle in der Regel schneller als über das Menü aufgerufen werden, da der jeweilige Befehl meistens durch einen einzigen Mausklick ausgeführt wird. Wenn Sie Excel zum ersten Mal starten, sind die Standardsymbolleiste und die Formatsymbolleiste eingeblendet. In diesen Symbolleisten sind Symbole zusammengefaßt, die Befehle repräsentieren, die vermutlich am häufigsten angewendet werden. Excel stellt weitere 11 eingebaute Symbolleisten zur Verfügung und insgesamt ca. 200 Symbole. Die Symbolleisten und die Symbole können individuell Ihren Bedürfnissen angepaßt werden. Es können zusätzliche Symbolleisten eingefügt und eigene Symbole je nach küntlerischer Neigung mit einem Symbolleisten-Editor erstellt werden.

## Sage mir, wer Du bist! - Was macht welches Symbol?

Seit Excel 5.0 müssen Sie nicht mehr extra einen Gedächtnistrainingskurs absolvieren, um sich zu merken, was welches Symbol leistet. Wenn Sie das wissen möchten, dann gehen Sie folgendermaßen vor:

### Zeigen Sie mit der Maus auf das Symbol

Positionieren Sie einfach den Mauszeiger auf das entsprechende Symbol, ohne die Maustaste zu klicken. Es erscheint unterhalb des Mauszeigers ein gelbes Kästchen, das die Funktion des Symbols erklärt. Sollte das Kästchen nicht erscheinen, dann bewegen Sie die Maus leicht hin und her.

In der Statuszeile wird zusätzlich die Funktionsweise des ausgewählten Symbols näher beschrieben.

## Immer und überall - Symbol-Paletten permanent nutzen

Eine besondere Form von Symbolen sind die Symbol-Paletten. Wie kann man die neuen Symbol-Paletten, wie z. B. die Rahmenlinien- oder die Musterpalette, dauerhaft einsetzen, ohne daß diese nach der Benutzung jedesmal geschlossen werden?

### Ziehen Sie die Palette in den Arbeitsbereich

Klicken Sie zuerst auf den Pfeil neben dem Palettensymbol, um die Palette zu öffnen. Klicken Sie dann die linke Maustaste und ziehen Sie die Palette bei gedrückter Maustaste in den Arbeitsbereich. Sobald Sie die Maustaste lösen, wird die Palette auf dem Bildschirm positioniert und kann dauerhaft eingesetzt werden.

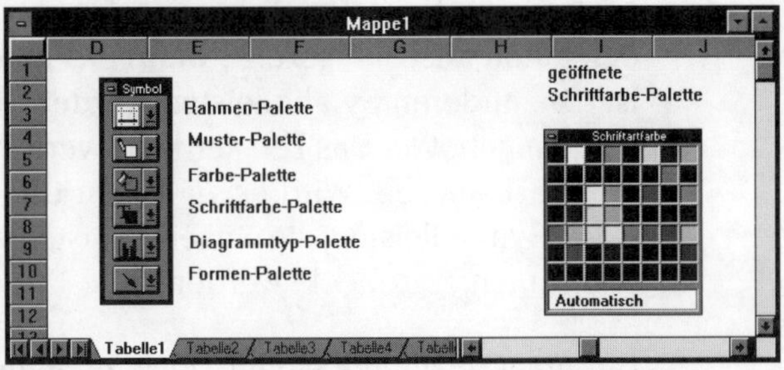


Die Palette kann auf dem Bildschirm wie jedes Fenster verschoben werden und wird geschlossen, indem Sie auf das System-Menü der entsprechenden Palette klicken.

# Schnell im Griff - Symbolleisten optimal anordnen

Wie kann man die Symbolleisten am sinnvollsten auf dem Bildschirm anordnen? Was bitte ist ein Dock?

## Symbolleiste mit der Maus verschieben

Wenn sich die Symbolleiste im Dock befindet, klicken Sie auf eine freie Stelle der Symbolleiste und ziehen diese bei gedrückter Maustaste in das Dokument-Fenster.

Wenn die Symbolleiste frei beweglich ist, klicken Sie auf die Titelleiste der Symbolleiste und ziehen diese bei gedrückter Maustaste an die gewünschte Stelle.

Eine Symbolleiste kann entweder in dem sogenannten Dock - einem der vier Ränder des Arbeitsfeldes - verankert werden, oder in einem frei beweglichen Fenster erscheinen. Standardmäßig erscheinen die Standard- und die Format-Symbolleiste unter der Menüleiste und die Diagramm-Symbolleiste am unteren Rand des Excel-Fensters. Die Diagramm-Symbole werden automatisch angezeigt, wenn das aktive Fenster ein Diagrammfenster ist. Die anderen Symbolleisten werden zunächst in eigenen kleinen Fenstern angeboten. Das Fenster kann verschoben oder in den Proportionen geändert werden. Wird es zu einem der Ränder geschoben, gerät es ins Dock. Symbolleisten, die einzeilige Listenfelder enthalten, können nur oben oder unten eingedockt werden.

Um eine Leiste aus einem Dock zu ziehen, müssen Sie den Mauszeiger irgendwo auf den grauen Hintergrund der Symbolleiste setzen und sie in den Arbeitsbereich ziehen. Anstatt mit der Maus zu ziehen, hilft auch ein Doppelklick auf den Dockhintergrund bzw. auf die Titelleiste des Fensters, um zwischen der zuletzt benutzten Dockposition bzw. Fensterposition zu wechseln.

Excel notiert am Ende jeder Sitzung die zuletzt benutzte Form der Symbolleistenanzeige. Wenn Sie Excel erneut starten, sind diese Einstellungen also noch vorhanden.

# Nimmersatt? - Noch mehr Symbole in die Symbolleiste einbauen

Sie können nicht genug Symbole bekommen? Keine Sorge, Excel hält noch eine Reihe weiterer Symbole für Sie bereit. Hier erfahren Sie, wie man an die Reserve-Symbole rankommt und wie sie in andere Symbolleisten eingebunden werden können.

## Verwenden Sie das Dialogfeld Benutzerdefiniert

Wählen Sie aus dem Symbolleisten-Kontextmenü *Benutzerdefiniert* und ziehen Sie die gewünschten Symbole in eine eingeblendete Symbolleiste.

### So erzeugen Sie eigene Symbolleisten

1. Öffnen Sie das Symbolleisten-Kontextmenü, indem Sie die rechte Maustaste klicken, während sich der Mauszeiger über einer eingeblendeten Symbolleiste befindet.
2. Wählen Sie den Befehl *Benutzerdefiniert*, um das Dialogfeld zu öffnen.

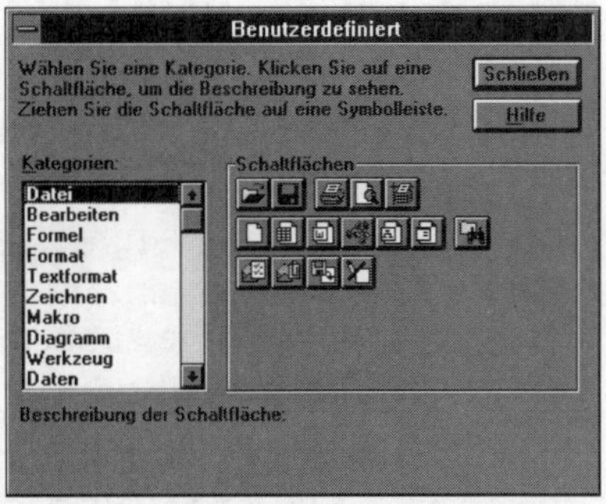


3. Im Listenfeld *Kategorien* sind die verschiedenen Aufgabengebiete aufgelistet, für die die einzelnen Symbole geeignet sind. Wenn Sie einen Kategorienamen auswählen, wird unter *Schaltflächen* die Palette der Symbole angezeigt. Ein Klick mit der linken Maustaste auf eine einzelne Schaltfläche liefert eine kurze Beschreibung der jeweiligen Schaltflächenfunktion.
4. Wollen Sie z. B. häufig die Rechtschreibprüfung verwenden, steht ein Symbol zum Starten der Rechtschreibprüfung zur Verfügung und sollte in die Standardsymbolleiste eingeordnet werden.

Das Symbol *Rechtschreibprüfung* gehört zur Kategorie *Werkzeug*. Klicken Sie auf das Symbol, ziehen Sie es bei gedrückter Maustaste an die Stelle in der Standardsymbolleiste, an die es am besten paßt, und lassen Sie dann die Maustaste los. Daraufhin wird das Symbol an der Stelle des Mauszeigers eingefügt. Zur Orientierung wird beim Ziehen des Symbols der Umriß angezeigt.

Soll statt dessen ein anderes Symbol aus der Leiste entfernt werden, ziehen Sie es einfach, ebenfalls bei gedrückter Maustaste, aus der Leiste heraus. Sie können die Maustaste loslassen, sobald Sie den Symbolleistenbereich verlassen haben. Anstelle des bloßen Löschens können Sie das Symbol auch gleich in eine andere eingeblendete Leiste verschieben.

Symbole können immer nur dann verschoben werden, wenn entweder das Dialogfeld *Symbolleisten* oder das Dialogfeld *Benutzerdefiniert* geöffnet ist.

## Hilfe! - Die Symbole sind nicht richtig angeordnet

Es befinden sich zwar die richtigen Symbole in der Symbolleiste, aber sie sind nicht in der richtigen Reihenfolge angeordnet. Wie kann man das erreichen?

### Symbol mit der Maus an die richtige Stelle ziehen

Öffnen Sie entweder das Dialogfeld *Symbolleisten* oder *Benutzerdefiniert* und ziehen Sie das Symbol zur gewünschten Stelle.

#### So ordnen Sie Symbole in der Symbolleiste

1. Öffnen Sie zunächst das Dialogfeld *Benutzerdefiniert*, denn nur dann können Sie mit der Maus die Reihenfolge und die Anordnung der Symbole in der eingeblendeten Symbolleiste ändern.
2. Klicken Sie auf das jeweilige Symbol, und ziehen Sie es bei gedrückter Maustaste an die gewünschte Stelle.

Durch Ziehen eines Symbols an ein anderes können Zwischenräume zwischen Symbolen geschlossen werden. Dabei darf das Symbol das benachbarte nicht überlappen.

Durch Ziehen eines Symbols vom benachbarten weg können Zwischenräume eingefügt werden. Dabei darf das Symbol aber nicht so weit gezogen werden, daß es über ein anderes hinaus geht, denn dadurch würde das Symbol versetzt werden.

# Trotz Platzmangels - viele Symbole in einer Symbolleiste unterbringen

22

Sie möchten Ihren Bildschirm nicht mit Symbolleisten zupflastern und trotzdem in den Genuß einer Reihe von Symbolen kommen, die aber leider nicht in einer einzigen Symbolleiste Platz haben. Wie kann man möglichst viele Symbole in einer Symbolleiste unterbringen?

## Verwenden Sie Paar-Symbole

Einige Symbole von Excel können zwei verschiedene Befehle ausführen. Wenn Sie während des Klickens auf das Symbol die **Umschalt**-Taste drükken, wird die zweite Belegung des Symbols aktiviert.

## Dropdown-Listenfelder verkleinern

Falls zu den nicht verzichtbaren Elementen der Symbolleiste Dropdown-Listenfelder gehören, wie das Schriftartenfeld, das Schriftgrößenfeld, das Zoomfeld, das Formatvorlagenfeld oder das Szenariofeld, dann können Sie diese Felder verkleinern.

### Paar-Symbole

1. Prüfen Sie, ob es sich bei den Symbolen, die Sie in einer Symbolleiste untergebracht haben, um Paarsymbole handelt.
2. Um den Platz in der Symbolleiste nicht zu vergeuden, sollten Sie bei Paar-Symbolen jeweils nur ein Symbol verwenden.
3. Paar-Symbole sind z. B. die beiden Symbole *Schriftart-Verkleinerung* und *Schriftart-Vergrößerung*. Es reicht ein Symbol, denn die Funktion des anderen Symbols steht zur Verfügung, wenn Sie beim Klick auf das Symbol die **Umschalt**-Taste drücken. Solche Paare sind:

| Klicken | Klicken+Umschalt |
|---|---|
| Aufsteigend | Absteigend sortieren |
| AutoFormat | Geht zum nächsten Autoformat |
| Bogen | Ausgefüllter Bogen |
| Dezimalstelle hinzufügen | Dezimalstelle löschen |
| Dezimalstelle mehr | Dezimalstelle weniger |
| Drucken | Seitenansicht |
| Ellipse | Ausgefüllte Ellipse |
| Formate einfügen | Werte einfügen |

| Klicken | Klicken+Umschalt |
|---|---|
| Freihand | Gefüllte Freihandlinie |
| Freihandform | Ausgefüllte Freihandform |
| Gruppierung | Gruppierung aufheben |
| In den Hintergrund | In den Vordergrund |
| In den Vordergrund bringen | In den Hintergrund bringen |
| Makro ausführen | Makro Schritt |
| Objektgruppierung | Objektgruppierung aufheben |
| Rechteck | Ausgefülltes Rechteck |
| Rechts ausfüllen | Links ausfüllen |
| Schriftart vergrößern | Schriftart verkleinern |
| Spalten einfügen | Spalten löschen |
| Unten ausfüllen | Oben ausfüllen |
| Vergrößerung | Verkleinerung |
| Vieleck | gefülltes Vieleck |
| Werte einfügen | Formate einfüge |
| Zeilen einfügen | Zeilen löschen |
| Zellen einfügen | Zellen löschen |

## Dropdown-Listenfelder verkleinern

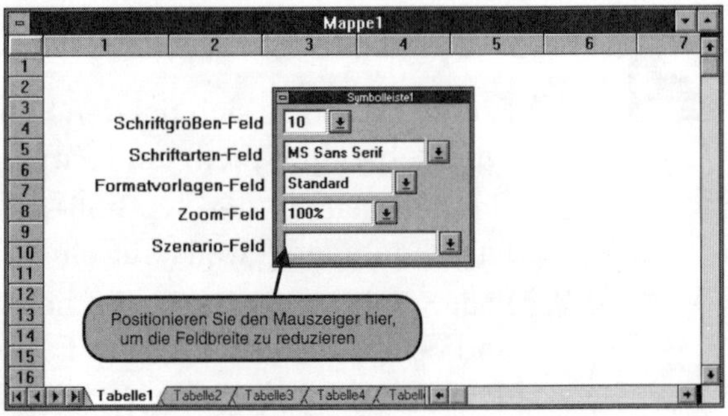


1. Um die Symbole bearbeiten zu können, müssen Sie zunächst das Dialogfeld *Benutzerdefiniert* oder *Symbolleisten* öffnen. Wenn Sie das Dialogfeld *Benutzerdefiniert* öffnen möchten, dann klicken Sie im Symbolleisten-Kontextmenü auf den Befehl *Benutzerdefiniert.*
2. Markieren Sie dann in der Symbolleiste das entsprechende Feld, z. B. das *Zoomfeld*, und positionieren Sie den Mauszeiger am linken oder rechten Feldrand. Der Mauszeiger ist richtig positioniert, wenn er die Form eines Doppelpfeils mit einem senkrechten Strich annimmt.
3. Klicken Sie dann die Maustaste und ziehen Sie den Rand des Feldes nach rechts oder nach links, um die Feldgröße zu verändern.

# Für jede Arbeit das richtige Werkzeug - Symbolleisten für besondere Arbeitssituationen

23

Sie möchten zusätzlich zu den angebotenen Symbolleisten selbst Symbolleisten mit einem eigenen Namen und einer individuellen Zusammenstellung von Symbolen erstellen, um für bestimmte Aufgaben oder Anwendungen jeweils eine passende Symbolleiste einblenden zu können.

## Definieren Sie eine neue Symbolleiste

Im Dialogfeld *Symbolleisten* können Sie zunächst unter *Name der Symbolleiste* einen Namen vergeben. Aus dem Dialogfeld *Benutzerdefiniert* werden dann die gewünschten Symbole in die leere Symbolleiste gezogen.

### Symbolleisten für Arbeitssituationen zusammenstellen

1. Wählen Sie aus dem Symbolleisten-Kontextmenü oder dem Menü *Ansicht* den Befehl *Symbolleisten.*
2. Geben Sie unter *Name der Symbolleiste* einen Namen ein, der den Zweck der Leiste erkennen läßt. Sobald Sie dann *Benutzerdefiniert* anklicken, öffnet Excel ein kleines Symbolleisten-Fenster mit diesem Namen.
3. Wählen Sie die Symbole aus und ziehen Sie diese bei gedrückter Maustaste in die leere Symbolleiste.

Auch Symbole aus eingeblendeten Leisten können in die neue Symbolleiste versetzt werden. Soll das Symbol in beiden Leisten vorkommen, muß beim Ziehen gleichzeitig **Strg** benutzt werden. Dadurch wird das Symbol nicht verschoben, sondern kopiert.

# Einfacher geht's nicht - Makros per Mausklick ausführen lassen

24

Sie haben ein tolles Makro geschrieben und möchten nun, daß es wie ein Excel-Befehl per Mausklick auf ein Symbol in einer Symbolleiste ausgeführt werden kann, weil das bequemer ist, als sich die Tastenkombination des Makros zu merken.

### Weisen Sie einem freien Symbol das Makro zu

Wählen Sie im Dialogfeld *Benutzerdefiniert* aus der Kategorie *Benutzerdefiniert* ein Symbol aus und weisen Sie diesem Symbol das gewünschte Makro aus dem Dialogfeld *Zuweisen* zu.

### Verbinden Sie eigene Makros mit Symbolen

Obwohl es möglich ist, auch den fest eingebauten Symbolen eine andere Funktion zu geben, sollten für eigene Makros in der Regel auch eigene Symbole verwendet werden. Dafür stehen in der Gruppe *Benutzerdefiniert* eine Reihe von Symbolen bereit, die noch nicht mit einem Makro verknüpft sind.

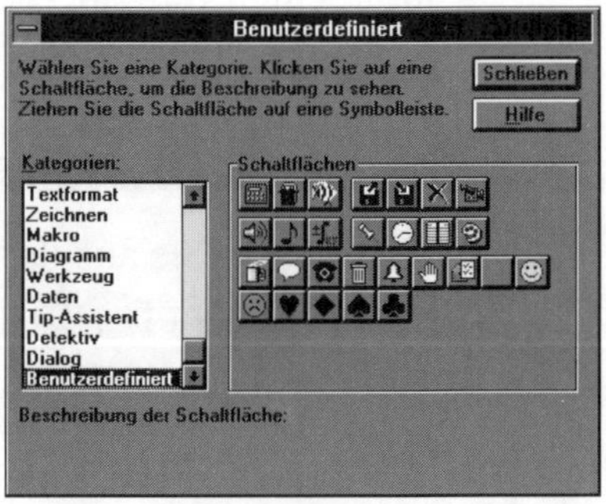


1. Öffnen Sie das Dialogfeld *Benutzerdefiniert*, indem Sie aus dem Symbolleisten-Kontextmenü den Befehl *Benutzerdefiniert* auswählen.
2. Markieren Sie im Listenfeld *Kategorien* den Eintrag *Benutzerdefiniert*.
3. Wenn Sie nun ein Symbol aus dieser Gruppe der bisher „Funktionslosen“ in eine Symbolleiste ziehen, öffnet Excel automatisch das Dialogfeld *Zuweisen*.
4. Sie können nun entweder ein vorhandenes Makro auswählen oder direkt ein neues Makro aufzeichnen.

## Symbolleisten-Chaos? - Nein danke!

25

Was kann man tun, wenn man vor lauter Begeisterung in eine Symbole-Verschieben-und-Einbinden-Euphorie verfallen ist, und dann zu einem späteren Zeitpunkt feststellen muß, daß die Anordnung, die getroffen wurde, doch nicht den Arbeitsanfordernissen entspricht?

### Setzen Sie die Symbolleisten in die Ausgangsposition zurück

Setzen Sie die Symbolleisten in die Ausgangsposition zurück, indem Sie im Symbolleisten-Dialogfeld die Schaltfläche *Zurücksetzen* wählen.

### Das Zurücksetzen von Symbolleisten

Zur Not können die fest eingebauten Symbolleisten jederzeit wieder in ihren Ausgangszustand zurückgesetzt werden.

1. Öffnen Sie dazu das Symbolleisten-Kontextmenü, indem Sie mit dem rechten Mauszeiger auf eine eingeblendete Symbolleiste klicken.
2. Wählen Sie den Befehl *Symbolleisten.*
3. Markieren Sie im Listenfeld die Symbolleiste, die wieder in ihren ursprünglichen Zustand zurückgesetzt werden soll, und klicken Sie auf die Schaltfläche *Zurücksetzen.* Daraufhin wird die integrierte Version der markierten Symbolleiste wieder hergestellt.

Für Leisten, die Sie selbst definiert haben, steht diese Schaltfläche allerdings nicht zur Verfügung. Haben Sie eine eigene Leiste ausgewählt, wird Ihnen statt der Schaltfläche *Zurücksetzen* die Schaltfläche *Löschen* angeboten.

## Für Individualisten - eine eigene Standardsymbolleiste erstellen

Sie schalten Ihren Computer ein und stellen entsetzt fest, daß alles nicht mehr so ist, wie es einmal war. Gestern gaben Sie sich mit der Zusammenstellung der Symbolleisten die größte Mühe, und heute ist nichts mehr davon da, alles nur noch Standard. Schimpfen Sie nicht mit Ihrem Kollegen oder Ihrer Kollegin, legen Sie sich lieber gleich eine Symbolleistendatei an und speichern Sie diese im Verzeichnis XLSTART.

### Datei EXCEL5.XLB ins Verzeichnis XLSTART kopieren

Konfigurieren Sie die Symbolleiste nach Wunsch, beenden Sie Excel und kopieren Sie die Datei EXCEL5.XLB in das Verzeichnis XLSTART.

### So kopieren Sie die Datei EXCEL5.XLB ins Verzeichnis XLSTART

Wollen Sie sich selbst einen bestimmten Standard für die Symbolleisten erstellen, der automatisch beim Start von Excel zur Verfügung stehen soll, müssen Sie Excel gewissermaßen überlisten. Normalerweise wird die Datei EXCEL5.XLB dazu benutzt, alle Änderungen an Symbolleisten beim Verlassen von Excel für die nächste Sitzung zu speichern, deshalb ist diese Datei eigentlich nicht in der Lage, einen bestimmten selbstdefinierten Standard festzuhalten.

Auf einem Umweg können Sie diesen Effekt aber dennoch erreichen:

1. Definieren Sie in einer Sitzung Ihren persönlichen Symbolleisten-Standard.
2. Verlassen Sie Excel, so daß dieser Standard in EXCEL **5**.XLB festgehalten wird.
3. Kopieren Sie die Datei mit dem Datei-Manager aus dem Windows-Verzeichnis in das XLSTART-Verzeichnis.

> **!** In diesem Fall wird beim Programmstart der Inhalt der Datei EXCEL5.XLB aus dem Windows-Verzeichnis durch die Datei EXCEL5.XLB aus dem Startverzeichnis überschrieben, so daß Sie immer mit der gleichen Situation, was die Symbole angeht, anfangen.

## Weitblick - unterschiedliche Sets von Symbolleisten festhalten

Für die Bearbeitung unterschiedlicher Projekte benötigen Sie immer wieder unterschiedliche Zusammenstellungen von Symbolleisten. Deshalb möchten Sie ein ganzes Set von Symbolleisten für bestimmte Arbeitssituationen speichern und diese bei Bedarf einblenden.

### Datei EXCEL5.XLB unter einem neuen Namen speichern

Verlassen Sie Excel, nachdem Sie die Symbolleisten nach Wunsch zusammengestellt haben und speichern Sie im Windows-Datei-Manager die Datei EXCEL5.XLB unter einem anderen Namen. Sie können dann bei Bedarf aus dem Excel-Menü *Datei/Öffnen* wählen und die umbenannte XLB-Datei auswählen.

### Wie Sie die Datei EXCEL5.XLB unter einem neuen Namen speichern können

1. Richten Sie zunächst die Symbolleistenkonfiguration so ein, wie es Ihren Wünschen entspricht, und verlassen Sie Excel, damit diese Zusammenstellung in der Datei EXCEL5.XLB gespeichert wird.
2. Wechseln Sie nun in den Windows-Datei-Manager und markieren Sie im Windows-Verzeichnis die Datei EXCEL 5.XLB.
3. Wählen Sie *Datei/Kopieren* und tippen Sie in das Eingabefeld *Nach* einen neuen Namen ein, z. B. MEINEX.XLB. Vergessen Sie nicht, die Dateinamenserweiterung .XLB mit anzugeben.
4. Wenn Sie zu einem späteren Zeitpunkt Ihre persönliche Symbolleistenkonfiguration nutzen möchten, dann wählen Sie in Excel *Datei/ Öffnen* und markieren im Listenfeld die XLB-Datei, z. B. MEINEX.XLB.

Wenn Sie Excel beenden, wird immer die aktuelle Konfiguration in der EXCEL5.XLB gespeichert, in diesem Fall die von MEINEX.XLB. Falls Sie dies verhindern möchten, müssen Sie entweder vor dem Beenden von Excel die EXCEL5.XLB wieder öffnen oder die EXCEL5.XLB in das Verzeichnis XLSTART kopieren.

## Was eigenes soll es sein - benutzerdefinierte Symbolleisten gleichzeitig mit der Arbeitsmappe öffnen

Sie möchten eine benutzerdefinierte Symbolleiste mit einer Arbeitsmappe verbinden, damit die Symbolleiste zur Verfügung steht, sobald die korrespondierende Arbeitsmappe geöffnet wird.

### Verwenden Sie den Befehl Symbolleisten anbinden

Fügen Sie ein Visual-Basic-Modul in die Arbeitsmappe ein und verwenden Sie im Menü *Extras* den Befehl *Symbolleiste anbinden*.

### So verbinden Sie eine Symbolleiste mit einer Arbeitsmappe

1. Fügen Sie zunächst ein Visual-Basic-Modul in die Arbeitsmappe ein, damit der Befehl *Symbolleisten anbinden* im Menü *Extras* angeboten wird, wenn ein Modulblatt aktiviert ist.
2. Wählen Sie den Befehl aus, um das Dialogfeld *Symbolleiste anbinden* zu öffnen. Hier werden in der linken Liste benutzerdefinierte Symbolleisten angeboten, vorausgesetzt, Sie haben welche erstellt.
3. Markieren Sie die Symbolleiste, die mit der Arbeitsmappe verbunden werden soll, und klicken Sie anschließend auf die Schaltfläche *Kopieren*. Daraufhin wird der markierte Symbolleistenname in die rechte Liste eingefügt.
4. Bestätigen Sie Ihre Eingaben mit *OK*.

Auf diese Weise können bis zu 15 Symbolleisten mit einer Arbeitsmappe verbunden werden.

Eine Symbolleiste, die mit einer Arbeitsmappe verbunden wurde, sollte im Dialogfeld *Symbolleisten* gelöscht werden. Erstens, um Platz zu schaffen, und zweitens, ist dies Voraussetzung dafür, daß die Symbolleiste beim nächsten Öffnen der Arbeitsmappe automatisch eingeblendet wird.

## Kein Handgriff zuviel - benutzerdefinierte Symbolleisten automatisch entfernen lassen

Um den Befehl *Symbolleiste anbinden* komfortabel nutzen zu können, soll die angebundene Symbolleiste nicht jedesmal manuell, sondern automatisch aus der Liste *Symbolleisten* gelöscht werden.

### Schreiben Sie ein Auto_Schließen-Makro

Um die benutzerdefinierte Symbolleiste aus dem Symbolleisten-Dialogfeld automatisch zu entfernen, können Sie ein Excel-4.0-Makro oder ein Visual-Basic-Modul schreiben, das beim Schließen der Arbeitsmappe die Symbolleiste selbsttätig entfernt.

Vorausgesetzt, die von Ihnen selbst erstellte Symbolleiste wurde „MeineSymb“ genannt, würde die Auto_Schließen-Prozedur folgendermaßen lauten:

```
Sub Auto_Schließen()
    SymbolleisteListe(„MeineSymb“).Löschen
    Mit Anwendung
        .QuickInfoZeigen = Wahr
        .GrosseSchaltflächen = Falsch
        .FarbigeSchaltflächen = Wahr
    Ende Mit
    BlattListe(„Tabelle1“).Auswählen
Ende Sub
```

Weitere Hinweise zum Aufzeichnen von Makros finden Sie ab Seite 336.

# Die richtige Umgebung - Symbolleisten-Set automatisch mit der Arbeitsmappe öffnen

Sie möchten, daß eine bestimmte Symbolleistenkonfiguration nicht nur bei Bedarf abrufbar ist, sondern immer zusammen mit einer bestimmten Arbeitsmappe geöffnet und auch wieder geschlossen wird, ohne daß erst ein Befehl eingegeben werden muß?

## Erstellen Sie ein Excel-4.0-Makro

Fügen Sie in die entsprechende Arbeitsmappe eine Makrovorlage ein und erstellen Sie ein Auto_Öffnen-Makro, um die auf diese Arbeitssituation zugeschnittene Symbolleistenkonfiguration beim Öffnen der Arbeitsmappe zu laden.

## Erstellen Sie ein Visual-Basic-Modul

Fügen Sie in die entsprechende Arbeitsmappe ein Modulblatt ein und erstellen Sie eine Auto_Öffnen-Prozedur.

### Excel-4.0-Makros

1. Wenn Sie mit Excel-4.0-Makros arbeiten, sollten Sie in die Arbeitsmappe eine Makrovorlage einfügen, indem Sie *Einfügen/Makro/MS Excel-4.0- Makro* wählen.
2. Tippen Sie in die Makrovorlage das folgende Makro ein:

```
Auto_Öffnen
=ÖFFNEN(„C:\WINDWOS\MEINEX.XLB")
=RÜCKSPRUNG()
```

Der Makroname muß wie abgedruckt übernommen werden, damit Excel weiß, daß es sich hierbei um eine Prozedur handelt, die automatisch beim Öffnen der Arbeitsmappe ausgeführt werden soll. Der Dateiname muß einer von Ihnen zuvor erstellten XLB-Datei entsprechen.

Weitere Informationen zum Erstellen von Makros finden Sie ab Seite 336 und zum Erstellen einer XLB-Datei auf Seite 67.

### VBA-Makros

1. Fügen Sie ein Visual-Basic-Modul in die Arbeitsmappe ein, indem Sie *Einfügen/Makro/Visual-Basic-Modul* wählen.
2. Tippen Sie die folgenden Makros in das Modul ein:

```
Sub Auto_Öffnen()
    ArbeitsmappeListe.Öffnen
    Dateiname:="C:\WINDOWS\MEINEX.XLB"
Ende Sub
```

Soll beim nächsten Starten von Excel die Standardsymbolleisten-Konfiguration geöffnet werden, kopieren Sie die Datei EXCEL5.XLB aus dem Windows-Verzeichnis in das Verzeichnis XLSTART-Verzeichnis von Excel.

## Treiben Sie es bunt - Symboldesign selbst entwerfen

Die eingebauten Symbole sind Ihnen nicht aussagekräftig genug. Deshalb würden Sie gerne die Symbole selbst einprägsamer gestalten. Außerdem möchten Sie benutzerdefinierte Symbole mit einem Makro verbinden und dazu das Symboldesign selbst entwerfen.

### Verwenden Sie den Symbol-Editor

Die Gestaltung der Symbole können Sie auf komfortable Weise mit dem Symbol-Editor verändern, indem Sie bei geöffnetem Symbolleisten-Dialogfeld mit der rechten Maustaste auf das zu verändernde Symbol klicken und den Befehl *Schaltflächensymbol bearbeiten* auswählen.

### So zeichnen Sie Ihr eigenes Symbol

1. Um den Symbol-Editor zu aktivieren, müssen Sie so vorgehen: Öffnen Sie das Dialogfeld *Benutzerdefiniert*, indem Sie den gleichnamigen Befehl aus dem Kontextmenü auswählen.
2. Klicken Sie dann mit der rechten Maustaste auf das Symbol in der Symbolleiste (nicht im Dialogfeld!), das geändert werden soll, um das Kontextmenü zu öffnen.
3. Wählen Sie im Kontextmenü den Befehl *Schaltflächensymbol bearbeiten*, um den Schaltflächen-Editor zu öffnen. Wenn Sie z. B. das Symbol *Seitenansicht* markiert haben, dann erscheint der Symbol-Editor mit folgendem Bild:

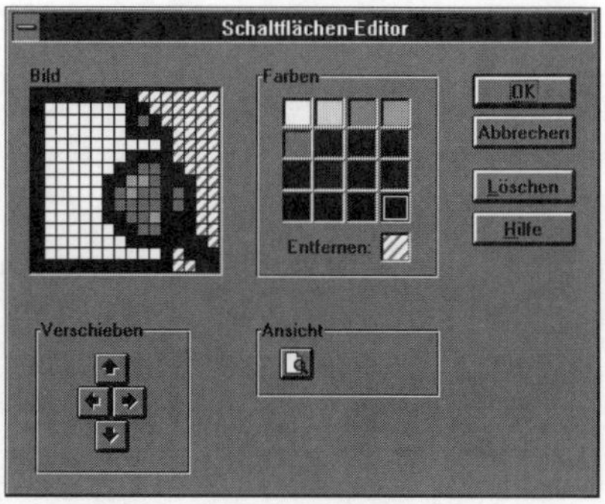


4. Mit Hilfe der Optionen im Symbol-Editor können Sie nun auf einfache Weise das Aussehen des Symbols verändern.

Sollten Sie mit dem Ergebnis nicht zufrieden sein, dann gehen Sie so vor: Dialogfeld *Benutzerdefiniert* öffnen, mit der rechten Maustaste auf das zu ändernde Symbol klicken und aus dem Kontextmenü den Befehl *Schaltflächensymbol zurücksetzen* auswählen.

## Besser sehen - Darstellung der Symbole bei hoher Bildschirmauflösung optimieren 32

Sie arbeiten mit einer hohen Bildschirmauflösung. Aus diesem Grund können Sie die Symbolschaltfläche kaum noch erkennen. Kann man diese auch vergrößert darstellen?

### Aktivieren Sie das Kontrollkästchen Große Schaltflächen

Die Symbolschaltflächen können fast auf das Doppelte vergrößert werden. Öffnen Sie dazu das Symbolleisten-Kontextmenü und wählen Sie den Befehl *Symbolleisten*. Im Dialogfeld kreuzen Sie das Kontrollkästchen *Große Schaltflächen* an.

## Die Excel-Oberfläche

Nachdem Excel gestartet wurde, sehen Sie die Excel-Oberfläche auf dem Bildschirm, wie sie der Standardeinstellung entspricht. Das muß aber nicht so bleiben. Excel bietet Ihnen, neben dem Jonglieren mit den Symbolleisten noch eine Reihe anderer Möglichkeiten, Einfluß auf das Aussehen von Excel zu nehmen.

## Allzeit bereit - Zusatzprogramme von Excel permanent in die Excel-Oberfläche einbinden 33

Wie erreicht man, daß bestimmte integrierte Zusatzprogramme von Excel, wie z. B. der Ansichten-Manager, permanent in die Excel-Oberfläche eingebunden werden, so daß Sie bei jeder Arbeitssitzung zur Verfügung stehen?

### Verwenden Sie den Add-In-Manager

Die von Excel mitgelieferten Zusatzprogramme stehen, wenn Sie im Add-In-Manager aktiviert sind, bei jeder Arbeitssitzung zur Verfügung.

### Wie Sie mit dem Add-In-Manager arbeiten

1. Öffnen Sie das Menü *Extras* und wählen Sie den Befehl *Add-In-Manager*.
2. Aktivieren Sie in der Liste *Verfügbare Add-Ins* das Kontrollkästchen neben dem Add-In, das Sie in zukünftigen Arbeitssitzungen verwenden möchten.
3. Bestätigen Sie Ihre Eingaben mit *OK*, damit die ausgewählten Add-Ins bereitgestellt werden.

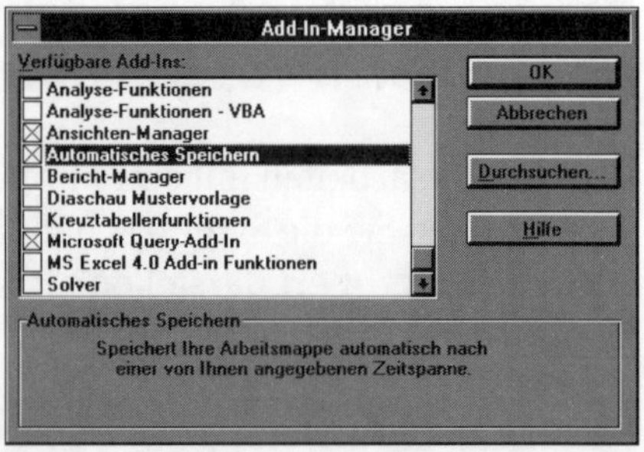

**4.** Die Add-Ins werden nun im Excel-Menü als Befehle aufgelistet und können durch Auswählen des Befehls aufgerufen werden.

Add-Ins sind von Excel bereitgestellte Makros, die über den Add-in-Manager aus dem Menü *Extras* in die Excel-Oberfläche eingebunden werden können. Diese Add-Ins benötigen ziemlich viel Speicherplatz und Ladezeit. Deshalb ist es ratsam, ein Add-In, das man nicht mehr benötigt, wieder aus dem Add-In-Manager zu entfernen. Deaktivieren Sie dazu die Kontrollkästchen der entsprechenden Add-Ins im Add-In-Manager.

Wenn Sie wissen möchten, welches Add-In in welches Menü eingebunden wird, dann schauen Sie im folgenden Tip unter „Hintergrundinfos/Exkurs" nach.

# Add-In verzweifelt gesucht - so finden Sie es wieder

Ein Add-In erscheint nicht in der Liste des Add-In-Managers, obwohl Sie genau wissen, daß Sie es installiert haben.

## Lassen Sie den Add-In-Manager suchen

Wenn Sie auf *Durchsuchen* im *Add-In-Manager* klicken, wird ein Dialogfeld zum Suchen der entsprechenden Dateien bereitgestellt.

### Suchen eines Add-Inns

**1.** Wählen Sie *Extras* und *Add-In-Manager*.

**2.** Erscheint ein Zusatzprogramm nicht in der Liste *Verfügbare Add-Ins*, klicken Sie auf die Schaltfläche *Durchsuchen*. Sie haben dann die Möglichkeit nachzusehen, ob sich das Add-In möglicherweise in einem anderen Verzeichnis befindet.

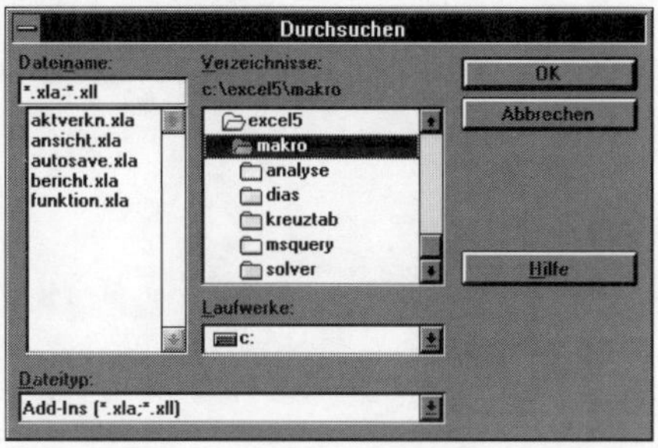


Die Add-In-Dateien befinden sich im Verzeichnis *Makro* oder in einem seiner Unterverzeichnisse.

**3.** Markieren Sie in der Liste *Dateiname* das gewünschte Add-In und betätigen Sie *OK*, um das Add-In in den Add-In-Manager einzufügen.

Wenn Sie ein integriertes Zusatzprogramm nur für eine Arbeitssitzung benötigen, öffnen Sie die entsprechende Datei mit *Datei/ Öffnen*.

In der folgenden Liste finden Sie die Funktionsweisen und die Namen der wichtigsten integrierten Add-Ins aufgelistet. Außerdem wird angegeben, in welches Excel-Menü der Befehl zum Aufrufen des Add-Ins eingefügt wird.

| | |
|---|---|
| **Analyse-Funktionen** | Liefert zahlreiche zusätzliche finanzmathematische und technische Funktionen und bietet Werkzeuge für statistische Analysen.<br>Wird in das Menü *Extras* eingefügt.<br>Dateiname: ANALYSIS.XLL |
| **Analyse-Funktionen VBA** | Liefert zahlreiche zusätzliche finanzmathematische und technische Funktionen und bietet Werkzeuge für statistische Analysen zu VBA.<br>Dateiname: ATPVBADE.XLA |
| **Ansichten-Manager** | Verwaltet unterschiedliche Ansichten von Arbeitsmappenblättern.<br>Wird in das Menü *Ansicht* eingefügt.<br>Dateiname: ANSICHT.XLA |
| **Automatisches Speichern** | Speichert Arbeitsmappen automatisch während der Arbeit.<br>Wird in das Menü *Extras* eingefügt.<br>Dateiname: AUTOSAVE.XLA |
| **Bericht-Manager** | Erlaubt Berichte aus Ansichten und Szenarien zusammenzustellen.<br>Wird in das Menü *Datei* eingefügt.<br>Dateiname: BERICHT.XLA |
| **Diaschau Mustervorlage** | Zusatzprogramm zur Herstellung einer Bildschirmschau.<br>In das Dialogfeld *Neu* wird die Mustervorlage *Dias* eingefügt.<br>Dateiname: DIA.XLA |
| **MS Query-Add-In** | Abfrageprogramm für externe Datenquellen.<br>In das Menü *Daten* wird der Befehl *Daten importieren* eingefügt.<br>Dateiname: XLQUERY.XLA |
| **Solver** | Lösung von Gleichungs- und Ungleichungssystemen mit mehreren Unbekannten.<br>Wird in das Menü *Extras* eingefügt.<br>Dateiname: SOLVER.XLA |

## Überblick - Formeln und Ergebnisse in einer Tabelle nacheinander oder gleichzeitig darstellen

35

Sie haben ein Tabellenmodell entworfen und möchten auf der einen Seite die Ergebnisse der Formeln in der Tabelle sehen und außerdem dieselbe Tabelle mit den Formeleinträgen. Wie geht man vor?

### Infofenster öffnen

Öffnen Sie über *Extras/Optionen/Ansicht* das Infofenster und wechseln Sie mit der Tastenkombination **Strg+F2** zwischen beiden Fenstern hin und her. Oder ordnen Sie die beiden Fenster mit dem Befehl *Fenster/Anordnen* neben- bzw. untereinander an.

### Mit Tastenkombination Strg+# umschalten

Schalten Sie von der Tabellenansicht mit Formeln auf die Tabellenansicht mit Ergebnissen durch die Tastenkombination **Strg+#** um.

### Zwei Arbeitsmappen nebeneinander anordnen

Öffnen Sie mit *Fenster/Neues Fenster* ein weiteres Fenster der aktiven Arbeitsmappe und ordnen Sie beide Fenster mit *Fenster/Anordnen* neben- bzw. untereinander an. Aktivieren Sie in einem Fenster über *Extras/Optionen* das Kontrollkästchen *Formeln*.

## Genauigkeit beim Rechnen ist gefragt! - Rechengenauigkeit wie angezeigt

36

Excel rechnet nicht genau, obwohl Sie alles richtig eingegeben haben. Woran kann das liegen?

### Wählen Sie Genauigkeit wie angezeigt

Das liegt wahrscheinlich daran, daß die zu berechnenden Zahlen eine andere Anzahl von Nachkommastellen aufweisen, als in der Formatierung festgelegt wurde. Wählen Sie unter *Extras/Optionen* das Register *Berechnen*, um dort unter *Arbeitsmappe* das Kontrollkästchen *Genauigkeit wie angezeigt* zu aktivieren.

Angenommen, Sie multiplizieren in Zelle C12 zwei Zahlen mit je zwei Nachkommenstellen. Excel liefert ein Ergebnis mit vier Nachkommastellen. Nimmt eine andere Zelle über eine Formel auf dieses Ergebnis Bezug, rechnet Excel mit diesen vier Nachkommastellen weiter.

Daran ändert sich auch nichts, wenn Sie für die Anzeige des Ergebnisses in Zelle C12 ein Format wählen, das auf zwei Nachkommastellen rundet.

Soll diese Abweichung zwischen dem tatsächlichen Wert, den Excel speichert und bei weiteren Berechnungen benutzt, und der Anzeige in der Zelle beseitigt werden, soll also mit den aufgerundeten Ergebnissen weitergerechnet werden, muß *Genauigkeit wie angezeigt* benutzt werden.

Da die Ersetzung der vorhandenen Werte durch die angezeigten Werte nun aber einen Verlust an Genauigkeit bedeutet, erhalten Sie beim Einschalten dieser Einstellung die Nachfrage: „Daten verlieren damit endgültig an Genauigkeit". Wenn Sie bestätigen, werden die Werte, die bisher in der Bearbeitungszeile sichtbar waren, durch die angezeigten Werte ersetzt.

Die Festlegung der Berechnung über das Kontrollkästchen *Genauigkeit wie angezeigt* wirkt sich auf alle Tabellen in der aktiven Arbeitsmappe aus. Die Auswirkungen des Kontrollkästchens *Genauigkeit wie angezeigt* können nicht rückgängig gemacht werden. Wenn Sie *Genauigkeit wie angezeigt* nicht aktiviert haben, sollten Sie wissen, daß Excel Zahlen mit 15stelliger Genauigkeit speichert.

## Delegieren Sie das Setzen der Dezimalstellen an Excel

37

Sie müssen Kolonnen von Zahlen eingeben, alle mit zwei Nachkommastellen, wie z. B. 123,50. Damit es schneller geht, möchten Sie die Kommas automatisch von Excel setzen lassen.

### Teilen Sie Excel die Anzahl der Dezimalstellen mit

Wählen Sie *Extras/Optionen/Bearbeiten*, aktivieren Sie das Kontrollkästchen *Feste Dezimalstelle* und tippen Sie in das Eingabefeld *Stellenanzahl* die gewünschte Stellenanzahl ein.

### So stellen Sie die festen Dezimalstellen ein

1. Unter *Extras/Optionen*, Register *Bearbeiten* befindet sich das Kontrollkästchen *Feste Dezimalstelle*.
2. Damit kann für die Zahleneingabe eine feste Anzahl von Dezimalstellen vereinbart werden. Wenn Sie das Kontrollkästchen ankreuzen und unter *Stellenanzahl* 2 eingeben, heißt das für die Zahleneingabe, daß von Excel automatisch 2 Nachkommastellen festgelegt werden. In der Statuszeile erscheint der Eintrag FIX.

Beispiele für Eingaben bei einer Stellenanzahl von 2:

| Eingabe | wird zu |
|---|---|
| 23567 | 235,67 |
| 45 | 0,45 |
| 4 | 0,04 |

Durch die Eingabe eines Kommas kann die Option für diese Eingabe außer Kraft gesetzt werden. Soll z. B. 1,4 eingegeben werden, müssen Sie die Zahl mit dem Komma eintippen.

Wenn Sie **Num** drücken, können Sie die Zahlen auch über die Zehnertastatur eingeben.

Werte, die vor dem Aktivieren des Kontrollkästchens *Feste Dezimalstelle* eingegeben wurden, bleiben davon unberührt.

Wenn Sie die Option *Feste Dezimalstelle* aktiviert haben, erscheint in der Statuszeile der Hinweis FIX.

## Hinter Gittern - Tabellen mit Gitternetzlinien anzeigen ohne sie auszudrucken

Eine Tabelle, die auf dem Bildschirm wegen der besseren Übersichtlichkeit mit Gitternetzlinien dargestellt wird, soll ohne Gitternetzlinien ausgedruckt werden. Muß man zum Ausdrucken die Gitternetzlinien unter *Extras/Optionen* im Register *Ansicht* ausschalten, oder kann man das Ausschalten der Gitternetzlinien auch nur auf den Druckvorgang beschränken?

### Verwenden Sie *Seite einrichten*

Schalten Sie das Kontrollkästchen *Gitternetzlinien* beim Einrichten der Seite für den Druckvorgang aus.

### Wählen Sie die Anzeige von Gitternetzlinien

1. Wählen Sie aus dem Menü *Datei* den Befehl Seite *einrichten* und aktivieren Sie im Dialogfeld die Registerkarte *Tabelle.*
2. Hier finden Sie in der Gruppe *Drucken* das Kontrollkästchen *Gitternetzlinien.* Dekativieren Sie das Kontrollkästchen.

In der Standardeinstellung werden Gitternetzlinien dann ausgedruckt, wenn Sie im Tabellenblatt angezeigt werden. Wenn Sie die Gitternetzlinien unter *Extras/Optionen/Ansicht* ausschalten, dann werden Sie auch nicht gedruckt. Durch Ein- oder Ausschalten des Kontrollkästchens *Gitternetzlinien* im Dialogfeld *Seite einrichten*, Register *Tabelle*, kann diese Regelung außer Kraft gesetzt werden.

Gitternetzlinien können zur Anzeige auf dem Bildschirm auch farbig dargestellt werden. Wählen Sie dazu *Extras/Optionen/Ansicht*, öffnen Sie das Dropdown-Listenfeld *Farbe* und wählen Sie die gewünschte Farbe aus.

## Platz gespart - so kann man Daten auch ohne Bearbeitungsleiste eingeben

Sie möchten für das Arbeitsblatt möglichst viel Platz auf dem Bildschirm haben, um den größtmöglichen Tabellenausschnitt betrachten zu können. Kann man dafür auch die Bearbeitungsleiste ausblenden? Kann man dann überhaupt noch Daten eingeben?

### Geben Sie die Daten direkt in die Zelle ein

Blenden Sie die Bearbeitungsleiste mit dem Befehl *Ansicht/Bearbeitungsleiste* aus und tippen Sie die Daten direkt in die Zelle ein. Im Dialogfeld *Optionen*, Register *Ansicht*, welches über *Extras* aufgerufen wird, legen Sie die Standardeinstellung der Bearbeitungsleiste fest.

Zum Bearbeiten von Zellinhalten klicken Sie zweimal auf die entsprechende Zelle und positionieren die Einfügemarke wie gewohnt. Das ist aber nur dann möglich, wenn unter *Extras/Optionen/Bearbeiten* das Kontrollkästchen *Direkte Zellbearbeitung* aktiviert ist.

Die Bearbeitungsleiste ist also für die Dateneingabe nicht mehr notwendig, allerdings verlieren Sie mit der Ausblendung der Bearbeitungszeile auch die Anzeige des Namensfeldes und die schnelle Formelanzeige für die ausgewählte Zelle.

Wenn der Bildschirmausschnitt möglichst groß sein soll, obwohl Sie auf die Symbolleiste nicht verzichten möchten, können Sie auch die Statuszeile ausblenden.

Der Befehl *Ansicht/Statusleiste* blendet die Statusleiste ein- bzw. aus. Wenn Sie ein Datenmodell fertig entworfen haben, dann ist die Statusleiste eigentlich entbehrlich, denn jetzt wollen Sie die Tabelle nutzen, also Daten eingeben, und dafür benötigen Sie keine Hinweise von Excel mehr.

## Tabelle in Großaufnahme - maximieren Sie den Excel-Bildschirm

Sie arbeiten an einer großen Tabelle, und deshalb ist es sinnvoll, so viele Daten wie möglich mit einem Blick erfassen zu können.

### Stellen Sie den ganzen Bildschirm dar

Der Befehl *Ansicht/Ganzer Bildschirm* blendet die Titelleiste, die Statusleiste, die Symbolleisten und die Bearbeitungsleiste aus. Ein Symbol zum Zurückschalten auf die normale Bildschirmdarstellung wird eingeblendet.

Das Symbol *Ganzer Bildschirm* befindet sich in der Werkzeug-Symbolleiste.

Die jeweiligen Einstellungen von *Statusleiste*, *Bearbeitungsleiste* und *Ganzer Bildschirm* werden beim Beenden von Excel in der Datei EXCEL5.INI gespeichert und stehen deshalb bei einem Neustart des Programms unverändert zur Verfügung.

# Gut bedient ist halb gewonnen - optimale Arbeitsweise mit Excel 5.0

In Excel führen immer viele Wege zum Ziel. So können Sie z. B. einen Befehl sowohl aus dem Menü, als auch über ein Symbol oder das Kontextmenü aufrufen. Oder Sie markieren einen Zellbereich mit Hilfe der Tastatur oder mit Hilfe der Maus, oder Sie kombinieren beide Techniken. Wofür soll man sich entscheiden? Mit Sicherheit werden Sie sehr schnell für sich herausfinden, welche Art und Weise der Bedienung Ihnen am meisten liegt. Aber dazu müssen Sie erst einmal einige Möglichkeiten ausprobiert haben. Wenn Sie also mehr über die verschiedenen Bedientechniken von Excel wissen möchten, dann können Sie sich in diesem Kapitel Anregungen dazu holen.

## Was die Maus so alles kann

Wenn die Arbeit mit den Tabellen und Diagrammen fix und ohne Umständlichkeiten von der Hand gehen soll, gibt es einen generellen Ratschlag: Nutzen Sie aus, was die Maus unter Excel 5.0 so alles kann, und machen Sie diese Maustricks zur festen Gewohnheit.

## Korrektur - wenn beim Markieren eine Zelle vergessen wurde

Das Markieren einer Zelle bzw. eines Zellbereichs ist problemlos, Sie ziehen einfach die Maus bei gedrückter Maustaste über die entsprechenden Zellen. Aber was ist zu tun, wenn beim Markieren eine Zelle aus Versehen vergessen wurde? Sobald Sie die Maustaste erneut klicken, wird die gesamte Markierung wieder gelöscht. Muß nun wirklich wieder von vorne begonnen werden?

### Die Umschalt-Taste einsetzen

Betätigen Sie die **Umschalt**-Taste und klicken Sie auf die Zelle, die in den Markierungsbereich eingeschlossen werden soll.

### So korrigieren Sie die Markierung

Wenn Sie bei einem prüfenden Blick auf den markierten Bereich feststellen, daß etwa unten eine Zeile zuwenig markiert ist, oder auch zuviel, haben Sie die Möglichkeit, die Markierung zu korrigieren.

1. Dazu brauchen Sie nur die **Umschalt**-Taste zu drücken und die Zelle anzuklikken, die in dem gewünschten Bereich der aktuellen Zelle gegenüber, bzw. diagonal gegenüber liegen soll (siehe Beispiel).

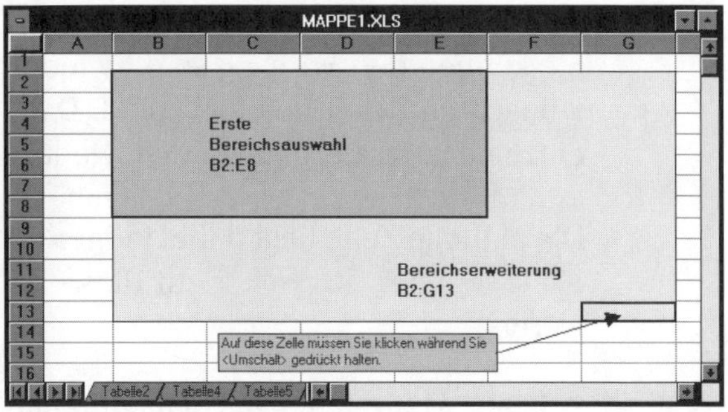


2. Soll der Bereich an der Ecke verändert werden, wo sich die aktuelle Zelle befindet, kann diese mit **Umschalt+Tab** in die gegenüberliegende Ecke des momentan markierten Bereichs versetzt werden. Das ist notwendig, da die Markierung nur an der gegenüberliegenden Seite der aktiven Zelle erweitert werden kann.

## Mehrfachmarkierung leicht gemacht

Sie wollen zu einem markierten Bereich einen zusätzlichen Bereich markieren, der nicht an den bereits markierten Bereich angrenzt? Normalerweise hebt eine neue Markierung eine bereits bestehende Markierung auf. Wie kann das verhindert werden?

### Die Strg-Taste einsetzen

Wenn während des Markierens die **Strg**-Taste gedrückt wird, können einzelne nicht zusammenhängende Bereiche problemlos markiert werden, ohne daß die vorherige Markierung aufgehoben wird.

### Arbeiten Sie mit Gehe zu

Wenn der Zellbezug des zu markierenden Bereichs bekannt ist, können Sie auch *Bearbeiten/Gehe zu* wählen und den zu markierenden Bereich dort angeben.

### Strg-Taste einsetzen

1. Markieren Sie zunächst die erste Zelle oder den ersten Zellbereich wie gewohnt.
2. Betätigen Sie dann die **Strg**-Taste und halten Sie diese gedrückt, während Sie den nächsten Bereich markieren.

Sie können den Vorgang so oft wiederholen, wie Sie möchten, bis alle gewünschten Zellen markiert sind. Dabei kann die **Strg**-Taste zwischen den einzelnen Markierungen auch wieder losgelassen werden.

Die aktuelle Zelle liegt dabei immer im zuletzt markierten Bereich. Mit der **Tab**-Taste oder **Strg**+**Tab** kann diese Zelle durch alle Bereiche geschoben werden.

Soll eine Mehrfachauswahl nachträglich korrigiert werden, müssen Sie mit der Kombination **Umschalt**-Taste und Mausklick arbeiten. Sie können immer den Block der Mehrfachauswahl verändern, in dem gerade die aktuelle Zelle liegt. Benutzen Sie **Strg**+**Tab**, um die aktuelle Zelle blockweise zu versetzen. Setzen Sie den Mauszeiger auf die Zelle, die der aktuellen Zelle in dem zu markierenden Block gegenüberliegt.

### Mit Gehe zu arbeiten

1. Öffnen Sie das Menü *Bearbeiten* und wählen Sie den Befehl *Gehe zu* oder betätigen Sie **F5**, um das Dialogfeld *Gehe zu* einzublenden.

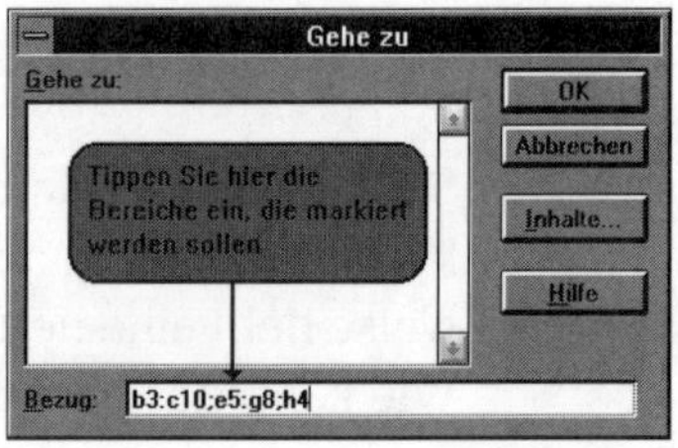


2. Tippen Sie in das Eingabefeld *Bezug* die zu markierenden Bereiche ein. Wenn z. B. die Bereiche B3:C10 und E5:G8 und die Zelle H4 markiert werden sollen, dann müßten Sie in der Eingabezeile den folgenden Eintrag vornehmen:

## Mehr Tempo für den Zellcursor innerhalb von Datenbereichen

Sie haben folgendes Problem: Der Bereich A1:A25 ist mit Daten gefüllt, und der Cursor steht momentan auf der Zelle A1. Um an die letzte Zelle in diesem Datenbereich zu gelangen, also zur Zelle A25, müßten Sie erst einen Bildlauf durchführen und dann die Zelle A25 markieren.

## Auf den Zellrand doppelklicken

Der Zellcursor kann schnell an das Ende des Datenbereichs bewegt werden, wenn Sie auf den unteren Zellrand doppelklicken.

### Ans Ende einer Liste springen

1. Positionieren Sie den Zellzeiger auf den unteren Rand der momentan markierten Zelle, im Beispiel ist das die Zelle A **1.** Der Zellzeiger ist richtig positioniert, wenn er die Form eines Pfeils annimmt.
2. Klicken Sie doppelt auf den unteren Rand der Zelle, um den Zellcursor blitzschnell in die letzte Zelle des Datenbereichs zu versetzen.

Der Zellcursor wird immer zum Rand des Datenbereichs versetzt. Die Richtung hängt von der Seite der Zellmarkierung ab, die Sie gewählt haben. Auf diese Weise können Sie leicht zum Beginn einer Spalte oder zum Ende einer Zeile in diesem Datenbereich springen.

Solche Sprünge sind auch nützlich in Tabellen, die aus mehreren Teiltabellen bestehen, die jeweils durch Leerspalten oder Leerzeilen getrennt sind. Die Abbildung zeigt ein einfaches Beispiel.

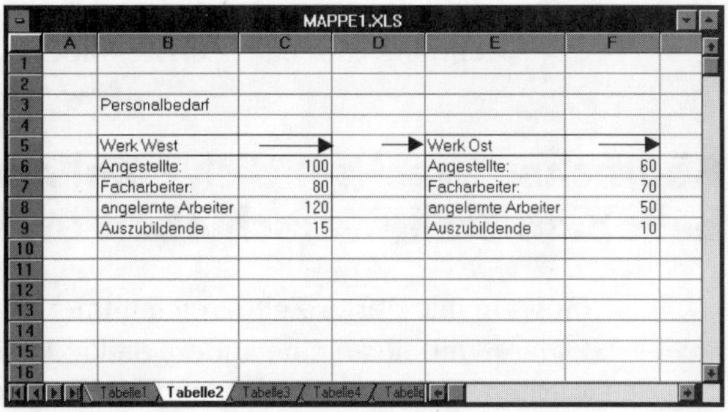


# Auf den Punkt gebracht - Markierungen schnell und zielsicher durchführen

Wenn man einen größeren Datenbereich markieren muß, z. B. A1:B100, muß man den Mauszeiger über den Rand des aktuellen Bildausschnitts ziehen, um den gewünschten Bereich zu erreichen. Dabei kann es leicht passieren, daß man zu weit zieht und wieder zurück muß - aber leider wieder zu weit. Auf diese Weise kann das Markieren leicht ein Glücksspiel werden. Wie kann man den gewünschten Datenbereich zielsicher markieren?

## Umschalt-Taste beim Doppelklick gedrückt halten

Wenn Sie den Doppelklick auf die Zellmarkierung mit **Umschalt** kombinieren, wird der Markierungsrahmen bis zum entsprechenden Rand des Zellblocks ausgedehnt. Das ist sehr praktisch bei sehr langen Spalten, die mit einem einzigen Doppelklick auf den unteren Rahmen der ersten Zelle bis zur letzten Zelle, die Werte enthält, markiert werden können.

Soll der markierte Bereich dann auf weitere ausgefüllte Spalten ausgedehnt werden, reicht **Umschalt**+Doppelklick auf den rechten Rand der Spaltenmarkierung.

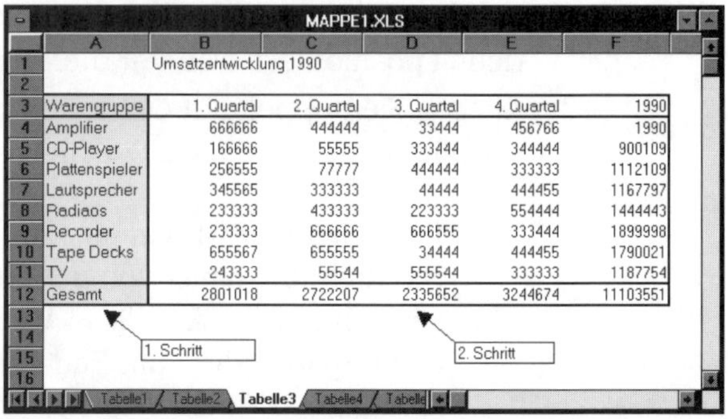


! Ist der Datenbereich markiert, bewirkt **Umschalt**+Doppelklick eine Ausdehnung zum nächsten Zellblock, sofern vorhanden.

# Bäumchen wechsel dich - Zellbereiche an eine beliebige Stelle verschieben und kopieren

Muß ein markierter Zellbereich immer über die Menübefehle bzw. mit Hilfe der Symbole an eine andere Stelle der Tabelle verschoben oder kopiert werden? Geht das mit der Maus nicht schneller?

## Ziehen und Ablegen

Ziehen Sie die Markierung mit der Maus bei gedrückter **Strg**-Taste, um diese an eine andere Stelle zu kopieren. Ziehen Sie die Markierung mit der Maus, ohne eine Taste zu drücken, um die Markierung an eine andere Position in der Tabelle zu verschieben.

### Verschieben und Kopieren mit der Maus

1. Um markierte Zellen zu verschieben, muß der Mauszeiger auf den Markierungsrahmen gesetzt werden. Der Mauszeiger ist richtig positioniert, wenn er die Form eines Pfeils angenommen hat.

2. Klicken Sie dann die Maustaste und ziehen Sie den Markierungsrahmen dorthin, wo die markierten Daten plaziert werden sollen, und lassen Sie die Maustaste wieder los. Falls dieser Vorgang mit dem Überschreiben von Daten verbunden ist, werden Sie von Excel in einem Fenster darauf hingewiesen.

Wenn Sie beim Ziehen die **Strg**-Taste betätigen, werden die markierten Zellen kopiert. Zum Zeichen dafür wird der Mauszeiger mit einem kleinen Pluszeichen verbunden. Beachten Sie, daß Formatierungen und Zellnotizen mit verschoben bzw. kopiert werden.

Sie können auch ganze Spalten oder Zeilen verschieben. Markieren Sie zunächst eine oder mehrere Zeilen oder Spalten. Ziehen Sie dann den Rahmen an die gewünschte Stelle.

Falls Sie nicht mehr genau wissen, wie man ganze Zeilen oder Spalten markiert: Eine einzelne Spalte oder Zeile wird markiert, indem man auf den entsprechenden Zeilen- oder Spaltenkopf klickt. Wenn Sie mehrere zusammenhängende Zeilen oder Spalten markieren möchten, dann klicken Sie erst auf den entsprechenden Kopf, halten die Maustaste gedrückt und ziehen die Maus über die gewünschte Anzahl der Zeilen- oder Spalten köpfe.

## Schere und Pflaster - Daten mit der Maus ausschneiden und in einen Datenbereich einfügen

Wie können Zellinhalte an einen Ort der Tabelle verschoben werden, an dem für diese Zellinhalte erst Platz geschaffen werden muß, weil sich dort momentan andere Dateneinträge befinden?

### Halten Sie beim Ziehen die Umschalt-Taste gedrückt

Wenn Sie beim Ziehen eines markierten Bereichs die **Umschalt**-Taste gedrückt halten, kann der markierte Bereich in einen Datenbereich eingefügt werden. Dabei werden die Daten nach unten oder nach rechts verschoben.

### Ausschneiden und Einfügen von Zellen mit der Maus

1. Setzen Sie den Zellzeiger auf den Markierungsrand, halten Sie die **Umschalt**-Taste fest und ziehen Sie mit dem Mauszeiger an die Stelle, wo die Daten erscheinen sollen. Der Rahmen verwandelt sich in einen Einfügebalken. In der Statuszeile erscheint der Hinweis: „Schneidet Inhalt der Markierung aus und fügt ihn als neue Zelle ein.“.
2. Sobald Sie die Maustaste loslassen, werden die Daten vom Ursprungsort entfernt und erscheinen im Einfügebereich. Die bisherigen Daten werden nach rechts oder nach unten versetzt, je nachdem, ob der Einfügebalken auf einer Zeilenlinie oder einer Spaltenlinie plaziert worden ist.

Wenn Sie beim Ziehen statt der linken die rechte Maustaste klicken, wird, wenn Sie die Maus loslassen, ein Kontextmenü eingeblendet, das eine Anzahl von Befehlen zum Verschieben, Kopieren und Ausschneiden zur Verfügung stellt.

Achten Sie darauf, erst die Maustaste loszulassen und dann die **Umschalt**-Taste, weil Excel sonst nur versetzt und nicht gleichzeitig einfügt. Dann erhalten Sie den Hinweis: „Zielbereich ist nicht leer. Überschreiben?“. Brechen Sie in diesem Fall den Vorgang ab, und versuchen Sie es noch einmal.

## Maus im Streik - wenn der Zeiger nicht zum Pfeil werden will

Sie haben den Mauszeiger genau auf dem Rand von markierten Zellen positioniert, weil Sie diese verschieben möchten, aber der Mauszeiger reagiert einfach nicht. Woran kann das liegen?

### Aktivieren Sie das Kontrollkästchen Drag & Drop

Wenn sich der Mauszeiger nicht in einen Pfeil verwandelt, obwohl Sie ihn genau auf den Rand der markierten Zelle bzw. des markierten Bereichs positioniert haben, liegt das daran, daß unter *Extras/Optionen/Bearbeiten* das Kontrollkästchen *Drag & Drop von Zellen ermöglichen* nicht aktiviert ist.

Wenn die Option angekreuzt ist, wird der Zellzeiger mit Ausfüllkästchen dargestellt. Ist die Option nicht angekreuzt, wird der Zellzeiger ohne Ausfüllkästchen dargestellt.

Achten Sie auch darauf, daß in der gleichen Registerkarte das Kontrollkästchen *Vor dem Überschreiben von Zellen warnen* aktiviert ist, um Fehlern vorzubeugen.

## Zellinhalte blitzschnell in benachbarte Zellen kopieren

Sie haben eine Formel erstellt und möchten diese Formel ganz schnell in die benachbarten Zellen kopieren, ohne erst das Menü *Bearbeiten* aufzurufen, den Befehl *Kopieren* auszuwählen, dann die neue Zelle zu markieren, wieder das Menü *Bearbeiten* zu öffnen und schließlich auf den Befehl *Einfügen* zu klicken. Viel zu umständlich! Lesen Sie hier wie es leichter geht.

### Ausfüllkästchen über Nachbarzellen ziehen

Wenn Formeln einer Zelle oder von mehreren Zellen in einer Spalte oder Zeile direkt in benachbarte Zellen kopiert werden sollen, können Sie einfach das Ausfüllkästchen über diese Nachbarzellen ziehen.

### Das Kopieren mit dem Ausfüllkästchen

1. Positionieren Sie den Mauspfeil über dem Ausfüllkästchen, so daß er die Form eines kleinen Kreuzes annimmt.
2. Klicken Sie Sie Maustaste und ziehen Sie das Ausfüllkästchen über die Zellen, in die die Formel kopiert werden soll. Sobald Sie die Maustaste loslassen, stehen die gewünschten Werte oder Formeln in den markierten Zellen.

Sie können das Ausfüllkästchen nach rechts oder links, nach oben oder nach unten ziehen, aber nicht diagonal. Auch das Zellformat wird mit kopiert. Nur Zellnotizen verbleiben ausschließlich bei der Ursprungszelle.

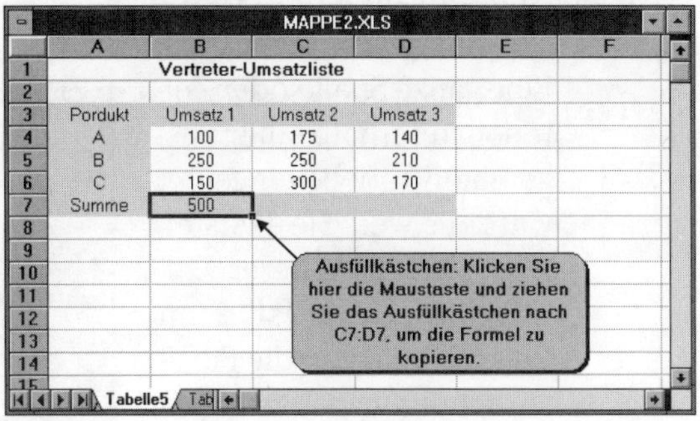

Wenn Sie mit dieser Methode Werte kopieren, müssen Sie beachten, daß Excel dabei die Werte „anschaut“ und quasi versucht, Ihre Gedanken zu lesen. Das Programm prüft, ob die Werte von der Art sind, daß sich daraus eine Datenreihe bilden läßt. Ist das nicht der Fall, werden die Werte schlicht kopiert. Läßt sich aber aus dem Wert oder aus den Werten eine Reihe bilden, wird die Reihe sofort geliefert.

Unter Datenreihen versteht Excel dabei ganz unterschiedliche Serien: Zeitreihen, Aufzählungen u. a. m. Steht in der markierten Zelle nur eine Zahl, wird sie einfach kopiert, steht darin: 1. Abteilung, liefert Excel: 2. Abteilung, 3. Abteilung usw.

## Excel bildet beim Ziehen selbständig eine Reihe - leiten Sie Gegenmaßnahmen ein!

Mit Hilfe des Ausfüllkästchens sollten zwei Zellen in benachbarte Zellen kopiert werden. Dabei hat Excel plötzlich nicht die Werte kopiert, sondern Reihen gebildet. Es ist jedoch keine Reihenbildung erwünscht. Was ist zu tun, um trotzdem die schnelle Kopiermethode mit der Maus anzuwenden?

### Beim Ziehen die Strg-Taste festhalten

Wenn die markierten Daten zwar eine Reihenbildung ermöglichen, diese aber nicht erwünscht ist, soll also tatsächlich nur kopiert werden, muß beim Ziehen des Ausfüllkästchens die **Strg**-Taste festgehalten werden.

## Leere Zeilen oder Spalten schnell mit der Maus einfügen

Eine ganze Spalte oder Zeile soll innerhalb einer ausgefüllten Tabelle eingefügt werden, weil Sie feststellen, daß ein weiterer Eintrag notwendig ist. Zum Beispiel sollen in die Filialabrechnung Spalten eingefügt werden, um die Summe der Quartale zu errechnen. In der Abbildung müßte also zunächst vor die Spalte E eine leere Spalte eingefügt werden:

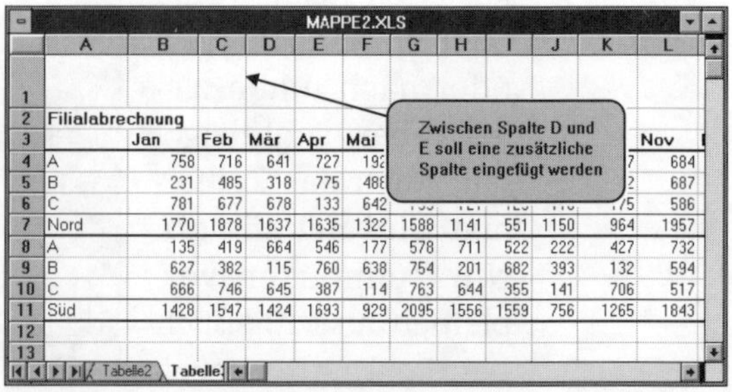

## Beim Ziehen die Umschalt-Taste drücken

Markieren Sie die Spalte, nach der eine Leerspalte eingefügt werden soll, und ziehen Sie das Ausfüllkäschten bei gedrückter **Umschalt**-Taste nach rechts.

## Verwenden Sie die Symbole

Markieren Sie die ganze(n) Spalte(n) oder die ganze(n) Zeile(n) und klicken Sie entweder auf das Symbol *Zeilen einfügen* oder *Spalten einfügen*. Zeilen werden über der Markierung und Spalten links von der Markierung eingefügt.

## Einfügen durch Ziehen mit der Maus

1. Markieren Sie die ganze Spalte, nach der eine Leerspalte eingefügt werden soll, indem Sie auf den Spaltenkopf klicken. Im Beispiel wäre das die Spalte D.

   ! Die markierten Zeilen oder Spalten weisen direkt unter dem Zeilen- bzw. Spaltenkopf ebenfalls ein Ausfüllkästchen auf.

2. Ziehen Sie mit gedrückter **Umschalt**-Taste das Ausfüllkästchen um eine Spalte nach rechts. Der Mauszeiger nimmt dabei die Form eines Doppelpfeils mit zwei waagerechten Linien an.

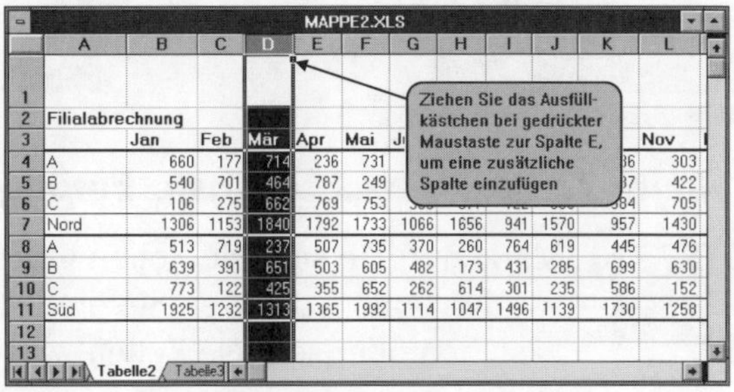


   Markieren Sie mehrere Zeilen oder Spalten, wenn Sie mehrere Zeilen oder Spalten einfügen wollen. Die Formatierung der markierten Zellen wird auf die neuen übertragen.

Wenn Sie vor die Spalte A oder die Zeile 1 Leerzellen einfügen wollen, benutzen Sie am besten die Symbole *Spalten einfügen* bzw. *Zeilen einfügen*, nachdem Sie auf den Spaltenkopf A oder den Zeilenkopf 1 geklickt haben.

### Einfügen durch Verwenden der Symbole

1. Markieren Sie eine Zelle in der Spalte, nach der eine Leerspalte eingefügt werden soll. Im Beispiel wäre das eine beliebige Zelle in der Spalte D.
2.  Klicken Sie auf das Symbol *Spalten einfügen*, um eine Leerspalte nach der Spalte D einzufügen.

Die Symbole *Spalten einfügen* und *Zeilen einfügen* befinden sich standardmäßig in keiner Symbolleiste. Sie finden sie in der Kategorie *Bearbeiten*.

## Leere Zellen schnell in einen Datenbereich einfügen

Wie geht man am schnellsten vor, wenn man in ein bereits ausgefülltes Tabellenblatt mitten in den Datenbereich hinein noch ein paar leere Zellen einfügen muß?

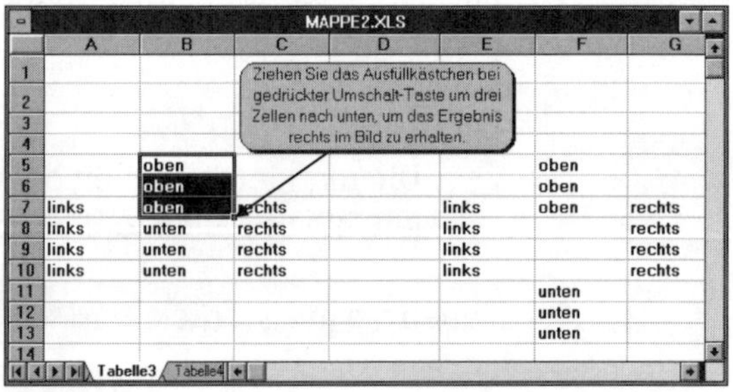


### Beim Ziehen Umschalt-Taste betätigen

Markieren Sie so viele Zellen innerhalb des Datenbereichs, wie eingefügt werden sollen, drücken Sie die **Umschalt**-Taste und ziehen Sie das Ausfüllkästchen über so viele Zellen, wie eingefügt werden sollen.

### Symbole verwenden

Markieren Sie so viele Zellen, wie eingefügt werden sollen, und klicken Sie auf das Symbol *Zellen einfügen*. Die markierten Zellen werden nach rechts verschoben.

### Beim Ziehen Umschalt-Taste betätigen

1. Markieren Sie die Zelle(n) links oder über der Stelle, wo die Leerzelle(n) eingefügt werden sollen.
2. Positionieren Sie den Mauszeiger auf dem Ausfüllkästchen, so daß er die Form eines kleinen Kreuzes annimmt, drücken Sie die **Umschalt**-Taste und ziehen Sie das Ausfüllkästchen um so viele Zellen nach rechts oder nach unten, wie Zellen eingefügt werden sollen.

## Ab in den Papierkorb - schnelles Löschen von Zellinhalten mit der Maus

52

Ein markierter Bereich soll gelöscht werden, und zwar so schnell wie möglich.

### Ausfüllkästchen in die Markierung ziehen

Markieren Sie die zu löschenden Zellen und ziehen Sie das Ausfüllkästchen in die Markierung hinein.

### Symbolschaltflächen benutzen

Markieren Sie die zu löschenden Zellen und klicken Sie auf das Symbol *Inhalte löschen*. Das Symbol *Inhalte löschen* finden Sie in der Kategorie *Bearbeiten*.

### Ausfüllkästchen in die Markierung ziehen

1. Markieren Sie die Zellen, deren Inhalt gelöscht werden soll. Es kann eine einzelne Zelle, ein Zellbereich, eine ganze Zeile oder eine ganze Spalte markiert werden.
2. Positionieren Sie den Mauszeiger auf dem Ausfüllkästchen, so daß er die Form eines kleinen Kreuzes annimmt.
3. Klicken Sie die Maustaste und ziehen Sie die Maus bei gedrückter Maustaste in die Markierung hinein, so daß die Markierung als graues Raster erscheint. In der Statuszeile wird der Hinweis: „Um Inhalte zu löschen, ziehen Sie den Zeiger in die Markierung“ angezeigt.
4. Wenn Sie die Maustaste loslassen, wird der Zellinhalt der markierten Zellen gelöscht.

Haben Sie den falschen Bereich erwischt, ziehen Sie den Mauszeiger einfach wieder bis zum Ausfüllkästchen zurück und lassen die Maustaste los.

Excel löscht auf diese Art nur den Inhalt der Zelle. Formatierung und Zellnotizen bleiben erhalten. Um diese auch zu löschen, muß gleichzeitig **Strg** gedrückt werden.

## Klick und weg - schnelles Löschen von Zellen per Maus

Es soll nicht nur der Zellinhalt, sondern die Zelle selbst mit Hilfe der Maus gelöscht werden, ohne den Menübefehl *Bearbeiten/Zellen löschen* zu verwenden, damit es schneller geht.

### Beim Ziehen Umschalt-Taste drücken

Markieren Sie die zu löschenden Zellen und ziehen Sie das Ausfüllkästchen bei gedrückter **Umschalt**-Taste über die Markierung.

### Klicken Sie auf das Symbol

Markieren Sie zuerst die zu löschenden Zellen und klicken Sie dann auf das entsprechende Symbol.

Das Symbol *Zellen löschen* löscht die Zellen, die markiert sind. Wenn Sie z. B. eine ganze Spalte markieren, wird die ganze Spalte gelöscht.

Die Symbole *Zeilen löschen* und *Spalten löschen* löschen eine ganze Zeile oder Spalte auch dann, wenn jeweils nur eine einzelne Zelle in der entsprechenden Zeile oder Spalte markiert ist.

Die Symbole finden Sie in der Kategorie *Bearbeiten*.

### Beim Ziehen Umschalt-Taste drücken

Anstatt nur den Zellinhalt zu löschen und die Zelle leer zu lassen, kann auch die Zelle selbst gelöscht werden.

1. Markieren Sie die Zelle(n), die Zeile(n) oder Spalte(n), die gelöscht werden sollen.

2. Betätigen Sie die **Umschalt**-Taste und ziehen Sie das Ausfüllkästchen über die Markierung. Das Fadenkreuz verwandelt sich in einen Doppelpfeil. In der Statuszeile erscheint: „Um Zellen zu löschen, ziehen Sie den Zeiger in die Markierung".

Beachten Sie dabei, daß Formeln, die sich auf gelöschte Zellen beziehen, ihren Bezug verlieren. Die Formel liefert dann den Fehlerwert „#Bezug!".

Der Ausdruck Zellen „löschen" ist etwas ungenau, denn in Wirklichkeit wird die gelöschte Zelle nur mit dem Inhalt der Nachbarzelle aufgefüllt. Der Inhalt der Nachbarzellen wird also in Richtung der gelöschten Zelle verschoben - nach oben, oder nach links, je nach Markierung.

## Extrabreit - Spaltenbreite und Zeilenhöhe optimal und schnell angepaßt

Sie beabsichtigen die Planung von Kosten und stellen dazu folgende Tabelle auf.

Sowohl die Zeilen- als auch die Spaltenüberschriften sind für die jeweiligen Zellen zu lang. Wie kann man die Spalten- und Zeilenbreiten entsprechend anpassen?

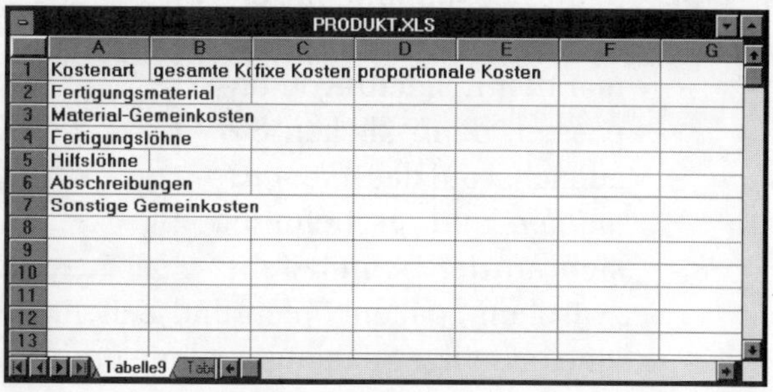


### Spaltenbreite oder Zeilenhöhe individuell einstellen

Wenn Sie einzelne Spaltenbreiten unabhängig vom Zelleintrag festlegen möchten, positionieren Sie den Mauszeiger auf die rechte Grenzlinie der Spalte im Spaltenkopf. Der Mauszeiger ist richtig positioniert, wenn er die Form eines Doppelpfeils mit einem senkrechten Strich angenommen hat. Klicken Sie dann die Maustaste und ziehen Sie die Spalte zur gewünschten Breite. Entsprechendes gilt für die Zeilenhöhe. Hier müssen Sie die untere Zeilenkopfbegrenzung ziehen.

### Einzelne Spalten oder Zeilen mit der Maus optimal einstellen

Der schnellste Weg, die Breite einer Spalte an die eingegebenen Daten anzupassen, ist der Doppelklick auf die rechte Begrenzungslinie der Spalte. Sollen mehrere nebeneinanderliegende Spalten angepaßt werden, ziehen Sie vorher mit der Maus über die Spaltenköpfe. Soll eine Zeilenhöhe optimal angepaßt werden, dann klicken Sie zweimal auf die untere Grenzlinie der jeweiligen Zeile.

Einen Nachteil hat diese Methode allerdings, wenn sich in der betreffenden Spalte eine Überschrift befindet, die breiter ist als die sonstigen Eintragungen in der Spalte.

In so einem Fall ist es günstiger, die Zellen in der Spalte unterhalb der Überschrift zu markieren und dann *Format/Spaltenbreite/Optimale Breite* zu benutzen. Dann gilt der längste Eintrag im markierten Bereich als Richtschnur für die Spaltenbreite und nicht die Überschrift.

### Optimale Spalten- und Zeilenbreite für die gesamte Tabelle

Wollen Sie die Spaltenbreite und Zeilenhöhe für die gesamte Tabelle auf einmal den Zelleinträgen anpassen, dann klicken Sie zunächst auf das *Alles-auswählen*-Feld, es befindet sich an der Schnittstelle zwischen Spaltenköpfen und Zeilenköpfen. Klicken Sie dann doppelt auf eine beliebige Spaltengrenzlinie und/oder auf eine beliebige Zeilengrenzlinie.

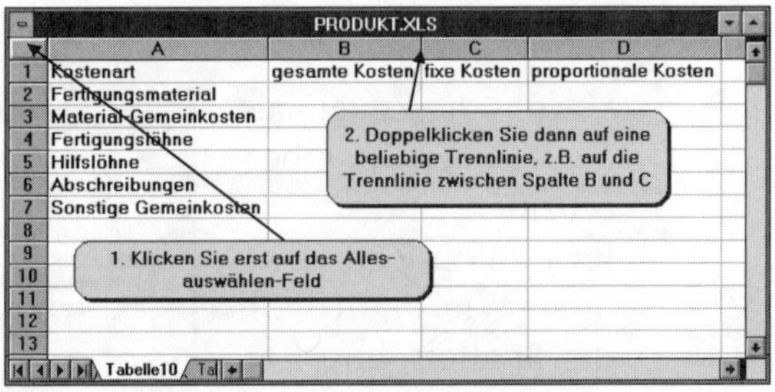


## Auf die Perspektive kommt es an - schnelles Drehen von 3-D-Diagrammen

55

3-D-Diagramme können aus unterschiedlicher Perspektive betrachtet werden. Kann man die Betrachtungshöhe, den Drehwinkel und die Perspektive auch mit der Maus verändern? Was ist dabei zu beachten?

### So bearbeiten Sie die Ansicht von 3-D-Diagrammen

Wenn Sie für 3-D-Diagramme die richtige Darstellungsform suchen, können Sie ebenfalls mit der Maus arbeiten. Hier das Verfahren:

1. Aktivieren Sie das Diagramm und klicken Sie auf den Schnittpunkt von zwei Diagrammachsen, damit die Ecken des Diagramms markiert werden. Im Namensfeld der Bearbeitungszeile muß *Ecken* angezeigt werden.
2. Positionieren Sie den Mauszeiger auf ein Markierkästchen. Er ist richtig positioniert, wenn er die Form eines kleinen Kreuzes angenommen hat.

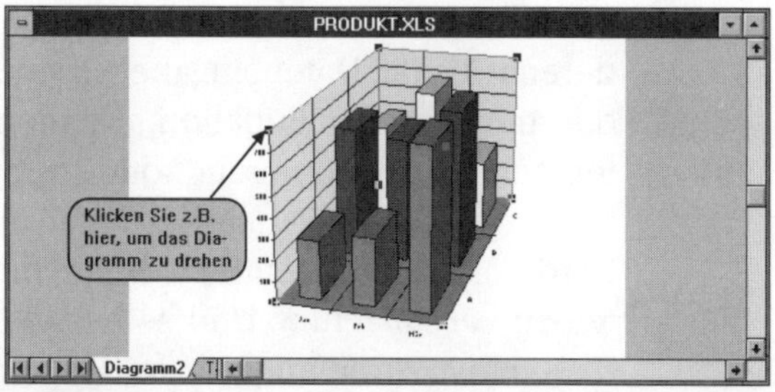


3. Klicken Sie nun die Maustaste und ziehen Sie das Markierungskästchen, um das Diagramm zu drehen. Wenn Sie **Strg** gleichzeitig drücken, werden auch die Umrisse der Säulen bzw. Balken angezeigt.
4. Ist die korrekte Position gefunden, lassen Sie die Maustaste wieder los.

**!** Sie können die Markierungspunkte so lange ziehen, bis Sie ein anderes Diagrammelement markieren.

## Weil der Mauszeiger nicht pariert - auch ohne Maus zum Kontextmenü

56

Sie möchten gerne das Kontextmenü benutzen, um sich ein paar Mausklicks zu sparen. Leider passiert es recht oft, daß sich der Mauszeiger, wenn Sie die rechte Maustaste drücken, doch nicht genau über dem markierten Objekt befindet. Gibt es da noch eine andere Möglichkeit, bei der es nicht so darauf ankommt, wo der Mauszeiger steht?

### Kontextmenü mit Umschalt+F10 öffnen

Das Kontextmenü kann auch über die Tastatur geöffnet werden. Wenn Sie die Tastenkombination **Umschalt+F10** betätigen, öffnet sich das Kontextmenü des markierten Tabellenelements, und zwar erscheint es dann am linken oberen Rand des Arbeitsmappenfensters.

Diese Methode funktioniert allerdings nur bei Tabellenelementen, die markiert werden können, z. B. auch bei Grafikobjekten, das Symbolleisten-Kontextmenü kann auf diese Weise jedoch nicht geöffnet werden.

## Automatische Datenerzeugung

Das Eintippen der Daten ist in der Regel eine Arbeit, die Excel Ihnen nicht abnehmen kann - oder fast nicht, denn einige Funktionen gibt es doch, mit deren Hilfe die Dateneingabe wesentlich erleichtert werden kann, wie z. B. die *AutoAusfüllen*-Funktion, die nicht nur dazu benutzt werden kann, Daten schnell zu kopieren, sondern auch dazu, Reihen zu berechnen, um z. B. fortlaufende Numerierungen zu erstellen. Solche Reihen können außerdem dazu verwendet werden, um Beschriftungen von Zeilen und Spalten zu vereinfachen. Und es besteht die Möglichkeit, bestimmte Datenreihen selbst zu definieren, so daß diese praktisch auf Abruf bereit stehen und immer wieder verwendet werden können.

## Überlassen Sie Excel die Tipparbeit - wenn Sie fortlaufende Reihen erzeugen wollen

Sie möchten eine Tabelle mit Überschriften, z. B. Monatsnamen, versehen. Wie kann man das tun, ohne jeden Eintrag einzeln vorzunehmen? Welche Rolle spielt das Kontextmenü in diesem Zusammenhang?

### Ausfüllkästchen verwenden

Markieren Sie die erste Spaltenüberschrift und ziehen Sie das Ausfüllkästchen über so viele Zellen wie Überschriften notwendig sind.

### So erzeugen Sie Reihen mit dem Ausfüllkästchen

Eine der erfreulichsten Neuerungen ist die Reihenbildung mit der Maus. Wenn Sie diese Funktion geschickt einsetzen, können Sie eine ganze Menge Zeit bei der Eingabe von Tabellenbeschriftungen oder von Wertereihen mit konstanten Abständen sparen. Sogar einfache Trendanalysen sind möglich.

1. Hier zunächst ein einfaches Beispiel: eine Zeile mit Monatsbeschriftungen. Sie geben nur die erste Monatsbezeichnung - ausgeschrieben oder abgekürzt - in einer Zelle ein. Es ist bei Werten nicht notwendig, die Eingabe in der Bearbeitungszeile mit einem Klick auf das Eingabefeld oder mit **Enter** abzuschließen, bevor Sie das Ausfüllkästchen benutzen können.
2. Sie ziehen das Ausfüllkästchen an der unteren rechten Ecke soweit nach rechts, bis genügend Zellen für 12 Monate markiert sind. Im Namensfeld der Bearbeitungszeile werden die Monatsnamen der erreichten Zelle zur Kontrolle angezeigt. Sind Sie übers Ziel hinausgeraten, können Sie einfach in die andere Richtung ziehen, solange Sie die Maustaste noch nicht losgelassen haben.

Falls Sie den ersten Eintrag in bestimmter Weise formatiert haben, dann wird diese Formatierung für sämtliche Reiheneinträge übernommen. Wenn Sie das Ausfüllkästchen nach links oder nach oben ziehen, wird eine Reihe in absteigender Reihenfolge erzeugt, z. B. Nov, Dez, Jan oder -3, -2, -1.

Voraussetzung dafür, daß Excel beim Ziehen eine Reihe bildet und nicht einfach den Eintrag der ersten Zelle kopiert, ist, daß Excel den Eintrag als Reihe interpretieren kann. Excel prüft also immer zuerst den Wert der Zelle und schließt aus dem Inhalt dieser Zelle, ob sich daraus eine fortlaufende Reihe erzeugen läßt oder nicht. Wenn das nicht der Fall ist, werden die Zellen nur kopiert.

Wenn Sie z. B. „Meier“ in eine Zelle eintragen, kann daraus keine Reihe gebildet werden. Der Eintrag „Meier“ wird folgedessen in die Zellen, über die Sie das Ausfüllkästchen ziehen, kopiert.

Wenn Sie z. B. „Kasse 1“ in eine Zelle eintragen, unterstellt Excel, daß Sie eine Reihe erzeugen möchten, also „Kasse 1“, „Kasse 2“, „Kasse 3“ usw. Die Nummern können am Anfang oder am Ende des Zelleintrags stehen. Wenn Sie am Anfang stehen, müssen sie allerdings durch ein Leerzeichen vom Text getrennt sein, wobei hinter der Nummer noch ein Punkt stehen kann, z. B. „1. Kasse“.

## Der Griff in die Trickkiste - dort eine Reihe erzeugen, wo Excel auf keine Reihe schließt

Sie haben einen Wert in eine Zelle eingetippt und ziehen das Ausfüllkästchen um einige Zeilen nach unten. Eigentlich sollte Excel eine Reihe erzeugen, aber der Wert wurde lediglich kopiert. Wie kann man Excel dazu veranlassen, die Reihe trotzdem zu erzeugen?

### Strg-Taste drücken und ziehen

Wenn Excel aus dem eingetragenen Wert nicht auf eine Reihe schließt, können Sie Excel dazu veranlassen, trotzdem eine fortlaufende Reihe zu erzeugen, indem Sie beim Ziehen die **Strg**-Taste gedrückt halten.

Tippen Sie z. B. eine 1 in eine Zelle ein und ziehen Sie das Aufüllkästchen nach unten. Sie werden feststellen, daß Excel die 1 lediglich kopiert.

Wenn Sie aber möchten, daß die Zellen fortlaufend numeriert werden, dann klicken Sie nochmals auf die erste Zelle mit dem Eintrag 1, betätigen dann die **Strg**-Taste und ziehen das Ausfüllkästchen erneut nach unten. In diesem Fall wird Excel die Zellen fortlaufend durchnumerieren.

Im umgekehrten Fall, also wenn Excel beim Ziehen eines Ausfüllkästchens keine Reihe erzeugen soll, den Wert aber als Reihenbildungswert betrachtet, dann führt das Betätigen der **Strg**-Taste dazu, die Reihenbildung zu unterdrücken.

Wenn Sie „1." in eine Zelle eingeben und das Ausfüllkästchen ziehen, wird automatisch eine fortlaufende Reihe gebildet, bei einer Eins ohne Punkt dagegen nicht.

## Die Schrittweite einer Reihe nach Lust und Laune festlegen

Sie möchten eine Wertereihe erzeugen, deren Werte z. B. eine Schrittweite von 10 haben, etwa 10, 20, 30 usw. Wenn Sie jedoch die erste Zahl eingeben, nämlich 10, und dann bei gedrückter **Strg**-Taste das Ausfüllkästchen über weitere Zellen ziehen, wird die Reihe mit 11, 12, 13 usw. fortgesetzt.

## Geben Sie die ersten zwei Werte ein

Tippen Sie die ersten zwei Werte in je eine Zelle ein, markieren Sie die beiden Zellen und ziehen Sie das Ausfüllkästchen über die gewünschte Anzahl von Zellen.

### So erzeugen Sie Wertereihen mit größerer Schrittweite

1. Tippen Sie in die erste Zelle den Anfangswert und in die zweite Zelle den nächstfolgenden Wert in der Reihe, damit Excel das Inkrement, also den Abstand, der für die Reihe zu benutzen ist, erkennen kann. Soll z. B. vom Anfangswert 1.000 ausgehend eine Reihe mit 5er Sprüngen erzeugt werden, dann muß der zweite Zelleintrag 1.005 lauten.
2. Markieren Sie beide Zellen und ziehen Sie das Ausfüllkästchen über die gewünschte Anzahl der Zellen.

Auch bei der Bildung von Reihen wird die Formatierung der zunächst markierten Zellen auf die neuen Zellen automatisch übertragen, so daß eine mühsame Nachformatierung nicht nötig ist.

Excel kann Wertereihen ganz unterschiedlichen Typs erzeugen. Auch mehrere Reihen gleichzeitig können erzeugt werden, indem Sie einen Bereich in einer Zeile oder Spalte markieren.

Hier zur Anregung eine Übersicht über verschiedene Typen von Datenreihen, die erzeugt werden können:

## Zeitreihen

Die Abstände werden entweder automatisch oder durch den Inhalt einer zweiten Zelle bestimmt. Auch kreisförmige Abfolgen sind möglich.

| Anfangswerte | Fortsetzung der Reihe |
|---|---|
| 8:15 | 9:15 10:15 11:15 |
| Die | Mit Don Fre Sam Son Mon Die |
| 1. Mai 15. Mai | 29. Mai 12. Jun 26. Jun 10. Jul |
| Mai 93 Sept 93 | Jan 94 Mai 94 Sep 94 |
| 2. Qrtl | 3. Qrtl 4. Qrtl 1. Qrtl |

Quartal kann ausgeschrieben oder abgekürzt werden: Qrtl oder Q. Monatsnamen und Tagesnamen können ausgeschrieben oder auf drei Buchstaben abgekürzt werden.

## Arithmetische Reihen

| Anfangswerte | Fortsetzung der Reihe |
|---|---|
| 4 7 | 10 13 16 19 |
| 6 3 | 0 -3 -6 |
| 1,2 1,6 | 2 2,4 2,8 |
| 1er | 2er 3er 4er |
| 1er 5er | 9er 13er 17er |

## Geometrische Reihen

Bei geometrischen Reihen wird jeweils der vorhergehende Wert mit einem konstanten Faktor multipliziert. Diese Reihen können allerdings nur mit dem Menübefehl *Bearbeiten/Ausfüllen/Reihe* erzeugt werden, dem die Operationen mit dem Ausfüllkästchen ansonsten entsprechen.

Schneller erreichen Sie das gleiche, wenn Sie das Ausfüllkästchen mit der rechten Maustaste ziehen, dann öffnet sich nämlich, wenn Sie nach dem Ziehen die Maustaste wieder loslassen, das *AutoAusfüllen*-Kontextmenü, in welchem die nötigen Befehle zur Verfügung gestellt werden.

| Anfangswerte | Fortsetzung der Reihe |
|---|---|
| 2 (Inkrement 2) | 4 8 16 |
| 2 (Inkrement 3) | 6 18 54 |

## Reihen mit gemischten Datentypen

| Anfangswerte | Fortsetzung der Reihe |
|---|---|
| Artikel 1 | Artikel 2 Artikel 3 |
| 1. Fach | 2. Fach 3. Fach |

Es ist auch möglich, einen Bereich mit unterschiedlichen Datentypen zu markieren und dann auf die Nachbarspalten oder -zeilen auszudehnen. Das Programm prüft jede einzelne Zelle des Ursprungsbereichs daraufhin, ob eine Reihe möglich ist oder nur kopiert werden kann. Hier ein Beispiel:

*Autoausfüllen mit einem Bereich von drei Zellen*

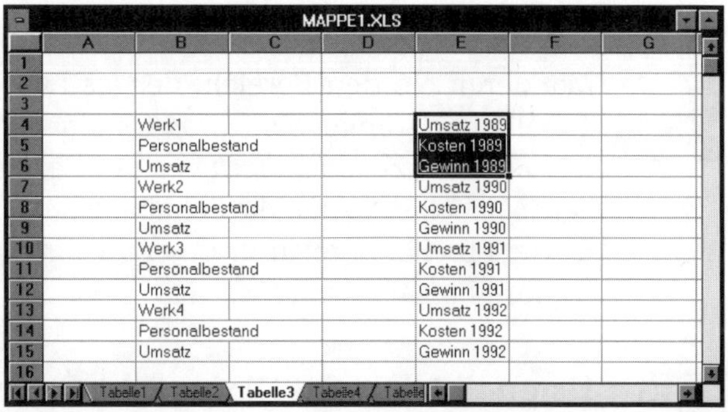


Keine Reihung wird erzeugt, wenn der markierte Bereich bereits durch eine Reihung entstanden ist. Sind z. B. in drei Zellen untereinander

1. Quartal
2. Quartal
3. Quartal

erzeugt worden, bewirkt das Ziehen des Ausfüllkästchens in die rechte Spalte nun eine einfache Kopie der Ausgangsspalte. Wird das Ausfüllkästchen dagegen nach unten gezogen, wird die Reihe weiter fortgesetzt.

# Ab in die Liste - Produktlisten und Listen mit individuellen Vorgaben automatisch erzeugen

Wenn Sie ComputerhändlerIn sind und Ihre Produkte z. B. in die Kategorien Computersysteme, Computerzubehör, Massenspeicher, Grafikkarten, Monitore, Drucker usw. einteilen, und diese Auflistung in verschiedenen Tabellen immer wieder benötigen, dann wäre es sinnvoll, eine benutzerdefinierte Reihe zu erzeugen. Deshalb die Frage: Können Werte für Reihen individuell vorgegeben werden?

## Listeneinträge im Dialogfeld Optionen definieren

*Extras/Optionen/AutoAusfüllen* wählen und unter *Benutzerliste* den Eintrag *Neue Liste* markieren. Klicken Sie dann in das Feld *Listeneinträge* und geben Sie die gewünschten Begriffe ein. Betätigen Sie nach jedem Begriff die **Enter**-Taste. Bestätigen Sie die Eingaben mit *Einfügen* oder *OK*.

## Liste aus einer Tabelle generieren

Markieren Sie den Bereich, der als Liste verwendet werden soll, in der Tabelle und wählen Sie *Extras/Optionen/AutoAusfüllen*. Wenn im Eingabefeld *Liste aus Zellen importieren* der Bezug zu der Tabelle korrekt eingetragen ist, klicken Sie auf die Schaltfläche *Importieren*, dadurch wird der markierte Tabellenbereich in das Feld *Listeneinträge* eingegeben. Bestätigen Sie Ihre Eingaben mit *OK*.

### Listeneinträge im Dialogfeld Optionen definieren

1. Wählen Sie aus dem Menü *Extras* den Befehl *Optionen*, um das Dialogfeld *Optionen* zu öffnen.
2. Aktivieren Sie die Registerkarte *AutoAusfüllen*. Hier sehen Sie unter *Benutzerliste*, daß Excel für Sie bereits einige Listen erstellt hat.

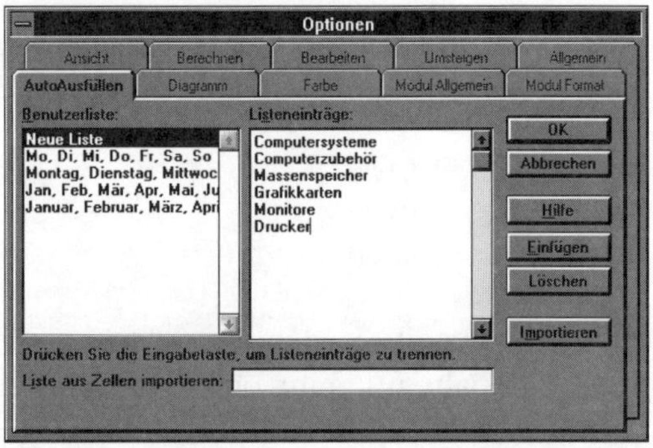


3. Klicken Sie unter *Benutzerliste* den Eintrag *Neue Liste*, damit die Einfügemarke in das Feld *Listeneinträge* eingefügt wird und Sie mit der Eingabe Ihrer individuellen Liste beginnen können.
4. Tippen Sie nun den ersten Eintrag ein und schließen Sie den Eintrag durch Betätigen der **Enter**-Taste ab. Tippen Sie danach den zweiten Eintrag ein usw.
5. Klicken Sie auf *Einfügen*, um die Listeneinträge in die Benutzerliste zu übernehmen.
6. Bestätigen Sie Ihre Eingaben mit *OK*.

### Liste aus einer Tabelle generieren

1. Wenn Sie bereits eine Tabelle, die alle ihre Produktkategorien auflistet, erstellt haben, dann können Sie diese Liste als Grundlage für die benutzerdefinierte Reihe nehmen und ersparen sich hiermit die mühevolle Eintipparbeit. Markieren Sie dazu den Bereich in der Tabelle mit den Produktkategorien.
2. Öffnen Sie mit *Extras/Optionen* das Dialogfeld *Optionen* und wählen Sie das Register *AutoAusfüllen*. Durch das vorherige Markieren des entsprechenden Bereichs in der Tabelle ist der Bezug zu diesem Be-

reich bereits in das Eingabefeld *Liste aus Zellen importieren* eingetragen. Sie hätten jetzt auch die Möglichkeit, diesen Bezug zu verändern oder den Bezug einzutippen.

3. Klicken Sie nun auf *Importieren*, um die Einträge in das Listenfeld zu übernehmen. Bestätigen Sie Ihre Eingaben mit *OK*.

Um die firmenspezifische Liste in eine Tabelle einzufügen, tippen Sie einen beliebigen Text aus der Liste in eine Zelle ein und ziehen das Ausfüllkästchen nach oben oder nach rechts.

Beachten Sie beim Erstellen selbstdefinierter Listen, daß die Einträge außer mit einer Zahl mit beliebigen Zeichen beginnen können, wobei ein einzelner Listeneintrag maximal 80 Zeichen lang sein darf, wohingegen die gesamte Liste maximal 2.000 Zeichen enthalten kann.

Die Einstellungen der selbstdefinierten Liste werden in der Datei EXCEL5.XLB gespeichert, welche sich im Windows-Verzeichnis befindet. Das bedeutet, daß sie im Netzwerk benutzerbezogen aktiviert werden kann, so daß alle Rechner im Netz auf diese Datei zugreifen können: Wenn Sie z. B. eine Kopie der Symbolleistendatei eines Kollegen oder einer Kollegin öffnen, wird die Liste dieser anderen Symbolleistendatei mit der Liste in Ihrer aktuellen Symbolleistendatei zusammengeführt, so daß Sie auf diese Weise auch die Listen, die Kollegen und Kolleginnen erstellt haben, nutzen können. Beim Beenden von Excel wird die auf diese Weise erweiterte Liste wieder in der Datei EXCEL5.XLB gespeichert und kann somit auch zukünftig verwendet werden.

## So bekommen Sie eine selbstdefinierte Liste schnell in die Tabelle

Sie haben eine benutzerdefinierte Liste geschrieben und möchten diese nun in einer Tabelle verwenden. Wie bekommt man die Daten in eine beliebige Tabelle?

### Beliebigen Eintrag eintippen und Ausfüllkästchen ziehen

Um die Liste in einer Tabelle zu verwenden, markieren Sie die linke obere Ecke der Stelle, wo die Liste beginnen soll. Tippen Sie dann einen Eintrag aus der Liste in die markierte Zelle ein und ziehen Sie das Ausfüllkästchen über so viele Zellen, wie Sie ausfüllen möchten. Wenn Sie die Maustaste lösen, wird die Liste eingefügt.

## Nichts währt ewig - selbstdefinierte Listen nachträglich bearbeiten oder löschen

Sie haben mehrere Produktlisten über das Register *AutoAusfüllen* selbst erstellt. Jetzt müßten einige Änderungen daran vorgenommen werden. Eine Liste soll sogar ganz gelöscht werden. Wie geht man da am besten vor?

### Einträge im Register AutoAusfüllen ändern

Zum Ändern selbsterstellter Listen wählen Sie wieder *Extras Optionen*, Register *AutoAusfüllen*, markieren die entsprechende Liste und setzen dann die Einfügemarke in das Feld *Listeneinträge*. Hier können Sie mit der **Rück**- oder **Entf**-Taste bestehende Einträge löschen. Wenn Sie einen neuen Eintrag hinzufügen, müssen Sie die **Enter**-Taste betätigen, um eine neue Zeile einzufügen.

Soll eine Liste insgesamt gelöscht werden, dann wählen Sie erst unter *Benutzerliste* die entsprechende Liste aus und klicken dann auf die Schaltfläche *Löschen*.

Von Excel integrierte Listen können nicht gelöscht werden.

## Blick in die Zukunft - einfache Trendanalysen per Maus

Sie möchten eine Trendanalyse durchführen, z. B. weil Sie Nachhilfeunterricht erteilen und wissen möchten, mit wie vielen Schülern und Schülerinnen in den nächsten Jahren zu rechnen ist, falls alles so weiterläuft wie bisher. Wie kann man das am einfachsten herausfinden?

### Trendanalyse mit der Maus

Markieren Sie in der Tabelle das vorliegende Datenmaterial und ziehen Sie das Ausfüllkästchen über die Zellen für die Sie Trenddaten erhalten möchten.

### Step-by-Step-Lösung

1. Wenn Sie z. B. für einen Nachhilfeunterricht die Anzahl der Schüler und Schülerinnen in den Jahren 1990 bis 1993 vorliegen haben und wissen möchten, mit wie vielen Schülern und Schülerinnen in den nächsten drei Jahren zu rechnen ist, dann markieren Sie zuerst die Zellen mit den Werten für die Jahre bis 1993.
2. Dann ziehen Sie das Ausfüllkästchen über die nächsten drei Zellen.

*Einfache Trendanalyse*

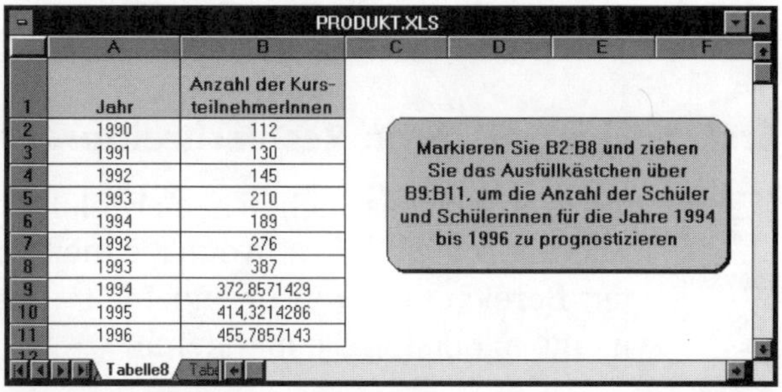


| | A | B |
|---|---|---|
| 1 | Jahr | Anzahl der Kurs-teilnehmerInnen |
| 2 | 1990 | 112 |
| 3 | 1991 | 130 |
| 4 | 1992 | 145 |
| 5 | 1993 | 210 |
| 6 | 1994 | 189 |
| 7 | 1992 | 276 |
| 8 | 1993 | 387 |
| 9 | 1994 | 372,8571429 |
| 10 | 1995 | 414,3214286 |
| 11 | 1996 | 455,7857143 |

Wenn Sie beim Ziehen statt der linken die rechte Maustaste betätigen, öffnet sich nach dem Ziehen ein Kontextmenü, mit dessen Hilfe Sie die Art des Trends festlegen können.

Die einfache Trendanalyse eignet sich besonders dann, wenn aufgrund vorliegender Daten Prognosen erstellt werden sollen.

Wenn Sie jedoch aus komplexen oder nichtlinearen Daten Trends ermitteln möchten, dann sollten Sie auf die Tabellenfunktionen TREND( ), VARIATION( ), RGP( ) und RKP( ) zurückgreifen.

# Die Rechtschreibprüfung

Wenn die Rechtschreibung nicht stimmt, dann verlieren auch die exzellentesten Tabellen oder Diagramme ihre Ausdruckskraft. Aber vertippt hat man sich schnell, und nicht immer fällt der Fehler zuerst ins eigene Auge. Auch hier ist vorbeugen besser als heilen: Geben Sie dem Fehlerteufel keine Chance, verwenden Sie die Rechtschreibhilfe.

# Wenn sich der Fehlerteufel eingeschlichen hat - Rechtschreibprüfung für bestimmte Bereiche einsetzen

Bevor Sie die Rechtschreibprüfung starten, möchten Sie gerne wissen, ob Sie die Rechtschreibprüfung auch auf bestimmte Bereiche eingrenzen können, damit nur diese geprüft werden und nicht die gesamte Tabelle oder gar die ganze Arbeitsmappe, denn das würde Ihnen einerseits zu lang dauern und ist andererseits auch nicht notwendig.

## Erst markieren, dann Rechtschreibprüfung aufrufen

Excel erlaubt das Suchen nach Fehlern z. B. auch in markierten Bereichen oder einzelnen Zellen. Wenn Sie die Rechtschreibprüfung auf die relevanten Bereiche eingrenzen möchten, müssen Sie die entsprechenden Elemente in der Tabelle markieren.

In der folgenden Tabelle finden Sie in der ersten Spalte die Elemente, die in einer Arbeitsmappe nach Rechtschreibfehlern durchsucht werden können, aufgelistet, und daneben können Sie auch gleich ablesen, welches Element Sie dazu markieren müssen.

| **Rechtschreibprüfung in** | **Markieren** |
|---|---|
| Gesamte Tabelle | Beliebige Zelle in der Tabelle markieren. Es werden alle Elemente in der Tabelle geprüft, auch Kopf-/Fußzeile, Textfelder, Zellnotizen usw. |
| Einzelne Zelle | In Zelle doppelklicken oder Einfügemarke in Bearbeitungszeile setzen |
| Zellbereich | Zellbereich markieren |
| Blattgruppe | Blätter gruppieren |
| Ganze Arbeitsmappe | Im Register-Kontextmenü den Befehl *Alle Blätter* auswählen |
| Text in Diagramm | Diagramm markieren |
| Textfeld | Textfeld(er) markieren |
| Schaltfläche | Schaltfläche(n) markieren |

## Zuviel Fachchinesisch - erstellen Sie sich Ihr eigenes Wörterbuch

65

Sie führen Aufgaben in unterschiedlichen Spezialgebieten aus. Für diese wird jeweils eine eigene Terminologie verwendet. In den meisten Fällen sind Excel die Wörter unbekannt. Wie kann man die Rechtschreibhilfe trotzdem nutzen?

### Legen Sie sich ein eigenes Wörterbuch an

Öffnen Sie mit F7 das Dialogfeld *Rechtschreibung* und tippen Sie in das Feld *Wörter hinzufügen zu* den Namen des „Spezialwörterbuchs“, das Sie erstellen möchten, ein.

### Anlage eines eigenen Wörterbuchs

1. Um ein neues Wörterbuch anzulegen, öffnen Sie das Dialogfeld *Rechtschreibung* mit F7.
2. Klicken Sie doppelt in das Eingabefeld *Wörter hinzufügen zu*, so daß der Eintrag invers markiert ist, und tippen Sie hier den Namen ein, den das neue Wörterbuch erhalten soll. Excel fragt Sie dann in einem extra Fenster, ob dieses Wörterbuch erstellt werden soll:

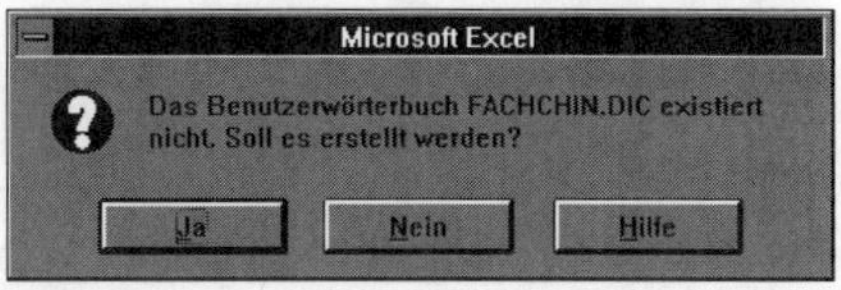


3. Klicken Sie auf *Ja*, wenn Sie es erstellen möchten.

Das neue Wörterbuch wird im Verzeichnis WINDOWS\MSAPPS\PROOF gespeichert. Falls gewünscht, können Sie das Wörterbuch auch in einem anderen Verzeichnis anlegen lassen. Dieses Verzeichnis müßten Sie jedoch Excel zuvor in der EXCEL5.INI mitteilen, und zwar unter dem Abschnitt [Spell checker].

# Einfach nachbessern - falsche Schreibweise im Wörterbuch

Sie haben beim Übernehmen von Wörtern in das Wörterbuch voreilig gehandelt, denn es ist Ihnen ein paar Mal passiert, daß Sie ein falsch geschriebenes Wort in das Wörterbuch übernommen haben. Und deshalb nützt die Rechtschreibhilfe praktisch nichts mehr, weil Excel den Fehler nicht mehr als Fehler meldet.

## Laden Sie das Wörterbuch und korrigieren Sie die Einträge

Wenn Sie über die Textverarbeitung MS WinWord 6.0 verfügen, ist das gar kein Problem. Sie wählen im WinWord-Menü *Datei* den Befehl *Öffnen*, wechseln in das Verzeichnis WINDOWS\MSAPPS\PROOF, markieren unter *Dateityp* den Eintrag *Alle Dateien [*.*]* und klicken dann im Dateilistenfeld auf den Namen des Wörterbuchs. Daraufhin wird das Wörterbuch geöffnet, und Sie können es auf gewohnte Weise bearbeiten.

# Schnelle Sprünge - Navigation in großen Tabellen

Bei der Arbeit mit großen Tabellen hängt die Arbeitseffektivität oft davon ab, wie Sie mit dem Problem umgehen, daß der Bildschirm immer nur einen kleinen Ausschnitt der Tabelle zeigt. Oftmals ist es z. B. notwendig, verschiedene Bereiche, die relativ weit voneinander entfernt liegen, gleichzeitig im Blickfeld zu haben, weil die Auswirkungen einer Formel beobachtet werden sollen. In diesem Kapitel bekommen Sie Hinweise und Tips, wie Sie das Navigieren in Tabellen geschickt lösen können.

# Mal eben in einen anderen Fensterausschnitt schauen - Markierung der Ursprungstabelle behalten

Angenommen, Sie arbeiten an einer Tabelle und brauchen für die Eingabe in der Zelle B13 eine Information, die in der Spalte Z abgelegt ist. Wenn Sie nun in der üblichen Weise mit den Richtungstasten die Zellmarkierung zu der Spalte Z verschieben, geht die Markierung der Zelle B13 verloren. Um zur Zelle B13 zurückzukehren, müssen Sie erneut mit den Richtungstasten arbeiten. Dieses Vorgehen ist aber nicht effektiv. Da Sie ja in der Spalte Z nichts eingeben, sondern nur Daten anschauen wollen, ist es nicht nötig, die Markierung der Zelle B13 aufzuheben.

Wie kann man sich schnell in einer großen Tabelle bewegen, um andere Bildschirmausschnitte einzusehen, ohne daß die aktuelle Markierung verlorengeht, und dann schnell wieder zu der Markierung zurückkehren?

### Bildlaufleisten und Strg+Rück verwenden

1. Klicken Sie auf den Bildlaufpfeil oder verwenden Sie das Bildlauffeld, um z. B. die Spalte Z in den Fensterausschnitt zu bewegen, damit Sie die Information, die sich dort befindet, einsehen können.
2. Haben Sie die Information in Spalte Z eingesehen, brauchen Sie nur **Strg**+**Rück**-Taste zu benutzen, um augenblicklich zur Zelle B13 zurückzukehren.

Wenn Sie aus Versehen zwischenzeitlich eine andere Zelle markieren, dann funktioniert dieses Verfahren nicht.

Wenn Sie die Maus nicht benutzen, können Sie das Problem dadurch bewältigen, daß Sie vor der Bewegung zur Spalte Z die **Rollen**-Taste drücken. Auch hier wird die Zellmarkierung von B13 nicht aufgehoben und **Strg**+**Rück**-Taste führt zurück zu B13.

## Finden statt suchen - Zellen direkt anspringen

Häufig ist es notwendig, innerhalb einer Tabelle von dem gerade am Bildschirm sichtbaren Bereich zu einem weit davon entfernten Bereich zu gelangen. Das kann bei großen Tabellen ziemlich mühsam sein, wenn Sie sich dazu nur der gängigen Methoden mit dem Zellzeiger oder mit den Bildlaufleisten bedienen. Sehr viel schneller kommen Sie zum Ziel, wenn Sie direkt zu einer bestimmten Zelladresse oder zu einem benannten Bereich oder auch zu einer bestimmten Überschrift „springen".

### Bei bekannter Zieladresse verwenden Sie *Gehe zu*

In das Dialogfeld *Gehe zu* können Sie den Bezug der Tabelle angeben, den Sie im Fensterausschnitt sichtbar machen möchten.

## Wenn der Name der Zelle bekannt ist, verwenden Sie das Namensfeld

Wenn es sich um eine benannte Zelle oder einen benannten Bereich handelt, können Sie am schnellsten zu dieser Zelle bzw. diesem Bereich gelangen, wenn Sie das Namensfeld in der Bearbeitungszeile öffnen und den entsprechenden Namen markieren.

## Bei bekanntem Zelleintrag Strg+F verwenden

In das Dialogfeld *Suchen* können Sie Excel einen bestimmten Zelleintrag mitteilen, der gefunden und im Fenster angezeigt werden soll.

### Wenn die Zelladresse bekannt ist

1. Betätigen Sie die Funktionstaste **F5**, um das Dialogfeld *Gehe zu* aufzurufen. Wenn Sie lieber mit der Maus arbeiten, dann wählen Sie *Bearbeiten/Gehe zu.*
2. Tippen Sie unter *Bezug* die Zelladresse oder, falls es sich um einen benannten Bereich handelt, den Namen des Zelladresse bzw. des Tabellenbereichs ein, der im Fensterausschnitt angezeigt werden soll.
3. Klicken Sie auf *OK*, damit Excel die unter *Bezug* genannte Adresse markiert und diese Stelle zum aktuellen Fensterausschnitt macht.

### Wenn ein Zelleintrag bekannt ist

1. Rufen Sie mit der Tastenkombination **Strg+F** das Dialogfeld *Suchen* auf. Wenn Sie lieber mit der Maus arbeiten, dann wählen Sie *Bearbeiten/Suchen.*

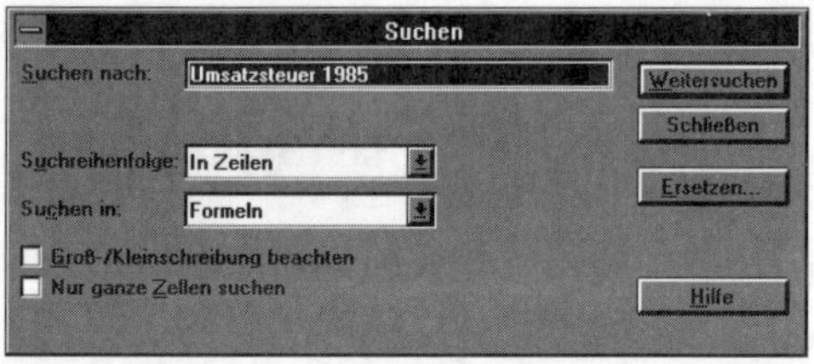


2. Tippen Sie in das Feld *Suchen nach* den gewünschten Begriff ein und klicken Sie auf die Schaltfläche *Weitersuchen*. Excel markiert dann den ersten Eintrag in der Tabelle, der mit dem Eintrag übereinstimmt und rückt ihn in den sichtbaren Fensterausschnitt.

Excel gibt keine Meldung aus, wenn der gesuchte Eintrag gefunden wurde, teilt Ihnen aber mit, wenn es keinen übereinstimmenden Eintrag in der Tabelle gibt. Wenn Sie also von Excel nichts mehr hören, dann wurde vermutlich ein übereinstimmender Eintrag in der Tabelle gefunden und Sie können die Schaltfläche *Schließen* betätigen.

Beachten Sie hierbei, daß Sie den gesuchten Wert so eingeben müssen, wie er in die Tabelle eingetragen wurde. Wenn Sie z. B. mit der Tausendertrennung formatiert haben, müssen Sie den Punkt im Suchbegriff mit eingeben. Sie können im Suchbegriff auch die Stellvertreterzeichen ? und * verwenden.

## Back to the roots - zur Ausgangsstelle in einer Tabelle zurückkehren

Sie haben die Methode mit dem *Gehe zu*-Dialogfeld dazu benutzt, um einen besonderen Tabellenausschnitt sichtbar zu machen. Jetzt fragen Sie sich sicher, wie Sie wieder zu der Ausgangszelle zurück kommen.

### Rufen Sie mit F5 das Gehe zu-Dialogfeld noch einmal auf

Markieren Sie im Dialogfeld *Gehe zu* die „Absprungstelle" und klicken Sie auf *OK*.

#### So springen Sie zur Ausgangszelle zurück

1. Rufen Sie mit **F5** das Dialogfeld *Gehe zu* auf.
2. Sie werden sehen, daß Excel hier die vier zuletzt benutzten Bezüge notiert. Die Adresse, die an erster Stelle in der Liste steht, ist die Ausgangszelle, also die zuletzt benutzte. Markieren Sie diesen Eintrag.
3. Klicken Sie auf *OK*, um zur Ausgangszelle zurückzukehren.

Diese Besonderheit können Sie auch benutzen, wenn Sie mehrfach zwischen zwei Stellen in der Tabelle hin- und herspringen müssen. Da Excel immer die zuletzt markierte Zelle bzw. den Bereich anbietet, können Sie mit **F5** und **Enter** leicht wechseln.

Das gilt übrigens auch für einen Wechsel zwischen Zellen und Bereichen in verschiedenen Fenstern. Allerdings muß der Bezug auf das andere Fenster zunächst manuell eingegeben werden, etwa =TAB1992!C201.

Statt der Funktionstaste **F5** können Sie auch die Tastenkombination **Strg**+**G** verwenden, um das Dialogfeld *Gehe zu* aufzurufen.

## An die Grundposition bitte! - Schnelle Rückkehr zur Zelle A1 70

Sie befinden sich mit dem Cursor gerade auf Zelle AA723 und möchten zur Zelle A1 zurückkehren, und zwar so schnell wie möglich. Kann man das mit einem einzigen „Sprung" erreichen?

### Verwenden Sie die Tastenkombination Strg+Pos1

Ganz häufig ist es notwendig, von einem Ausflug in entfernte Zeilen oder Spalten „nach Hause" zurückzukehren, in die home-Position A1, wie es im Computerslang genannt wird. Das geht auf einen Schlag mit **Strg+Pos1**, und damit sind Sie in der Regel schneller, als wenn Sie mit der Maus die beiden Bildlauffelder ganz nach links bzw. nach oben ziehen.

Ob das Maus- oder das Tastaturverfahren günstiger ist, hängt aber immer auch von der Situation ab, in der Sie gerade stecken. Wenn Sie Daten eingeben, also sowieso mit der Tastatur arbeiten, ist es sicher besser, die Tastenkombination zu benutzen. Wenn Sie dagegen gerade die ganze Zeit mit der Maus operieren, kann der Wechsel auf die Tastatur weniger praktisch sein.

## Die große Auswahl - große Tabellenbereiche gezielt markierten 71

Kleine Bereiche, die ganz am Bildschirm sichtbar sind, mit der Maus zu markieren, ist kein Problem. Etwas mühsamer wird es, wenn der Bereich weit über den aktuellen Bildschirmausschnitt ausgedehnt werden soll. Es kann ganz schön anstrengend werden, die Maustaste so lange festzuhalten, bis etwa 300 Zeilen markiert sind.

### Verwenden Sie die Bildlaufleisten in Verbindung mit der Umschalt-Taste

Setzen Sie den Zellcursor in den linken oberen Eckpunkt der geplanten Makierung, führen Sie einen Bildlauf durch und klicken Sie bei gedrückter **Umschalt**-Taste auf den rechten unteren Eckpunkt des Bereichs, der markiert werden soll.

## Verwenden Sie den Befehl Bearbeiten/Gehe zu in Verbindung mit der Umschalt-Taste

Markieren Sie die linke obere Ecke des zu markierenden Bereichs, wählen Sie F5 und geben Sie in das Dialogfeld *Gehe zu* die Adresse der rechten unteren Ecke des zu markierenden Bereichs ein. Beim Bestätigen der Eingaben mit *OK* halten Sie die Umschalt-Taste gedrückt.

## Verwenden Sie die Bildlaufleisten in Verbindung mit der Umschalt-Taste

1. Klicken Sie auf die linke obere Eckzelle des Bereichs, der markiert werden soll.
2. Benutzen Sie dann die Bildlaufleiste, bis die rechte untere Eckzelle des zu markierenden Bereichs sichtbar wird. Solange Sie mit der Maus keine Zelle im Fenster anklicken, bleibt die im ersten Schritt markierte Zelle die aktuelle Zelle.
3. Halten Sie die Umschalt-Taste gedrückt und klicken dann auf die rechte untere Eckzelle, daraufhin wird der gesamte Bereich zwischen der ersten ausgewählten und der zuletzt ausgewählten Zelle markiert.
4. Soll der Bereich korrigiert werden, wiederholen Sie die Schritte 2 und 3.

Wenn Sie unsicher sind, ob der Bereich wirklich richtig markiert ist, können Sie ebenfalls die Bildlaufleisten benutzen, um die anderen Ecken des Bereichs zu kontrollieren. Solange Sie nicht eine Zelle anklicken, bleibt die Markierung erhalten.

## Verwenden Sie den Befehl *Bearbeiten/Gehe zu*

1. Markieren Sie zunächst die linke obere Ecke des Bereichs, der markiert werden soll.
2. Öffnen Sie dann mit F5 das *Gehe zu*-Dialogfeld.
3. Wählen Sie einen Bezug aus dem Listenfeld, falls sich dort ein Eintrag befindet, der dem Bezug auf die rechte untere Ecke des zu markierenden Bereichs entspricht. Oder geben Sie diesen Bezug in das Eingabefeld *Bezug* ein.

Im Listenfeld *Gehe zu* kann sich nur dann der betreffende Eintrag befinden, falls diese Zelle beim letzten Aufruf des Befehls *Gehe zu* Ausgangspunkt war.

**4.** Drücken Sie **Umschalt+Enter** oder auch **Umschalt**+*OK*, um den Bereich zwischen der ersten markierten Zelle und der Zelle, die unter *Bezug* eingegeben wurde, zu markieren.

Wenn Sie eine Zelle oder einen Zellbereich in einer anderen Tabelle innerhalb der gleichen Arbeitsmappe markieren möchten, dann öffnen Sie mit **F5** das Dialogfeld *Gehe zu* und tippen den Namen der Tabelle, gefolgt von einem Ausrufezeichen und dem Zellbezug oder Namen, falls es sich um eine benannte Zelle oder einen benannten Bereich handelt, ein.

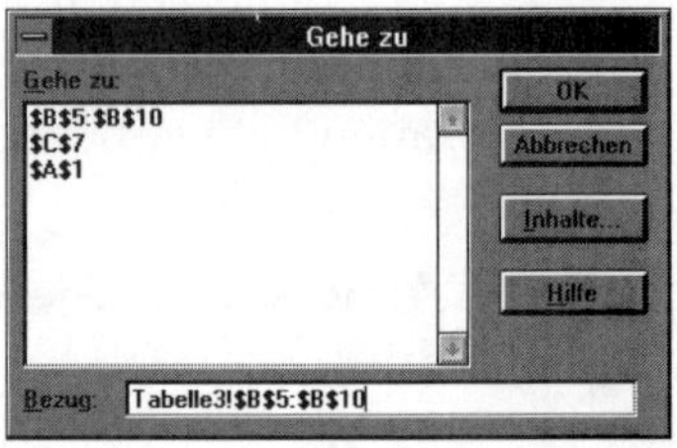


# Markieren nach Maß - wenn neue Spalten in eine Tabelle eingefügt werden

Ein spezielles Problem, das häufiger vorkommt: Beim Einfügen neuer Spalten in eine bereits bestehende Tabelle ist es oft von Interesse zu wissen, wie lang die Spalte sein muß - etwa, wenn die neue Spalte mit einer fortlaufenden Numerierung gefüllt oder wenn eine Formel in alle Zellen der Spalte kopiert werden soll. Sind die Nachbarspalten sehr lang, ist das Ende für die neue Spalte ja nicht sichtbar.

## Verwenden Sie die Nachbarspalte als Meßlatte

Tragen Sie die neue Formel oder den Wert ein, wechseln Sie in die bereits gefüllte Nachbarspalte und klicken Sie zweimal auf den unteren Markierungsrahmen. Wechseln Sie wieder in die neu einzufügende Spalte und benutzen Sie **Strg+Umschalt+↑**.

### So verwenden Sie die Nachbarspalte als Meßlatte

Die folgende Abbildung (nächste Seite) zeigt ein Beispiel für eine Tabelle, in der nachträglich eine fortlaufende Numerierung eingefügt werden soll. Hier das Verfahren:

**1.** Setzen Sie den Zellzeiger auf die erste Zelle der neuen Spalte und tragen Sie einen Wert oder eine Formel ein.

**2.** Versetzen Sie dann den Zellzeiger auf die erste Zelle der Nachbarspalte.

**3.** Doppelklick auf den unteren Markierungsrahmen; dadurch wird die Markierung auf die letzte Zelle der Spalte versetzt.

**4.** Versetzen Sie die Zellmarkierung jetzt um eine Zelle nach rechts oder links, je nachdem, wo sich die neue Spalte befindet.

**5.** Verwenden Sie nun die Tastenkombination **Strg**+**Umschalt** und betätigen Sie die Pfeiltaste nach oben, dadurch wird die Markierung bis zur obersten Zelle ausgeweitet.

**6.** Nun können Sie den Befehl *Bearbeiten/Ausfüllen Reihe* aufrufen, falls eine fortlaufende Numerierung in den markierten Bereich eingetragen werden soll.

*Einfügen einer Numerierung*

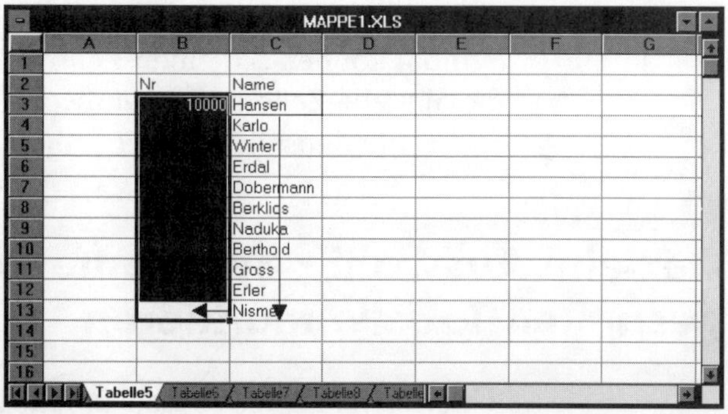


Es spielt dabei keine Rolle, daß die letzte Zelle der Markierung die aktuelle Zelle ist. (Um zum Anfang der Spalte zu gehen, ohne die Markierung aufzuheben, reicht einmal **Tab**.)

Dieselbe Methode können Sie auch zum Kopieren einer Zelle verwenden. Dazu müssen Sie nur nach dem ersten Schritt das Symbol *Kopieren* verwenden, dann wie beschrieben verfahren und den letzten Schritt durch Klicken auf die **Enter**-Taste ersetzen.

## Für ganz Eilige - Datenbereich der aktiven Zelle blitzschnell markieren 73

Ihre Zellzeiger befindet sich innerhalb einer ausgefüllten Tabelle, z. B. einer Datenbankliste mit mehreren hundert Einträgen. Jetzt möchten Sie die Datenbankliste insgesamt markieren. Gibt es da einen Trick?

### Verwenden Sie das Symbol Aktiven Bereich markieren

Mit Hilfe dieses Symbols werden alle Zellen, die mit Daten gefüllt sind und sich im Bereich der aktiven Zelle befinden, markiert.

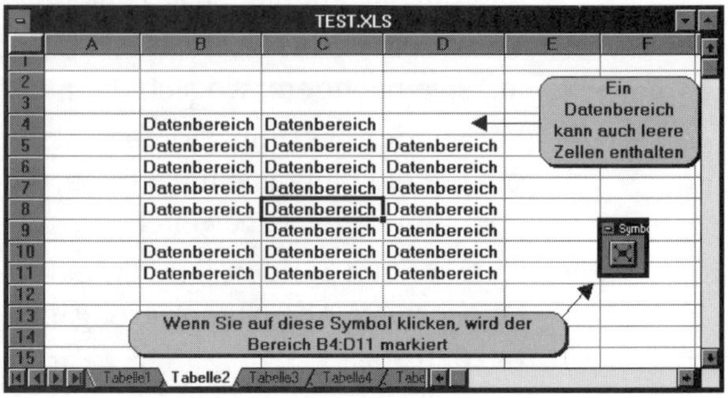


Das Symbol befindet sich in der Werkzeug-Symbolleiste. Mit diesem Symbol können Sie einen Zellblock ganz schnell markieren, wenn die aktuelle Zelle sich irgendwo in diesem Block befindet. **Strg**+**Umschalt**+* hat denselben Effekt.

## Gezielte Auswahl - bestimmte Zellen in der gesamten Tabelle markieren

Sie möchten sich in einer großen Tabelle z. B. alle Zellen anzeigen lassen, die Formeln enthalten, und davon wiederum nur diejenigen, die Wahrheitswerte enthalten?

### Verwenden Sie das Dialogfeld Inhalte auswählen

Rufen Sie das Dialogfeld *Inhalte auswählen* auf und markieren Sie hier die gewünschte Option.

### Wie Sie mit dem Dialogfeld „Inhalte auswählen" arbeiten

1. Wählen Sie aus dem Menü *Bearbeiten* den Befehl *Gehe zu* oder betätigen Sie die Funktionstaste **F5**.
2. Klicken Sie im Dialogfeld *Gehe zu* auf die Schaltfläche *Inhalte*, um das Dialogfeld *Inhalte auswählen* zu öffnen.

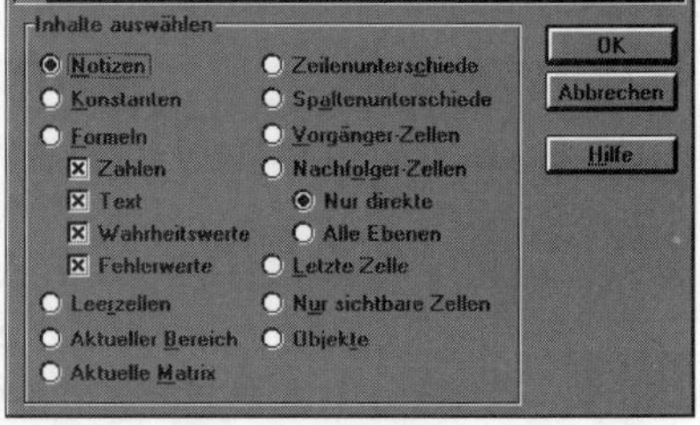

**3.** Aktivieren Sie die gewünschte Option; z. B. könnten Sie *Formeln* auswählen und die spezifizierenden Kontrollkästchen bis auf *Wahrheitswerte* ausschalten, um alle Zellen mit Formeln, die Wahrheitswerte enthalten, anzeigen zu lassen.

Mit diesem Befehl können Sie entweder die ganze Tabelle oder einen markierten Bereich durchsuchen, und zwar nach 13 verschiedenen Kriterien, von denen immer nur eins benutzt werden kann. In der Regel durchsucht Excel nur den markierten Bereich, der vor dem Öffnen des Dialogfeldes markiert wurde. Wenn nur eine einzige Zelle oder ein Objekt markiert war, überprüft Excel die gesamte Tabelle. Die Fundstellen werden markiert. Auswahlkriterien sind:

**Notizen** Es werden alle Zellen, die Notizen enthalten, markiert. Die Notizmarkierung kann auch mit der Tastenkombination Strg+Umschalt+N aufgerufen werden.

**Konstanten** Zellen, die Konstanten enthalten (Text oder Zahl), werden markiert.

**Formeln** Zellen, die Formeln enthalten, wobei vier mögliche Datentypen angekreuzt werden können, werden markiert.

**Leerzellen** Leerzellen werden markiert.

**Aktueller Bereich** Der Datenbereich, in dem sich die aktuelle Zelle befindet, wird markiert. Der Datenbereich kann auch über die Tastenkombination Strg+* markiert werden.

**Aktuelle Matrix** Die Matrix, in der sich die aktuelle Zelle befindet - also der Bereich, für den eine Matrixformel gilt, wird markiert. Die aktuelle Matrix kann auch über die Tastenkombination Strg+/ markiert werden.

**Zeilenunterschiede** Liefert in einem vorher markierten Bereich von Datenzeilen die Zellen, deren Inhalt von der jeweiligen Vergleichszelle einer Zeile abweicht. Die Vergleichszelle ist immer die Zelle, die in der Spalte der aktiven Zelle liegt. Die Zellen mit Zeilenunterschieden können auch über die Tastenkombination Strg+Ö aufgerufen werden.

**Spaltenunterschiede** Liefert in einem vorher markierten Bereich von Datenspalten die Zellen, deren Inhalt von der jeweiligen Vergleichszelle einer Spalte abweicht. Die Vergleichszelle ist immer die Zelle, die in der Zeile der aktiven Zelle liegt. Die Zellen mit Spaltenunterschieden können auch über die Tastenkombination **Strg+Umschalt+Ö** markiert werden.

**Vorgänger-Zellen** Markiert die Zellen, auf die sich die vorher ausgewählten Formeln beziehen. Die Suche kann auf alle Ebenen ausgedehnt, oder auf die direkt vorrangigen Zellen eingeschränkt werden. Die Vorgänger-Zellen auf allen Ebenen können auch über die Tastenkombination **Strg+Umschalt+Ü** aufgerufen werden. Die direkten Vorgängerzellen können auch über die Tastenkombination **StrgÜ** aufgerufen werden.

**Nachfolger-Zellen** Markiert die Zellen, deren Formeln durch die vorher ausgewählten Zellen beeinflußt werden. Die Suche kann auf alle Ebenen ausgedehnt (**Strg+Umschalt+A**) oder auf die direkt abhängigen Zellen (**Strg+A**) eingeschränkt werden.

**Letzte Zelle** Markiert die Zelle, die in der Zeile der benutzten Zelle mit der höchsten Zeilennummer und der Spalte der benutzten Zelle mit den höchsten Spaltenbuchstaben liegt, wobei „benutzt" bedeutet: entweder mit Inhalt gefüllt oder formatiert!

**Nur Sichtbare** Schließt ausgeblendete Zellen aus der Markierung aus.

**Objekte** Markiert alle grafischen Objekte der Datei unabhängig von der aktuellen Auswahl.

Beachten Sie, daß das Dialogfeld *Inhalte einfügen* nicht gewählt werden kann, wenn in einer Tabelle der Befehl *Extras/Dokument schützen/Blatt* benutzt worden ist. Das gilt seltsamerweise auch für Bereiche, für die der Schutzstatus aufgehoben worden ist.

Informationen über das Schützen von Zellen, Blättern und Arbeitsmappen finden Sie ab Seite 327.

# Dateneingabe leicht gemacht

Daten sollen mit so wenig Aufwand wie möglich in das Arbeitsblatt eingegeben werden. Aber manchmal geht es nicht so wie gewünscht. Zum Beispiel wenn der Text für eine Zelle zu lang ist oder führende Nullen dargestellt werden sollen, aber Excel einfach nicht will.

## Stillgestanden! - Damit der Zellcursor nach einer Eingabe nicht absackt

Wenn Sie Daten eingeben und die **Enter**-Taste zum Bestätigen der Eingabe verwenden, wird der Zellcursor automatisch um eine Zeile nach unten versetzt. Das mag nützlich sein beim spaltenweisen Eingeben von Daten. Da Sie aber hauptsächlich eine zeilenweise Dateneingabe vornehmen, wirkt sich das eher störend aus. Wie kann man das Versetzen des Zellcursors verhindern?

### Deaktivieren Sie das Kontrollkästchen Markierung nach dem Drücken der Eingabetaste verschieben

Das Kontrollkästchen befindet sich auf dem Register *Bearbeiten* im Dialogfeld *Optionen*, welches Sie über das Menü *Extras* und den Befehl *Optionen* aufrufen können.

Zum Abschließen einer Eingabe und anschließendem Bewegen des Zellcursors um eine Zelle nach rechts verwenden Sie die -Taste oder die **Tab**-Taste.

## Daten eingeben, ohne hinzusehen

Sie haben die Aufgabe, eine große Datenmenge in eine Tabelle einzutippen. Dabei steht von vorneherein fest, in welchen Bereich die Daten eingetragen werden dürfen. Wie kann man sich diese Arbeit erleichtern?

### Markieren Sie vor der Dateneingabe den entsprechenden Tabellenbereich

Werden Daten in einen markierten Bereich eingegeben, dann erfolgt die Dateneingabe nach bestimmten Regeln in Abhängigkeit davon, wie Sie die Dateneingabe abschließen. Zum Beispiel springt der Zellcursor automatisch in die nächste Spalte, sobald das Ende der Markierung erreicht wurde, falls Sie die Eingabe mit der **Enter**-Taste abschließen.

| Taste | Bewegung des Zellcursors |
|---|---|
| **Tab** | eine Zelle nach rechts |
| **Umschalt+Tab** | eine Zelle nach links |
| **Enter** | eine Zelle nach unten |
| **Umschalt+Enter** | eine Zelle nach oben |

### So erleichtern Sie sich die Eingabe

1. Wenn Sie wissen, in welchen Bereich die Daten eingegeben werden sollen, dann markieren Sie diesen Bereich vor der Dateneingabe, um sich die Dateneingabe dadurch erheblich zu erleichtern.
2. Tippen Sie nun Ihre Daten ein und schließen Sie die Dateneingabe jeweils mit den Tasten, die in der folgenden Tabelle aufgeführt sind, ab. Wenn Sie den markierten Bereich z. B. zeilenweise von links nach rechts ausfüllen möchten, dann betätigen Sie nach der Dateneingabe die **Tab**-Taste. Sobald der Zellcursor ans Ende des markierten Bereichs gelangt, springt er an den Anfang der nächsten Zeile. Wenn Sie den markierten Bereich dagegen spaltenweise von oben nach unten ausfüllen möchten, dann betätigen Sie nach der Dateneingabe die **Enter**-Taste. Sobald der Zellcursor ans Ende der Spalte gelangt, springt er an den Anfang der nächsten Spalte.

## Und wenn Überschriften zu lang sind? - Zeilenumbruch in Tabellen oder Diagrammen 77

Sie haben eine wunderschöne Tabelle erstellt. Nur leider sind die Überschriften für die einzelnen Zellen zu lang geraten. Sie möchten aber auch nicht die Spalte dem Eintrag in der Zelle anpassen, weil sonst die Spaltenbreite zu groß bemessen wird. Wie kann man dieses Problem lösen?

### Zeilenumbruch über das Dialogfeld Zellen formatieren

Das Dialogfeld *Zellen formatieren* hält für diese Fälle im Register *Ansicht* das Kontrollkästchen *Zeilenumbruch* bereit. Mit Hilfe dieser Option wird der Text in der Zelle umbrochen und linksbündig angeordnet.

### Zeilenumbruch mit Alt+Enter

Positionieren Sie dazu die Einfügemarke an die gewünschte Umbruchstelle und betätigen Sie die Tastenkombination **Alt+Enter**, damit der Zellinhalt umbrochen und linksbündig angeordnet wird.

### Bündig anordnen

Verwenden Sie die Option *Bündig anordnen*, wenn der Text nicht linksbündig, sondern im Blocksatz die Zelle füllen soll. Diese Option kann ebenfalls im Dialogfeld *Zellen formatieren*, Register *Ansicht* ausgewählt werden.

*Zeilenumbruch in Zellen*

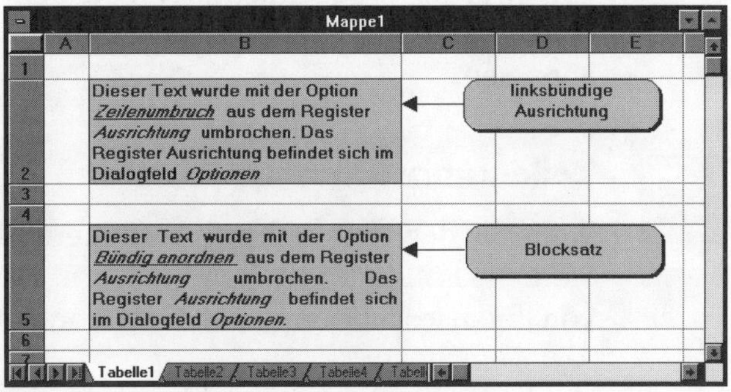


## Zeilenumbruch über das Dialogfeld Zellen formatieren

Beschriftungen von Spalten oder Zeilen erfordern häufig längere Eingaben, um den Inhalt eindeutig zu kennzeichnen. Die Verwendung von unüblichen Abkürzungen kann die Lesbarkeit einer Tabelle eher ungünstig beeinflussen.

Nun würde aber eine Spaltenüberschrift wie etwa „Vorjahresmenge zu Preisen des Berichtsjahres in DM" weit über die Nachbarspalten hinausreichen. Hier hilft die Möglichkeit, die Beschriftung innerhalb der Zelle zu umbrechen, also auf mehrere Zeilen zu verteilen.

1. Legen Sie dazu als erstes fest, wie breit die Spalte für den Eintrag sein darf, z. B. indem Sie die Spalten-Trennlinie mit der Maus zur gewünschten Breite ziehen.

2. Markieren Sie dann die Zelle mit dem Eintrag, der umbrochen werden soll, und wählen Sie im Kontextmenü den Befehl *Zellen formatieren*.
3. Aktivieren Sie im Dialogfeld *Zellen formatieren* das Register *Ausrichtung* und kreuzen Sie hier das Kontrollkästchen *Zeilenumbruch* an, wenn der Zellinhalt umbrochen und linksbündig ausgerichtet werden soll.
4. Wenn Sie auf *OK* klicken, wird der Befehl ausgeführt, wobei die Zeilenhöhe von Excel automatisch angepaßt wird.

   Excel geht dabei nicht gerade zimperlich vor. Wenn ein Wort nicht mehr in die Spalte paßt, wird es einfach zerschnitten, also ohne Trennstrich und Beachtung der Trennregeln.

Ist das Ergebnis nicht zufriedenstellend, können Sie versuchen, durch Ziehen der Spalten-Trennlinie ein besseres Ergebnis zu erreichen. Dabei wird allerdings die Zeilenhöhe nicht automatisch angepaßt. Wenn also die Zeilenhöhe nicht mehr stimmt, sollten Sie auf die untere Zeilen-Trennlinien in der Zeile doppelklicken, in der sich die Zelle befindet, deren Inhalt umbrochen wurde. Das gilt auch, wenn Sie den Text nachträglich so kürzen, daß er weniger Zeilen braucht. Auch dann müssen Sie die Zeilenhöhe manuell anpassen.

## Zeilenumbruch mit Alt+Enter

Wenn Sie den Umbruch von vorneherein selbst festlegen möchten, sollten Sie den Umbruch von Hand steuern. Dabei wird der Zellinhalt an einer von Ihnen festzulegenden Stelle umbrochen und linksbündig ausgerichtet.

1. Legen Sie die gewünschte Spaltenbreite fest, z. B. indem Sie die rechte Spaltentrennlinie zur gewünschten Breite ziehen.
2. Markieren Sie die Zelle mit dem zu umbrechenden Inhalt und setzen Sie die Einfügemarke, entweder in der Bearbeitungszeile oder in der Zelle direkt, an die Stelle, wo der Text umbrochen werden soll. Zur direkten Zellbearbeitung müssen Sie zweimal in die Zelle klicken.
3. Betätigen Sie dann die Tastenkombination **Alt+Enter**, um den Text an der Stelle zu umbrechen, an der sich die Einfügemarke befindet.
4. Betätigen Sie danach noch einmal die **Enter**-Taste, um den Eintrag abzuschließen.

Die Tastenkombination **Alt+Enter** kann auch bei der Eingabe von Notizen oder bei der Eingabe von Diagrammtexten benutzt werden, um eine neue Zeile zu erzwingen. In Makrovorlagen läßt Excel dagegen keine mehrzeiligen Einträge in einer Zelle zu.

### Bündig anordnen

1. Legen Sie die gewünschte Spaltenbreite fest und markieren Sie die Zelle mit dem zu umbrechenden Text.
2. Wählen Sie aus dem Kontextmenü den Befehl *Zellen formatieren* und aktivieren Sie das Register *Ausrichtung*.
3. Aktivieren Sie in der Gruppe *Horizontal* die Option *Bündig anordnen*.

Die Option *Bündig anordnen* im Dialogfeld *Optionen* darf nicht mit dem Befehl *Bearbeiten Ausfüllen Bündig anordnen* verwechselt werden. Der Befehl *Bündig anordnen* verteilt nämlich einen Text in aufeinander folgende Zellen.

## Schneller geht's nicht - Datum und Zeit hier und jetzt!

Sie möchten in eine Tabelle das aktuelle Datum und die aktuelle Uhrzeit eingeben, und zwar auch dann, wenn Sie das genaue Datum bzw. die genaue Urzeit nicht kennen, da Sie der Meinung sind, daß das Excel selbst wissen sollte.

### Verwenden Sie die Tastenkombinationen Strg+. und Strg+:

Wenn Sie eine Zelle markieren und Strg+. eingeben, fügt Excel das Systemdatum ein. Wenn Sie Strg+: betätigen, fügt Excel die Systemzeit ein.

## Eingabe von Brüchen leichtgemacht

Sie haben eine Bruchzahl ohne vorhergehende Ganzzahl eingegeben, aber diese wird von Excel als Datum oder als Text interpretiert.

Wenn Sie z. B. *1/3* eintippen, zeigt die Zelle *01.März* an. Dagegen wird *2 3/4* anstandslos angenommen und als Wert von 2,75 verstanden. *4/100* wird einfach als Text interpretiert, weil dieser Eintrag nicht in ein gültiges Datum umgesetzt werden kann.

### Stellen Sie eine Null voran

Um zu erreichen, daß Brüche ohne vorhergehende Ganzzahl eingetippt werden können, muß eine Null vorangestellt werden. *0 1/3* ergibt das gewünschte Ergebnis *1/3*. Beachten Sie dabei, daß zwischen der Null und der Eins ein Leerzeichen eingegeben werden muß.

## Nullen in führender Position

Sie möchten in eine Zelle 007 eingeben. Excel weigert sich jedoch beharrlich, die zwei Nullen vor der Sieben anzuzeigen. Zum Beispiel sind gerade bei Numerierungssystemen wie Kundennummern, Artikelnummern usw. oft führende Nullen erwünscht. Was ist zu tun, um die Zahl wie gewünscht mit führenden Nullen darzustellen?

### Legen Sie ein eigenes Zahlenformat fest

Markieren Sie die Zellen mit der falschen Darstellung, öffnen Sie das Kontextmenü und wählen Sie *Zahlen formatieren*. Tippen Sie in die Eingabezeile *Format* die Platzhalter für das gewünschte Format ein und bestätigen Sie Ihre Eingaben mit *OK*. Die notwendigen Platzhalter können Sie in der Excel-Hilfe nachschlagen (siehe dazu Hintergrundinfo).

### Tippen Sie ein Hochkomma vor der Zahl ein

Wenn die Zahl nicht in einer Formel benötigt wird, dann können Sie vor der Zahl ein Hochkomma eintippen. Excel interpretiert diesen Eintrag dann als Text und zeigt die Nullen so an, wie sie eingegeben wurden.

### Legen Sie ein eigenes Zahlenformat fest

Soll die Zahl als Zahl mit führenden Nullen in der Zelle erscheinen, muß ein spezielles Format definiert werden.

1. Wählen Sie *Format Zellen* und aktivieren Sie das Register *Zahlen.*
2. Tippen Sie in die Eingabezeile *Format* die Platzhalter für das gewünschte Format ein. Im Beispiel 007 würden Sie 000 eintippen. Das hat zur Folge, daß Zahlen mit mindestens so vielen Stellen angezeigt werden, wie Nullen vorhanden sind. Wenn Sie 7 eintippen, wird die Zahl mit 007 angezeigt.

Wenn Sie in der Eingabezeile *Format* ein eigenes Zahlenformat erstellen, dürfen Sie den momentanen Eintrag ruhig überschreiben. Es wird dadurch kein eingebautes Zahlenformat gelöscht. Um das selbst definierte Zahlenformat einer Zelle zuzuweisen, wählen Sie aus dem Kontextmenü *Zellen formatieren*, aktivieren das Register *Zahlen* und wählen aus der Liste *Kategorie* den Eintrag *Benutzerdefiniert* aus. Hier finden Sie das selbst definierte Zahlenformat.

Sie können eine Zahl mit sovielen Nullen eingeben, wie die entsprechende Nummer Stellen hat. Soll etwa mit einer siebenstelligen Artikelnummer gearbeitet werden, geben Sie sieben Nullen ein. Formatieren Sie die Spalte für die Artikelnummern vor der Dateneingabe mit dem neuen Format, dann erhalten Sie sofort die korrekte Darstellung.

In der Hilfe-Funktion von Excel können Sie sich über die möglichen Platzhalter zur Erstellung eigener Zahlenformate informieren. Wählen Sie dazu aus dem *Hilfe*-Menü den Befehl *Suchen* und tippen Sie als Suchbegriff *Zahlenformate* ein. Unter *Zahlenformate, Codes für* finden Sie die nötigen Hinweise.

# Formeleingabe schnell und sicher

Um Rechenoperationen durchführen zu können, müssen Sie mit Formeln arbeiten. Lesen Sie in diesem Kapitel, wie Sie sich die Formelentwicklung und -eingabe erleichtern können.

## Das Summensymbol - die richtige Summe auf Tastendruck erzeugen

Wenn Sie das Summensymbol verwenden, schlägt Excel den zu summierenden Bereich selbst vor. Aber wie geht Excel dabei vor? Wie kann man den vorgeschlagenen Bereich beeinflussen?

### Markieren Sie den richtigen Bereich mit der Maus

Sie können den vorgeschlagenen Bereich einfach verändern, indem Sie mit der Maus den Bereich der zu summierenden Zahlen markieren.

Die wohl am häufigsten verwendete Funktion für eine Formel ist die Summenfunktion. Beim Summieren kann Ihnen das Summensymbol aus der Standardsymbolleiste eine Menge Arbeit abnehmen. Wenn Sie dieses Symbol anklicken, fügt Excel eine SUMME-Formel in die aktive Zelle ein. Dabei wird der nächste zusammenhängende Block von Werten über oder links neben der aktiven Zelle als Bereich benutzt. Je nachdem, wie Ihre Tabelle aufgebaut ist, kann es hier allerdings gewisse Probleme geben.

## Fall 1

Nicht nur direkt über der aktuellen Zelle stehen Werte, sondern auch links davon. Excel schlägt eine Spaltensumme vor, weil diese häufiger vorkommt.

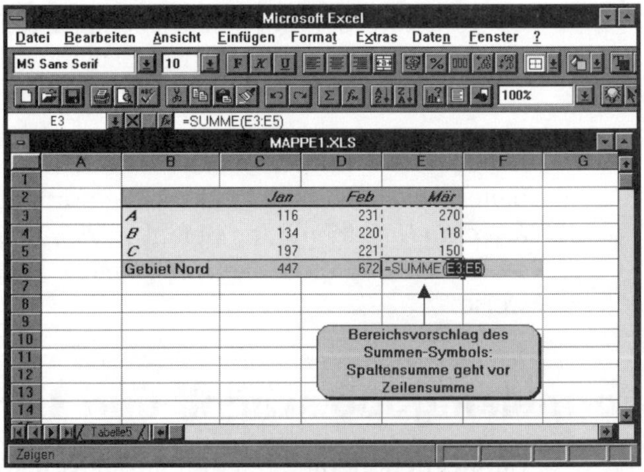


*Spaltensumme oder Zeilensumme?*

## Fall 2

Über der aktuellen Zelle stehen Werte, aber getrennt durch eine Leerzelle, links schließen Wertezellen direkt an. Excel schlägt eine Zeilensumme vor.

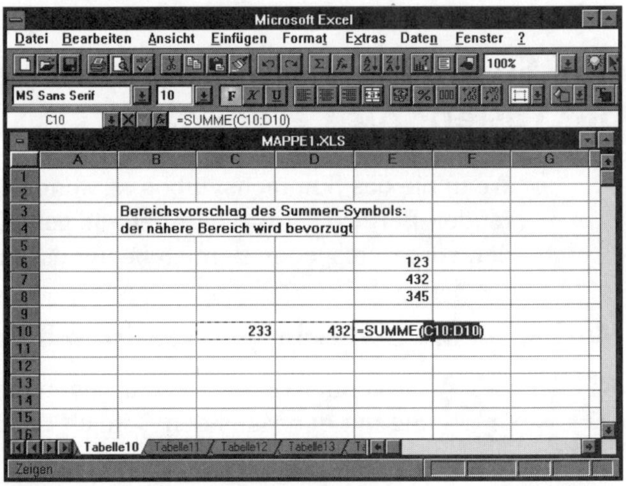


*Hier hat die Zeilensumme Vorrang*

In einigen Fällen können Sie den Bereich, den das Summensymbol vorschlägt, auch durch die Formatierung beeinflussen. Ein Problem kann z. B. dann entstehen, wenn Sie als Spaltenbeschriftung über einer Zahlenkolonne einen numerischen Wert verwenden, z. B. Jahreszahlen. Solange Sie zwischen Spaltenbeschriftung und Zahlenkolonne eine Leerzeile lassen, erkennt Excel korrekt, wo die Summierung beginnen soll.

Fehlt die Leerzeile, wird die Jahreszahl in den Summenbereich mit aufgenommen. Sie können dies aber verhindern, wenn Sie die Zeile mit den Jahreszahlen mit einer Rahmen-Linie versehen. Excel nimmt dann diesen Strich als Grenze für den Summenbereich. Auch wenn eine Zeile bereits Summenformeln enthält, wird sie nicht mehr berücksichtigt.

Die Art, wie das Summensymbol auf Rahmen reagiert, kann allerdings auch nachteilig sein. Wenn z. B. eine Zahlenkolonne mit Linien gegliedert ist, um zusammengehörende Werte optisch erkennbar zu machen, wird nur die letzte Wertegruppe als Bereich für die Summe vorgeschlagen.

Um dies zu vermeiden, ist es ratsam, erst die Formeln in einer Tabelle zu entwickeln und anschließend die Gestaltung und Formatierung anzugehen.

## Noch schneller - die Turbo-Summe

Ist Ihnen die Arbeit mit dem Summensymbol immer noch zu langsam, z. B. weil Sie möchten, daß das Ergebnis sofort in die Zelle eingetragen wird, ohne daß vorher der zu summierende Bereich angezeigt wird? Außerdem haben Sie durch entsprechende Formatierung sichergestellt, daß der richtige Bereich von Excel sowieso erkannt wird.

### Ein Ergebnis sofort in die Zelle eintragen



Klicken Sie doppelt auf das Summensymbol, dann wird das Ergebnis sofort in die Zelle eingetragen, ohne vorher den Bereich der zu summierenden Werte anzuzeigen.

### Mehrere Ergebnisse sofort in Zellen eintragen

Markieren Sie einen Bereich von Zellen und klicken Sie dann auf das Summensymbol (nur einmal), daraufhin werden in die markierten Zellen die Ergebnisse sofort eingetragen.

### Spalten- und Zeilensummen gleichzeitig ermitteln

Markieren Sie den Zellbereich mit den Werten und die leeren Zellen für die Ergebnisse und klicken Sie dann auf das Summensymbol. Falls Zwischenergebnisse errechnet wurden, erkennt Excel diese.

*Zeilen- und Spaltensummen mit dem Summensymbol*

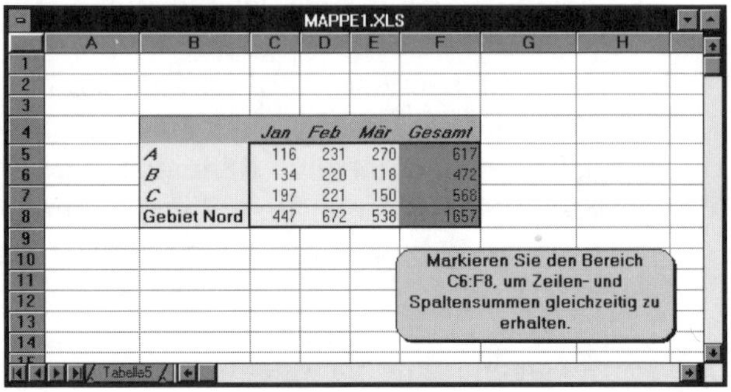


### Gesamtsummen aus Zwischensummen ermitteln

Wenn Sie in einer Spalte Zwischensummen gebildet haben, können Sie das Summensymbol zum Errechnen der Gesamtsumme verwenden, wenn Sie den gesamten Bereich der Werte, inklusive der Zwischensummen, und den Bereich der Ergebniszellen markieren und auf das Summensymbol klicken. Excel erkennt dann, daß Zwischensummen summiert werden sollen und ignoriert die dazugehörigen Werte.

## Mitten in der Eingabe - Beistand bei Funktionsargumenten

83

In der Regel möchten Sie die Funktion direkt in die Zelle eingeben, ohne extra den Funktions-Assistenten aufzurufen. Manchmal möchten Sie sich dann trotzdem die Argumentliste der jeweiligen Funktion anzeigen lassen, weil Sie doch nicht mehr so genau wissen, welche Argumente die Funktion verlangt oder in welcher Reihenfolge diese eingegeben werden müssen.

### Funktions-Assistenten während der manuellen Funktionseingabe aufrufen

Tippen Sie in die Ergebniszelle ein Gleichheitszeichen und den Funktionsnamen ein und betätigen Sie dann die Tastenkombination **Strg+A**, um den Funktions-Assistenten aufzurufen. Sie können aber auch auf das Symbol *Funktions-Assistent* klicken.

### Argumentenliste in der Bearbeitungszeile anzeigen lassen

Tippen Sie das Gleichheitszeichen und den Funktionsnamen ein. Betätigen Sie dann die Tastenkombination **Strg**+**Umschalt**+**A**; daraufhin wird die Argumentenliste direkt in die Zelle bzw. Bearbeitungszeile eingefügt.

Bei verschachtelten Funktionen können Sie die Tastenkombination nach jeder linken Klammer benutzen. Auf diese Weise haben Sie eine sichere Kontrolle, keines der Argumente zu vergessen.

## Das geht auch - Bearbeitung bestehender Funktionen mit dem Funktions-Assistenten

84

Eine bestehende Funktion soll verändert werden, z. B. um eine falsche Bereichsangabe zu korrigieren. Dabei möchten Sie auf die Hilfe des Funktions-Assistenten nicht verzichten.

### Verwenden Sie das Symbol Funktions-Assistent

Markieren Sie die Zelle mit der Funktion und klicken auf das Symbol *Funktions-Assistent*. Excel sucht von selbst die erste Funktion in der Formel und öffnet gleich das Dialogfeld *Funktion bearbeiten*, das dem zweiten Dialogfeld bei der Neueingabe entspricht. Hier kann dann das falsche Argument direkt überschrieben oder durch eine neue Markierung mit der Maus ersetzt werden.

## Die Klammersetzung stimmt nicht - holen Sie sich Rat von der Klammerhilfe

85

Wie findet man am schnellsten heraus, wo in der Formel ein Klammerfehler aufgetreten ist?

### Verwenden Sie die Richtungstasten

Setzen Sie die Einfügemarke vor oder hinter eine Klammer und betätigen Sie die entsprechende Richtungstaste in Richtung Klammer. Daraufhin wird das entsprechende Klammerpaar in Fettdruck angezeigt. Wird etwa eine öffnende Klammer nicht fett angezeigt, heißt das, daß die entsprechende schließende Klammer fehlt.

# Dateneingaben korrigieren wie die Profis

Eine komplizierte Formel oder ein längerer Text wurde in eine Zelle eingetragen. Teile dieses Eintrags sollen geändert werden. Kann man diese Änderungen vornehmen, ohne den gesamten Inhalt neu schreiben zu müssen? Welche Möglichkeiten gibt es, die Korrekturen möglichst effektiv vorzunehmen?

## Nutzen Sie die Befehle Ausschneiden, Kopieren, Einfügen und Inhalte löschen in der Bearbeitungszeile

Aktivieren Sie die Bearbeitungszeile oder die Zelle und wenden Sie bei Bedarf die genannten Befehle an. Benutzen Sie zum Markieren die unten beschriebenen Tastenkombinationen.

### So bearbeiten Sie den Inhalt der Bearbeitungszeile

Die Befehle *Ausschneiden*, *Kopieren*, *Einfügen* und *Inhalte löschen* stehen auch in der Bearbeitungszeile bzw. innerhalb der Zelle zur Verfügung.

- ➜ Wollen Sie einen Zellinhalt in der Bearbeitungsleiste verändern, müssen Sie zunächst die Zelle, deren Inhalt geändert werden soll, markieren und dann die Bearbeitungszeile aktivieren, indem Sie in die Bearbeitungszeile klicken.
- ➜ Wenn Sie einen Zellinhalt in der Zelle direkt verändern möchten, dann müssen Sie in die entsprechende Zelle zweimal klicken. Wenn die zu verändernde Zelle bereits markiert ist, können Sie auch **F2** betätigen.
- ➜ Sie können Zeichen, die verschoben oder gelöscht werden sollen, durch Ziehen mit der Maus oder Doppelklick auf ein Wort oder ein Argument markieren. Wenn Sie **Umschalt** festhalten, können Sie eine Markierung auch bis zu der Stelle erweitern, an die Sie den Mauszeiger setzen. Durch Dateneingabe wird der markierte Eintrag überschrieben.
- ➜ Möchten Sie ein einzelnes Zeichen in der Mitte eines Wortes ändern, klicken Sie mit der Maus genau an die Stelle, wo das Zeichen eingegeben werden soll. Das eingegebene Zeichen wird normalerweise links von der Einfügemarke eingefügt und die übrigen Zeichen verschoben. Das bedeutet, daß Excel normalerweise im Einfügemodus arbeitet.
- ➜ Sollen Zeichen überschrieben werden, schalten Sie den Einfügemodus durch Betätigen der **Einfg**-Taste aus. Die Einfügemarke wird dann durch einen dickeren Strich angezeigt. Sind die Zeichen überschrieben, schalten Sie mit **Einfg** wieder in den Einfügemodus zurück.

Wenn Sie mit der Tastatur arbeiten möchten, stehen Ihnen eine Reihe von Tastenfunktionen zur Verfügung, die in der folgenden Aufstellung zusammengefaßt sind:

| | |
|---|---|
| **Pos1** | Sprung zum Anfang des Eintrags |
| **Ende** | Sprung zum Ende des Eintrags |
| **Strg+→** | Ein Wort oder Argument nach rechts |
| **Strg+←** | Ein Wort oder Argument nach links |
| **Umschalt+→** | Markierung um ein Zeichen nach rechts erweitern |
| **Umschalt+←** | Markierung um ein Zeichen nach links erweitern |
| **Strg+Umschalt+→** | Markierung um ein Wort oder Argument nach rechts erweitern |
| **Strg+Umschalt+←** | Markierung um ein Wort oder Argument nach links erweitern |
| **Strg+Umschalt+Pos1** | Markierung bis zum Anfang des Eintrags erweitern |
| **Strg+Umschalt+Ende** | Markierung bis zum Ende des Eintrags erweitern |
| **Strg+Umschalt+A** | Einfügen der Argumente |
| **Entf** | Löscht markierte Zeichen oder das Zeichen rechts von der Einfügemarke |
| **Rück** | Löscht markierte Zeichen oder das Zeichen links von der Einfügemarke |
| **Strg+Entf** | Löscht ab der Einfügemarke oder Markierung bis zum Ende des Eintrags |
| **Strg+C** oder **Strg+Einf** | Kopiert die markierten Zeichen in die Zwischenablage |
| **Strg+X** oder **Umschalt+Entf** | Schneidet die markierten Zeichen aus und versetzt sie in die Zwischenablage |
| **Strg+V** oder **Umschalt+Einfg** | Fügt die Daten aus der Zwischenablage an der Einfügestelle oder anstelle der markierten Zeichen ein |

Auf Dauer können Sie viel Zeit sparen, wenn Sie sich wenigstens einige dieser Tasten und Tastenkombinationen einprägen, denn es ist doch etwas mühsam, jedes Zeichen mit den Richtungstasten einzeln zu markieren. Das gilt insbesondere dann, wenn Sie Formeln mit mehreren Argumenten oder verschachtelte Formeln korrigieren möchten.

## Ferngespräch - wenn ein Argument sehr weit von der Ergebniszelle entfernt ist

Sie benötigen für eine Funktion den Bezug auf eine Zelle, die relativ weit von der Formelzelle entfernt ist. Wenn z. B. die Formel in die Zelle B3 eingetragen werden soll, sich das notwendige Argument aber in einem momentan nicht sichtbaren Teil der Tabelle befindet, z. B. die Zelle H10, wie geht man dann vor?

### Verwenden Sie die Bildlaufleisten

Benutzen Sie am besten die Bildlaufleisten, um den Fensterausschnitt entsprechend zu verschieben, klicken dann auf die dortige Zelle oder ziehen mit der Maus über den gewünschten Bereich. Sobald die Formel abgeschlossen ist, d. h., sobald Sie die **Enter**-Taste drücken, rückt die Zelle, die die Formel enthält, wieder ins Bild.

### Teilen Sie das Fenster

Liegen mehrere Zellbezüge in einem entfernten Tabellenbereich, können Sie auch vor der Formeleingabe das Fenster so teilen, daß dieser Bereich sichtbar ist. Wählen Sie dazu *Fenster/Teilen*.

### Blenden Sie ein neues Fenster ein

Wollen Sie mehrere Bereiche der Tabelle gleichzeitig sehen, können Sie mit *Fenster/Neues Fenster* auch entsprechend viele zusätzliche Fenster der aktiven Datei erzeugen und diese mit *Fenster/Anordnen/Unterteilt* so anordnen, daß die verschiedenen Bereiche eingesehen werden können. Dazu sollte *Fenster der aktiven Arbeitsmappe* benutzt werden, damit die gesamte Arbeitsfläche ausgenutzt wird (andere Dateien werden dabei verdeckt).

## Namen im Funktions-Assistenten ohne Tipparbeit

Sie möchten in einer Funktion mit Namensbezügen arbeiten. Deshalb wäre es geschickt, diese genauso wie andere Bezüge einfach durch Auswählen einzufügen.

### Verwenden Sie das Namensfeld in der Bearbeitungszeile.

Öffnen Sie das *Namensfeld* in der Bearbeitungszeile und markieren Sie in der Liste den gewünschten Namen. Sobald ein Name ausgewählt wird, wird er in das Argumentfeld eingetragen. Dabei spielt es keine Rolle, ob die Einfügemarke in der Bearbeitungsleiste aktiv ist oder in einem Argumentfeld des Funktions-Assistenten.

### Verwenden Sie das Symbol Namen einfügen

Um einen Namen als Argument in einer Funktion zu verwenden, können Sie auch auf das Symbol *Namen einfügen* klicken, um das Dialogfeld *Namen einfügen* zu öffnen und den gewünschten Namensbezug auszuwählen. Sobald Sie auf *OK* klicken, wird der Name in das Argumentfeld des Funktions-Assistenten oder in die Bearbeitungszeile an die Stelle der Einfügemarke eingefügt.

Wenn Sie eine Funktion ohne Hilfe des Funktions-Assistenten bearbeiten, sollten Sie daran denken, daß die einzelnen Platzhalter-Argumente durch Doppelklick markiert werden können.

## Telefonbuch gewünscht? - Übersicht über Namen in Zellen

Die Möglichkeit, Zellen oder Bereiche über Namen anzusprechen, ist eine erhebliche Arbeitserleichterung. In einer Arbeitsmappe kann so mit der Zeit ein komplexes Namenssystem entstehen. Wie kann man darüber den Überblick bewahren?

### Kopieren Sie die Namensliste

Markieren Sie die Zelle, an der die Liste eingefügt werden soll, und klicken Sie auf die Schaltfläche *Namen einfügen* oder betätigen Sie die Funktionstaste F3. Klicken Sie im Dialogfeld auf die Schaltfläche *Liste einfügen*.

## So können Sie die Namensliste kopieren

Excel entlastet Ihr Gedächtnis, denn es besteht die Möglichkeit, sich eine Liste aller bisher vergebenen Namen in eine Tabelle einzufügen.

1. Wählen Sie aus dem Menü *Einfügen* die Befehle *Namen* und *Einfügen* oder verwenden Sie das *Namen einfügen*-Symbol oder betätigen Sie **F3**, um das Dialogfeld *Namen einfügen* aufzurufen.
2. Im Listenfeld werden alle in der Arbeitsmappe vorhandenen Namen aufgelistet. Um diese Liste in ein Tabellenblatt einzutragen, klicken Sie auf die Befehlsschaltfläche *Liste einfügen*; daraufhin werden sämtliche Namen mit Angabe des jeweiligen Bezugs in die Tabelle kopiert.
   Die Namen erscheinen in alphabetischer Reihenfolge.

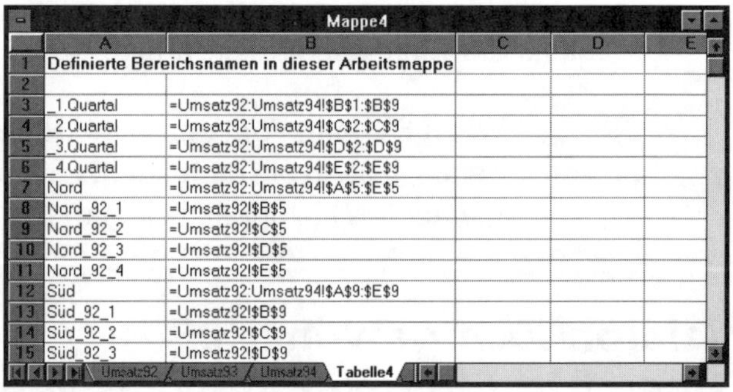


| | A | B | C | D | E |
|---|---|---|---|---|---|
| 1 | Definierte Bereichsnamen in dieser Arbeitsmappe | | | | |
| 2 | | | | | |
| 3 | _1.Quartal | =Umsatz92:Umsatz94!$B$1:$B$9 | | | |
| 4 | _2.Quartal | =Umsatz92:Umsatz94!$C$2:$C$9 | | | |
| 5 | _3.Quartal | =Umsatz92:Umsatz94!$D$2:$D$9 | | | |
| 6 | _4.Quartal | =Umsatz92:Umsatz94!$E$2:$E$9 | | | |
| 7 | Nord | =Umsatz92:Umsatz94!$A$5:$E$5 | | | |
| 8 | Nord_92_1 | =Umsatz92!$B$5 | | | |
| 9 | Nord_92_2 | =Umsatz92!$C$5 | | | |
| 10 | Nord_92_3 | =Umsatz92!$D$5 | | | |
| 11 | Nord_92_4 | =Umsatz92!$E$5 | | | |
| 12 | Süd | =Umsatz92:Umsatz94!$A$9:$E$9 | | | |
| 13 | Süd_92_1 | =Umsatz92!$B$9 | | | |
| 14 | Süd_92_2 | =Umsatz92!$C$9 | | | |
| 15 | Süd_92_3 | =Umsatz92!$D$9 | | | |

*Liste eingefügter Bereichsnamen*

An welche Stelle die Liste kopiert wird, können Sie festlegen, indem Sie die Zelle markieren, in der die linke obere Ecke der Liste erscheinen soll. Beim Einfügen der Liste werden sämtliche Zellen, die zur Darstellung der Liste benötigt werden, überschrieben. Sollten Sie aus Versehen einmal auf diese Weise wichtige Daten überschrieben haben, dann benutzen Sie die Symbolschaltfläche *Rückgängig*.

# Lassen Sie sich helfen, aber effektiv

Der Umfang der Excel-Hilfe hat sich erheblich erweitert. Noch in der Vorgängerversion von Excel war die On-line-Hilfe eher als Kurzfassung des Handbuchs anzusehen, konnte diese also bei weitem nicht ersetzen. In diesem Punkt hat sich was getan: Die Excel-Hilfe hat sich inzwischen zu einem echten „elektronischen" Handbuch gemausert. Ein „Knopfdruck" genügt und es wird ein umfassender Hilfetext, in vielen Fällen mit anschaulichen Beispielen, geliefert. Selbst eine Hilfe zur Hilfe kann angefordert werden.

Ein weiterer Vorteil: Jetzt sind auch sämtliche Excel-4.0-Makrofunktionen aus der Excel-Hilfe abrufbar, und natürlich das gesamte Sprachverzeichnis für Visual Basic für Anwendungen. Weniger schön ist, daß beides nicht mehr als Teil des Handbuchs angeboten wird. So sind Sie auf die Excel-Online-Hilfe angewiesen. Ein Grund mehr, sich mit der Excel-Hilfe zu beschäftigen. Auch ein Verzeichnis der Excel-Tabellenfunktionen gehört seit der Version 5 nicht mehr zum Lieferumfang dazu. Also: Ran an die On-line-Hilfe.

## Noch'n Tip - wie der Tip-Assistent Sie zur Excel-Hilfe weiterleitet

90

Sie haben sich einen Tip vom Tip-Assistenten geben lassen und möchten nun mehr darüber wissen?

### Klicken Sie auf das Symbol Tip-Hilfe

Wenn Sie im Tip-Assistenten auf die Symbolschaltfläche *Tip-Hilfe* klicken, werden Sie zum entprechenden Kapitel der Excel-Hilfe weitergeleitet, wo Sie ausführliche Informationen zum Hilfe-Tip bekommen.

Wenn der Tip-Assistent einen Hinweis auf ein Schaltflächensymbol gibt, wird dieses direkt im Tip-Assistenten bereitgestellt. Wollen Sie zu einem früheren Hinweis zurückblättern, können Sie dies mit Hilfe der kleinen Drehfelder tun.

Der Tip-Assistent kann wie jede Symbolleiste entweder in das Excel-Anwendungfenster eingebunden werden oder in einem eigenen Fenster erscheinen.

# Das ganz persönliche Handbuch

Es ist nicht jedermanns Sache, sich am Monitor von Absatz zu Absatz zu hangeln. Die folgenden Tips machen das Leben mit der Hilfefunktion menschlicher, sei es mit einem Themenausdruck, Ihren eigenen Anmerkungen oder einem Lesezeichen.

## Hilfe schwarz auf weiß

Sie möchten sich gerne aus der Hilfe ein individuelles Handbuch zusammenstellen, das nur die Lektionen enthält, die Sie normalerweise benötigen, damit Sie diese schnell nachschlagen können.

### Drucken Sie die Hilfe-Kapitel aus

Öffnen Sie im Fenster *Allgemeine Microsoft Excel- Hilfe* das Menü *Datei* und wählen Sie den Befehl *Thema drucken*. Klicken Sie im Fenster *So wird's gemacht* auf die Schaltfläche *Drucken*.

### Das Ausdrucken eines Hilfe-Kapitels

1. Wenn Sie sich ein individuelles Benutzerhandbuch aus der Hilfe zusammenstellen möchten, dann sollten Sie sich die Hilfe-Kapitel, die darin enthalten sein sollen, auf den Bildschirm holen. Das Hilfe-Fenster weist eine eigene Menüleiste auf.

*Hilfe-Fenster*

**2.** Wenn Sie das Menü *Datei* öffnen und den Befehl *Thema drucken* wählen, wird der aktive Hilfetext ausgedruckt.

**3.** Falls Sie eine „Step-by-Step-Anweisung" ausdrucken möchten, welche in dem Fenster *So wird's gemacht* angezeigt wird, dann klicken Sie auf die Schaltfläche *Drucken*.

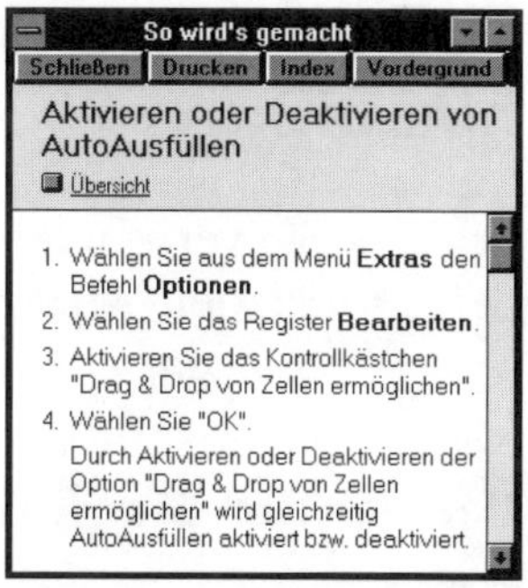


## Ein ganz persönliches Handbuch - Auszüge aus der Hilfe drucken

Wenn man ein Hilfekapitel mit dem Befehl *Datei/Thema drucken* ausdruckt, dann wird immer der gesamte Hilfetext ausgedruckt. Sie sind aber eigentlich nur an bestimmten Teilen daraus interessiert. Vor allem die Kapitelverweise am Ende sind störend.

### Kopieren Sie den Hilfe-Text

Wenn Sie nur einen Teil eines Hilfekapitels ausdrucken möchten, dann sollten Sie den Text mit *Bearbeiten/Kopieren* vor dem Ausdrucken kopieren.

### So können Sie den Hilfe-Text kopieren

**1.** Öffnen Sie das gewünschte Hilfe-Fenster.

**2.** Wählen Sie aus dem Menü *Bearbeiten* den Befehl *Kopieren*.

**3.** Markieren Sie den Text, der verwendet werden soll.

**4.** Wechseln Sie in die Textverarbeitung und wählen Sie dort *Bearbeiten/Einfügen*.

Auf diese Weise können Sie nicht nur genau den Text aus der Hilfe herausziehen, den Sie benötigen, sondern Sie haben auch die Möglichkeit, den Text auf gewohnte Weise zu formatieren. Außerdem sparen Sie Papier, denn wenn Sie den Hilfetext über *Datei/Thema drucken* ausdrucken, wird jedes Kapitel auf eine extra Seite geschrieben, was Sie durch Kopieren und entsprechendes Formatieren verhindern können.

Die Hilfetexte, die im Fenster *So wird's gemacht* angeboten werden, können Sie leider nicht kopieren.

# Das ist Ihr Senf - Anmerkungen zur Hilfe hinzufügen

Sie verwenden häufig die On-line-Hilfe von Excel. Hin und wieder hätten Sie den Wunsch, eine persönliche Bemerkung an einzelne Kapitel anzubringen.

## Verwenden Sie den Befehl Anmerken

Im Fenster *Allgemeine Microsoft Excel-Hilfe* das Menü *Bearbeiten* öffnen und den Befehl *Anmerken* wählen.

### Die Zuordnung einer Anmerkung

1. Sie können jedem Kapitel eine eigene Anmerkungen zuordnen. Wählen Sie dazu ein Kapitel aus der Hilfe aus.
2. Öffnen Sie das Menü *Bearbeiten* im Hilfefenster und klicken Sie auf den Befehl *Anmerken*. Daraufhin erscheint auf dem Bildschirm ein Dialogfeld mit einem Eingabefeld.

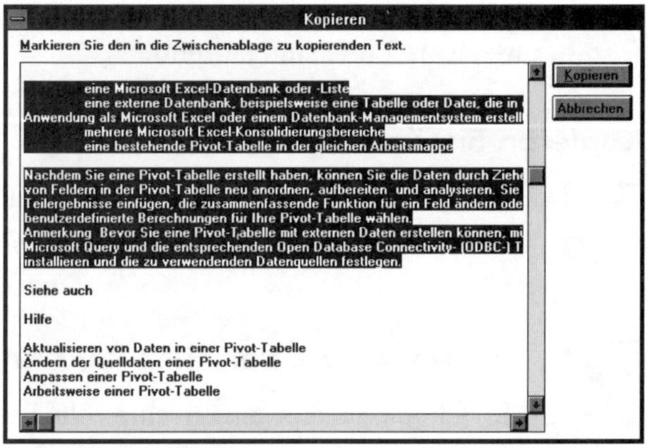


3. Tippen Sie in das Eingabefeld die gewünschten Anmerkungen ein und bestätigen Sie Ihre Eingaben mit *Speichern*, um die Anmerkung im aktiven Hilfetext zu speichern und das Dialogfeld zu schließen. Eine Büroklammer am Anfang des Hilfe-Textes weist auf dann auf diese Anmerkung hin.
4. Wenn Sie Ihre Anmerkung ansehen möchten, dann klicken Sie auf die Büroklammer, um das Anmerkungs-Dialogfeld zu öffnen.
5. Sie können Ihre Anmerkung auch auf eine andere Kapitelüberschrift kopieren, wenn Sie im Dialogfeld *Anmerken* die Schaltfläche *Kopieren* wählen, das Dialogfeld schließen, zu einem anderen Kapitel wechseln, dort wieder den Befehl *Anmerken* im Menü *Bearbeiten* aufrufen und dann die Schaltfläche *Einfügen* wählen.

6. Um eine Anmerkung zu löschen, klicken Sie im entsprechenden Kapitel auf die Büroklammer, um das Anmerkungs-Dialogfeld zu öffnen, und wählen Sie die Schaltfläche *Löschen*.

! Der Zeilenumbruch bei der Texteingabe erfolgt automatisch. Wenn Sie einen Zeilenumbruch erzwingen möchten, betätigen Sie die Enter-Taste.

## Mit Lesezeichen geht es schneller - Hilfethema ganz schnell nachschlagen

Sie benötigen in der Excel-Hilfe immer wieder die selben Themen. Deshalb müssen Sie sich immer wieder durch sämtliche Kapitel-Hierarchien durchwühlen. Gibt es da nicht einen Trick, um die gewünschten Kapitel sofort aufzufinden?

### Themen der aktuellen Arbeitssitzung

Klicken Sie im Fenster *Allgemeine Microsoft Excel-Hilfe* auf die Schaltfläche *Bisher* und klicken Sie im Dialogfeld *Hilfe-Bisherige Themen* zweimal auf das gewünschte Thema.

### Themen vieler Arbeitssitzungen

Klicken Sie im Fenster *Allgemeine Micorsoft Excel-Hilfe* im Menü *Lesezeichen* auf *Definieren*. Geben Sie einen Lesezeichennamen ein und bestätigen Sie Ihre Eingaben mit *OK*.

### Thema der aktuellen Arbeitssitzung

1. Excel merkt sich die Hilfe-Kapitel, die Sie während einer Arbeitssitzung angefordert haben. Dadurch ergibt sich die Möglichkeit nachzusehen, welche Hilfe bereits von Ihnen angefordert wurde. Benutzen Sie dazu im Fenster *Allgemeine Excel-Hilfe* die Schaltfläche *Bisher*. In das Fenster *Allgemeine Excel-Hilfe* gelangen Sie, indem Sie das *Hilfe*-Menü öffnen und den Befehl *Inhalt* auswählen.
2. Die Hilfethemen werden in einem kleinen Dialogfeld aufgelistet. Hier können Sie dann durch Doppelklick auf das entsprechende Hilfethema das Kapitel erneut aufschlagen. Im Dialogfeld werden maximal 40 Themen aufgelistet.

### Thema vieler Arbeitssitzungen

Wenn Sie allerdings Hilfethemen auch in einer späteren Arbeitssitzung direkt öffnen möchten, dann müssen Sie eine andere Methode wählen.

In diesem Fall sollten Sie die häufig benötigten Kapitel mit einem Lesezeichen versehen. Mit dem Lesezeichen verfügen Sie über ein Hilfsmittel, um schnell an ganz bestimmte Stellen im Hilfetext zu gelangen.

1. Benötigen Sie z. B. häufiger den Hilfetext zur Funktion ZZR, dann öffnen Sie erst den entsprechenden Hilfetext und dann das Menü *Lesezeichen*.
2. Hier finden Sie zunächst nur den Befehl *Definieren*. Wenn Sie den Befehl auswählen, öffnet sich ein Dialogfeld, das in der Eingabezeile die Überschrift des gewählten Kapitels anzeigt. Diesen Eintrag können Sie übernehmen oder ändern.
3. Wenn Sie Ihre Eingaben mit *OK* bestätigen, wird diese Seite des Hilfesystems mit einem Lesezeichen versehen.
4. Sobald Sie ein Lesezeichen definiert haben, erscheint der Name dieses Lesezeichens als Menüoption, wenn Sie erneut das Menü *Lesezeichen* öffnen. Über diese Menüoption können Sie dann direkt an diese Stelle im Hilfetext springen. Auf diese Weise können Sie sich eine Liste der für Ihre Arbeit wichtigsten Seiten in dem gesamten Hilfetext anlegen und über dieses Menü sehr schnell aufschlagen.
5. Möchten Sie ein Lesezeichen wieder löschen, wählen Sie erneut *Lesezeichen/Definieren*, markieren das entsprechende Lesezeichen in der unteren Liste des Dialogfeldes und benutzen die Schaltfläche *Löschen*.

# Effektiver Umgang mit Dokumenten

In diesem Kapitel wird eine Reihe von Fragen behandelt, die mit der Handhabung und Organisation von Arbeitsmappen zusammenhängen, z. B. wie man bestimmte Arbeitsmappen automatisch beim Programmstart öffnet, oder wie man mehrere Arbeitsmappen zu einem Arbeitsbereich zusammenfassen kann.

## Immer mit dabei - Dateien beim Start von Excel automatisch öffnen lassen

Wenn Sie regelmäßig an bestimmten Dateien arbeiten, können Sie diese auch automatisch beim Starten von Excel öffnen lassen. Außerdem besteht die Möglichkeit, sich einen schnellen Zugriff auf Mustervorlagen zu verschaffen.

### Speichern Sie die Datei im Verzeichnis XLSTART

Wenn Sie eine XLS-Datei oder eine XLW-Datei im Verzeichnis XLSTART speichern, wird diese beim Programmstart automatisch geöffnet. Speichern Sie dort eine XLT-Datei, wird diese im Dialogfeld *Neu* aufgelistet.

#### So speichern Sie eine Datei ins Verzeichnis XLSTART

Eine einfache Möglichkeit, Dateien automatisch zu laden, besteht darin, alle Dateien, die beim Start von Excel geladen werden sollen, in das Verzeichnis XLSTART zu speichern bzw. zu kopieren. Excel durchsucht beim Start automatisch dieses Verzeichnis und lädt alle darin aufgeführten Dateien.

Wenn Sie z. B. möchten, daß die Datei ADRESS.XLS beim Starten von Excel automatisch geöffnet wird, dann speichern Sie diese Datei folgendermaßen ab:

1. Wählen Sie *Datei/Speichern unter*, daraufhin öffnet sich das entsprechende Dialogfeld.
2. Tippen Sie in das Eingabefeld *Dateiname* ADRESS.XLS ein.
3. Wählen Sie z. B. im Listenfeld *Verzeichnisse* das Verzeichnis C:\EXCEL5\XLSTART aus.

4. Klicken Sie auf *OK*, daraufhin wird die Datei im Verzeichnis XLSTART gespeichert und somit bei jedem Neustart von Excel automatisch geöffnet.

Ausgenommen sind nur Mustervorlagen, also Dateien vom Dateityp XLT. Die Namen dieser Dateien werden in dem Dialogfeld *Datei/Neu* angeboten.

Wenn Sie Arbeitsmappen, die nur Makrovorlagen oder Module enthalten, in das Startverzeichnis aufnehmen, sollten Sie dafür sorgen, daß sie zwar geladen werden, aber ausgeblendet bleiben. Dadurch verringert sich die Zahl der offenen Fenster, was der Übersicht dient.

Auch integrierte Makros können über das Startverzeichnis in den Hauptspeicher geladen werden. Diese Dateien bleiben automatisch ausgeblendet und können auch nicht mit *Fenster/Einblenden* eingeblendet werden.

Eine weitere Möglichkeit, beim Programmstart eine bestimmte Datei zu öffnen, können Sie auf Seite 56 nachlesen.

## Viel ist nicht genug - die Anzahl der Blätter in einer Arbeitsmappe selbst bestimmen

In Excel 4.0 wurde beim Programmstart ein einziges Tabellenblatt angeboten. Excel 5.0 öffnet dagegen gleich eine ganze Arbeitsmappe, welche in der Standardeinstellung 16 Tabellenblätter enthält. Nicht für jede Aufgabenstellung benötigt man tatsächlich so viele Tabellenblätter; vermutlich ist das sogar die Regel. Und da jedes einzelne Arbeitsblatt wertvollen Speicherplatz verbraucht, wäre es wichtig zu wissen, ob die Anzahl der Blätter, die eine Arbeitsmappe automatisch enthält, selbst festgelegt werden kann.

### Verwenden Sie das Register Allgemein im Dialogfeld Optionen

Die Anzahl der Blätter in einer Arbeitsmappe können Sie selbst bestimmen, indem Sie *Extras/Optionen* und Register *Allgemein* wählen. Unter *Blätter in Arbeitsmappe* können Sie die Zahl der leeren Tabellenblätter in neuen Arbeitsmappen festlegen.

Die Anzahl der Blätter in einer Arbeitsmappe ist theoretisch auf 255 beschränkt, praktisch aber durch die Grenzen des Hauptspeichers begrenzt, das heißt, die Arbeitsmappe darf nicht so groß sein, daß sie sich nicht mehr in den Arbeitsspeicher laden läßt.

Bedenken Sie dabei, daß ein leeres Arbeitsmappenblatt ca. 1 KByte Speicher auf der Festplatte benötigt. Gehen Sie deshalb mit Arbeitsblättern nicht zu verschwenderisch um.

In eine Arbeitsmappe können alle verfügbaren Arten von Blättern aufgenommen werden: Tabellen, Diagrammblätter, Excel-4.0-Makrovorlagen, Visual-Basic-Module und Dialogblätter zum Erstellen von Dialogfeldern.

Die Einstellung im Dialogfeld *Optionen* wird in der Datei EXCEL5.INI, die sich im Windows-Verzeichnis befindet, hinterlegt. Der Eintrag wird im Abschnitt [Microsoft Excel] vorgenommen und lautet: DefSheets=*Anzahl*, z. B. DefSheets=4.

## Noch schneller - Arbeitsmappen effektiv organisieren

Wie organisiert man eine Arbeitsmappe effektiv? Muß man dazu die Menübefehle bzw. die Befehle des Register-Kontextmenüs verwenden oder geht es auch schneller, z. B. mit Hilfe bestimmter Tastenkombinationen?

### Verwenden Sie die folgenden Befehle zum Navigieren in Tabellen

| Aktion | Befehl |
|---|---|
| Tabelle einfügen | **Umschalt+F11** oder Symbol *Neues Tabellenblatt* (Kategorie *Datei*) |
| Makrovorlage einfügen | **Strg+F11** oder Symbol *Neue MS Excel-4.0-Makrovorlage* klicken (Kategorie *Datei*) |
| Dialogblatt einfügen | Symbol *Neues Dialogblatt* klicken (Kategorie *Datei*) |
| Diagrammblatt einfügen | **F11** oder Symbol *Neues Diagrammblatt* (Kategorie *Datei*) |
| Visual-Basic-Modul einfügen | Symbol *VisualBasic-Modus* klicken (Kategorie *Datei*) |
| Blatt innerhalb der Arbeitsmappe kopieren | **Strg**-Taste festhalten und das Blattregister nach links oder rechts ziehen |
| Blatt in eine andere Arbeitsmappe kopieren | **Strg**-Taste festhalten und das Blattregister in die andere Arbeitsmappe ziehen |
| Blatt innerhalb der Arbeitsmappe verschieben | Blattregister bei gedrückter Maustaste nach links oder rechts ziehen |
| Blatt in eine andere Arbeitsmappe verschieben | Beide Arbeitsmappenfenster öffnen. Das entsprechende Register bei gedrückter Maustaste in die andere Arbeitsmappe ziehen |

| **Aktion** | **Befehl** |
|---|---|
| Blatt umbenennen | Auf das Register des entsprechenden Arbeitsblattes zweimal klicken |
| Nächste Arbeitsmappe aktivieren | **Strg**+**Tab** |
| Vorherige Arbeitsmappe aktivieren | **Strg**+**Umschalt**+**Tab** |
| Blatt löschen | Mit der rechten Maustaste auf das entsprechende Blattregister klicken und aus dem Kontextmenü den Befehl *Löschen* wählen |
| Mehrere Blätter gleichzeitig löschen | Bei gedrückter **Strg**-Taste auf entsprechende Blattregister klicken, Register-Kontextmenü öffnen und den Befehl *Löschen* wählen |
| Ein Blatt aktivieren | Auf das Register des entsprechenden Blattes klicken oder Kontextmenü über den Registerlaufpfeilen öffnen und das entsprechende Blatt auswählen |
| Mehrere hintereinanderliegende Blätter aktivieren | Auf das erste Blattregister klicken, **Umschalt** gedrückt halten und auf das letzte Blattregister klicken |
| Mehrere nicht zusammenhängende Blätter aktivieren | Beim Klicken auf die Blattregister die **Strg**-Taste gedrückt halten |
| Alle Blätter aktivieren | Register-Kontextmenü öffnen und auf den Befehl *Alle Blätter auswählen* klicken |
| Gruppierung aufheben | Register-Kontextmenü öffnen und den Befehl *Gruppierung aufheben* wählen |
| Bildlauf durch die Blattregister | Registerlaufpfeile links neben den Blattregistern verwenden |

*Arbeitsmappe mit Registerkennzeichnungen*

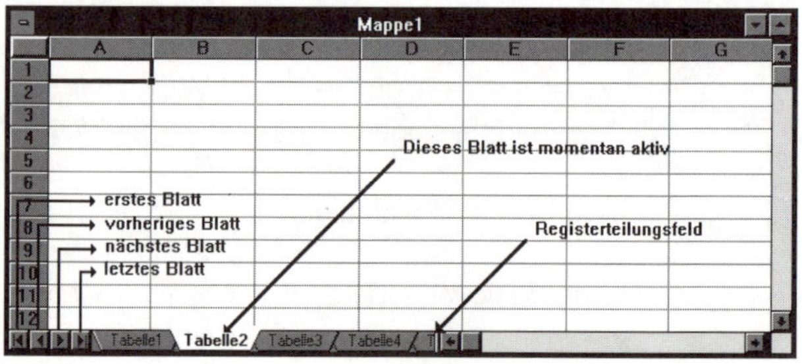

# Teamgeist gefragt - mehrere Tabellen gleichzeitig bearbeiten

Sie haben für eine Aufgabe in einer Tabelle ein bestimmtes Tabellenlayout entworfen, das heißt, Sie haben es formatiert, z. B. mit verschiedenen Schriftarten und Farben, und Sie haben es mit den für diese Aufgabe notwendigen Formeln belegt. Wenn Sie dieses Layout in einer weiteren Tabelle verwenden möchten, müßten Sie die Tabelle auf ein leeres Blatt kopieren. Deshalb Ihre Frage: Kann man das Tabellenlayout gleichzeitig für mehrere Tabellen erstellen?

## Nutzen Sie die Gruppenbearbeitung

Klicken Sie auf das erste Tabellenregister, betätigen Sie die **Umschalt**-Taste und halten Sie diese gedrückt, während Sie auf das letzte Tabellenregister, das zu dieser Gruppe gehören soll, klicken, und formatieren Sie ein Blatt dieser Gruppe in gewünschter Weise.

### Wie Sie eine Gruppenbearbeitung durchführen

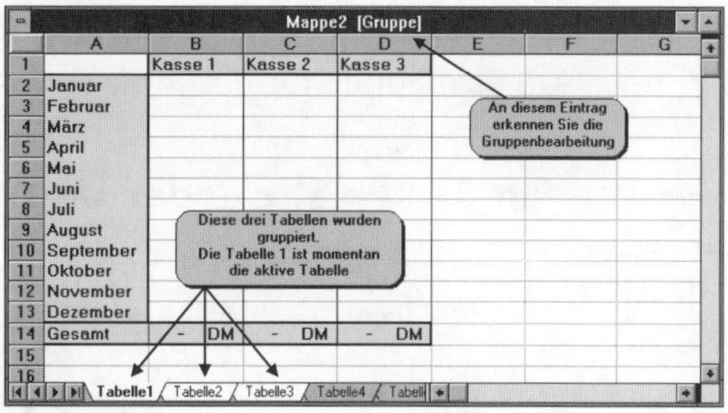


**1.** Klicken Sie auf das Register *Tabelle1*.

**2.** Halten Sie die **Umschalt**-Taste gedrückt und klicken Sie auf das Register *Tabelle3*, um die drei ersten Blätter der Arbeitsmappe zu gruppieren. In der Titelzeile erscheint der Eintrag [Gruppe].

**3.** Aktivieren Sie die Zelle A2, tippen Sie *Januar* ein und ziehen Sie das Ausfüllkästchen so weit nach unten, bis im Namensfeld der Bearbeitungszeile *Dezember* erscheint.

**4.** Aktivieren Sie die Zelle B1, tippen Sie *Kasse 1* ein und ziehen Sie das Ausfüllkästchen so weit nach rechts, bis im Namensfeld der Bearbeitungszeile *Kasse 3* erscheint.

**5.** Aktivieren Sie die Zelle A14 und tippen Sie *Gesamt* ein.

**6.** Aktivieren Sie die Zelle B14, fügen Sie

```
=SUMME(B2:B13)
```

ein und ziehen Sie das Ausfüllkästchen um zwei Zellen nach rechts.

7. Formatieren Sie die Tabelle in gewünschter Weise.
8. Lösen Sie die Gruppierung, indem Sie ein Register außerhalb der Gruppe aktivieren. Wenn Sie das aktive Register nicht wechseln möchten, dann öffnen Sie das Kontextmenü über dem aktiven Register und wählen den Befehl *Gruppierung aufheben*.

Durch das Zusammenfassen von Tabellen zu Gruppen können mehrere Tabellen gleichzeitig bearbeitet werden. Wenn mehrere Tabellen zu einer Gruppe zusammengefaßt sind, dann wirken sich alle Einträge und Formatierungen nicht nur in einem, sondern in allen zu der Gruppe gehörigen Tabellen aus. Insbesondere wenn mehrere gleichstrukturierte Tabellen in einer Arbeitsmappe vorkommen, sollten Sie die Möglichkeiten der Gruppenbearbeitung ausschöpfen.

## Sieben auf einen Streich - mehrere Dateien gleichzeitig öffnen 99

Sie möchten mit mehreren Dokumenten gleichzeitig arbeiten. Deshalb möchten Sie wissen, ob man mehrere Arbeitsmappen auch gleichzeitig öffnen kann, um nicht denselben Befehl so oft auswählen zu müssen, wie Arbeitsmappen für Ihre Aufgabenstellung notwendig sind.

### Verwenden Sie die Strg- oder Umschalt-Taste beim Auswählen

Wählen Sie *Datei/Öffnen* und wählen Sie die gewünschten Dateien bei gedrückter **Umschalt**- oder **Strg**-Taste aus.

#### Das Öffnen mehrerer Dateien

1.  Zum Öffnen von Arbeitsmappen wählen Sie *Datei/Öffnen* oder klicken auf das Symbol. In jedem Fall wird das Dialogfeld *Öffnen* eingeblendet.
2. Wenn Sie nur eine Datei öffnen möchten, dann markieren Sie im Listenfeld *Dateiname* die zu öffnende Datei und klicken auf *OK*.

   Wenn Sie mehrere Dateien auswählen möchten, dann halten Sie beim Markieren der zu öffnenden Dateien die **Umschalt**-Taste gedrückt, falls sich die Dateien direkt untereinander befinden. Liegen die zu öffnenden Dateien auseinander, halten Sie bei der Auswahl die **Strg**-Taste gedrückt. Beim anschließenden Klicken auf *OK* werden alle ausgewählten Dateien hintereinander geöffnet.

Wenn Sie mehrere Dateien mit der **Umschalt**-Taste ausgewählt haben und im nachhinein feststellen, daß sich dazwischen doch eine Datei befindet, die Sie nicht benötigen, dann drücken Sie die **Strg**-Taste und klicken diese Datei an. Dadurch wird eine einzelne Markierung ausgeschaltet.

Es können so viele Dateien gleichzeitig geöffnet werden, wie es der Speicher Ihres Systems zuläßt. Allerdings beansprucht jede offene Datei Speicherplatz. Deshalb sollten Sie die Anzahl der gleichzeitig geöffneten Dateien trotzdem in gewissen Grenzen halten, besonders dann, wenn einige Tabelle große Datenmengen enthalten.

Die geöffneten Dateien sind übrigens im Menü *Fenster* aufgeführt.

## Machen Sie sich einen Namen - Regeln zur Namensvergabe

100

Excel akzeptiert einen Dateinamen nicht, obwohl er nicht mehr als acht Zeichen aufweist? Woran kann das liegen?

### Beachten Sie die Namensregeln

Zusätzlich zu der Vorschrift, daß ein Dateiname nicht mehr als acht Zeichen umfassen darf, muß beachtet werden, daß im Namen keine Leerzeichen und bestimmte Sonderzeichen nicht verwendet werden dürfen. Wenn Sie Teilnamen bilden möchten, verwenden Sie den „_“ Unterstrich. Die folgenden Sonderzeichen sollten Sie vermeiden:

„/\[]:|<>+=;&,

Wenn Sie gleichartige Dateien unter dem gleichen Namen speichern möchten, dann können Sie dem Dateinamen einen Zähler anhängen, z. B. DATEI01. Bei Zählern unter zehn ist es ratsam, jeweils eine Null davorzusetzen, damit die Dateien auch in den Dateilisten in der richtigen Reihenfolge erscheinen.

## Arbeitsmappe als XLT-Datei gespeichert, und trotzdem keine Mustervorlage?

Sie haben eine Mustervorlage erstellt und deshalb die Datei mit dem Namen MUSTER.XLT gespeichert. Sie haben die Dateinamenserweiterung XLT extra in das Eingabefeld *Dateiname* eingetragen, aber die Datei wurde trotzdem nicht als Mustervorlage gespeichert. Woran kann das liegen?

### Legen Sie im Listenfeld Dateityp des Dialogfeldes Speichern unter den Dateityp fest

Es reicht nicht aus, wenn die Typenbezeichnung manuell in das Namensfeld des Dialogfeldes *Speichern unter* eingetragen wird. Es ist unbedingt notwendig, die Liste *Dateityp* zu öffnen und dort die gewünschte Auswahl zu treffen.

## Ein Koffer voll - Projekte in Arbeitsbereiche zusammenfassen

Die Lösung Ihrer Aufgaben erfordert es, mit mehreren Arbeitsmappen gleichzeitig zu arbeiten. Gibt es eine Möglichkeit, Dateien, die zu einer bestimmten Aufgabenstellung notwendig sind, zusammenzufassen, so daß man nicht jede einzeln extra öffnen und speichern muß? Gut wäre es auch, wenn man die Mappen immer in einer bestimmten Darstellung auf dem Bildschirm darstellen könnte. Kann man erreichen, daß die Dateien in derselben Weise geöffnet werden, wie man sie verlassen hat?

### Wählen Sie Datei/Arbeitsbereich speichern

Ordnen Sie zuerst die Arbeitsmappen wunschgemäß auf dem Bildschirm an. Wählen Sie dann *Datei/Arbeitsbereich speichern*. Übernehmen Sie den Namen in *Dateiname* oder überschreiben Sie ihn. Bestätigen Sie die Eingaben mit *OK*.

Wenn Sie mehrere Arbeitsmappen als Arbeitsbereich speichern, registriert Excel viele der spezifischen Einstellungen der einzelnen Arbeitsmappen, die Sie z. B. unter *Extras/Optionen* vorgenommen haben. Excel macht sozusagen eine „Momentaufnahme“ Ihrer derzeitigen Arbeitssituation, wenn Sie den Befehl *Datei/Arbeitsbereich speichern* auswählen. Arbeitsbereichsdateien werden mit der Dateinamensextension XLW gekennzeichnet. Die

XLW-Datei beinhaltet selbst keine Arbeitsmappen, sondern nur die Informationen der Arbeitsmappen, die Sie als Arbeitsbereich gespeichert haben.

Um die Arbeitsbereichsdatei zu öffnen, wählen Sie *Datei/Öffnen* und wählen die gewünschte Datei mit der Dateinamenserweiterung XLW aus. Daraufhin werden sämtliche Arbeitsmappen in der Konstellation geöffnet, die sie beim Speichern eingenommen hatten.

Soll der Arbeitsbereich bei jedem Starten von Excel automatisch geöffnet werden, dann speichern Sie die Arbeitsbereichsdatei im Verzeichnis XLSTART.

Mehr Informationen zum Speichern im Verzeichnis XLSTART finden Sie ab Seite 143.

## Klartext - Dateien mit der Datei-Information schnell auffinden

Da es vorkommen kann, daß mehrere Personen an Ihrem Rechner arbeiten, und insgesamt viele Dateien zu verwalten sind, legen Sie ein besonderes Augenmerk auf gutes Dateimanagement, um das Auffinden von Dateien zu einem späteren Zeitpunkt zu erleichtern. Jedesmal wenn Sie eine Datei zum ersten Mal speichern, wird das Dialogfeld *Datei-Info* eingeblendet. Wie kann man dieses Dialogfeld effektiv nutzen?

### Nutzen Sie die Datei-Info

Die Eintragungen im Dialogfeld *Datei-Info* wie *Titel*, *Thema*, *Autor*, *Schlüsselwort* und *Kommentar* erleichtern das Dateimanagement erheblich. Eine Datei kann mit Hilfe der hier eingetragenen Informationen zu einem späteren Zeitpunkt leicht wiedergefunden werden. Es ist deshalb ratsam, frühzeitig Eintragungen im Dialogfeld *Datei-Info* vorzunehmen. Denn je mehr Dateien sich in unterschiedlichen Verzeichnissen auf der Festplatte befinden, desto schwerer wird die Lokalisierung der einzelnen Dateien. Denn nicht in jedem Fall ist es möglich, sich zu merken, welchen Namen man für welche Datei festgelegt hat. Nach Dateien mit Datei-Infos kann unter Verwendung des Datei-Managers nach den einzelnen Stichworten bequem gesucht werden.

Wenn Sie das Dialogfeld *Datei-Info* nicht benötigen, dann deaktivieren Sie das Kontrollkästchen *Automatische Anfrage für Datei-Info* unter *Extras/Optionen* Register *Allgemein*.

## Datei verlegt? - Lassen Sie suchen!

Sie haben vor längerer Zeit eine Arbeitsmappe gespeichert, können diese jedoch nicht mehr finden, weil Sie nicht mehr wissen, in welchem Verzeichnis die Datei damals abgelegt wurde, und auch der Name der Datei ist Ihnen nur noch ungefähr im Gedächtnis. Wie kann man vorgehen?

### Verwenden Sie den Datei-Manager

Mit Hilfe des Datei-Managers können Sie nach Dateien suchen. Klicken Sie dazu auf das Symbol *Datei suchen* oder wählen Sie *Datei/Datei-Manager*. Das Symbol *Datei suchen* finden Sie in der Symbolleiste *Workgroup*.

### Dateien suchen mit dem Datei-Manager

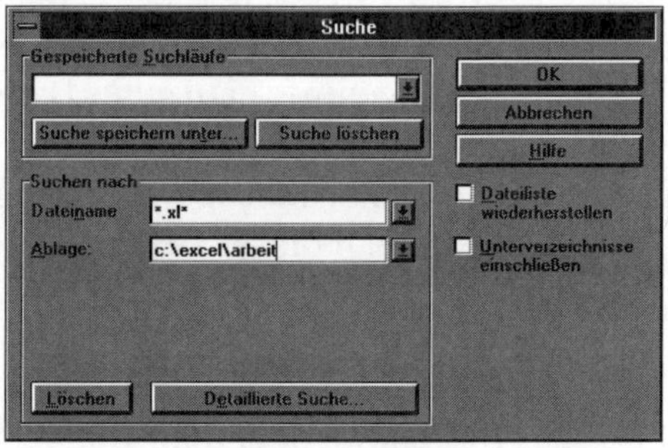


1. Klicken Sie auf Symbol *Datei suchen* oder öffnen Sie das Menü *Datei* und wählen Sie den Befehl *Datei-Manager*. Außerdem kann der Datei-Manager über *Datei/Öffnen* im Dialogfeld *Öffnen* aufgerufen werden. Wenn Sie den Befehl zum ersten Mal verwenden, wird das Dialogfeld *Suche* eingeblendet:
2. Um nach einer bestimmten Datei zu suchen, geben Sie in das Eingabefeld *Dateiname* den betreffenden Dateinamen ein. Dabei können Sie auch die Stellvertreterzeichen ? und * verwenden.
3. Legen Sie im Eingabefeld *Ablage* den Pfad für das Laufwerk und das Verzeichnis fest, entweder, indem Sie den Pfad direkt eintragen, oder indem Sie aus dem Listenfeld das entsprechende Laufwerk auswählen und dann den Verzeichnispfad hinzufügen.

Falls Sie das Kontrollkästchen *Unterverzeichnisse einschließen* markieren, wird die Suche auch in den entsprechenden Unterverzeichnissen durchgeführt.

**4.** Falls Sie eine detaillierte Suche durchführen möchten, klicken Sie auf die Schaltfläche *Detaillierte Suche*, woraufhin das folgende Dialogfeld geöffnet wird:

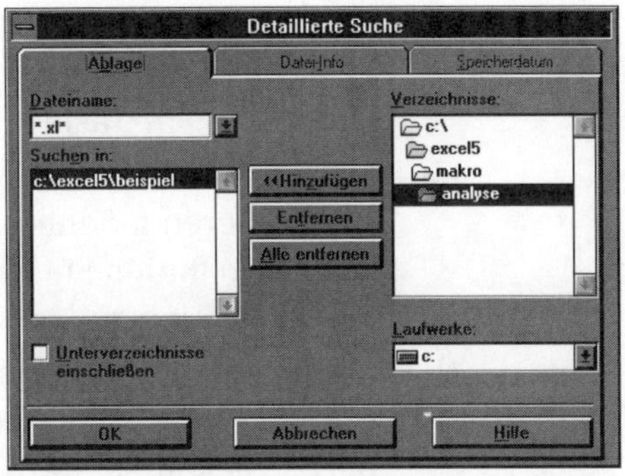


**Das Register *Ablage*** Hier können Sie mit Hilfe der Schaltflächen *Hinzufügen, Entfernen* und *Alle entfernen* festlegen, welche Verzeichnisse im einzelnen durchsucht werden sollen.

**Das Register *Datei-Info*** In diesem Register können Sie Suchkriterien eingeben, die mit den Eintragungen des Dialogfeldes *Datei-Info* übereinstimmen. Außerdem können Sie sogar nach Dateien, die bestimmte Textstellen enthalten, suchen.

**Das Register *Speicherdaten*** Hier können Sie, falls Sie das Datum der letzten Speicherung wissen, angeben, wann und von wem die Datei, die gesucht werden soll, zuletzt gespeichert wurde.

**5.** Nachdem Sie die gewünschten Suchoptionen eingetragen und im Dialogfeld *Suche* auf die Schaltfläche *OK* geklickt haben, wird von Excel eine Liste mit sämtlichen Dateien, die den eingegebenen Suchkriterien entsprechen, zusammengestellt:

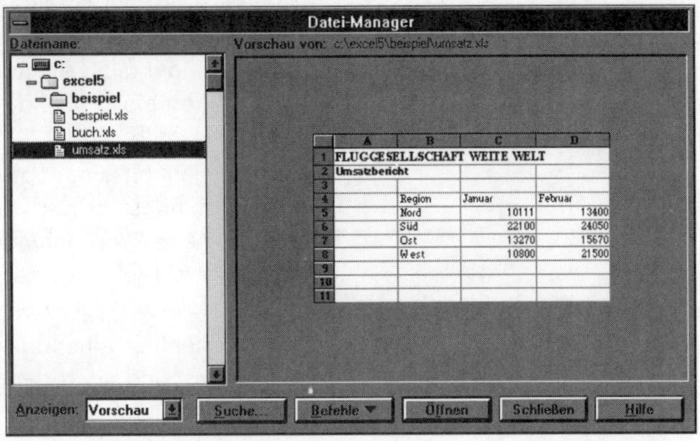


Auf der linken Seite des Datei-Managers werden die gefundenen Dateien angezeigt. Auf der rechten Seite sehen Sie eine Vorschau der jeweils ausgewählten Datei. Sie können sich jedoch auch eine *Kurz-Info* oder die *Datei-Info* anzeigen lassen, wenn Sie das Listenfeld *Anzeigen* öffnen und den entsprechenden Eintrag markieren.

**6.** Falls Sie die markierte Datei öffnen möchten, klicken Sie auf die Schaltfläche *Öffnen*. Mehrere Dateien markieren Sie, indem Sie beim Auswählen die **Strg**-Taste festhalten.

**7.** Falls Sie die markierte Datei schreibgeschützt öffnen, drucken, löschen oder kopieren möchten, dann klicken Sie auf die Schaltfläche *Befehle*. Außerdem finden Sie hier auch einen Befehl, der es erlaubt, die aufgelisteten Dateien zu sortieren.

**8.** Falls Sie die definierten Suchkriterien festhalten möchten, um diese bei einer erneuten Suche wieder zu verwenden, können Sie diese speichern. Klicken Sie dazu auf die Schaltfläche *Suche speichern unter* im Dialogfeld *Suche*. Hier können Sie der Suchkriteriendefinition einen Namen geben.

Wenn Sie schon einmal mit dem Datei-Manager gearbeitet haben, wird automatisch mit den zuletzt festgelegten Suchkriterien gearbeitet. Aus diesem Grund öffnet sich, wenn Sie *Datei/Datei-Manager* wählen oder auf das Symbol *Datei suchen* klicken, das Fenster *Datei-Manager*.

Die folgenden Stellvertreterzeichen können zur Suche nach Dateien verwendet werden:

| Stellvertreterzeichen | Auswirkung |
|---|---|
| ? | steht für ein beliebiges einzelnes Zeichen, z. B. Me?er. |
| * | steht für eine beliebige Anzahl von Zeichen, z. B. *.XLS findet alle Dateien mit der Dateinamenserweiterung .XLS. |
| „ “ | findet alle Zeichen, die in den Anführungszeichen eingeschlossen sind, wie Leerzeichen, &, *, „, Komma, ~, z. B. findet „*“ das Stern-Zeichen. |
| , | steht für eine logische ODER-Verknüpfung. Es wird mindestens der vor oder nach dem Komma angegebene Wert gefunden. Wenn im Text entweder das Wort Telefax oder Telefon vorkommt, tippen Sie *Telefax,Telefon* ein. |
| & | steht für eine logische UND-Verknüfung. Die Werte vor und nach dem Und-Zeichen müssen gefunden werden. |
| ~ | steht für das logische NICHT. Die Zeichen, die nach ~ eingegeben werden, dürfen nicht gefunden werden. Wenn Sie z. B. ~Telefon eingeben, dürfen Dateien, die das Wort Telefon beinhalten, nicht gefunden werden. |

# Kein Durchblick? - Warum der Datei-Manager manchmal keine Vorschau anzeigt

Sie suchen mit Hilfe des Datei-Managers nach einer bestimmten Datei und haben unter *Anzeigen* den Eintrag *Vorschau* ausgewählt. Aber bei einigen Dateien meldet Excel immer „Vorschau für diese Datei nicht verfügbar.“ Woran kann das liegen?

## Das erste Blatt in der Arbeitsmappe ist ein Modul- oder Dialog-Blatt

Modul- und Dialogblätter können in der Vorschau nicht angezeigt werden. Sorgen Sie gegebenenfalls dafür, daß das erste Blatt in der Arbeitsmappe eine Tabelle ist.

## Die Arbeitsmappe wurde mit einem Kennwort geschützt

Arbeitsmappen oder Blätter, die geschützt sind, werden in der Vorschau nicht angezeigt. Entfernen Sie gegebenenfalls den Arbeitsmappen- oder Blattschutz. Falls das Kennwort nicht bekannt ist, kann die Vorschau über den Datei-Manager nicht erreicht werden.

## Es handelt sich um eine Excel-4.0-Datei

Dateien im Excel-4.0-Format werden in der Vorschau nicht angezeigt, speichern Sie gegebenenfalls die Datei als Excel-5.0-Datei.

# Tips und Tricks für die Bildung von Kalkulationsmodellen

Tabellen werden in der Regel eingesetzt, um bestimmte Tatbestände, Zusammenhänge und Entwicklungen in einer geordneten Form darzustellen. Eine Tabelle sollte die Informationen enthalten, die dazu notwendig sind. Überflüssige Daten sollten dagegen erst gar nicht in die Tabelle aufgenommen werden, weil sie nur die Übersicht erschweren.

In den meisten Fällen besteht eine Tabelle aus drei wesentlichen Elementen: Beschriftungen im Tabellenkopf und in der Vorspalte, Werte und Berechnungsvorschriften (Formeln).

Die Zahlen sind in der Regel in senkrechten Spalten und waagrechten Zeilen angeordnet. Dadurch können für eine Zahl mindestens zwei Merkmale, nämlich das Merkmal der Spalte und das Merkmal der Zeile, angegeben werden. Sollen mehrere Merkmale einer Zeile oder Spalte zugeordnet werden, müssen dementsprechend mehrere Zeilen- und/oder Spaltenüberschriften in die Tabelle eingefügt werden.

## Know-how zum Tabellendesign

Nicht nur die Korrektheit der Daten und Formeln sind in einer Tabelle von großer Wichtigkeit. Berücksichtigt werden muß auch die Frage, in welcher Form die Ergebnisse vorgelegt werden. Ein professionelles Tabellendesign wird versuchen, den Inhalt der Tabelle zu stützen und die Informationen gut lesbar und übersichtlich zu präsentieren.

## Sparen Sie sich die Tipparbeit - variable Beschriftungen für gleichstrukturierte Tabellen

Sie arbeiten häufig mit gleichstrukturierten Tabellen, z. B. Wochen- oder Monatstabellen, Tabellen für verschiedene Abteilungen oder Gebiete, und möchten deshalb mit Beschriftungen arbeiten, die in jeder Tabelle verwendet und entsprechend ergänzt werden können. Welche Möglichkeiten gibt es?

**Beispiel**

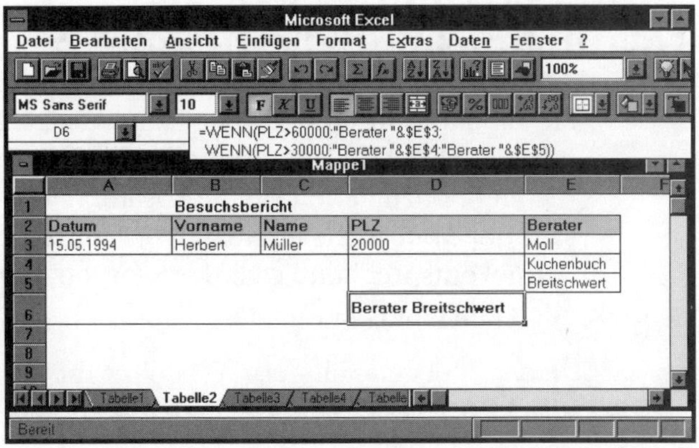


Den Kunden aus verschiedenen PLZ-Gebieten werden drei unterschiedliche Berater zugeordnet. Die Tabelle enthält einen Besuchsbericht. In Zelle D3 wird die Postleitzahl des Kunden eingetragen. In E3:E5 werden die Namen der drei Berater aufgelistet. In Zelle D6 soll der dem Kunden zugeordnete Berater erscheinen.

## Verwenden Sie den Textoperator

Mit Hilfe des Textoperators „&“ können in Abhängigkeit von bestimmten Merkmalen Texte zusammengesetzt bzw. ausgewählt werden.

### So arbeiten Sie mit dem Textoperator

Textverkettungen mit dem Textoperator erlauben interessante Möglichkeiten.

Tippen Sie in die Formel, in welcher der Text erscheinen soll, im Beispiel ist das D6, die folgende Formel ein:

=WENN(PLZ>60000;“Berater „&$E$3;
WENN(PLZ>30000;“Berater „&$E$4;“Berater „&$E$5)

Die Formel einzutragen, erscheint Ihnen vielleicht zunächst mühsamer, als den jeweiligen Namen zu tippen. Aber diese Formel muß nur einmal eingetragen werden und erzeugt dann bei hunderten von Besuchsberichten automatisch den richtigen Eintrag. Verläßt einer der Berater die Firma und übernimmt ein anderer seine Aufgabe, muß der Name auch nur an einer Stelle geändert werden.

# Für die Zukunft gewappnet - Kalkulationsmodelle flexibel gestalten

Sie möchten in einer Tabelle die Ausgangsrechnungen verwalten. Dazu müssen Sie unter anderem aus dem Nettobetrag die Mehrwertsteuer errechnen. Dazu haben Sie die Formel =Netto*15% verwendet. Leider ändert sich der Mehrwertsteuersatz von Zeit zu Zeit, was zur Folge hat, daß die Formel entsprechend geändert werden muß. Wie kann man diese Aufgabe noch einfacher bewältigen?

## Tippen Sie den Mehrwertsteuersatz in eine separate Zelle ein

Die Flexibilität eines Kalkulationsmodells kann auch dadurch gesteigert werden, daß häufig verwendete Konstanten in separaten Zellen eingetragen und über Formeln abgerufen werden. Typisches Beispiel ist der Mehrwertsteuersatz, der ja häufig geändert wird.

## Weisen Sie dem Mehrwertsteuersatz einen Namen zu

Statt den Mehrwertsteuersatz in eine separate Zelle einzutippen, können Sie diesem auch einen Namen zuweisen, so daß er nicht in der Tabelle gespeichert werden muß. Das geschieht über das Dialogfeld *Namen festlegen*. Der Mehrwertsteuersatz ist auf diese Weise für die gesamte Arbeitsmappe zugänglich und kann über das Dialogfeld *Namen festlegen* problemlos verändert werden.

## Tippen Sie den Mehrwertsteuersatz in eine separate Zelle ein

Wenn Sie in Ihren Formeln den Mehrwertsteuersatz direkt als Konstante verwenden, müssen Sie alle Formeln ändern, wenn „die Politik mal wieder zugegriffen hat".

Benutzen Sie Formeln, die sich den Mehrwertsteuersatz aus einer separaten Zelle holen, muß nur diese Zelle geändert werden.

*Mehrwertsteuersatz in separater Zelle*

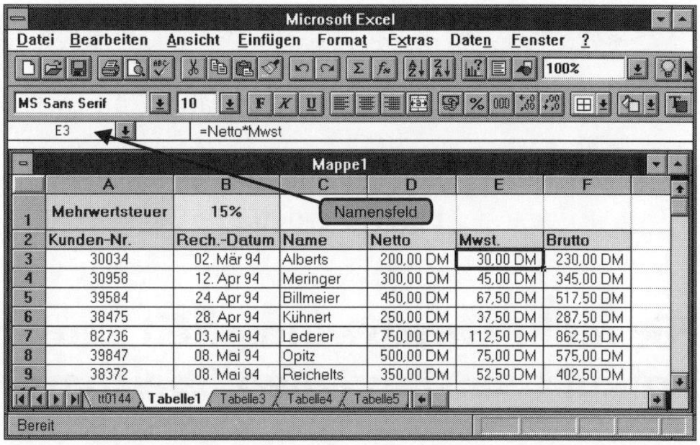


| | A | B | C | D | E | F |
|---|---|---|---|---|---|---|
| 1 | Mehrwertsteuer | 15% | | | | |
| 2 | Kunden-Nr. | Rech.-Datum | Name | Netto | Mwst. | Brutto |
| 3 | 30034 | 02. Mär 94 | Alberts | 200,00 DM | 30,00 DM | 230,00 DM |
| 4 | 30958 | 12. Apr 94 | Meringer | 300,00 DM | 45,00 DM | 345,00 DM |
| 5 | 39584 | 24. Apr 94 | Billmeier | 450,00 DM | 67,50 DM | 517,50 DM |
| 6 | 38475 | 28. Apr 94 | Kühnert | 250,00 DM | 37,50 DM | 287,50 DM |
| 7 | 82736 | 03. Mai 94 | Lederer | 750,00 DM | 112,50 DM | 862,50 DM |
| 8 | 39847 | 08. Mai 94 | Opitz | 500,00 DM | 75,00 DM | 575,00 DM |
| 9 | 38372 | 08. Mai 94 | Reichelts | 350,00 DM | 52,50 DM | 402,50 DM |

Wenn Sie das Beispiel in der Abbildung nachvollziehen möchten, dann gehen Sie folgendermaßen vor:

1. Belegen Sie den Bereich D3:D9 mit dem Namen *Netto*, indem Sie den Bereich markieren und im Namensfeld der Bearbeitungsleiste *Netto* eintragen.
2. Markieren Sie die Zelle B1 und weisen Sie dieser über das Namensfeld den Namen *MwSt* zu.
3. Tippen Sie in E3 die folgende Formel ein:

   =Netto*MwSt

4. Kopieren Sie die Formel nach E4:E9.

Falls sich die Mehrwertsteuer ändert, muß nicht die Formel, sondern nur der Eintrag in B1 geändert werden.

Wichtige Konstanten können auch in einer gesonderten Tabelle zusammengestellt werden, die dann mehrere Tabellen über externe Bezüge benutzen. Konstanten können, wenn es optisch erwünscht ist, auch „unsichtbar“ in der Tabelle abgelegt werden.

## Weisen Sie dem Mehrwertsteuersatz einen Namen zu

1. Wählen Sie *Einfügen/Namen/Festlegen*, um das Dialogfeld *Namen festlegen* zu öffnen.
2. Tippen Sie in das Eingabefeld *Namen in der Arbeitsmappe* den Namen der Konstanten ein, z. B. MwSt.

3. Tippen Sie unter *Zugeordnet zu* den Wert der Konstanten ein, z. B. 15%.
4. Bestätigen Sie die Eingaben mit *OK*.

! Statt konstanten Werten können auch Formeln mit einem Namen belegt werden.

## Für mehr Geschwindigkeit - in Kalkulationsmodellen Speicherplatz sparen

Wenn man an einer sehr großen Tabelle arbeitet, kann es sinnvoll sein, sich Gedanken darüber zu machen, wie man Speicherplatz einsparen kann, um die Geschwindigkeit bei der Bearbeitung der Tabelle nicht unnötig herabzusetzen. Zum Beispiel könnte es sein, daß Sie Formatierungen der Einfachheit halber für ganze Spalten oder Zellen vorgenommen haben. Und nicht immer ist auf einen Blick zu sehen, wo die Formatierung endet.

### Formeln in Werte umwandeln

Je weniger Formeln Sie verwenden, umso weniger Speicherplatz braucht die Tabelle. Wandeln Sie deshalb Formeln in Werte um, indem Sie die Formelzelle markieren und die Tasten **F2**,**F9** und **Enter** betätigen.

### Verwenden Sie die Tastenkombination Strg+Ende

Wieviel Platz Sie in der Tabelle tatsächlich belegt haben, können Sie prüfen, indem Sie die Tastenkombination **Strg**+**Ende** betätigen. Daraufhin springt der Zellcursor in die tatsächlich letzte belegte Zelle in der Tabelle. Entfernen Sie dann die evtl. überflüssigen Formate.

### Formeln in Werte umwandeln

Wenn eine Tabelle ihren endgültigen Zustand erreicht hat, die Ergebnisse der Berechnungen also endgültig sind, besteht die Möglichkeit, die Formeln in der Tabelle durch ihr Ergebnis zu ersetzen.

Das gilt auch, wenn Sie in einer Tabelle irgendwelche Hilfsberechnungen getätigt haben, um den errechneten Wert dann weiter zu verwenden.

1. Markieren Sie die Zelle oder den Zellbereich mit den Formeln, die in einen Wert umgewandelt werden sollen.
2.  Kopieren Sie die Zelle oder den Zellbereich in die Zwischenablage, indem Sie das Symbol *Kopieren* betätigen.
3. Wählen Sie *Bearbeiten/Inhalte einfügen*, um das gleichnamige Dialogfeld zu öffnen.
4. Aktivieren Sie unter *Einfügen* die Option *Werte* und bestätigen Sie die Auswahl mit *OK*.

Wenn Sie nur eine einzige Zelle in einen Wert umwandeln möchten, sind Sie schneller, wenn Sie nacheinander die Tasten **F2**, **F9** und **Enter** betätigen.

## Verwenden Sie die Tastenkombination Strg+Ende

Wieviel Speicher eine Datei benötigt, hängt davon ab, wie groß der tatsächlich benutzte Bereich der Tabelle ist. Gemeint ist damit der Bereich zwischen der Zelle A1 und der „letzten" Zelle, die Sie mit **Strg**+**Ende** leicht feststellen können. Wenn Sie speicherplatzsparend arbeiten möchten, dann sollten Sie folgende Regeln beachten:

1. Da Excel den Speicher zeilenweise zuweist, ist es günstiger, die Tabelle eher in die Länge als in die Breite wachsen zu lassen.
2. Anstatt zwischen Tabellenblöcken mehrere leere Spalten zu lassen, ist es besser, eine Spalte zu verbreitern, wenn ein größerer Abstand gewünscht ist. Entsprechendes gilt für Leerzeilen. Anstelle von Leerzeilen können zur Abgrenzung zur Not auch größere Zeilenhöhen verwendet werden.
3. Formatiert sollten nur die Teile der Tabelle werden, die auch tatsächlich mit Daten gefüllt werden.
4. Die Anzahl der Spalten kann verringert werden, wenn benutzerdefinierte Formate verwendet werden. Für einen Eintrag wie

   1000 qm

   ist dann nur eine Zelle notwendig.
5. Speicherplatz können Sie auch durch die Verwendung von Matrixformeln anstelle von vielen gleichstrukturierten Einzelformeln sparen.

Weitere Informationen zu Matrixformeln finden Sie ab Seite 187.

Um festzustellen, wieviel Speicher gerade noch frei ist, wählen Sie *? Info/System-Info.*

Je weniger Formeln Sie verwenden, umso weniger Speicherplatz braucht die Tabelle. Wenn Sie abgeschlossene Tabellen über längere Zeiträume archivieren, kann es deshalb sinnvoll sein, die Formeln in Werte zu verwandeln. Auch wenn Sie Tabellen an andere Stellen weitergeben, die nur die Ergebnisse brauchen, ist die Umwandlung in Werte sinnvoll.

Beachten Sie aber, daß immer rekonstruierbar sein muß, wie Berechnungsergebnisse zustande gekommen sind.

## Durchblick, noch nach Monaten - die Dokumentation

Die Notwendigkeit von Dokumentationen wird oft erst schmerzlich bewußt, wenn man einmal ein komplexes Tabellenmodell vor Augen hat, das man selbst vielleicht vor einem Jahr entwickelt, aber lange nicht mehr benutzt hat. Nun sollen Änderungen eingebaut werden, und da stellt sich heraus, daß das eigene Werk durch bloßen Zeitverzug ganz geheimnisvoll geworden ist. Kurz - der Erfinder oder die Erfinderin blickt bei der eigenen Erfindung nicht mehr durch. In so einem Fall sollten Sie sich über die Notwendigkeit von einer Dokumentation einmal Gedanken machen. Einige Anregungen dazu finden Sie in den folgenden Abschnitten.

## Wie war das doch gleich? - Tabellen geschickt dokumentieren

Eine Tabelle soll nicht nur von der Person, die sie erstellt hat, sondern auch von anderen verstanden werden. Dazu sind einige Hinweise in der Tabelle nötig. Da die Tabelle vermutlich noch ab und zu verändert wird, wäre es sinnvoll, die Hinweise frei beweglich zu gestalten.

### Erstellen Sie ein Textfeld

Ein Textfeld wird erstellt, indem Sie auf das Symbol *Textfeld* klicken, mit dem Fadenkreuz einen Rahmen aufziehen und den gewünschten Text eintippen. Der Vorteil von Textfeldern liegt darin, daß sie auf dem Bildschirm verschoben werden können.

## So erstellen Sie Textfelder

In der Standardsymbolleiste wird das Symbol *Textfeld* angeboten, mit dem ein Text einer Tabelle zugeordnet werden kann.

### Textfeld erstellen

1. Wenn Sie das Symbol anklicken, können Sie Lage und Größe des Textfeldes durch Ziehen mit der Maus bestimmen.
2. Wenn Sie die Maustaste loslassen, kann der Text direkt in das Feld eingetragen werden. Der Text wird automatisch innerhalb des festgelegten Rahmens umbrochen. Ist der Text länger, wird ein Teil des Textes jeweils verdeckt.
3. Ein Klick auf eine Zelle außerhalb des Textfeldes beendet die Texteingabe.

### Text im Textfeld ändern

1. Soll der Text geändert werden, klicken Sie zweimal hintereinander auf das Textfeld. Beim ersten Mal wird das Textfeld markiert und beim zweiten Mal wird die Einfügemarke in den Text eingefügt.
2. Verändern Sie nun den Text in gewünschter Weise.

In diesem Modus stehen die Kopier- und Löschbefehle aus dem Menü *Bearbeiten* und der Befehl *Format/Objekt* zur Verfügung, mit dem Sie das Aussehen der Schrift verändern können, indem Sie die Wörter, die formatiert werden sollen, markieren und dann den Befehl *Format/Objekt* anwenden. Auch die Rechtschreibprüfung kann verwendet werden.

### Textfeld formatieren

1. Wenn das gesamte Textfeld formatiert werden soll, markieren Sie zunächst das Textfeld.
2. Klicken Sie dann zweimal auf den Rahmen des Textfeldes, um das Registerdialogfeld *Objekt formatieren* zu öffnen.
3. Nehmen Sie die Änderungen vor und bestätigen Sie Ihre Eingaben mit *OK*.

**Textfeld verschieben**

1. Ein Textfeld wird von Excel als ein Objekt betrachtet, das ähnlich wie andere grafische Objekte in der Tabelle behandelt werden kann. Wird das Objekt mit der linken Maustaste angeklickt, erscheint ein durchbrochener Rahmen mit Markierungskästchen.
2. Ziehen Sie diesen Rahmen mit der Maus, wird das Objekt entsprechend verschoben. Ziehen Sie eines der Markierungskästchen, wird das Textfeld entsprechend vergrößert oder verkleinert. Wird das Objekt mit der rechten Maustaste angeklickt, steht ein Kontextmenü zur Verfügung.

Solche Textfelder haben den Vorteil, daß sie unabhängig von den Daten in der Tabelle hin- und hergeschoben werden können. Wenn ein solches Textfeld z. B. bestimmte Hinweise für die Bearbeitung der Tabelle enthält, etwa Vorschriften für die korrekte Dateneingabe, kann der Text an jede beliebige Stelle des Arbeitsblattes gezogen werden, an dem Sie gerade Daten bearbeiten wollen.

## Im großen Stil dokumentieren - eine Tabelle mit viel „Drumherum"

Nehmen wir einmal an, daß Sie Haustüren verkaufen. Deshalb haben Sie sich eine Tabelle erstellt, in der alle Haustürtypen, die Sie führen, aufgelistet sind. Und aus dieser Tabelle heraus möchten Sie auch gleich die Lieferantenadressen einsehen können, falls es zu einer Bestellung kommt. Die Lieferantenadressen verwalten Sie mit dem Karteikasten von Windows.

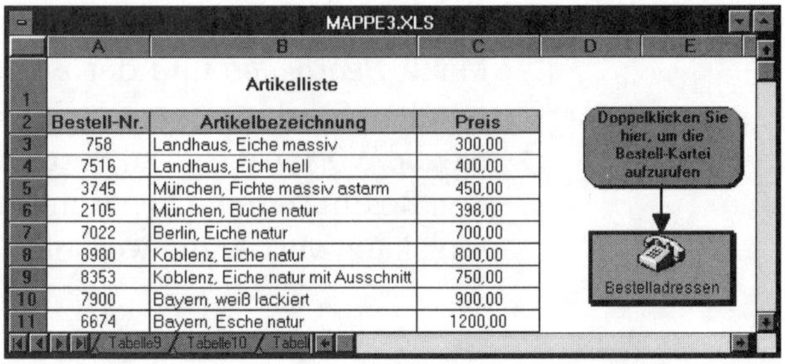


| Bestell-Nr. | Artikelbezeichnung | Preis |
|---|---|---|
| 758 | Landhaus, Eiche massiv | 300,00 |
| 7516 | Landhaus, Eiche hell | 400,00 |
| 3745 | München, Fichte massiv astarm | 450,00 |
| 2105 | München, Buche natur | 398,00 |
| 7022 | Berlin, Eiche natur | 700,00 |
| 8980 | Koblenz, Eiche natur | 800,00 |
| 8353 | Koblenz, Eiche natur mit Ausschnitt | 750,00 |
| 7900 | Bayern, weiß lackiert | 900,00 |
| 6674 | Bayern, Esche natur | 1200,00 |

### Verbinden Sie die Tabelle mit der Bestelldatei

Wenn Sie mit *Einfügen/Objekt* das Dialogfeld *Objekt* aufrufen und den Objekttyp *Paket* wählen, öffnet sich der Objekt-Manager. Hier können Sie mit *Symbol einfügen* ein grafisches Objekt auswählen und das Objekt mit einer Anwendung, die das Verknüpfen und Einbetten von Objekten erlaubt (OLE 2.0), verbinden.

## Einfügen von Objekten

**1.** Öffnen Sie das Menü *Einfügen* und wählen Sie den Befehl *Objekt*.

**2.** Markieren Sie in der Liste *Objekttyp* den Eintrag *Paket* und klicken Sie auf *OK*, um den *Objekt-Manager* aufzurufen:

**3.** Klicken Sie im *Objekt-Manager* auf die Schaltfläche *Symbol einfügen*, um das Dialogfeld *Symbol einfügen* aufzurufen und unter *Aktuelles Symbol* ein Symbol auszusuchen:

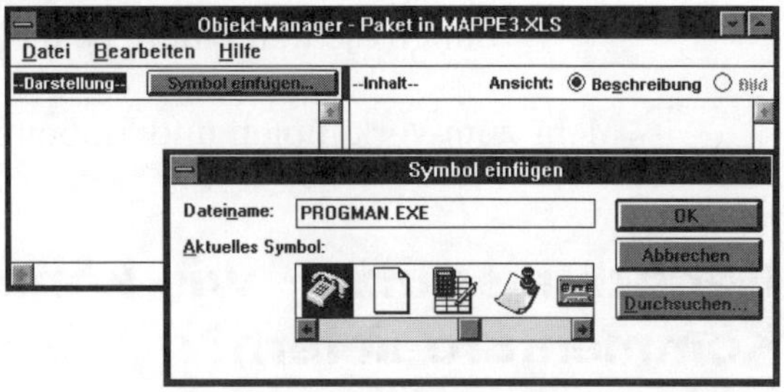


**4.** Wenn Sie auf *OK* klicken, kehren Sie in das Dialogfeld *Objekt-Manager* zurück. Öffnen Sie hier das Menü *Bearbeiten*, wählen Sie den Befehl *Beschriftung* und tippen Sie in das Eingabefeld eine Beschriftung ein, z. B. *Bestelladressen*. Schließen Sie Ihren Eintrag mit *OK* ab, damit dieser unter das Objekt eingefügt wird.

**5.** Wählen Sie nun *Bearbeiten/Befehlszeile*, um das Dialogfeld *Befehlszeile* zu öffnen. Tippen Sie in das Eingabefeld *Befehl* den Pfadnamen und den Dateinamen der Bestellkartei ein, z. B. C:\WINDOWS\BESTELL.CRD, und schließen Sie Ihren Eintrag mit *OK* ab.

**6.** Klicken Sie abschließend zweimal in das System-Menüfeld des *Objekt-Managers*, um diesen zu schließen, daraufhin wird das Symbol in die Tabelle eingefügt.

**7.** Rufen Sie die Bestelldatei auf, indem Sie zweimal auf das Paketsymbol klicken:

*Artikelliste mit Bestellkartei*

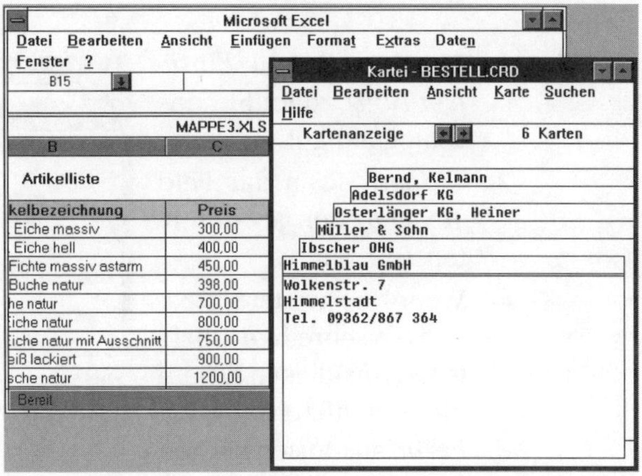

Falls Sie das Paketsymbol formatieren möchten, klicken Sie mit der rechten Maustaste auf das Objekt und wählen aus dem Kontextmenü den Befehl *Objekt formatieren.* Falls Sie das Paket-Objekt bearbeiten möchten, z. B. um die Unterschrift zu ändern oder eine andere Datei damit zu verbinden, z. B. MS WinWord 6.0 oder den Editor, wählen Sie den Befehl *Paket-Objekt.*

Mehr zum Verknüpfen und Einbetten von Daten finden Sie ab Seite 295.

## Gedächtnisstütze - wie können Zellen Kommentare liefern?

Kann man einen Kommentar auch direkt mit einer Zelle verknüpfen, und zwar so, daß der Kommentar nur bei Bedarf sichtbar ist?

### Verwenden Sie das Symbol Notiz zuordnen

Eine einzelne Zelle kann durch Klicken auf das Symbol *Notiz zuordnen* mit einem Kommentar versehen werden. Sie können aber auch die Tastenkombination **Umschalt+F2** verwenden.

### Zuordnung von Notizen

Erläuterungen zu einer bestimmen Formel oder einem Begriff in einer Beschriftungszelle können auch direkt mit der betreffenden Zelle verknüpft werden.

**Notiz einfügen**

1. Mit dem Befehl *Einfügen/Notiz* rufen Sie das Dialogfeld auf:
2. Tippen Sie in das Feld *Textnotiz* den gewünschten Text ein.
3. Wenn Sie weitere Textnotizen schreiben möchten, dann klicken Sie auf die Schaltfläche *Hinzufügen*, ansonsten klicken Sie auf *OK*.

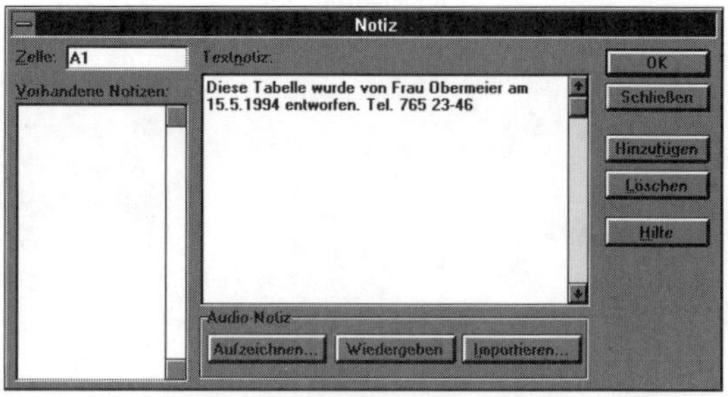

### Notiz ansehen

Die Textnotiz ist normalerweise in der Tabelle nicht direkt sichtbar. Daß zu einer Zelle eine Notiz vorliegt, wird durch einen roten Punkt in der rechten oberen Ecke der Zelle angedeutet.

! Diese Anzeige kann aber auch versteckt werden, wenn Sie unter *Extras/Optionen/Ansicht* das Kontrollkästchen *Notizanzeiger* leer lassen.

Der Befehl *Einfügen/Notiz* bzw. das Klicken auf das Symbol *Notiz zuordnen* wird sowohl zum Einfügen als auch zum Ansehen von Notizen verwendet.

Eine weitere Möglichkeit, sich Notizen anzusehen, besteht darin, das Infofenster zu öffnen. Betätigen Sie dazu die Tastenkombination **Strg+F2**. Diese Tastenkombination entspricht dem Befehl *Extras/Optionen* und dem Aktivieren des Kontrollkästchens *Infofenster* im Register *Ansicht*. Zudem steht in der Detektiv-Symbolleiste das Symbol *Infofenster anzeigen* zur Verfügung.

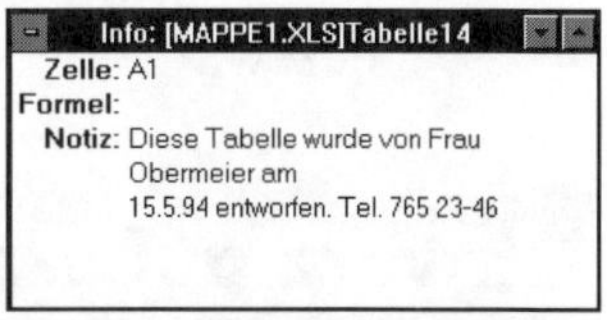


In der Version 4 von Excel konnte das Notizfenster durch Doppelklicken auf die Zelle mit der Notiz aufgerufen werden. Das ist in Excel 5.0 nicht mehr möglich, da durch Doppelklicken auf die Zelle die direkte Zellbearbeitung ermöglicht wird.

Wenn Sie die direkte Zellbearbeitung jedoch nicht nutzen, können Sie auch weiterhin das Notizfenster durch Doppelklick auf die entsprechende Zelle aufrufen, wenn Sie unter *Extras/Optionen* im Register *Bearbeiten* das Kontrollkästchen *Direkte Zellbearbeitung* deaktivieren.

## Geheimnotiz - Zellnotizen ohne Notizanzeiger finden

Sie möchten nicht, daß man in einer Tabelle sofort erkennt, daß Zellen mit Notizen belegt sind. Deshalb haben Sie den Notizanzeiger ausgeschaltet. Gibt es in diesem Fall trotzdem eine Möglichkeit, sich schnell die Zellen anzeigen zu lassen, die Notizen enthalten?

### Verwenden Sie das Dialogfeld Gehe zu

Wenn Sie den Notizanzeiger über *Extras/Optionen*, Register *Ansicht* durch Deaktivieren des Kontrollkästchen *Notizanzeiger* ausgeschaltet haben, können Sie alle Zellen, die eine Notiz enthalten, anzeigen lassen, indem Sie *Bearbeiten/Gehe zu* wählen, im Dialogfeld auf die Schaltfläche *Inhalte* klicken und im Dialogfeld *Inhalte auswählen* die Option *Notizen* aktivieren. Wenn Sie Ihre Eingabe mit *OK* bestätigen, werden alle Zellen in der Tabelle markiert, die Notizen enthalten. Eine Liste der vorhandenen Notizen finden Sie auch im Dialogfeld *Notiz*.

Die Deaktivierung des Kontrollkästchens im Dialogfeld *Optionen*, Register *Ansicht* hat übrigens globale Wirkung, das heißt, daß diese Einstellung beim Beenden von Excel gespeichert wird, und beim nächsten Programmstart weiterhin wirksam ist, und zwar so lange, bis sie von Ihnen wieder geändert wird.

## Schwarz auf weiß - Notizen ausdrucken, aber mit Zellbezug

Beim Ausdrucken der Notizen zu einem Tabellenblatt stört es Sie, daß die Notizen ohne Zellbezug ausgedruckt werden, schließlich möchten Sie auch schwarz auf weiß wissen, welche Notiz zu welcher Zelle gehört. Wie kann man das erreichen?

### Schalten Sie zum Drucken das Kontrollkästchen Zeilen- und Spaltenköpfe ein

Ob Sie die Notizen ausdrucken, entscheiden Sie im Register *Tabelle* des Dialogfeldes *Seite einrichten*, welches Sie über den Befehl *Datei/Seite einrichten* aufrufen. Die Notizen werden auf eine separate Seite gedruckt. Dabei wird leider normalerweise der Zellbezug nicht angegeben. Wenn Sie das erreichen möchten, dann wählen Sie im gleichen Dialogfeld und Register die Option *Zeilen- und Spaltenköpfe*. Klicken Sie anschließend auf die Schaltfläche *Drucken*.

# Wer spricht denn da? - Bringen Sie Excel Töne bei!

Es genügt Ihnen nicht, Zellen mit Textnotizen zu belegen, sondern Sie möchten erreichen, daß Excel in bestimmten Situationen auch Töne von sich gibt.

## Erstellen Sie eine Audio-Notiz

Das Dialogfeld *Notiz*, welches mit **Umschalt+F2** aufgerufen werden kann, erlaubt auch die Hinterlegung einer Audio-Notiz. Wählen Sie die Schaltfläche *Aufzeichnen*, um eine Notiz direkt aufzuzeichnen. Wählen Sie *Importieren*, um eine Klangdatei zu importieren.

### So wird eine Audio-Notiz erstellt

Audio-Notizen können direkt aufgezeichnet oder als Klangdateien importiert werden:

1. Zunächst einmal benötigen Sie die notwendige Hardware: eine Soundkarte mit einem dazugehörenden Klangtreiber, Windows 3.1 oder wenigstens Multimedia Extensions Vers. 1 zu Windwos 3.0.
2. Wählen Sie die Zelle, die mit einer Audio-Notiz versehen werden soll.
3. Wählen Sie den Befehl *Einfügen/Notiz* oder betätigen Sie die Tastenkombination **Umschalt+F2**.

**Audio-Notiz direkt aufzeichnen** Wenn Sie die Audio-Notiz direkt, also über Mikrofon aufzeichnen, dann wählen Sie die Schaltfläche *Aufzeichnen* und im Dialogfeld für die Aufzeichnung die Schaltfläche *Aufnahme*. Eine Skala zeigt an, wieviel von der verfügbaren Gesamtzeit - sie hängt von der Treiberinstallation ab - für die Aufzeichnung bereits verstrichen ist. Mit *Pause* kann die Aufnahme unterbrochen und auch wieder fortgesetzt werden. Mit *Stop* wird die Aufnahme beendet. Wählen Sie *Abspielen*, um die Aufzeichnung zu kontrollieren. Wenn alles paßt, dann bestätigen Sie mit *OK*.

**Klangdateien importieren** Wenn Sie statt dessen WAVE-Dateien importieren möchten, dann klicken Sie im Dialogfeld *Notiz* auf die Schaltfläche *Importieren*. Im folgenden Dialogfeld *Audio-Notiz importieren* müssen Sie nur die Datei auswählen. Verwenden Sie anschließend im Dialogfeld *Notiz* die Schaltfläche *Wiedergeben*, um die Audio-Notiz zu testen. Wenn Sie zufrieden sind, klicken Sie auf

*Hinzufügen*. In die Liste *vorhandene Notizen* wird der Zellbezug mit einem Sternchen eingetragen. Klicken Sie auf *OK*, um das Dialogfeld zu schließen.

**Audio-Notiz abspielen** Eine Zelle mit einer Autio-Notiz wird wie Textnotizen auch durch einen roten Punkt gekennzeichnet. Die Audio-Notiz wird abgespielt, wenn Sie *Einfügen Notiz* wählen und auf die Schaltfläche *Wiedergeben* klicken.

**Audio-Notiz löschen** Soll eine Audio-Notiz wieder gelöscht werden, wählen Sie *Einfügen/Notiz* und im Feld *Audio-Notiz* die Schaltfläche *Löschen*, welche angezeigt wird, wenn die aktive Zelle mit einer Audio-Notiz verknüpft ist.

### Beispiel einer Audio-Notiz

Wenn Sie Audio-Notizen in eine Tabelle aufnehmen, sollten Sie beachten, daß Excel dafür eventuell eine Menge Speicherplatz benötigt. In der Abbildung sehen Sie als Beispiel ein kleines Fragespiel.

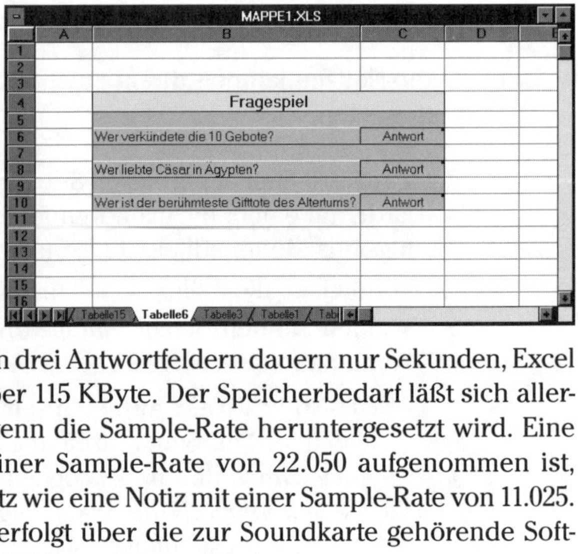


Die Aufzeichnungen zu den drei Antwortfeldern dauern nur Sekunden, Excel erzeugt eine Datei von über 115 KByte. Der Speicherbedarf läßt sich allerdings stark reduzieren, wenn die Sample-Rate heruntergesetzt wird. Eine Tonnotiz, die etwa mit einer Sample-Rate von 22.050 aufgenommen ist, braucht doppelt soviel Platz wie eine Notiz mit einer Sample-Rate von 11.025. Die Einstellung der Rate erfolgt über die zur Soundkarte gehörende Software. Die Datei wird im WAV-Format gespeichert.

## Erhöhen Sie den Standard Ihrer Arbeitsmappen mit Mustervorlagen

Eine Mustervorlage ist eine Arbeitsmappe, die alle diejenigen Elemente enthält, die in einer bestimmten Gruppe von Arbeitsblättern immer wieder vorkommen. Sie werden nicht nur verwendet, um ein einheitliches Erscheinungbild der Arbeitsblätter zu gewährleisten, sondern in der Hauptsache auch, um Zeit zu sparen und Eingabefehler zu vermeiden.

# Vom Allgemeinen zum Besonderen - Vordrucke und Formulare im Griff

Ein großer Teil der Büroarbeit wird mit Vordrucken und Formularen erledigt. Eine Reisekostenabrechnung sieht Monat für Monat ziemlich ähnlich aus, der Wochenbericht einer Abteilung enthält zwar in der Regel unterschiedliche Werte, aber der Aufbau ist immer der gleiche. Und weil Sie auf eine gewisse formale Qualität Ihrer Dokumente größten Wert legen - schließlich sind sie so etwas wie die Visitenkarte Ihres Hauses - möchten Sie wissen, wie man dieses Problem in den Griff bekommt.

## Entwickeln Sie generelle und spezielle Mustervorlagen

Während generelle Mustervorlagen hauptsächlich den Sinn haben, eine einheitliche Gestaltung zu gewährleisten, sind spezielle Mustervorlagen, wie etwa eine Vorlage für einen Wochenbericht, hauptsächlich für periodisch wiederkehrende Aufgaben oder für gleiche Aufgaben mit unterschiedlichem räumlichen Geltungsbereich interessant. Haben Sie erst einmal eine generelle Mustervorlage erstellt, dann können Sie diese als Basis für die speziellen Mustervorlagen verwenden.

### So entwickeln Sie generelle und spezielle Mustervorlagen

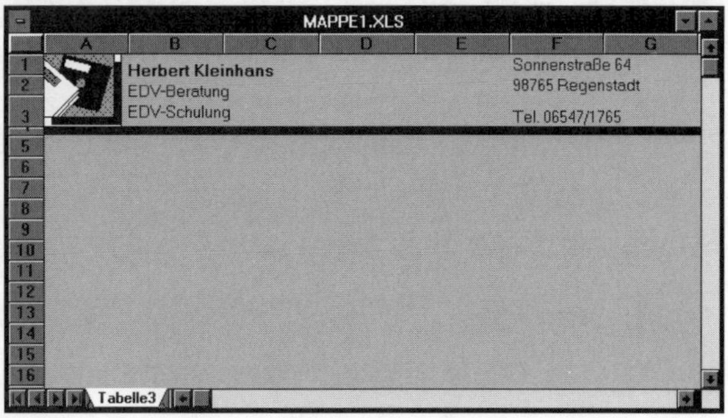


1. Entwickeln Sie zunächst eine allgemeine Mustervorlage (siehe Beispiel) mit den Formatmerkmalen, die in allen Ihren Dokumenten vorkommen sollen.
2. Fügen Sie die allgemeine Mustervorlage in das Startverzeichnis XLSTART ein.
3. Benutzen Sie dann diese Vorlage, um daraus verschiedene Spezialvorlagen zu entwickeln.

Die Vorlage enthält einen Tabellenkopf mit einigen fixen Textelementen und einem Firmenzeichen. Das Firmenzeichen ist als Objekt eingefügt. Über *Extras/Optionen* Register *Ansicht* ist die Anzeige der Gitternetzlinien ausgeschaltet.

Die folgende Aufstellung listet Beispiele für Merkmale auf, die in eine allgemeine Mustervorlage gehören:

- Feste Beschriftungen wie der Name der Firma, der Abteilung, des Autors etc., Datum, ein grafisches Objekt wie ein Firmenzeichen oder ein allgemeines Layoutmerkmal, etwa ein farbiger Streifen im Tabellenkopf.
- Einheitliche Gestaltungselemente wie Spaltenbreite, Zeilenhöhe usw.
- Festlegung des Standarddruckformats und eventuell zusätzlicher Druckformat(e), die für eine Zelle das Zahlenformat, die Schriftart, die Ausrichtung, Rahmenart, Muster oder den Zellschutz festlegen.
- Auswahl bestimmter Optionen für die Bildschirmanzeige.
- Auswahl bestimmter Farben

## So haben Sie Ihre Mustervorlagen immer parat

Sie benötigen eigentlich täglich Mustervorlagen, z. B. zum Schreiben von Rechnungen, für die eine Mustervorlage erstellt wurde. Deshalb suchen Sie nach einem Weg, um noch schneller an das Formular heranzukommen.

### Mustervorlage aus dem Dialogfeld *Neu* aufrufen

Speichern Sie die Datei im Verzeichnis XLSTART. Wurde eine Datei mit der Dateinamenserweiterung XLT im Verzeichnis XLSTART gespeichert, dann können Sie das Formular bequem über *Datei/Neu* aufrufen.

### Mustervorlage mit Klick auf ein *Symbol* öffnen

Weisen Sie einem Symbol Ihrer Wahl ein Makro zu, das die Mustervorlage öffnet.

## Mustervorlage aus dem Dialogfeld *Neu* aufrufen

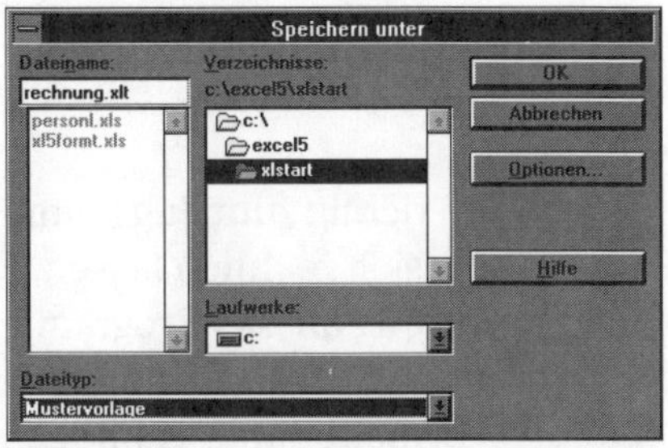


**1.** Wählen Sie *Datei Speichern unter*, um das Dialogfeld *Speichern unter* aufzurufen.

**2.** Tippen Sie einen Dateinamen in das Eingabefeld *Dateiname* ein. Der Dateiname sollte ohne Dateinamenserweiterung eingegeben werden.

**3.** Wechseln Sie in das Verzeichnis XLSTART.

**4.** Wählen Sie aus dem Listenfeld *Dateityp* den Eintrag *Mustervorlage* aus. Daraufhin erweitert Excel den Dateinamen automatisch mit der Dateinamenserweiterung XLT.

**5.** Klicken Sie auf *OK*, um den Speicherbefehl auszuführen.

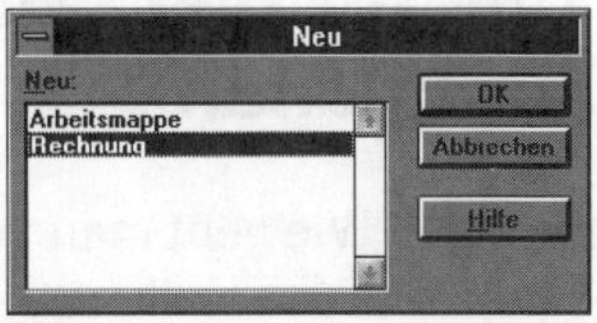


**6.** Um die Datei aufzurufen, wählen Sie *Datei/Neu*.

**7.** Im Dialogfeld *Neu* wird die Mustervorlage aufgelistet und kann von dort aus aufgerufen werden.

## Mustervorlage mit Klick auf *Symbol* öffnen

**1.** Öffnen Sie das Symbolleisten-Kontextmenü und wählen Sie *Benutzerdefiniert.*

**2.** Wählen Sie im Feld *Kategorie* den Eintrag *Benutzerdefiniert* und ziehen Sie ein Symbol Ihrer Wahl in eine eingeblendete Symbolleiste.

**3.** Daraufhin öffnet sich das Dialogfeld *Zuweisen* mit den momentan vorhandenen Makros. Wenn Sie noch kein Makro geschrieben haben, das die Mustervorlage öffnet, dann klicken Sie jetzt auf *Aufzeichnen.*

**4.** Tippen Sie unter *Makroname* einen Namen ein.

**5.** Klicken Sie auf *Optionen* und aktivieren Sie *Speichern in/Persönlicher Makroarbeitsmappe.* Falls Sie die Mustervorlage mit einer Tastenkombination aufrufen möchten, dann aktivieren Sie das Kontrollkästchen *Shortcut* und vergeben einen Tastenschlüssel.

**6.** Klicken Sie auf *OK*, um das Dialogfeld zu schließen und das Makro aufzuzeichnen.

**7.** Wählen Sie *Datei/Neu* und doppelklicken Sie auf die Mustervorlage.

**8.** Wählen Sie *Extras/Makro/Makro aufzeichnen/Aufzeichnung beenden.* Nun kann die Mustervorlage durch Klicken auf das Symbol geöffnet werden.

# So arbeiten Sie mit Formeln und Funktionen

So richtig zum Zug kommen die Fähigkeiten von Excel erst, wenn Sie Excel für sich rechnen lassen. Eine Formel ist im Grunde so etwas wie ein Dauerauftrag an das Programm. Mit einer Formel bestimmen Sie, daß Excel immer wieder bestimmte Dinge für Sie erledigen soll. Ist die entsprechende Formel einmal gebildet, vielleicht am Anfang mit gewissen Mühen, steht sie anschließend auf Abruf zur Verfügung. Damit sich Ihre Mühen in Grenzen halten, werden in dem folgenden Kapitel viele wichtige Tips und Hinweise zu diesem Thema erläutert.

## Eine für alle - der universelle Einsatz von Funktionen

Wie geht man vor, damit man eine Funktion für möchlichst viele verschiedene Kalkulationsvarianten verwenden kann? Kann man so eine Formel dann noch lesen? Gibt es da einen Trick?

### Verwenden Sie als Argumente keine konstanten Werte

Verwenden Sie in Funktionen keine konstanten Werte als Argumente, sondern Bezüge, die auf einen Wert verweisen.

Bei vielen Funktionen haben Sie die Wahl, ein Argument als Konstante oder als Variable einzugeben. Nehmen Sie z. B. die Funktion ZW(), die den Zukunftswert einer Investition berechnet. Die Funktion erwartet als Argumente einen Zinssatz, die Anzahl der Perioden, den regelmäßig gezahlten Betrag, den Barwert (Guthaben) und die Fälligkeit. Wenn Sie in einer Zelle

```
=ZW(0,12;5;-6000;-20000;1)
```

eintragen, erhalten Sie als Ergebnis 77.937,97 DM. Was aber, wenn Sie wissen wollen, wie das Ergebnis bei einem Zinssatz von 8% aussieht oder wenn das Guthaben nur 8.000,- DM beträgt?

Anstatt die Werte jedesmal direkt in die Formel einzutragen, ist es praktischer, die Formel mit Zellbezügen auszustatten und dann die Werte dieser Zellen zu variieren. Die folgende Abbildung zeigt ein Beispiel:

*Formel mit variablen Argumenten*

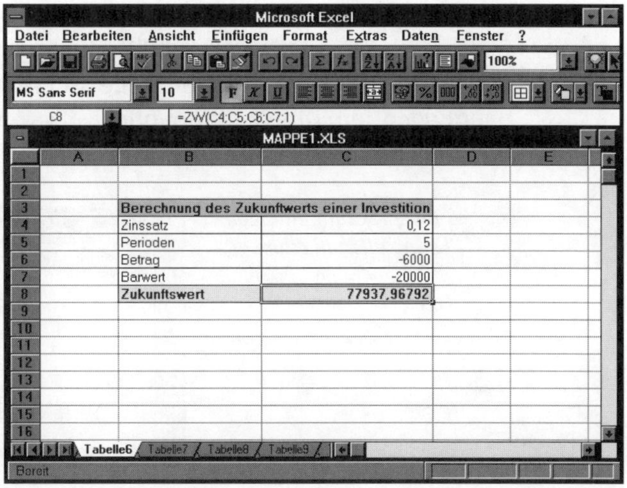


Die Formel lautet jetzt:

=ZW(C4;C5;C6;C7;1)

In dieser Version sind die Ergebnisse der Berechnung nicht nur leichter zu variieren, diese Schreibweise erlaubt Ihnen auch, verschiedene Funktionen von Excel effektiv zu nutzen, etwa die sogenannten Mehrfachoperationen, Was-wäre-wenn-Analysen, Szenarios und den Solver.

## Zellen Namen zuweisen

Wenn Sie sich die Mühe machen, die Zellen zu benennen, kann die Formel auch lauten:

=ZW(Zins;Perioden;Zahlung;Guthaben;1)

In dieser Form ist die Formel zusätzlich besser lesbar. Markieren Sie dazu jeweils die Zellen die den entsprechenden Wert enthalten und klicken Sie dann ins Namensfeld der Bearbeitungszeile. Der Eintrag im Namensfeld wird markiert und kann mit dem gewünschten Namen überschrieben werden. Bestätigen Sie ihre Eingaben mit **Enter**.

# Einfügen und Löschen von Zellen - und was passiert mit den Formeln?

In ein bestehendes Kalkulationsmodell sollen Zeilen eingefügt werden, und zwar so, daß man die Formel, die sich auf diese Daten bezieht, nicht extra verändern muß. An welcher Stelle soll man die neuen Zeilen, z. B. in der nachfolgenden Tabelle, sinnvollerweise einfügen, damit die neuen Daten von der Summen-Funktion automatisch erfaßt werden?

*Beispiel zum Einfügen von Zellen in einen Wertebereich*

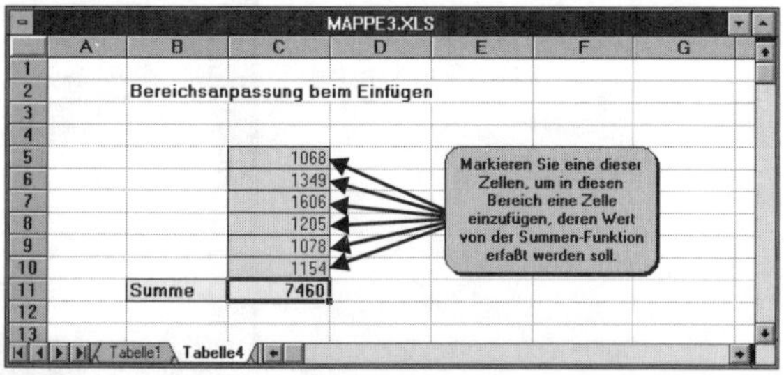


## Fügen Sie die neue Zelle zwischen die erste und letzte Zelle des Wertebereichs ein

Damit der Wert der eingefügten Zelle in der Summen-Funktion berücksichtigt wird, dürfen Sie weder die erste noch die letzte Zelle des Wertebereichs markieren, wenn Sie die neue Zelle einfügen.

### So fügen Sie eine neue Zelle ein

Wenn Sie mit benannten Bereichen arbeiten oder mit Formeln, die sich auf Wertebereiche beziehen, sollten Sie beim Einfügen oder Löschen von Zeilen oder Spalten die Wirkungen in Rechnung stellen, die so eine Operation auf eine Bereichsdefinition oder eine Formel hat. Damit der Inhalt der neuen Zelle von der Summen-Funktion berücksichtigt wird, gehen Sie so vor:

1. Markieren Sie die zweite oder die vorletzte Zelle des Wertebereichs oder eine Zelle dazwischen.
2. Klicken Sie auf das Symbol *Zellen einfügen*, um eine neue Zelle in den Wertebereich einzufügen. Die neue Zelle wird von Excel über der markierten Zelle eingefügt.

Wenn Sie die Zeile markieren, die den ersten Wert enthält, und dann dort eine Zeile einfügen, wird die erste Zelle nach unten verschoben. Die Summenformel wird so geändert, daß die Zelle für den neuen Wert nicht in der Summenformel enthalten ist.

Wenn Sie die Zelle markieren, die die Summenformel enthält, sieht das Ergebnis nach dem Einfügen zwar ganz schön aus: Über der Summenformel ist Platz für einen weiteren Wert. Aber wenn Sie die Summenformel selbst anschauen, sehen Sie, daß dieser neue Wert in der Summenformel nicht berücksichtigt ist.

Ähnlich problematisch ist es, wenn Sie einen benannten Bereich benutzen und die erste Zelle oder die Zelle unter der letzten Zelle des Bereichs markieren, um Zellen einzufügen. In beiden Fällen wird die Bereichsdefinition nicht so angepaßt, wie es zu wünschen wäre.

Ein Problem, das bei dieser Verfahrenweise auftaucht, ist allerdings, daß die Daten nach dem Einfügen neuer Zeilen oder Spalten möglicherweise nicht mehr so sortiert sind, wie es vielleicht gewünscht wird.

Erläuterungen zum Sortieren von Daten finden Sie ab Seite 267.

## Excel verrechnet sich? - Berechnungsproblemen ausweichen

In den folgenden Abschnitten finden Sie einige Berechnungsprobleme aufgeführt, die relativ häufig auftreten. Dazu gehören z. B. Rundungsfehler bei Multiplikationen bzw. Divisionen oder Zeitberechnungen.

### Falsche Ergebnisse - Rundungsfehler vermeiden

Sie haben die Ergebnisse von Multiplikationen bzw. Divisionen addiert. Und weil Sie ein mißtrauischer Mensch sind, haben Sie das Ergebnis mit dem Taschenrechner nachgeprüft. Und mit Recht, denn: Das Ergebnis ist scheinbar falsch! Wie kann das denn sein?

*Beispiel für scheinbar falsche Berechnung*

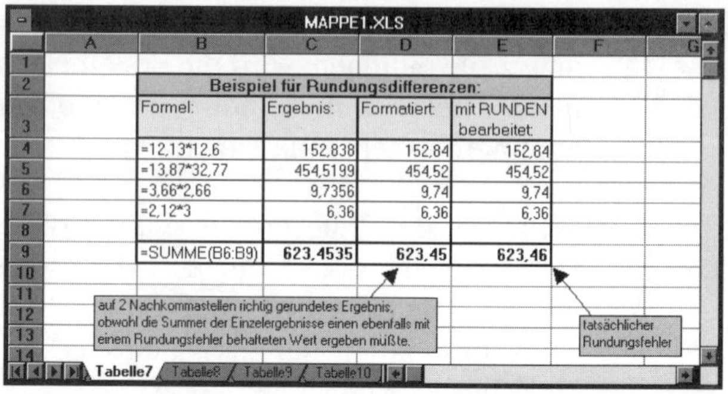


## Verwenden Sie die Funktion RUNDEN()

Wenn Sie die Funktion RUNDEN( ) verwenden, wird der Wert intern gerundet und führt somit zum richtigen Ergebnis, z. B. =RUNDEN(12,13*12,6).

## Rechengenauigkeit wie angezeigt

Wenn Sie die Option *Genauigkeit wie angezeigt* verwenden, wird mit exakt so vielen Nachkommastellen gerechnet, wie am Bildschirm dargestellt werden. Dabei ist allerdings zu beachten, daß sich die Option auf die gesamte Arbeitsmappe auswirkt.

Bei der Multiplikation und Division muß beachtet werden, wie sich das Ergebnis in Bezug auf die Dezimalstellen verhält.

Bei der Multiplikation addieren sich die Nachkommastellen

33,33*33,33 = 1110,8889
33,33*33,33*33,33 = 37025,927037

Wird die Darstellung des Ergebnisses durch die Zellformatierung auf zwei Dezimalstellen reduziert, erscheint zwar in der Zelle ein gerundeter Wert, im Beispiel also 1110,89 bzw. 37025,93, intern bleibt aber das genauere Ergebnis gespeichert. Wird auf diese Zelle in einer anderen Formel Bezug genommen, rechnet diese Formel mit den 4 bzw. 6 Dezimalstellen weiter. Zur Verblüffung des Betrachters kann also eine Kolonne aus Multiplikationsergebnissen in der Summe zu scheinbar falschen Ergebnissen führen. Hier ein Beispiel:

In der letzten Spalte (E) der Abbildung sind die Ergebnisse der benachbarten Spalte (D) mit der Funktion RUNDEN() bearbeitet worden. Wird nun die Summe dieser tatsächlich, also auch intern gerundeten Werte gebildet, stimmt das Ergebnis.

Anstatt mit der Funktion RUNDEN( ) zu arbeiten, kann das Problem auch mit einer speziellen Berechnungsoption angegangen werden. Wenn mit *Extras/Optionen* im Register *Berechnen* das Kontrollkästchen *Genauigkeit wie angezeigt* verwendet wird, paßt Excel den internen Wert dem angezeigten Wert an. Diese Option wirkt allerdings immer auf das gesamte Arbeitsblatt und sollte deshalb nur dann verwendet werden, wenn dies erwünscht ist.

## Fehlermeldung #DIV/0! - Was nun?

Eine Zelle, in der eine Division durchgeführt wird, zeigt plötzlich die Fehlermeldung #DIV/0 an. Woran kann das liegen?

### Division durch 0 abfangen

Verwenden Sie z. B. die folgende Formel, um eine Division durch Null von vorneherein abzufangen:

```
=WENN(B3<>0;RUNDEN(A3/B3;2);"")
```

Wenn der Wert der Zelle B3 ungleich 0 ist, wird die Division A3/B3 durchgeführt, wenn B3 aber tatsächlich 0 ist, findet die Division erst gar nicht statt, die Zelle bleibt leer oder liefert einen entsprechenden Hinweis.

Eine Division durch 0 ist nicht zugelassen und führt zu einer Fehlermeldung.

Solange der Divisor direkt als Zahl, also als Konstante, eingegeben wird, läßt sich dieser Fehler relativ leicht vermeiden. Was aber, wenn der Divisor eine Zelladresse oder eine Funktion ist, deren Ergebnis unvorhersehbar ist, wenn also der Divisor eine Variable, eine Unbekannte ist? Für diesen Fall muß Vorsorge getroffen werden.

Der Fall, daß der Divisor den Wert 0 annehmen kann, darf gar nicht erst zugelassen werden. Das ist möglich durch die Verwendung der Funktion WENN(). Dem Programm kann damit erklärt werden, was anstelle einer Division zu geschehen hat, wenn der Divisor tatsächlich den Wert 0 annehmen sollte.

# Wo ist die Zeit geblieben? - Anzeige von mehr als 24 Stunden

Sie möchten ausrechnen, wie viele Stunden Ihre Mitarbeiter insgesamt an einem Projekt gearbeitet haben. Deshalb lassen Sie sich von allen die angefallenen Stunden angeben und schreiben diese in eine Tabelle. Anschließend addieren Sie diese Zahlen. Und was kommt heraus? Ein Ergebnis, mit dem Sie nichts anfangen können, weil Excel normalerweise nicht mehr als 24 Stunden anzeigen kann. Was ist zu tun? Anstatt komplizierte Formeln zu entwerfen, verwenden Sie einfach den Format-Trick.

## Definieren Sie Ihr eigenes Zahlenformat

Excel erlaubt seit der Version 5.0, die Zeit auch mit mehr als 24 Stunden (bzw. mehr als 60 Minuten oder Sekunden) anzuzeigen. Definieren Sie das folgende Zahlenformat und weisen Sie dieses der Ergebniszelle zu:

```
[h]:mm
```

### So werden Zahlenformate definiert

In einer Tabelle soll die Arbeitszeit zusammengerechnet werden, die für die Herstellung eines Produkts erforderlich ist. Die Zeitangaben sind mit Stunden und Minuten angegeben.

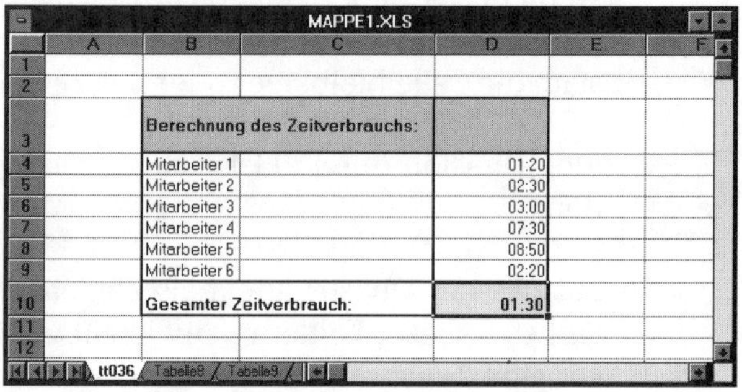


Wenn nun für die Summierung eine einfache Summenformel verwendet wird, kommt es zunächst zu recht seltsamen erscheinenden Ergebnissen.

Das liegt einfach daran, daß die Schreibweise mit Stunden und Minuten ja in Wirklichkeit keine Angabe über die Zeitdauer ist, sondern eine Angabe über einen Zeitpunkt. Wenn Sie die Spalte mit den Zeitangaben einmal mit einem normalen Zahlenformat mit zwei Nachkommastellen formatieren, sehen Sie, daß Excel für Zeitangaben Bruchteile von 1 benutzt, 12 Uhr wird also durch 0,50 dargestellt. In der Formatierung *Zeit* werden dabei die Stellen vor dem Komma ignoriert. Deshalb das seltsame Ergebnis der normalen Addition.

## Der Format-Trick

Wie kommt man nun zum richtigen Ergebnis? Erstellen Sie dazu ein benutzerdefiniertes Zahlenformat, das die Zeit auch mit mehr als 24 Stunden (bzw. mehr als 60 Minuten oder Sekunden) anzeigt. Definieren Sie das folgende Zahlenformat und weisen Sie dieses der Ergebniszelle zu:

```
[h]:mm
```

*Zahlenformat mit der Mehr-als 24-Stunden-Anzeige*

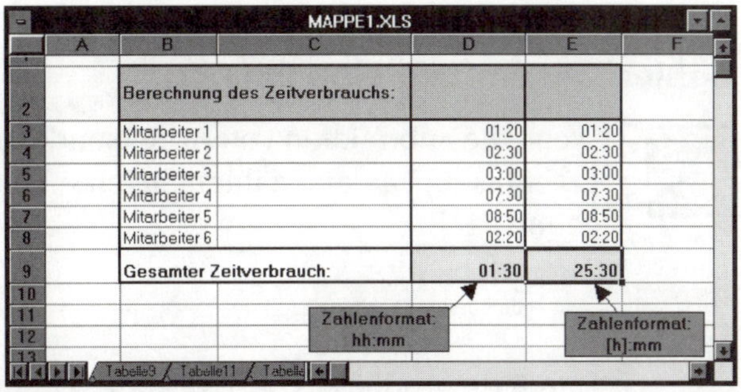


**1.** Markieren Sie die Zelle bzw. die Zellen, die mit dem neu zu erstellenden Zahlenformat belegt werden sollen.

**2.** Öffnen Sie das Kontextmenü und wählen Sie den Befehl *Zellen formatieren* und das Register *Zahlen* aus.

**3.** Wählen Sie ein Format aus der Liste, das dem zu definierenden möglichst nahe kommt.

**4.** Klicken Sie in das Eingabefeld *Format* und ändern Sie das Format in Ihr eigenes Format um.

> **!** Wenn Sie in das Eingabefeld *Format* zweimal klicken, wird der Eintrag invers markiert und kann, ohne daß er extra gelöscht werden muß, überschrieben werden.

**5.** Klicken Sie auf die Schaltfläche *OK*, um das neue Zahlenformat in das Listenfeld einzufügen und die markierten Zellen mit diesem Format zu belegen.

Die selbst erstellten Zahlenformate werden in die Kategorie *Benutzerdefiniert* eingegliedert. Ein benutzerdefiniertes Zahlenformat wird gelöscht, indem Sie das betreffende Zahlenformat im Dialogfeld *Zellen formatieren*, Register *Zahlen* markieren und die Schaltfläche *Löschen* betätigen.

Weitere Informationen über das Definieren von Zahlenformaten finden Sie ab Seite 126.

# Über den Tag hinaus - Zeitabstände berechnen

122

Sie möchten die Arbeitszeiten von Mitarbeitern berechnen, die eine Nachtschicht eingelegt haben Sie benötigen also die Differenz von zwei Zeitpunkten, an zwei verschiedenen Tagen. Das führt dazu, daß plötzlich eine Zahl mit einem Minuszeichen als Ergebnis angezeigt wird. Schon probiert?

## Zählen Sie einfach eine Eins dazu

Wenn die Subtraktion von Arbeitsende und Arbeitszeit zu einem negativen Ergebnis führt, dann zählen Sie eine Eins dazu, und schon stimmt das Ergebnis, z. B.

```
=B6-B5+1
```

Durch die Addition von 1 wird die Zahl wieder positiv und damit im Zeitformat darstellbar. Sie können diese Formel auch benutzen, wenn die Zeitangaben innerhalb eines Tages liegen, weil ja die Zahlen vor dem Komma im Zeitformat ignoriert werden.

Sollen Zeitabstände berechnet werden, muß die Besonderheit des Zeitformats berücksichtigt werden. Solange es sich um Uhrzeit-Angaben für denselben Tag handelt, ist die Sache einfach. Sie ziehen von der späteren Zeit die frühere ab und erhalten die Differenz in Stunden und Minuten.

Steht in B5 12:30 (2. Tag) und in B6 17:25 (1. Tag), liefert die Formel

```
=B6-B5
```

das korrekte Ergebnis: 4 Stunden und 55 Minuten.

Anders ist die Situation, wenn der spätere Zeitpunkt am folgenden Tag liegt. Soll z. B. die Arbeitszeit bei einer Nachtschicht berechnet werden, liefert die Subtraktion von Arbeitsende und Arbeitsantritt kein korrektes Ergebnis. 03:00-20:00 liefert die negative Zahl -0,71, eine Zahl, die im Zeitformat erst gar nicht dargestellt wird, die Zelle wird deshalb mit „#“ aufgefüllt.

Das Problem ist gelöst, wenn Sie die Formel so korrigieren:

```
=B6-B5+1
```

Durch die Addition von 1 wird die Zahl wieder positiv und damit im Zeitformat darstellbar. Sie können diese Formel auch benutzen, wenn die Zeitangaben innerhalb eines Tages liegen, weil ja die Zahlen vor dem Komma im Zeitformat ignoriert werden.

Aus diesem Grund läßt sich aber wiederum ein Zeitabstand, der über mehrere Tage geht, mit dieser Formel nicht berechnen. In diesem Fall muß die Anzahl der Stunden und der Minuten getrennt berechnet werden. Das Ergebnis kann dann nicht im Zeitformat dargestellt werden.

## Wie alt sind Sie genau? - Datumsdifferenzen in Tagen, Monaten und Jahren

Wenn man von einem Datumswert einen anderen abzieht, bekommt man als Ergebnis eine serielle Zahl von Excel geliefert. Sie möchten aber diese Datumsdifferenz in gewohnter Weise angeben, nämlich in Tagen, Monaten und Jahren, weil Ihnen eine Zahl als Information zu abstrakt erscheint. Wie kann man das erreichen?

### Verwenden Sie die Funktionen TAG(), MONAT() und JAHR()

Wandeln Sie die beiden Datumsangaben mit Hilfe der Formeln TAG(), MONAT() und JAHR() in Tage, Monate und Jahre um und berechnen Sie daraus die Differenz.

### Die Verwendung der Datum-Funktionen

Gehen wir von folgendem Beispiel aus:

1. Tippen Sie in die Zelle B3 das Datum 30.05.1994 ein.
2. Tippen Sie in die Zelle B4 das Datum 12.02.1993 ein.
3. Tippen Sie in B5 die Formel =B3-B4 ein. Als Ergebnis erhalten Sie 472, d. h., daß 472 Tage dazwischen liegen.

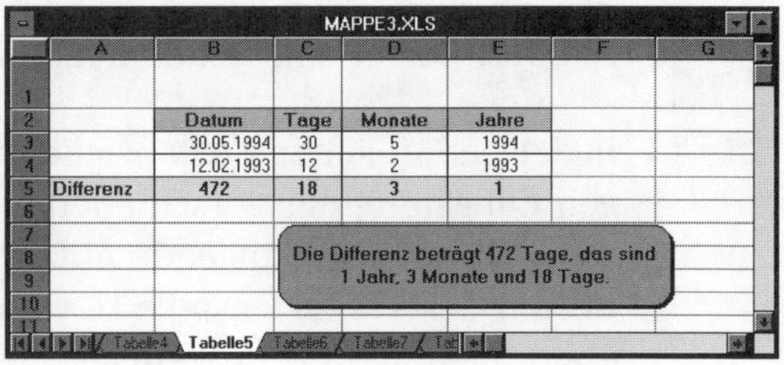

4. Wenn Sie diesen Wert jedoch in Tagen, Monaten und Jahren wissen möchten, müssen Sie die beiden Daten erst umwandeln, indem Sie die Funktionen TAG(), MONAT() und JAHR() verwenden.In die Tabelle wurden folgende Formeln eingegeben:

| | |
|---|---|
| C3 | =TAG(B3) |
| D3 | =MONAT(B3) |
| E3 | =JAHR(B3) |
| C4 | =TAG(B4) |
| D4 | =MONAT(B4) |
| E4 | =JAHR(B4) |
| C5 | =C3-C4 |
| D5 | =D3-D4 |
| E5 | =E3-E4 |

Bedenken Sie dabei, daß die Funktion immer nur positive Werte liefert, weil es keine negativen Datumswerte gibt. Aus diesem Grund ist die Funktion nur dann anzuwenden, wenn mit einer positiven Zeitdifferenz gerechnet wird.

## Annäherung - iterative Berechnungen

Sie möchten eine bestimmte Problemstellung unter Verwendung eines Zirkelbezugs lösen. Excel zeigt aber immer an, daß es Zirkelbezüge nicht auflösen kann. Was ist zu tun?

### Aktivieren Sie das Kontrollkästchen Iteration

Wählen Sie *Extras/Optionen* und das Register *Berechnen*. Aktivieren Sie hier das Kontrollkästchen *Iteration*.

Ein Beispiel für solche iterativen Berechnungen soll dies demonstrieren:

In der betrieblichen Kostenstellenrechnung kann es zu einer wechselseitigen Entlastung der verschiedenen Vorkostenstellen kommen. Die Vorkostenstelle A (siehe folgende Abbildung) übernimmt einen Prozentsatz der Kosten der Vorkostenstelle B, während umgekehrt die Vorkostenstelle B einen bestimmten Prozentsatz der Vorkostenstelle A übernimmt. Man spricht deshalb von einer ständigen Umlage.

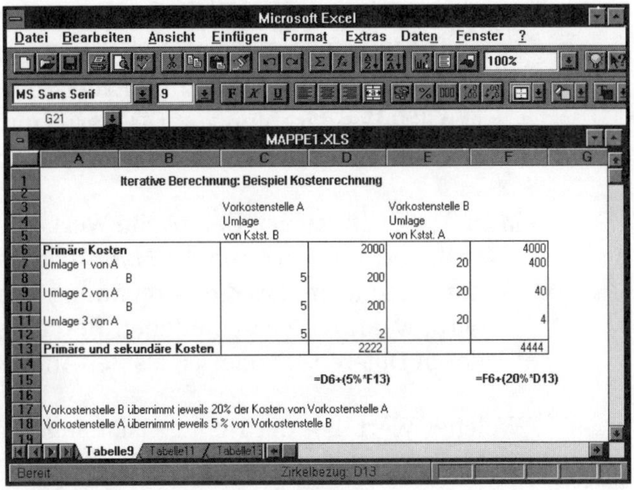


*Iterative Umlageberechnung (Kostenrechnung)*

In der Abbildung ist die schrittweise Berechnung dieser ständigen Umlage an einem kleinen Beispiel demonstriert. Die etwas mühsame Hilfsrechnung von Umlage zu Umlage, bis nichts mehr umzulegen ist, kann ersetzt werden durch zwei Formeln, die zirkulär definiert sind. Die Formel in D13 lautet:

```
=D6+(0,05*F13)
```

während die Formel in F13

```
=F6+(0,2*D13)
```

heißt. Das entspricht den Gleichungen:

```
D13=D6+(0,05*(+F6+(0,2*D13)))
F13=F6+(0,2*(D6+(0,05*F13)))
```

wobei D13 und F13 jeweils auf beiden Seiten des Gleichheitszeichens auftauchen. Die Formeln in D13 und F13 beziehen sich also praktisch auf sich selbst, denn D13 bezieht sich auf F13, das sich aber wiederum auf D13 bezieht. Für F13 gilt das Gleiche.

Über den Befehl *Extras/Optionen* kann im Register *Berechnen* gesteuert werden, wie Excel eine iterative Berechnung ausführt. Zunächst kann entschieden werden, ob überhaupt eine Iteration ausgeführt werden soll. Um die Berechnung der Umlage zu erreichen, sollte deshalb das Kontrollkästchen *Iteration* angekreuzt werden. Ist das geschehen, verschwindet der Zirkelhinweis in der Statuszeile.

**Max. Iterationszahl** Da nun nicht immer vorausgesehen werden kann, wie oft eine Berechnung wiederholt werden muß, um einen Näherungswert zu erreichen, bestimmt Excel zunächst immer einen Höchstwert von 100 Wiederholungen. Die Berechnung wird also nach der 100sten Wiederholung gestoppt und das erreichte Ergebnis angezeigt.

**Min. Änderungswert** Der zweite Wert, mit dem die iterative Berechnung gesteuert werden kann, ist *Min. Änderungswert*. Standard ist 0,001. Damit ist gemeint, daß die Berechnung auch dann nicht mehr wiederholt wird, wenn die verschiedenen Berechnungen zu Ergebnissen führen, deren Differenz kleiner ist als der Änderungsminimalwert.

Welcher Wert hier der richtige ist, hängt natürlich von der Dimension ab, die das erwartete Ergebnis hat. Erwarten Sie z. B. Werte mit 6 Nachkommastellen, ist 0,001 ein zu grobes Maß. Bei der iterativen Berechnung wird in der Bearbeitungszeile jeweils angezeigt, welche Berechnung gerade ausgeführt wird.

Beachten Sie, daß die Einschaltung der iterativen Berechnung immer für alle gerade geöffneten Dateien gilt. Das ist nicht unbedingt vorteilhaft, wenn nur in einer Datei Zirkelbezüge erlaubt sein sollen, in den anderen aber nicht.

Es gibt Situationen, in denen Zirkelbezüge nicht nur erwünscht, sondern unvermeidlich sind, um bestimmte Berechnungen auszuführen. In solchen Fälle werden die Zirkelbezüge als Anlaß für Berechnungen genommen, die so oft wiederholt werden, bis ein zufriedenstellendes Ergebnis erreicht ist. Gesprochen wird deshalb von iterativen Berechnungen. Gleichungen, bei denen nur Näherungswerte errechnet werden können, gehören dazu. Es wird in diesen Fällen angenommen, daß durch Wiederholung der Berechnung allmählich eine Annäherung an einen Wert erfolgt, der sich auch bei erneuter Neuberechnung nicht mehr oder nicht mehr wesentlich verändert.

Das ist allerdings nur ein möglicher Ausgang der Lösungsversuche. Es kann auch sein, daß bei erneuter Wiederholung plötzlich ganz andere Werte auftauchen. In so einem Fall ist dann die Annäherung mißlungen.

# Rechnen im Rechteck - Matrizen und Matrixformeln

Wie geht man mit Matrixformeln um? Wie wird eine Matrix als Argument in eine Formel eingegeben? Wie kann mit Matrixformeln das Tabellenmodell vereinfacht werden? Antwort auf diese Fragen und mehr erfahren Sie in diesem Kapitel.

## Zeit ist Geld - Matrixformeln sind schneller

Stellen Sie sich vor, Sie haben eine Tabelle mit 6.500 Zellen und wollen auf jede dieser Zellen eine komplexe Formel anwenden. Sie müßten nun in einen weiteren 6.500 Zellen großen Tabellenbereich diese Formel kopieren. Gibt es da eine bessere Lösung?

### Verwenden Sie die Tastenkombination Strg+Umschalt+Enter

Anstatt die Formel 6.500 Mal zu kopieren, markieren Sie den 6.500 Zellen großen Bereich, geben in einer beliebigen Zelle dieses Bereichs die Formel ein und schließen die Eingabe mit **Strg+Umschalt+Enter** ab. Damit haben Sie Excel mitgeteilt, daß es sich hier um eine Matrixformel handelt, d. h., Sie haben im Gegensatz zu 6.500 Kopien der Formel nur eine Formel eingegeben, die sich jedoch auf den gesamten 6.500 Zellen großen Bereich bezieht.

Eine Matrixformel erkennen Sie daran, daß sie in geschweiften Klammern eingeschlossen ist.

Durch eine einfache Formel wie etwa =B2*B3 wird eine Operation ausgelöst, bei der ein einzelner Wert, der in einer Zelle abgelegt ist, mit einem einzelnen Wert aus einer anderen Zelle multipliziert wird und das Ergebnis wiederum in einer einzelnen Zelle erscheint.

Excel erlaubt darüber hinaus aber auch, als Operand einer Formel oder als Argument einer Funktion gleich mehrere Werte zu benutzen. Auch als Ergebnis einer Formel können gleich mehrere Werte produziert werden. Dies ist z. B. bei bestimmten Funktionen der Fall.

In beiden Fällen sind diese Werte in einer bestimmten Form angeordnet, die Matrix genannt wird.

Was kann man sich unter einer Matrix vorstellen? Die einfachste Vorstellung ist die von einem geschlossenen Bereich von Zellen, die alle Werte enthalten. Die kleinste Matrix wäre ein Zellbereich mit zwei neben- oder untereinanderliegenen Wertezellen. Die größte erlaubte Matrix wäre ein Zellbereich mit zahlreichen Spalten und Zeilen, der bis zu 6.500 Zellen enthält. Eine Matrix ist immer ein rechteckiger Zellbereich, in dem jede Zelle einen Wert enthält.

Eine Matrix entspricht also, sofern es sich bei den Werten um numerische Werte handelt, dem, was auch in der Algebra eine Matrix genannt wird. Ein einfaches Beispiel ist das folgende Zahlenschema:

$$\begin{pmatrix} 3 & 23 & 65 \\ 6 & 0 & 45 \end{pmatrix}$$

Die Besonderheit von Matrizen besteht vor allem darin, daß sie von Excel so behandelt werden, als ob es sich um einen Einzelwert handeln würde, das heißt, sie werden als eine Einheit genommen, bei der die einzelnen Elemente auch nicht gesondert behandelt werden können.

## Effektiver Formalismus - der Umgang mit Matrixformeln

Sie wollen anhand des in der folgenden Tabelle enthaltenen Zahlenmaterials die Differenz im Wasserverbrauch zwischen 1990 und 1991 berechnen.

*Beispiel für eine Matrixformel*

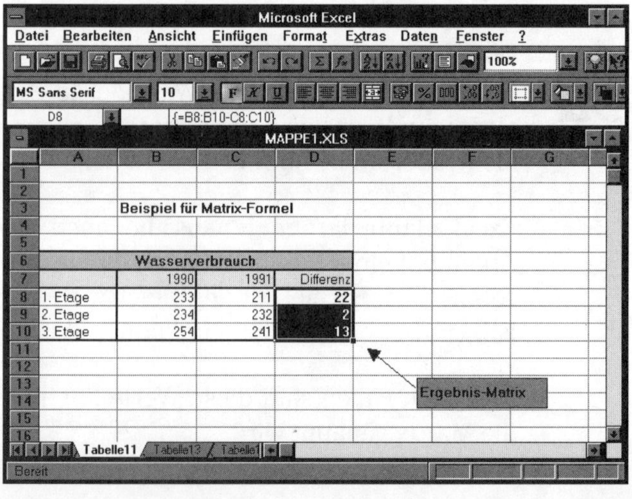

## Verwenden Sie eine Matrixformel

Verwenden Sie eine Formel, die als Argumente Matrixbereiche oder Matrixkonstanten verwendet, z. B.:

{=B8:B10-C8:C10}

Diese Formel rechnet für alle Werte in den angegebenen Bereichen die Differenz aus.

### Die Anwendung einer Matrixformel

1. Im Beispiel werden die Werte aus der Spalte für 1991 von der Spalte der Werte für 1990 abgezogen. Der erste Schritt ist die Markierung der Matrix, die die Ergebnisse der Matrixformel aufnehmen soll. In der Abbildung ist das der Zellbereich D8:D10.

   Dieser Schritt ist ganz entscheidend, denn wenn Sie nur eine Zelle markieren, liefert die Matrixformel auch nur ein einziges Ergebnis. Die Größe dieser Ergebnismatrix sollte in der Regel exakt so groß sein, daß die Matrixformel alle Ergebnisse erzeugen kann, die durch die Wertegruppe(n), auf die sich die Formel bezieht, möglich sind.

   Ist die Ergebnismatrix kleiner, werden mögliche Ergebnisse „unterschlagen", ist sie dagegen größer, erscheint in den überzähligen Zellen der Wert #NV als Hinweis darauf, daß hier keine Werte vorliegen, mit denen die Formel arbeiten kann.

2. Der zweite Schritt ist die Eingabe der Formel in eine der Zellen der Ergebnismatrix. Dabei spielt es keine Rolle, in welche dieser Zellen die Formel eingetragen wird. Geben Sie die folgende Formel ein:

   {=B8:B10-C8:C10}

   Die Formel kann wie jede Einzelwertformel Konstanten, Operatoren, Zellbezüge 8und Funktionen enthalten. Die Besonderheit besteht darin, daß in der Formel Bezug auf Wertegruppen genommen wird, die in der Matrixformel dann zeilen- oder spaltenweise ausgewertet werden.

Die geschweiften Klammern, die die gesamte Formel einschließen und sie damit als Matrixformel kennzeichnen, dürfen allerdings nicht manuell eingegeben werden. Eine Matrixformel muß unbedingt mit der Tastenkombination **Strg+Umschalt+Enter** abgeschlossen werden.

Wenn Sie die Klammern manuell eingeben, werden sie als Textzeichen interpretiert! Wenn Sie nur **Umschalt+Enter** verwenden, wird die Formel als normale Einzelwertformel in die aktiven Zellen gesetzt. Benutzen Sie dagegen nur **Strg+Enter**, wird die Formel als Einzelwertformel in alle ausgewählten Zellen gesetzt.

Bei Excel wird unterschieden zwischen Einzelwertformeln und Matrixformeln. Eine Einzelwertformel liefert einen bestimmten Wert aufgrund der Werte der Zellen, auf die die Formel Bezug nimmt. Eine Matrixformel dagegen kann verschiedene Ergebnisse für eine vorher markierte Matrix „gleichzeitig“ liefern. Wie ist das zu verstehen?

Die Formel in der Ergebnismatrix muß nur einmal eingegeben werden und wird dann praktisch automatisch auf alle Zellen der Matrix kopiert. Die in der Formel bestimmten Operationen werden dabei jeweils mit den entsprechenden Daten ausgeführt.

Matrixformeln sind eine Arbeitserleichterung, wenn bestimmte Formeln wiederholt verwendet werden sollen. Insbesondere spätere Änderungen sind einfacher, wenn Sie eine Matrixformel verwenden, weil ja nur eine Formel geändert werden muß.

Wenn Sie sich die Ergebnisspalte einer Matrixformel anschauen, können Sie feststellen, daß Excel in jede Zelle dieselbe Formel gesetzt hat. Trotzdem sind die Ergebnisse verschieden. Die Matrixformel bewirkt nämlich, daß in der ersten Ergebniszelle D8 die Differenz B8-C8 berechnet wird, in D9 aber B9-C9 usw.

## Keine Zwischentöne - mit Matrixformeln Tabellenmodelle vereinfachen

127

Bei einem komplexen Tabellenmodell werden oft viele Zwischenergebnisse benötigt. Eigentlich sind Sie jedoch nur an dem Endergebnis interessiert, dazu müssen Sie aber erst die Zwischenergebnisse und dann aus diesen das Gesamtergebnis errechnen. Gibt es eine Möglichkeit, das Gesamtergebnis direkt zu berechnen, ohne daß die Zwischenergebnisse in der Tabelle in Erscheinung treten?

## Arbeiten Sie mit einer Matrixformel

Wenn Sie die Zwischenergebnisse nicht für weitere Berechnungen benötigen, können Sie mit einer Matrixformel das Tabellenmodell vereinfachen.

Das folgende Beispiel zeigt, daß Matrixformeln dazu benutzt werden können, ein Tabellenmodell zu vereinfachen. Das ist möglich, indem in der Formel Rechenschritte zusammengefaßt werden, die normalerweise über Zwischenergebnisse berechnet werden müßten.

Soll z. B. das Gesamtgewicht einer Ladung berechnet werden, ist der übliche Weg, das jeweilige Gewicht der verschiedenen Artikel mit der Stückzahl zu multiplizieren und dann die Ergebnisse zu addieren, wie in der Spalte E zu sehen ist.

*Gewichts-berechnug*

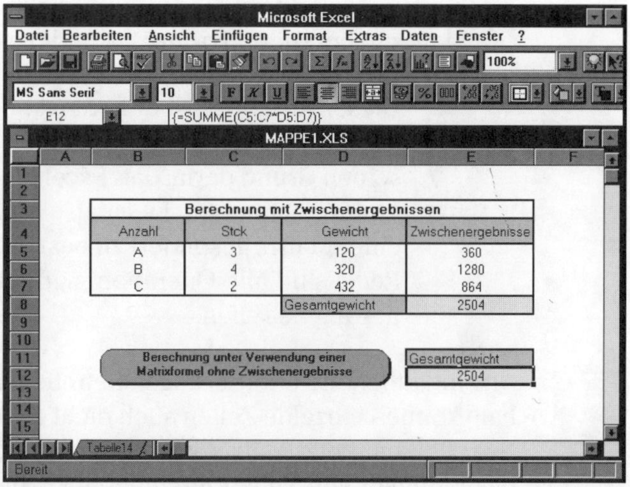


Wird dagegen mit einer Matrixformel gearbeitet, ist es nicht erforderlich, die Ergebnisse der Multiplikation in der Tabelle darzustellen. Die Formel

```
{=SUMME(C5:C7*D5:D7)}
```

speichert die Zwischenergebnisse der einzelnen Multiplikationen nur intern und gibt allein das Gesamtergebnis in der Zelle E12 aus. Auf die Zwischenergebnisse kann also auch nicht zugegriffen werden.

Diese Vorgehensweise ist allerdings nur dann sinnvoll, wenn diese Zwischenergebnisse nicht für andere Berechnungen von Belang sind. Außerdem muß beachtet werden, daß ein Kalkulationsmodell auch überprüfbar bleiben muß.

## Wenn Excel meckert - „Kann Teile einer Matrixformel nicht ändern"

128

Eine Matrixformel soll geändert werden. Leider meldet Excel immer „Kann Teil einer Matrixformel nicht ändern". Was muß man tun?

### So ändern Sie Matrixformeln

1. Wollen Sie eine Matrixformel ändern, können Sie eine beliebige Formelzelle in der Matrix auswählen.
2. Aktivieren Sie dann die Bearbeitungzeile, daraufhin verschwinden dort die geschweiften Klammern.
3. Sobald die Änderungen an der Formel fertig sind, muß die Formel erneut mit **Strg**+**Umschalt**+**Enter** quittiert werden. Daraufhin werden alle zur Matrix gehörenden Formeln geändert.

Dieser Abschluß ist unbedingt notwendig, sonst erhalten Sie die Fehlermeldung „Kann Teil einer Matrix nicht ändern". Das hat seinen Grund darin, daß Excel eine solche Formel-Matrix als eine Einheit betrachtet. Es ist also nicht möglich, einzelne Elemente einer Matrix gesondert zu bearbeiten. Ausgenommen von dieser Regel sind alle Operationen, die nur die Gestaltung und Formatierung betreffen.

Alle inhaltlichen Veränderungen betreffen immer die gesamte Matrix. Deshalb können einzelne Zellen auch nicht gelöscht oder verschoben werden. Nur die komplette Matrix kann gelöscht oder verschoben werden. Auch das Einfügen von Zellen in eine Matrix, die mit Matrixformeln belegt ist, führt zu einer Fehlermeldung.

Dagegen ist es durchaus möglich, den Inhalt einzelner Zellen an eine andere Stelle der Tabelle zu kopieren. Die Bezüge werden dabei automatisch angepaßt.

Um einen Matrixbereich vollständig zu markieren, genügt es, eine Zelle des Bereichs zu wählen und dann **Strg**+**Umschalt**+**/** zu benutzen. Diese Tastenkombination entspricht der Option *Aktuelle Matrix* in dem Dialogfeld *Inhalte auswählen* des Befehls *Gehe zu*.

# Struktur und Logik - Matrixformeln und Logik unter einem Hut

In der folgenden Tabelle sind im Bereich C3 bis C15 die Umsätze verschiedener Buchtitel aufgelistet. Wie kann man schnell herausfinden, wie viele Titel einen Umsatz von über 100.000,- DM haben?

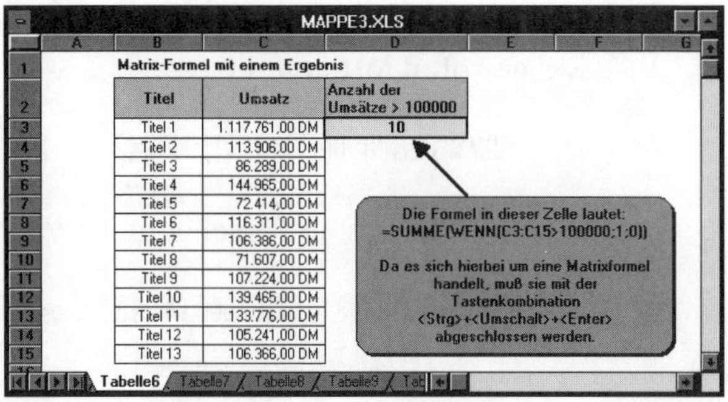


## Wenden Sie eine Matrixformel in einer WENN-Funktion für eine einzige Zelle an

Normalerweise werden Matrixformeln dazu verwendet, die Ergebnisse für mehrere Zellen zu liefern. Eine Matrixformel kann aber auch benutzt werden, um einen einzigen Wert zu produzieren. Wichtig: Sie müssen die Formel mit **Strg+Umschalt+Enter** abschließen.

Logische Audrücke mit UND und ODER und 3-D-Bezüge sind in Matrixformeln nicht erlaubt. Ebenso können Schnittmengenoperatoren und implizite Schnittmengenbildung in Matrixformeln nicht verwendet werden.

### 3-D-Bezug

1. Tippen Sie in Zelle D3 folgende Formel ein:

```
=SUMME(WENN(C3:C15>100000;1;0))
```

2. Schließen Sie den Eintrag mit der Tastenkombination **Strg+Umschalt+Enter** ab.
3. Die Zelle liefert als Ergebnis die Anzahl der Titel. Excel prüft für alle Zellen von C3 bis C15, ob die Bedingung „Wert > 100000“ erfüllt ist. Ist das der Fall, ist das Ergebnis WAHR. WAHR aber entspricht in Excel dem Wert 1. Das Ergebnis wird nur intern registriert. Die Summen-Funktion summiert die Fälle, in denen das Ergebnis 1 ist.

Wenn Sie noch komplexere Auswertungen machen wollen, müssen Sie allerdings eine Einschränkung beachten, die für Matrixformeln gilt: Logische Ausdrücke mit UND oder mit ODER sind hier nicht erlaubt. Sollen, um bei dem Beispiel der Bücher zu bleiben, z. B. die Titel zusammengezählt werden, deren Umsatz über 100.000 und unter 150.000 liegt, dürfen Sie nicht wie gewohnt formulieren:

```
=SUMME(WENN(UND(C3:C15>100000;C3:C<5<150000);1;0))
```

Hier hilft dann eine verschachtelte WENN-Funktion:

```
=SUMME(WENN(C3:C15>100000;WENN(C3:C15<150000);1;0);0)
```

# Dreidimensionales Kalkulieren

In diesem Kapitel wird vorgestellt, wie Sie mit Hilfe eines 3-D-Bezugs Ergebnisse mehrerer gleichstrukturierter Tabellen in einer einzigen Formel zusammenfassen können. Ebenso erfahren Sie, wie sich die 3-D-Bezüge bei Änderungen in der Arbeitsmappe verhalten oder in welchen Fällen die Bezüge in Hochkommas eingeschlossen werden müssen.

## Alles auf einmal - Ergebnisse mehrerer Tabellen in einer zusammenfassen

Stellen Sie sich vor, daß Sie eine Arbeitsmappe erstellt haben, in der die Einnahmen von verschiedenen Kassen aufgelistet und addiert werden, und zwar je Tabelle monatlich für ein Jahr. Bisher wurden die Jahre 1991, 1992 und 1993 erfaßt. Die Ergebnisse der einzelnen Jahre sollen nun in einem extra Blatt zusammengefaßt werden.

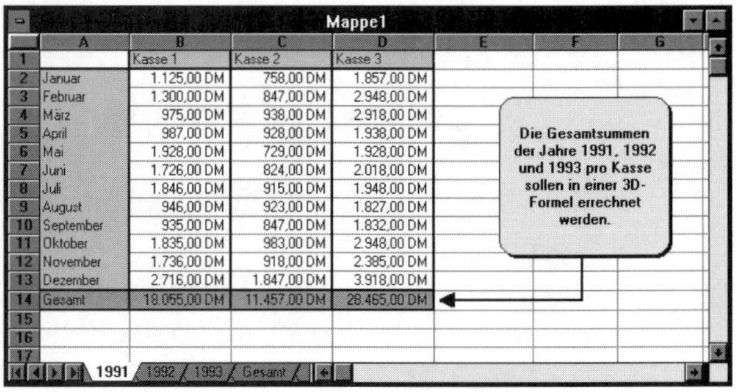


| | A | B | C | D |
|---|---|---|---|---|
| 1 | | Kasse 1 | Kasse 2 | Kasse 3 |
| 2 | Januar | 1.125,00 DM | 758,00 DM | 1.857,00 DM |
| 3 | Februar | 1.300,00 DM | 847,00 DM | 2.948,00 DM |
| 4 | März | 975,00 DM | 938,00 DM | 2.918,00 DM |
| 5 | April | 987,00 DM | 928,00 DM | 1.938,00 DM |
| 6 | Mai | 1.928,00 DM | 729,00 DM | 1.928,00 DM |
| 7 | Juni | 1.726,00 DM | 824,00 DM | 2.018,00 DM |
| 8 | Juli | 1.846,00 DM | 915,00 DM | 1.948,00 DM |
| 9 | August | 946,00 DM | 923,00 DM | 1.827,00 DM |
| 10 | September | 935,00 DM | 847,00 DM | 1.832,00 DM |
| 11 | Oktober | 1.835,00 DM | 983,00 DM | 2.948,00 DM |
| 12 | November | 1.736,00 DM | 918,00 DM | 2.385,00 DM |
| 13 | Dezember | 2.716,00 DM | 1.847,00 DM | 3.918,00 DM |
| 14 | Gesamt | 18.055,00 DM | 11.457,00 DM | 28.465,00 DM |

## Erstellen Sie eine Formel mit einem 3-D-Bezug

Tragen Sie in einer extra Tabelle die zusammenfassende Formel ein. Der Bezug in der Formel muß der folgenden Form entsprechen:

='Tabelle1:Tabelle3'!B2:B13 oder
='1991:1993'!B14)

## Erstellen Sie eine Formel mit einem 3-D-Namen

Definieren Sie zuerst mit Hilfe des Dialogfeldes Namen festlegen den 3-D-Namen und verwenden Sie diesen anschließend in der zusammenfassenden Formel. Der 3-D-Name muß der folgenden Form entsprechen:

='Tabelle1:Tabelle3'!B14

## Erstellung einer Formel mit 3-D-Bezug

In dieser zusammenfassenden Tabelle kann mit einer Summenformel in einem dreidimensionalen Bereich gearbeitet werden:

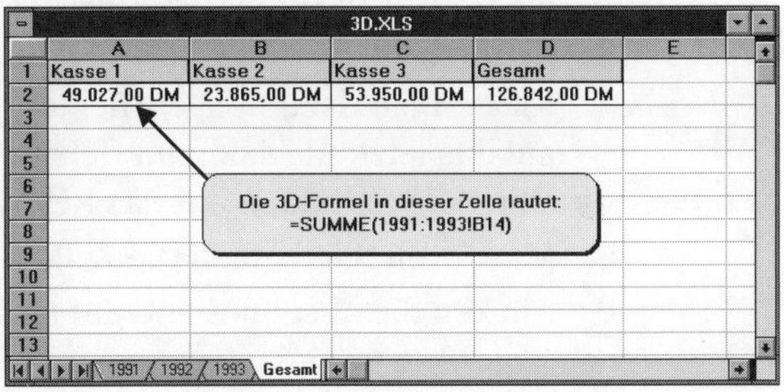


1. Aktivieren Sie eine neue Tabelle und markieren Sie die Zelle, in der die Summe von Kasse 1 für die Jahre 1991 bis 1993 errechnet werden soll. Im Beispiel ist das die Zelle A2 im Arbeitsblatt Gesamt.
2. Tippen Sie ein:

   =SUMME(

3. Klicken Sie auf das Blattregister 1991 und markieren Sie die Zelle B14.
4. Betätigen Sie die **Umschalt**-Taste, halten Sie diese gedrückt, und klicken Sie auf das Blattregister *1993*.
5. Betätigen Sie abschließend die **Enter**-Taste, daraufhin wird das Ergebnis der Einnahmen von *Kasse 1* für die Jahre 1991 bis 1993 angezeigt.
6. Kopieren Sie die Formel nach B2 und C2.

Sie könnten den 3-D-Bezug in der Funktion, falls er bekannt ist, auch direkt in die Ergebniszelle eintippen.

## Erstellung einer Formel mit einem 3-D-Namen

In der zusammenfassenden Tabelle kann auch mit einer Summenformel, die 3-D-Namen als Argumente enthält, gearbeitet werden. Dazu müssen Sie zuerst die 3-D-Bereiche benennen, um sich dann in der zusammenfassenden Formel darauf zu beziehen:

### 3-D-Namen zuweisen

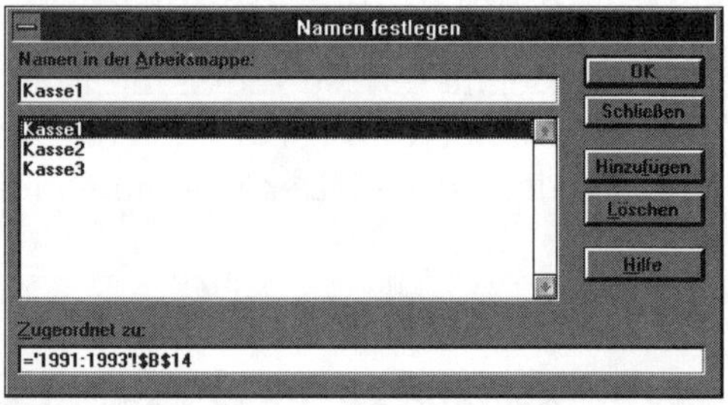


1. Öffnen Sie das Menü *Einfügen* und wählen Sie die Befehl *Namen* und *Festlegen* oder betätigen Sie die Tastenkombination **Strg**+**F3**.
2. Tippen Sie in das Eingabefeld der Liste *Namen in der Arbeitsmappe* den gewünschten Namen ein; im Beispiel soll das der Name *Kasse1* sein.
3. Geben Sie in das Eingabefeld *Zugeordnet zu* ein Gleichheitszeichen (=) ein oder drücken Sie **Tab**, bis das Feld *Zugeordnet zu* markiert ist.
4. Gruppieren Sie die Blätter, deren Bereiche benannt werden sollen. Klicken Sie dazu bei gedrückter **Umschalt**-Taste auf das erste und dann auf das letzte Register. Im Beispiel klicken Sie also zuerst auf das Register *1991* und dann auf das Register *1993*.
5. Markieren Sie danach die Zelle B14.
6. Klicken Sie abschließend auf *OK*.

Die Schritte 1 bis 6 sollten Sie für die Zellen C14 und D14 wiederholen, falls Sie das Beispiel nachvollziehen möchten.

### Zusammenfassende Formel erstellen

1. Aktivieren Sie eine neue Tabelle und markieren Sie die Zelle, in der die Summe von Kasse 1 für die Jahre 1991 bis 1993 errechnet werden soll. Im Beispiel ist das die Zelle A2 im Arbeitsblatt *Gesamt*.
2. Tippen Sie die Formel in die Zelle ein:

   ```
   =SUMME(Kasse1)
   ```

3. Schließen Sie die Eingabe mit **Enter** ab.

Wie nicht anders zu erwarten war, erhalten Sie das selbe Ergebnis wie zuvor:

Für 3-D-Namen gelten die gleichen Regeln wie für 3-D-Bezüge. 3-D-Namen können ausschließlich über das Dialogfeld *Namen festlegen* angezeigt werden und nicht über das Namensfeld. Das Dialogfeld wird am schnellsten mit der Tastenkombination **Strg+F3** aufgerufen.

In der rechten Abbildung sehen Sie den Unterschied von einem 3-D-Bezug zu einem 3-D-Namen grafisch dargestellt. Wenn Sie einen 3-D-Bezug verwenden, dann wird dieser in der Formel hergestellt. Wenn Sie mit 3-D-Namen arbeiten, dann wird der 3-D-Bezug durch vorherige Definition eines 3-D-Namens in die Formel eingefügt.

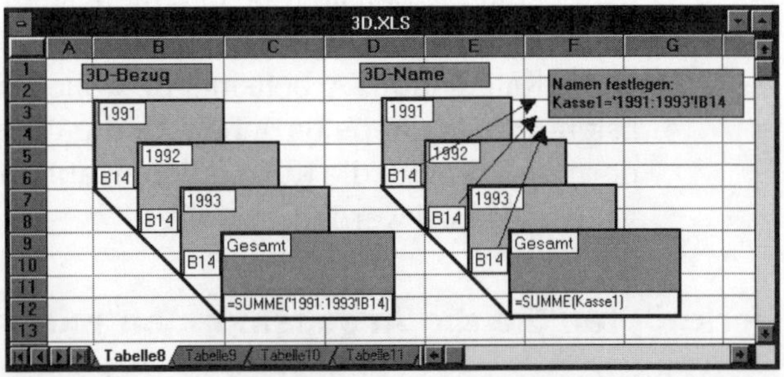


In den folgenden Formeln können 3-D-Bezüge verwendet werden:

- ANZAHL
- ANZAHL2
- MAX
- MIN
- MITTELWERT
- PRODUKT
- STABW
- STABWN
- SUMME
- VARIANZ
- VARIANZEN

# Zusammenhängend - Verknüpfung von Arbeitsmappen

Wenn Sie die Vorteile der Verknüpfung verschiedener Arbeitsmappen, die externe Bezüge aufweisen, in Anspruch nehmen möchten, dann schlagen Sie in diesem Kapitel nach.

## Beziehungskisten - wenn Arbeitsmappen miteinander korrespondieren

In der einen Arbeitsmappe möchten Sie Ihre Preislisten verwalten, in einer anderen Arbeitsmappe dagegen die verschiedenen Produkte kalkulieren. In der Kalkulations-Arbeitsmappe wollen Sie sich auf die Preise in der Preislisten-Arbeitsmappe beziehen. Und natürlich, wenn sich die Preise verändern, sollen auch die Kalkulationen automatisch dem veränderten Preisniveau angepaßt werden.

### Verknüpfen Sie die Arbeitsmappen miteinander

Öffnen Sie sowohl die Preislisten-Arbeitsmappe (Quellarbeitsmappe) als auch die Kalkulations-Arbeitsmappe (abhängige Arbeitsmappe). Tippen Sie in die Ergebniszelle der Kalkulations-Arbeitsmappe ein Gleichheitszeichen ein. Aktivieren Sie die Preislisten-Arbeitsmappe und markieren Sie die Zelle, auf die Bezug genommen werden soll, und bestätigen Sie die Eingabe mit **Enter**.

### So verknüpfen Sie die Arbeitsmappen miteinander

In dem folgenden Beispiel werden in einer Arbeitsmappe die Preise für bestimmte Rohstoffe festgehalten, die für verschiedene Produkte verwendet werden. Die Kalkulationen dieser Produkte werden in einer (bzw.) mehreren gesonderten Arbeitsmappe vorgenommen.

1. Legen Sie zunächst die Arbeitsmappe mit den Rohstoffpreisen an und anschließend die Arbeitsmappe für die einzelnen Produkte. Denken Sie z. B. an Mischungen von verschiedenen Gewebearten in einem Textilbetrieb.
2. Die folgende Abbildung zeigt einen kleinen Auszug aus der Rohstoffpreisliste und ein Beispiel für eine Preiskalkulation. Anstatt die Rohstoffpreise in eine Tabelle der Arbeitsmappe für das einzelne Produkt

direkt einzugeben, wird nur ein Bezug - ein externer Bezug - auf die entsprechende Tabelle der Arbeitsmappe mit den Rohstoffpreisen hergestellt.

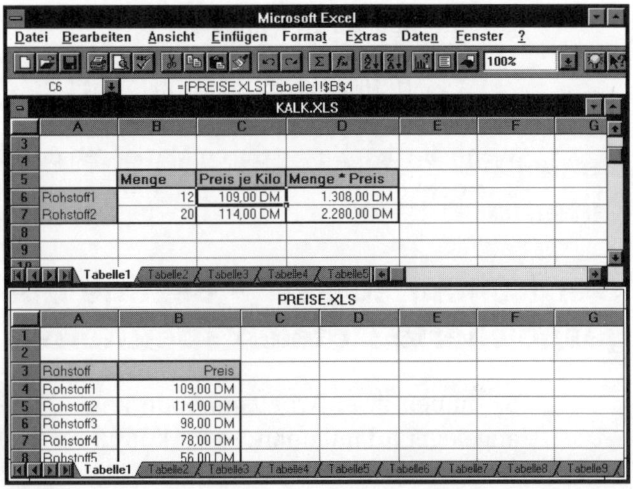


*Verknüpfung zweier Arbeitsmappen*

**3.** Die einfachste Technik, um diesen Bezug herzustellen, sieht so aus: Bringen Sie beide Tabellen auf den Bildschirm und ordnen Sie sie mit *Fenster/Anordnen* so an, daß beide Tabellen einsehbar sind.

**4.** Aktivieren Sie das Fenster für die Preiskalkulation (in der Abbildung die Datei KALK.XLS) und darin die Zelle, die den Preis enthalten soll.

**5.** Geben Sie zunächst das Gleichheitszeichen ein und aktivieren Sie dann mit einem Mausklick das Fenster mit den Rohstoffpreisen (in der Abbildung die Datei PREISE.XLS).

**6.** Klicken Sie dort die Zelle mit dem entsprechenden Preis an und schließen Sie die Formel wie gewohnt ab.

Wenn Sie das Ergebnis in der Bearbeitungszeile anschauen, sehen Sie, daß Excel hinter dem Gleichheitszeichen zunächst den Dateinamen der Arbeitsmappe eingefügt hat, auf die sich die Formel bezieht. Der Name der Arbeitsmappe ist in eckige Klammern gesetzt. Danach folgt der Name der Tabelle. Zwischen Tabellenname und Zelladresse wird ein Ausrufezeichen als Trennzeichen eingefügt. Die Zelladresse selbst wird zunächst als absolute Adresse angegeben. Zum Beispiel:

```
=[PREISE.XLS]TABELLE1!$B$4
```

Wenn sich die Quellarbeitsmappe in einem anderen Verzeichnis als die abhängige Arbeitsmappe befindet, dann müssen Sie den vollständigen Pfad mit angeben. Dabei ist zu beachten, falls Sie den Bezug manuell eingeben, daß der Pfad, der Dateiname und der Tabellenname in Hochkommas eingeschlossen werden müssen.

```
='C:\EXCEL\KUNDEN\[PREISE.XLS]TABELLE1'!$B$4
```

Wenn Sie den Bezug durch Markieren der Zellen herstellen, fügt Excel diese Hochkommas automatisch ein.

## Wer kommt zuerst? - Bezüge auf nicht gespeicherte Dateien speichern

Sie haben zwei Arbeitsmappen neu angelegt und miteinander verknüpft. Beim Abspeichern erhalten Sie diese Meldung.

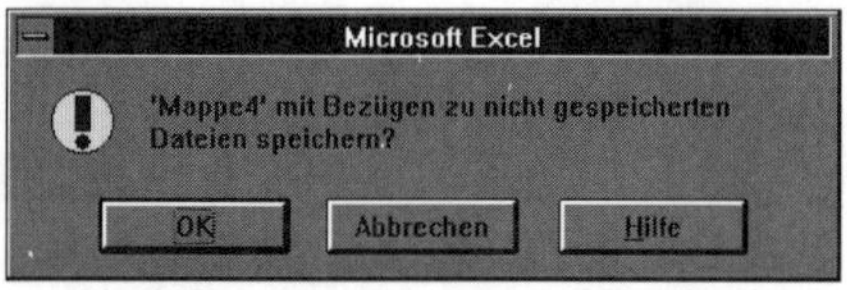


Diese Frage haben Sie mit *OK* beantwortet und dann die Arbeitsmappe unter einem bestimmten Namen gespeichert. Bei einem erneuten Öffnen der Arbeitsmappe wird der Hinweis eingeblendet: *Datei nicht gefunden.* Woran kann das liegen?

### Speichern Sie zuerst die Quellarbeitsmappe und danach die abhängige Arbeitsmappe

Wird ein Hinweis eingeblendet, sollten Sie auf die Schaltfläche *Abbrechen* klicken und zuerst die Quellarbeitsmappe und danach die abhängige Arbeitsmappe speichern.

Wenn Sie, wie im Problem geschildert, auf *OK* klicken, trägt Excel den Standardnamen „Mappe(n)" in die Verknüpfungsformel ein. Da aber in der Regel der Standardname ersetzt wird, geht in diesem Fall der Bezug verloren, da eine Datei mit diesem Standardnamen ja anschließend nicht mehr existiert. Wenn Sie dann später die abhängige Datei wieder öffnen, erhalten Sie ein Dialogfeld mit dem Titel *Datei nicht gefunden.*

# Schnell und schmerzlos - Verknüpfungen ändern

Sie möchten die Quellarbeitsmappe verändern, z. B. weil Sie aus Versehen beim ersten Speichern der verknüpften Arbeitsmappen zuerst die abhängige Mappe gespeichert haben und erst dann die Quellarbeitsmappe, und jetzt die abhängige Arbeitsmappe einen falschen Bezug aufweist (siehe Beispiel auf Seite 220).

## Rufen Sie das Dialogfeld Verknüpfungen auf

Wählen Sie *Bearbeiten/Verknüpfungen*, markieren Sie die *Quelldatei*, klicken Sie auf *Quelle wechseln* und wählen Sie hier die entsprechende Arbeitsmappe aus.

### So ändern Sie Verknüpfungen

1. Aktivieren Sie die abhängige Arbeitsmappe, also diejenige Arbeitsmappe, die eine Verknüpfung enthält.
2. Öffnen Sie das Menü *Bearbeiten* und wählen Sie den Befehl *Verknüpfungen*. Dieser Befehl ist nur dann verfügbar, wenn eine Arbeitsmappe mit einer Verknüpfung aktiv ist.

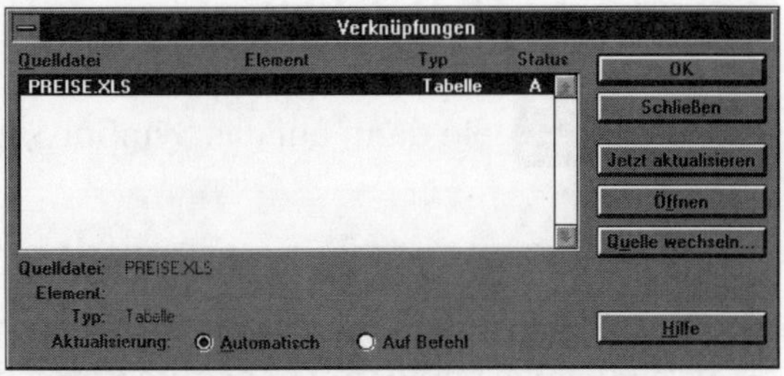


3. Markieren Sie zunächst die Zeile mit der Verknüpfung und benutzen dann die Schaltfläche *Quelle wechseln*.
4. Wenn Sie die richtige Datei im Dialogfeld *Quelle wechseln* bestimmen, wird wieder eine entsprechende Verbindung aufgebaut und der Bezug in der Formel korrigiert. In diesem Fall wird der Bezug also quasi umgeleitet.

# Fehlerteufel nach Veränderung des Tabellenaufbaus von verknüpften Arbeitsmappen

Sie haben den Tabellenaufbau in einer Quellarbeitsmappe nachträglich verändert und dazu Werte in andere Zellen verschoben. Bei diesem Vorgang war die abhängige Arbeitsmappe nicht geöffnet und deshalb konnten die Bezüge von Excel in der abhängigen Arbeitsmappe nicht entsprechend angepaßt werden. Aus diesem Grunde stimmten die Ergebnisse der Berechnungen in der abhängigen Tabelle nicht mehr. Um beim Beispiel Preistabelle und Kalkulationsarbeitsmappe zu bleiben; es werden falsche Preise für die einzelnen Produkte berechnet.

## Namensbezüge verwenden

Beziehen Sie sich auf benannte Bereiche in der Quellarbeitsmappe, dann werden diese auch beim Einfügen und Löschen automatisch angepaßt.

## Fragen Sie den Detektiv

Markieren Sie die Zelle mit der falschen Berechnung und klicken Sie dann auf das Symbol *Spur zum Vorgänger*.

## Namensbezüge verwenden

Das Problem kann am besten dadurch vermieden werden, daß externe Bezüge immer auf benannte Bereiche in der Quelldatei hergestellt werden. Da Excel die Adressen benannter Zellen und Bereiche auch beim Einfügen und Löschen automatisch anpaßt, bezieht sich die abhängige Tabelle immer auf die richtige Stelle in der Quellarbeitsmappe.

Weitere Informationen zur Verwendung des Namensfeldes finden Sie auf den Seiten 112, 134, 195.

Sind alle betroffenen Dateien geöffnet, ist es dagegen kein Problem, Daten in der Quelldatei zu verschieben. Die Bezüge in der abhängigen Arbeitsmappe werden dann in jedem Fall automatisch angepaßt.

## Fragen Sie den Detektiv

**1.**  Markieren Sie in der abhängigen Tabelle die Zelle, die einen falschen Wert enthält, und klicken Sie in der Detektiv-Symbolleiste auf das Symbol *Spur zum Vorgänger*.

**2.** Daraufhin wird der Zusammenhang des Berechnungsvorgangs grafisch angezeigt. Und da sich die Formel auf einen Wert aus einer anderen Tabelle bezieht, blendet der Detektiv eine symbolische Tabelle ein:

*Detektiv zeigt Bezug auf eine andere Tabelle an*

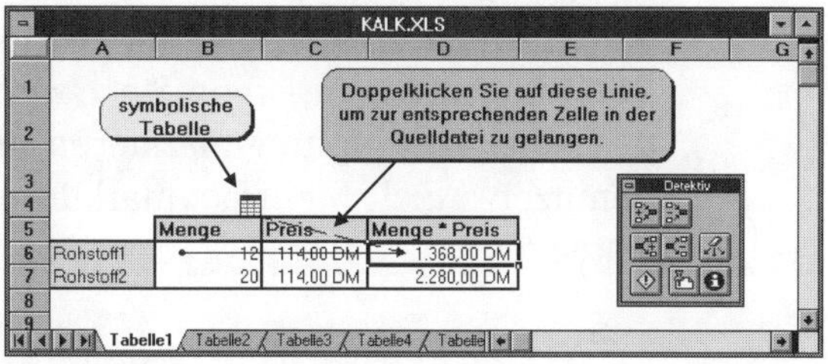


**3.** Führen Sie den Mauszeiger auf die Verbindungslinie der markierten Zelle zur symbolischen Tabelle, der Mauszeiger muß die Form eines Pfeils annehmen, und klicken Sie zweimal auf diese Linie. Dadurch wird das Dialogfeld *Gehe zu* eingeblendet mit dem Eintrag der Quelldatei im Listenfeld.

*Dialogfeld Gehe zu*

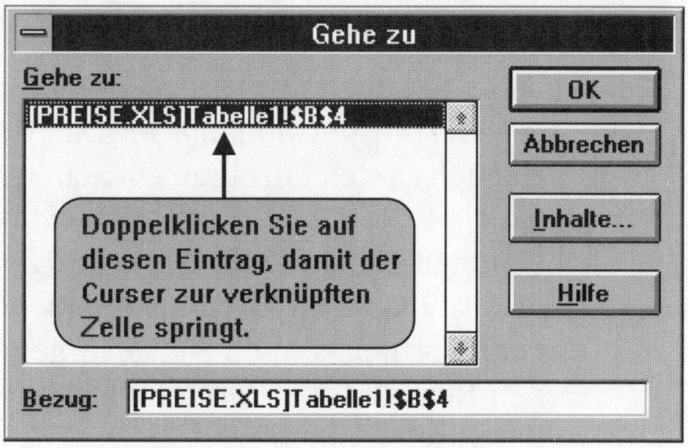


**4.** Klicken Sie zweimal auf den Eintrag im Dialogfeld. Wenn die Quelldatei geöffnet ist, springt der Zellcursor an die entsprechende Stelle in der Quelldatei. Wenn sie nicht geöffnet ist, wissen Sie zumindest, welche Datei bzw. Zelle betroffen ist. Sie können diese dann öffnen und nochmals doppelt auf die genannte Linie klicken, damit der Zellcursor in die gewünschte Zelle springt.

Wenn es Probleme mit einem externen Bezug gibt, können Sie die Quelldatei auch über den Befehl *Bearbeiten/Verknüpfungen* öffnen. Das Dialogfeld zeigt alle Verknüpfungen der aktiven Arbeitsmappe an. Markieren Sie die betreffende Verknüpfung und benutzen Sie *Öffnen*. Um wieder zu der abhängigen Tabelle zurückzuspringen, können Sie **Strg+F6** benutzen.

Wenn Sie in einem Netz arbeiten, kann es auch vorkommen, daß verschiedene Anwender und Anwenderinnen Änderungen an einer Quellarbeitsmappe vornehmen, während Sie selbst an einer abhängigen Datei arbeiten. In so einer Situation können Sie den aktuellen Stand in die abhängige Datei übernehmen, wenn Sie *Bearbeiten/Verknüpfungen* wählen, die betreffende Verknüpfung markieren und die Schaltfläche *Jetzt aktualisieren* benutzen. Auch Mehrfachmarkierungen sind möglich, wenn Sie **Umschalt** festhalten.

## Völlig losgelöst - eine Verknüpfung aus der Arbeitsmappe entfernen

Die Verbindung zu einer Arbeitsmappe soll aufgelöst werden, weil keine Änderungen der Daten mehr zu erwarten sind. Wie geht das?

### Verwandeln Sie die Verknüpfungsformel in ihren Wert

Wenn eine Verknüpfung nicht mehr notwendig ist, können Sie den aktuellen Wert in der abhängigen Datei einfrieren und die Verbindung lösen. Handelt es sich um einen einfachen Bezug, erreichen Sie das dadurch, daß Sie die Zelle mit *Bearbeiten/Kopieren* in die Zwischenablage bringen und dann mit *Bearbeiten/Inhalte einfügen* und der Option *Werte* den Bezug mit seinem aktuellen Ergebnis überschreiben. Ist der externe Bezug nur Teil einer Formel, können Sie so vorgehen: Markieren Sie den gesamten externen Bezug in der Formel und benutzen Sie **F9**. Excel ersetzt den Bezug durch sein Ergebnis.

# Das ist doch logisch! - Logische Funktionen in der Praxis

In der Regel führen logische Funktionen Tests aus, um zu überprüfen, ob eine angegebene Bedingung wahr oder falsch ist. Aber wie formuliert man überhaupt logische Beziehungen, wie sind mehrere Bedingungen festgelegt, wie können logische Formeln ineinander verschachtelt werden etc. Nützliche Hinweise dazu können Sie in den folgenden Abschnitten erfahren.

## Soll oder Haben - stellen Sie einen logischen Vergleich an

Wenn Sie die Entscheidung über eine Investition davon abhängig machen wollen, ob sich die Kosten innerhalb von z. B. 5 Jahren amortisiert haben, können Sie diese Bedingung als logische Formel formulieren.

### Zellenvergleich mit der Funktion =Kosten<Ersparnisse

Vorausgesetzt, Sie haben die Zelle, die die Kosten summiert, mit dem Namen „Kosten" belegt und die Zelle, die die Summe der Ersparnisse der letzten 5 Jahre enthält, mit dem Namen „Ersparnisse", dann könnten Sie die Formel folgendermaßen formulieren:

```
=Kosten<Ersparnisse
```

Wenn Sie eine solche Formel eintragen, vergleicht Excel die Werte der beiden Zellen.

Ist die Bedingung erfüllt, sind also die Kosten kleiner als die Summe der Ersparnisse, gibt Excel in der Zelle den Wert WAHR aus, im anderen Fall den Wert FALSCH. (WAHR entspricht dabei dem numerischen Wert 1, FALSCH dem Wert 0.)

# Gnadenlos konsequent - logische Wenn-dann-Verknüpfung

Sie möchten sich in einer Tabelle, in Abhängigkeit von einer bestimmten Bedingung, einen Hinweis geben lassen.

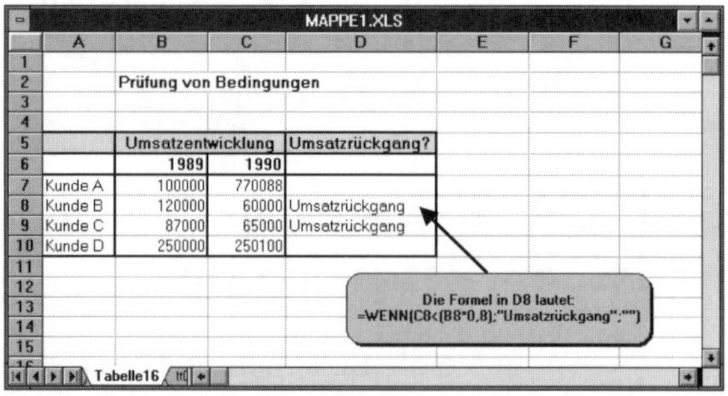


In der abgebildeten Tabelle sind z. B. Kunden-Umsätze einer Firma für 2 Jahre eingetragen, in der Spalte B der Umsatz für 1989, in der Spalte C der für 1990. Die Kunden, deren Umsatz gegenüber dem Vorjahr um mehr als 20% abgesunken ist, sollen in der Spalte D so gekennzeichnet werden, daß sie auf einen Blick zu erkennen sind.

## Verwenden Sie die WENN-Funktion

Tippen Sie in die Zellen D8 bis D11 folgende Funktion ein:

=WENN(C8<(B8*0,8);"Umsatzrückgang";"").

## Wie Sie die WENN-Funktion nutzen

1. Tippen Sie in Zelle D7 die WENN-Funktion mit den notwendigen und gewünschten Argumenten ein.

   =WENN(C7<(B7*0,8);"Umsatzrückgang";"").

2. Kopieren Sie die Funktion, indem Sie das Ausfüllkästchen nach unten ziehen, bis D10.

Bei den Kunden, deren Umsatz im Jahr 1990 tatsächlich um mehr als 20% gesunken ist, erscheint in der Spalte D der Zusatz: Umsatzrückgang. Bei allen anderen Kunden bleibt die Zelle in der Spalte D als Ergebnis der Formel vollständig leer.

Die Syntax der Funktion lautet:

```
WENN(Prüfung;Dann_Wert;Sonst_Wert)
```

Die Funktion WENN() liefert in Abhängigkeit von einer Bedingung, die mit dem Argument Prüfung angegeben wird, unterschiedliche Resultate. Prüfung kann ein Wert oder ein beliebiger Ausdruck sein, der entweder wahr oder falsch sein kann.

Zunächst wird geprüft, ob Prüfung wahr ist. Wenn das der Fall ist, dann liefert die Funktion als Resultat den Dann_Wert. Ist die Bedingung nicht wahr, dann liefert die Funktion den Sonst_Wert. Die Argumente Dann_Wert und Sonst_Wert sind optional. Werden die Argumente nicht angegeben, liefert die Funktion, falls die Prüfung wahr ist, den Wert WAHR, falls die Prüfung falsch ist, den Wert FALSCH.

Als Ergebnis der Wahrheitsprüfung kann eine Verschachtelung durch weitere Verwendung der WENN-Funktion erfolgen, wobei bis zu sieben WENN-Funktionen ineinander verschachtelt werden können.

## Konsequenz mit Alternative - logische Verknüpfung: Wenn-dann-sonst

Eine Firma möchte die Höhe eines Bonus zum Jahresende von der Umsatzentwicklung abhängig machen. Die Kunden, deren Umsatz über 250.000,- DM liegt, sollen einen Bonus von 0,5% erhalten, die anderen gehen leer aus (der Umsatz ist in C5 eingetragen).

### Legen Sie einen Sonst-Wert fest

Tippen Sie die folgende Formel in die Ergebniszelle ein:

```
=WENN(C5>250000;C5*0,05;0)
```

Sowohl bei der Formulierung der Bedingungen als auch bei der Formulierung der Dann- und Sonst-Anweisungen können natürlich alle sinnvollen Kombinationen von Operatoren und Funktionen benutzt werden.

## Dies und das und nochmal was - logische Verknüpfung mit UND()

In vielen Fällen ist eine Operation gleich von mehreren Bedingungen abhängig, und nur wenn alle diese Bedingungen erfüllt sind, soll die Operation durchgeführt werden, deshalb sollen in einer Funktion mehrere Bedingungen geprüft werden. Kann man dazu auch die WENN-Funktion verwenden?

### Kombinieren Sie die WENN-Funktion mit der UND-Funktion

Das Argument *Prüfung* kann aus mehreren Einzelbedingungen zusammengesetzt sein. Hier ein Beispiel: Eine Komponente eines Produkts soll nur dann bei einem bestimmten Lieferanten bestellt werden, wenn der Preis akzeptabel ist und gleichzeitig die Lieferfrist maximal einen Monat beträgt. Die Formel könnte heißen:

```
=WENN(UND(C12<12500;D12<=4);"bestellen";"nicht bestellen")
```

Die Zelle C12 enthält den Preis, die Zelle D12 die Lieferzeit in Wochen. Die Bedingung ist nur dann erfüllt, also wahr, wenn beide Teile der Bedingung gleichzeitig erfüllt sind.

## Dies und das oder sonst noch was - logische Verknüpfung mit ODER()

Eine Entscheidung hängt davon ab, ob entweder die eine oder die andere Bedingung oder auch beide Bedingungen erfüllt sind. Wie lautet die Formel?

### Erstellen Sie eine logische Verknüpfung mit WENN() und ODER()

Zum Beispiel wäre denkbar, daß auch ein höherer Preis akzeptiert wird, wenn die Lieferfrist kurz ist (siehe Beispiel im vorherigen Tip). Eine kleine Änderung der Formel trägt der Situation Rechnung. Statt der Funktion UND() wird ODER() eingesetzt:

```
=WENN(ODER(C12<12500;D12<=4);"bestellen";"nicht bestellen")
```

Die neue Bedingung ist in drei Fällen wahr:

1. Der erste Teil der Bedingung ist erfüllt.
2. Der zweite Teil der Bedingung ist erfüllt.
3. Beide Bedingungen sind erfüllt.

Diese Funktion liefert nur dann FALSCH, wenn keine von den beiden Bedingungen zutrifft. Sobald aber mindestens eine zutrifft, wird WAHR geliefert.

Die Funktion ODER() ist also kein ausschließendes Oder. Das ausschließende Oder würde den dritten Fall nicht zulassen.

## Irrtum ausgeschlossen - logische Verknüpfung mit UND() und ODER()

Was macht man, wenn nur entweder die eine Bedingung zutreffen darf oder die andere, aber auf keinen Fall beide gleichzeitig?

### Kombinieren Sie die WENN-Funktion sowohl mit einer UND- und als auch mit einer ODER-Funktion

Ein solches Entweder-oder-aber-nicht-beides-gleichzeitig könnte erreicht werden durch eine Kombination von UND( ) und ODER( ):

```
=WENN(UND(ODER(B10=5;C10=7);NICHT(UND(B10=5;C10=7)));"ok";"prüfen")
```

Wenn die Zelle B10 den Wert 5 hat und gleichzeitig die Zelle C10 den Wert 7, ist das Ergebnis „prüfen“, die Bedingung ist also nicht erfüllt.

Die Verneinung durch die Funktion NICHT( ) von zwei mit UND( ) verknüpften Teilbedingungen ist dann wahr, wenn beide Teilbedingungen nicht erfüllt sind. Sie ist aber auch dann wahr, wenn eine der Teilbedingungen erfüllt ist. Nur wenn beide Teilbedingungen gleichzeitig erfüllt sind, ist die Gesamtbedingung nicht erfüllt.

Daraus ergibt sich, daß die Verneinung einer mit der Funktion UND( ) verknüpften Bedingung das gleicher Ergebnis liefert, wie wenn die beiden verneinten Teilbedingungen mit ODER( ) verknüpft sind: nicht(a und b) = nicht a oder nicht b.

# Verschachteln Sie sich nicht - logische Verknüpfung mit Mehrfachverzweigung

Wie kann eine Dann-Anweisung oder eine Sonst-Anweisung selbst wieder eine WENN-Funktion enthalten, so daß eine Mehrfachverzweigung erreicht werden kann?

Nehmen Sie folgendes Beispiel: Die Weihnachtsgeschenke einer Firma sind nach Wert in zwei Gruppen eingeteilt. Geschenke der Gruppe A sollen Kunden erhalten, deren Umsatz über 500.000,- DM liegt, Gruppe B verlangt mindestens 10.000,- DM, um Mini-Kunden ganz herauszunehmen.

## Verschachtelte WENN-Funktion

Tippen Sie die folgende Funtion in die Zelle D7 ein und kopieren Sie diese mit dem Ausfüllkästchen nach D15:

=WENN(C7>=10000;WENN(C7>=500000;"Geschenk A;"Geschenk B);"kein Präsent")

## So verschachteln Sie die WENN-Funktion

Zunächst werden in der Formel die Mini-Kunden abgefangen, dann wird zwischen Gruppe A und Gruppe B unterschieden. Die Lösung erfordert ein wenig Mühe. Achten Sie insbesondere auf die Klammern und Trennzeichen. Vielleicht sollten Sie die Formel schrittweise entwickeln, um so leichter dem Fehlerteufel zu entgehen.

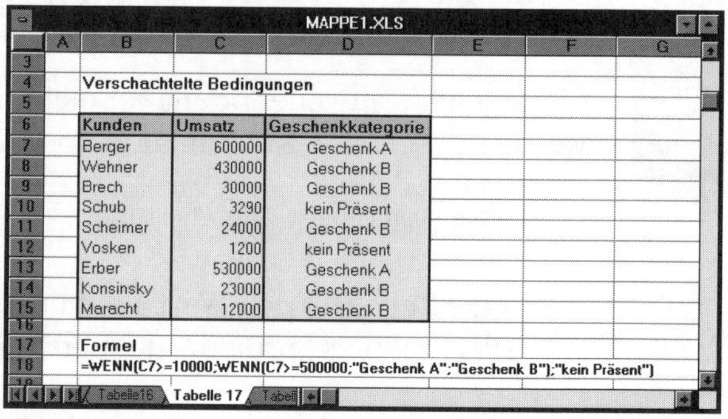
MAPPE1.XLS

Verschachtelte Bedingungen

| Kunden | Umsatz | Geschenkkategorie |
|---|---|---|
| Berger | 600000 | Geschenk A |
| Wehner | 430000 | Geschenk B |
| Brech | 30000 | Geschenk B |
| Schub | 3290 | kein Präsent |
| Scheimer | 24000 | Geschenk B |
| Vosken | 1200 | kein Präsent |
| Erber | 530000 | Geschenk A |
| Konsinsky | 23000 | Geschenk B |
| Maracht | 12000 | Geschenk B |

Formel

=WENN(C7>=10000;WENN(C7>=500000;"Geschenk A";"Geschenk B");"kein Präsent")

Tabelle16 | Tabelle 17 | Tabelle

**Schritt 1**

=WENN(C7>=10000;"Geschenk";"kein Geschenk")

damit sind die Mini-Kunden schon aus dem Rennen.

**Schritt 2**

=WENN(C7>=10000;WENN(C7>=500000;"Geschenk A;"Geschenk B);"kein Präsent")

Die Dann-Anweisung aus dem ersten Schritt ist jetzt ersetzt durch eine komplette WENN-Funktion, die selbst wiederum eine Bedingung, eine Dann-Anweisung und eine Sonst-Anweisung enthält.

## Fehlerbehebung bei der Überprüfung von Zeichenfolgen mit einer Wenn-Funktion leicht gemacht

Sie möchten die WENN-Funktion zur Prüfung von Text verwenden, deshalb haben Sie die folgende Funktion in Ihre Tabelle eingegeben:

=WENN(B10="Berlin";"Hauptstadt";"Provinz")

Nur manchmal führt Excel die Prüfung nicht richtig durch. Obwohl der Wert in B10 eindeutig „Berlin" lautet, also wahr ist, wird trotzdem als Funktionswert „Provinz" geliefert. Woran kann das liegen? Was kann man dagegen tun?

### Fangen Sie den Fehler mit GLÄTTEN() ab

Vermutlich haben Sie bei der Dateneingabe ein überflüssiges Leerzeichen benutzt, für Excel ist in diesem Fall der Inhalt der Zelle B10 nicht „Berlin". Deshalb sollten Sie den Fehler von vorneherein abfangen, und zwar durch die Funktion GLÄTTEN( ):

=WENN(GLÄTTEN(B10)="Berlin";"Hauptstadt";"Provinz")

Die Funktion GLÄTTEN( ) ist eine Textfunktion, die überflüssige Leerzeichen entfernt.

Ein überflüssiges Leerzeichen ist in einer Zelle nicht sofort zu erkennen. Wenn Sie feststellen möchten, ob eine Zelle ein überflüssiges Leerzeichen enthält, dann setzen Sie die Einfügemarke in das Wort und betätigen die **Ende**-Taste.

# Wichtige Funktionen praxisgerecht serviert

In diesem Abschnitt sind einige Anregungen zu ausgewählten Tabellenfunktionen zusammengestellt. Der Abschnitt beschränkt sich dabei auf häufig angewandte Funktionen, die in ganz unterschiedlichen Situationen verwendet werden können.

## Text in Ketten legen - mit dem Textoperator arbeiten

Sie möchten in einer Zelle eine Zeichenfolge durch eine Formel erzeugen, die verschiedene Zeichen oder Zeichenfolgen aus anderen Zellen miteinander verkettet. Zum Beispiel soll in Zelle C9 die Warengruppe aus Zelle C5 mit der Artikelnummer aus Zelle C8 verkettet werden.

### Verwenden Sie den Textoperator &

Gelegentlich ist es sinnvoll, eine Zeichenfolge in einer Zelle durch eine Formel zu erzeugen, die verschiedene Zeichen oder Zeichenfolgen verknüpft. Zum Beispiel dann, wenn Sie Artikelnummern um zwei Zeichen erweitern möchten, die die Warengruppe beinhalten. Wenn Sie in die Zelle C9

```
=C5&C8
```

eintragen, wird der Inhalt von Zelle C5 mit dem Inhalt von Zelle C8 verkettet. Wenn C5 das Warengruppenkennzeichen „PX“ enthält und C8 die Artikelnummer „3370086“, ist das Ergebnis in Zelle C9 „PX3370086“.

Wenn die bisherige Artikelnummer in C8 als Zahl und nicht als Zeichenfolge eingetragen worden ist, wird die Zahl in eine Zeichenfolge umgewandelt. Anschließend können Sie diese Formel noch in ihr Ergebnis verwandeln.

Wollen Sie zwischen den beiden Textelementen ein Leerzeichen sehen, müssen Sie

```
=C5&" „&C8
```

schreiben.

Auch eine Zelle mit einem logischen Wert kann mit dem Inhalt einer anderen Zelle zu einem Text verkettet werden.

="Die Behauptung, der Umsatz steigt, ist „&C9

ergibt den Satz „Die Behauptung ... ist FALSCH“, wenn die Bedingung in C9 nicht erfüllt ist.

## Die Formel für Verkettungen - damit ein Datum auch als Datum erscheint

145

Sie möchten einen Bezug auf ein Datumsfeld für eine Verkettung verwenden, aber Excel zeigt dann immer die serielle Zahl des Datums an. Wie kann man das Problem beheben?

### Setzen Sie die Datumsfunktionen ein

Wenn Sie z. B. ein Tagesformular verwenden, in dessen Kopf stehen soll: „Abrechnung vom . . .“, können Sie in eine Zelle

="Abrechnung vom „&TAG(HEUTE())&"."&MONAT(HEUTE())&"."&JAHR(HEUTE())

eintragen. Das Formular wird dann automatisch mit dem Tagesdatum gedruckt. Vielleicht hat diese Formel für den Anfang eine etwas abschreckende Wirkung, aber bedenken Sie bitte, daß diese Formel nur einmal eingegeben werden muß.

## Verweisen Sie auf das Ergebnis - schnelle Informationssuche in Waagerecht-Tabellen

146

In der Tabelle sind durchschnittliche Werte für Wohnungen aufgelistet: Für jede Zimmeranzahl sind in den Spalten bestimmte Daten aufgeführt.

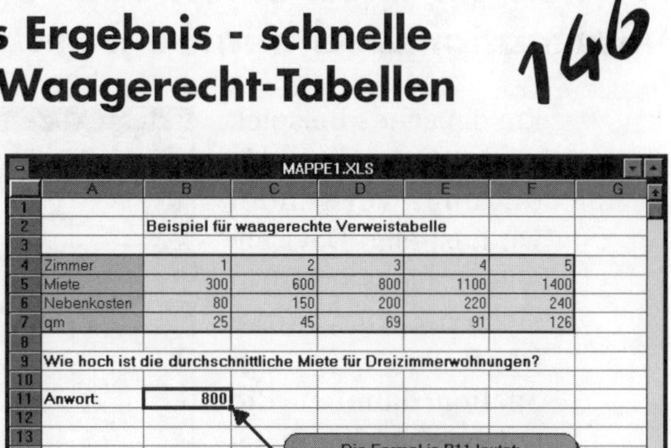

Kann man in einer Tabelle in Abhängigkeit von einem Suchkriterium auf Werte verweisen bzw. sich diese von Excel automatisch heraussuchen lassen? Was ist z. B. die durchschnittliche Miete für Dreizimmerwohnungen?

### Verwenden Sie die WVERWEIS-Funktion

Geben Sie in B11 die folgende Formel ein:

```
=WVERWEIS(3;Wohnung;2;FALSCH)
```

Mit dem Namen „Wohnung" ist in diesem Beispiel der gesamte Datenbereich bezeichnet.

Die Funktion geht quasi mit dem angegebenen Suchkriterium (3) in die erste Zeile und sucht dort von links nach rechts nach einem Wert, der zum Suchkriterium paßt. Ist die entsprechende Spalte gefunden, wandert der Zellcursor zu der Zeile abwärts, deren Index (2) angegeben wurde. Die Funktion liefert schließlich den dort gefundenen Zellinhalt als ihr Ergebnis. Dieser Inhalt kann ein numerischer Wert, aber auch ein Text sein.

Gibt es keinen mit dem Suchkriterium identischen Wert in der Zeile, wird der nächstkleinere Wert genommen. Ist das Suchkriterium z. B. 2,5 Zimmer, liefert die Funktion den Wert für 2 Zimmer.

Das letzte Argument der WVERWEIS-Funktion wird mit FALSCH eingetragen, da es keine sortierte Tabelle voraussetzt.

## Erteilen Sie Excel einen Verweis - schnelle Informationssuche in Senkrecht-Tabellen

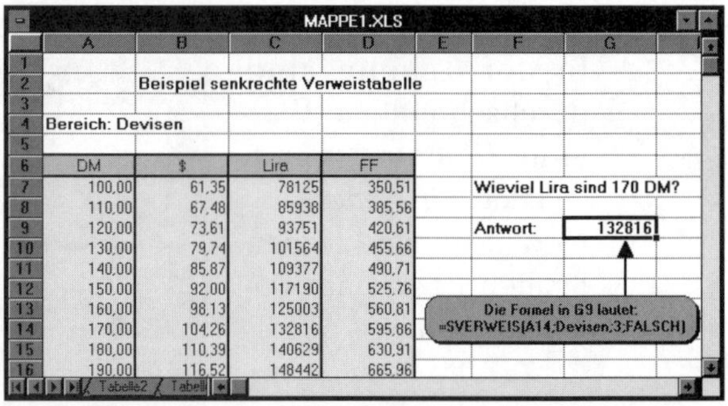


Ein einfaches Beispiel, das in der rechten Abbildung verwendet wird, ist eine Devisentabelle. Links stehen in kleinen Sprüngen die DM-Beträge. In den Spalten daneben die entsprechenden Beträge für Lira, Pfunde, Dollars.

Kann man in einer Tabelle in Abhängigkeit von einem Suchkriterium auf Werte verweisen bzw. sich diese von Excel automatisch heraussuchen lassen? Wieviel Lira sind z. B. 170,- DM?

### Verwenden Sie die SVERWEIS-Funktion

Geben Sie in G9 die folgende Formel ein:

=SVERWEIS(A14;Devisen;3;FALSCH)

Der gesamte Datenbereich der Tabelle ist im Beispiel mit dem Namen *Devisen* bezeichnet.

## Lassen Sie Ihre Beziehungen spielen - wie Sie einen Bezug auf eine Zelle finden

148

Mit welcher Excel-Funktion kann man den Bezug einer bestimmten Zelle und damit deren Inhalt herausfinden? Zum Beispiel wollen Sie bezogen auf einen Zellbereich mit dem Namen *Produktion*, der die Produktionsergebnisse mehrere Werke der letzten fünf Jahre angibt, die Zelle in der dritten Spalte und der dritten Zeile dieses Bereichs herausfinden. Wie müssen Sie vorgehen?

### Verwenden Sie die Bezugsversion von INDEX()

Diese ermittelt aus dem mit dem Namen *Produktion* benannten Zellbereich (B6:F9) das Element in der dritten Spalte und dritten Zeile, wenn Sie folgendermaßen eingegeben wird:

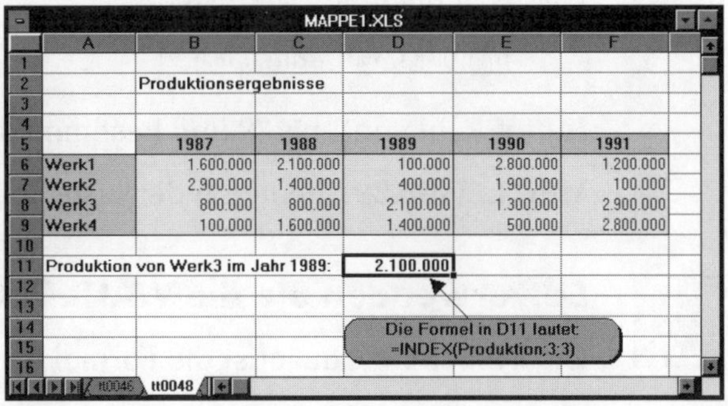


=INDEX(Produktion;3;3)

Mit der Bezugsversion kann die Frage beantwortet werden, was in der Zelle eingetragen ist, die im Schnittpunkt der Zeile n und der Spalte m des mit Bezug angegebenen Bereichs liegt.

Diese Index-Funktion arbeitet also nicht mit der Zelladresse, sondern mit der relativen Position einer Zelle in einem definierten Bereich. Die Spalten- oder Zeilennummer kann natürlich auch das Ergebnis einer Formel sein.

## Wer die Wahl hat hat die Qual - Zuordnung von Werten aus einer Auswahlliste

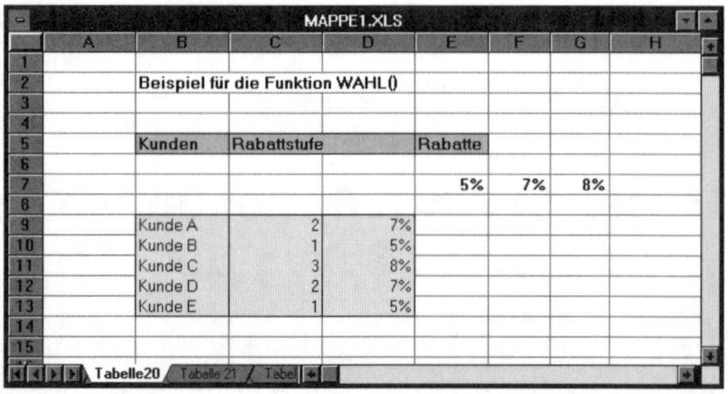


Kunden sind in verschiedene Rabattstufen eingeteilt. Die verschiedenen Rabatte werden in der Zeile 7 aufgelistet. Wie kann man erreichen, daß der Kunde mit der Rabattstufe 1 den ersten Rabatt aus dieser Liste erhält, der Kunde mit Stufe 2 den zweiten etc.? Die Rabattstufen sind in der Spalte C ab der Zelle C9 eingetragen.

### Verwenden Sie die Funktion WAHL()

Die Funktion WAHL() liefert einen beliebigen Wert aus einer gegebenen Liste von maximal 29 Werten.

=WAHL(Index;Wert1;Wert2;...;Wert29)

**Index** Zahl von 1 bis 29 und bestimmt die Position des Wertes in der Liste.

**Wert1.. Wert29** Elemente der Liste.

### So verwenden Sie die WAHL-Funktion

1. Tippen Sie zunächst die Formel in die Zelle D9 ein, im Beispiel:

   =WAHL(C9;E7;F7;G7)

   Das erste Argument der Funktion bestimmt, das wievielte Element der Liste gesucht wird. *Index* kann als Zahl, Bezug oder Formel eingegeben werden. Als Werte können Zahlen, Zellbezüge, Namen, Texte und Formeln verwendet werden. Bereichsbezüge sind nicht erlaubt. (Um Werte aus Bereichen zu ziehen, ist die Funktion INDEX() vorhanden.)

2. Nun sollen die Rabattsätze für die anderen Kunden bestimmt werden. Es liegt nahe, die Kopierfunktion zu benutzen. Mit dem Ergebnis werden Sie aber nicht zufrieden sein. Der Fehler folgt daraus, daß die Adressen der Zellen mit den Rabattsätzen relativ eingetragen worden sind. Es soll aber für jeden Kunden dieselbe Rabattliste zugrundegelegt werden. Also müssen die Zellen für die Rabatte gemischt adressiert werden. Wenn Sie die Formel entsprechend korrigieren

```
=WAHL(C9;E$7;F$7;G$7)
```

kann das Ergebnis ohne weitere Probleme kopiert werden.

Besonders interessant ist die WAHL-Funktion auch für Berechnungsalternativen. In diesem Fall können verschiedene Formeln als Argumente benutzt werden. Hier ein Beispiel:

```
=WAHL(D1;SUMME(POSTEN)*0,70;SUMME(POSTEN)*0,75;SUMME(POSTEN)*0,80+PORTO)
```

Abhängig von dem in D1 abgestellten Wert wird die Summe der Posten mit einem anderen Faktor multipliziert. Im dritten Fall werden noch Portokosten addiert.

Während die WENN-Funktion nur eine einfache Verzweigung zwischen zwei Möglichkeiten zuläßt, es sei denn, die Formel arbeitet mit verschachtelten WENN-Funktionen, erlaubt die WAHL-Funktion die Auswahl aus bis zu 29 Möglichkeiten.

# Fehlersuche bei Kalkulationsmodellen

Solange Sie mit kleinen Tabellen arbeiten, die Sie im Bildschirmfenster gut überblicken können, ist die Vermeidung von Fehlern in einem Tabellenmodell noch relativ einfach. Schwieriger wird die Lage bei komplexen Tabellenmodellen, die etwa mit indirekten Formelbezügen arbeiten, wenn also z. B. in eine Summenformel Werte eingehen, die selber wiederum aus anderen Werten berechnet sind. Da ist an der Endformel nicht immer gleich zu erkennen, welche Basiswerte in die Berechnung eingegangen sind. Für solche und ähnlich Probleme bietet Excel verschiedene Hilfsmittel, die hier vorgestellt werden sollen.

# Testdaten einfach erzeugen

Sie möchten prüfen, ob ein Tabellenmodell tatsächlich so rechnet, wie Sie es sich vorstellen, bevor Sie es in der Praxis mit „richtigen" Zahlen anwenden. Dazu benötigen Sie viele Testdaten. Deshalb fragen Sie sich, ob es eine Möglichkeit gibt, diese auf einfache Weise zu erzeugen.

## Verwenden Sie die Funktion ZUFALLSZAHL()

Die Funktion ZUFALLSZAHL() liefert eine Zahl zwischen 0 und 1. Es sind dazu keine Argumente erforderlich. Die Funktion finden Sie in der Kategorie *Math. & Trigonom.*

Um Zufallszahlen für einen bestimmten Zahlenbereich zu erzeugen, kann z. B. eine Formel wie

```
=(ZUFALLSZAHL()*100)+1000
```

benutzt werden. Diese Formel liefert Werte zwischen 1.000 und 1.100.

In vielen Fällen empfiehlt es sich, zunächst mit glatten Zahlen wie Hundertern oder Tausendern zu arbeiten, so daß die Berechnung leichter überprüft werden kann.

## Verwenden Sie die Funktion ZUFALLSBEREICH()

Diese Funktion ist nur dann verfügbar, wenn das Add-In *Analyse-Funktionen* aufgerufen wurde. Sie befindet sich dann ebenfalls in der Kategorie *Math. & Trigonom.* Sie liefert eine Zahl aus einem von Ihnen festzulegenden Bereich. Die Funktion verlangt deshalb die Argumente *Untere_Zahl* und *Obere_Zahl*.

### Das Verwenden der Funktion ZUFALLSBEREICH()

Oder Sie verwenden die etwas bequemere Funktion:

```
=ZUFALLSBEREICH(1000;1100)
```

Die Funktion liefert ebenfalls Werte zwischen 1.000 und 1.100.

Diese Funktion ist zwar einfacher einzugeben, erfordert aber andererseits, daß das Add-In *Analyse-Funktionen* geladen ist.

Da die Zufallsfunktion immer wieder neue Zahlen liefert, wenn die Tabelle neu berechnet wird, können Sie die Ergebnisse der Funktion auch in Konstanten verwandeln:

1. Markieren Sie dazu den Bereich, in dem mit Hilfe der Funktion ZUFALLSBEREICH() Werte erzeugt wurden.
2. Öffnen Sie das Menü *Bearbeiten* und wählen Sie den Befehl *Kopieren.*
3. Öffnen Sie dann, ohne den Bereich zu verändern, nochmals das Menü *Bearbeiten*, wählen Sie den Befehl *Inhalte einfügen* und aktivieren Sie die Option *Werte.*

*Testdaten mit Zufallsfunktion erzeugen*

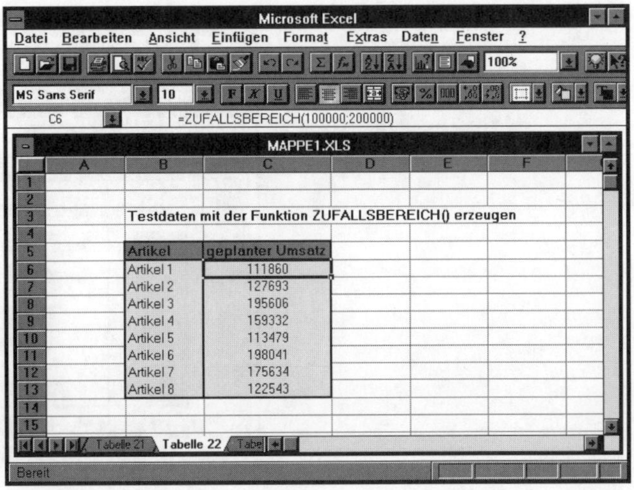


Wie Sie ein Add-In in die Excel-Oberfläche einbinden, können Sie auf Seite 74 nachlesen.

## So weit, so gut - Teilergebnisse von Berechnungen bei der Formelerstellung prüfen

151

Eine komplizierte Funktion ist zur Lösung eines Problems notwendig, d. h., es müssen mehrere Funktionen ineinander verschachtelt werden. Es wäre nun wichtig zu wissen, ob man auch Teilfunktionen einzeln vorab prüfen kann, um sicherzustellen, daß man sich auf dem richtigen Weg befindet.

## Testen Sie die einzelnen Funktionen in der Bearbeitungszeile

Markieren Sie dazu die einzelnen Funktionen und klicken Sie dann auf das Symbol *Neu berechnen.*

### Prüfen Sie einzelne Funktionen in der Bearbeitungszeile

Bei komplexen Formeln kann es hilfreich sein, bestimmte Teilergebnisse schon in der Bearbeitungszeile zu prüfen. Stellen Sie sich z. B. eine WENN-Funktion vor, deren zweites Argument wiederum eine WENN-Funktion darstellt.

*Verschachtelte WENN-Funktion*

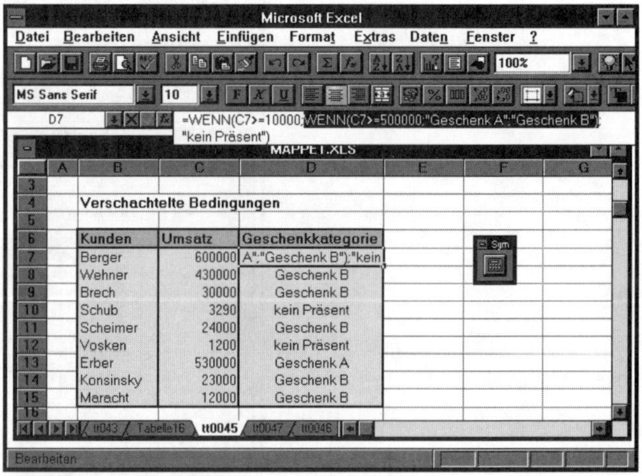


1. Wenn Sie prüfen wollen, welches Ergebnis dieses zweite Argument liefert, machen Sie am besten zunächst einen Doppelklick auf das zweite WENN und dehnen die Markierung bis zur Schlußklammer dieser Funktion aus. Das geht ganz gut, wenn Sie die **Umschalt**-Taste drücken und die Einfügemarke mit einem Klick hinter diese Klammer setzen.
2. Dann können Sie das Taschenrechnersymbol anklicken und in der Bearbeitungszeile erscheint der Wert, den diese WENN-Funktion liefert - vorausgesetzt, Sie haben den richtigen Teil der Formel markiert.
3. Wenn Sie wollen, können Sie nun mit der ersten WENN-Funktion ebenso verfahren, so daß Sie das Gesamtergebnis der Formel prüfen können.

Wenn Sie in dieser Art geprüft haben, welchen Wert ein Teil einer Formel oder die gesamte Formel liefert, sollten Sie anschließend das Stornosymbol anklicken oder **Esc** drücken, damit die ursprüngliche Formel wiederhergestellt wird.

# So haben Sie die Gestaltung von Tabellen im Griff

Unter dem Begriff Formatierung sind zwei ganz unterschiedliche Bereiche zusammengefaßt. Der eine Bereich betrifft das Format, in dem der Inhalt der Zellen dargestellt wird, also hauptsächlich das Zahlenformat. Der andere Bereich betrifft das formale Erscheinungsbild der Zellen und der gesamten Tabelle, also Fragen nach der Ausrichtung der Zellinhalte, nach der verwendeten Schriftart und Schriftgröße, nach der Verwendung von Linien, Farben und Rastern, nach der Spaltenbreite und Zeilenhöhe. Excel stellt für beide Bereiche eine Fülle von Alternativen zur Verfügung. Sie haben sogar die Möglichkeit, dieses Angebot noch zu erweitern, etwa durch die Definition eigener Zahlenformate oder spezieller Formatvorlagen.

## Gar nicht knifflig - Zahlenformate selbermachen

Excel bietet eine ganze Reihe eingebauter Zahlenformate an. Wenn Sie nach dem Zahlenformat, das Sie für Ihre Aufgabenstellung benötigen, bisher vergeblich gesucht haben, dann sollten Sie ein eigenes Zahlenformat entwerfen. Oder möchten Sie die Anzeige von Nullen unterdrücken? In diesem Abschnitt erfahren Sie Tips und Tricks rund ums Zahlenformat.

### Ich sehe was, was Du nicht siehst! - Verborgenes Zahlenformat für Lotus-Umsteiger

152

Sie sind von Lotus auf Excel 5.0 umgestiegen und vermissen nun die Möglichkeit, einen Zellbereich als verborgen zu formatieren. Das kann sinnvoll sein, wenn z. B. Zwischenschritte einer Berechnung nicht angezeigt werden sollen, um fremde Betrachter nicht zu verwirren. Nicht immer kann in so einem Fall eine ganze Spalte oder Zeile ausgeblendet werden. Manchmal müssen also auch einzelne Zellen versteckt werden.

Was nicht direkt geht, läßt sich auf einem kleinen Umweg erreichen.

## Verändern Sie die Schriftfarbe

Wählen Sie die zu verbergenden Zellen und weisen Sie diesen mit Hilfe der Schriftfarbenpalette die Schriftfarbe weiß zu, falls das Tabellenblatt einen weißen Untergrund aufweist.

## Definieren Sie ein unsichtbares Zahlenformat

Öffnen Sie das Kontextmenü und wählen Sie *Zellen formatieren* und Register *Zahlen*. Tippen Sie in das Eingabefeld *Format* drei Semikolons ein (;;;) und weisen Sie den Zellen, die unsichtbar sein sollen, dieses Zahlenformat zu.

## Verwenden Sie Formel ausblenden

Falls die Formel in der Bearbeitungszeile ebenfalls unsichtbar sein soll, wählen Sie aus dem Kontextmenü *Zellen formatieren* und *Schutz* und kreuzen Sie *Formel ausblenden* an. (Diese Option wird erst wirksam, wenn *Extras/Dokument schützen/Blatt* gewählt wurde.)

Weitere Informationen zum Schützen von Zellen und Arbeitsmappen finden Sie ab Seite 327.

## Verändern Sie die Schriftfarbe

Eine Möglichkeit ist, die Schriftfarbe für den betreffenden Zellbereich so zu ändern, daß die Schrift unsichtbar wird, also etwa Weiß vor weißem Hintergrund.

1. Markieren Sie zunächst die Zellen mit den Formeln, die nicht sichtbar sein sollen.
2. Wählen Sie dann *Format/Zellen* und das Register *Schriftart*. Oder öffnen Sie das Kontextmenü und wählen Sie den Befehl *Zellen formatieren*.
3. Öffnen Sie die Farbpalette und wählen Sie die Farbe Weiß aus, falls der Tabellenhintergrund weiß ist.
4. Bestätigen Sie Ihre Eingabe mit *OK*.

! Wenn Sie die *Schriftfarbepalette* verwenden, können Sie die letzten zwei Arbeitsschritte sparen.

## Definieren Sie ein unsichtbares Zahlenformat

1. Öffnen Sie das Menü *Format* und wählen Sie den Befehl *Zellen* und das Register *Zahlen* aus.
2. Aktivieren Sie das Eingabefeld *Format* und tippen Sie ein Format ein, das die Anzeige der Daten verhindert, und zwar erreichen Sie das durch die Eingabe von drei Semikolons:

```
;;;
```

Das ist sozusagen ein leeres Format. Warum drei Semikolons? Nun, wenn Sie ein individuelles Zahlenformat definieren, sind vier Angaben möglich, die eben durch drei Semikolons getrennt werden:

- Format für positive Zahlen
- Format für negative Zahlen
- Format für Nullen
- Feormat für Text

Das dritte Semikolon ist also notwendig, damit auch Texte in der Zelle verborgen werden.

Wenn Sie nur zwei Angaben machen, wird die erste Angabe für positive Zahlen und Null verwendet, die zweite für negative Zahlen. Bei nur einer Angabe gilt das Format für alle Zahlen. Texte erhalten in diesem Fall keine spezielle Formatierung.

Das neue Format erscheint in der Gruppe *Benutzerdefiniert*. Wenn Sie dieses spezielle Format anwenden, verschwindet die Anzeige aus der betreffenden Zelle. Wird die Zelle markiert, erscheint allerdings trotzdem der tatsächliche Inhalt in der Bearbeitungszeile.

## Verwenden Sie Formel ausblenden

Wenn Sie die Anzeige von Formeln in der Bearbeitungzeile ebenfalls unterdrücken möchten, dann gehen Sie folgendermaßen vor:

1. Öffnen Sie das Menü *Format* und wählen Sie den Befehl *Zellen* und das Register *Schutz*.
2. Aktivieren Sie das Kontrollkästchen *Formel ausblenden*.

Diese Option ist jedoch nur dann wirksam, wenn das Dokument mit dem Befehl *Extras/Dokument schützen/Blatt* geschützt wird. Falls Sie Eingaben im Blatt erlauben wollen, müssen Sie deshalb unter *Format/Zellen/Schutz* das Kontrollkästchen *Gesperrt* für alle die Zellen, für die Eingaben möglich sein sollen, deaktivieren. Wenn das für das ganze Blatt gelten soll, markieren Sie erst das Blatt und deaktivieren dann die Option.

Weitere Informationen über das Schützen von Zellen finden Sie auf Seite 327.

## Nullen sind unerwünscht - Anzeige von Nullwerten unterdrücken

153

Sie haben eine Tabelle erstellt, die erst im Laufe eines längeren Zeitraums mit Werten aufgefüllt wird - z. B. eine Jahrestabelle -, deshalb liefert eine Spalte zunächst nur Nullwerte, etwa die Quersummen für das zweite bis vierte Quartal. Eine große Tabelle mit Hunderten solcher Nullwerte ist in der Regel kein besonders erfreulicher Anblick, und irgendwie ist die Null in so einem Fall auch eine etwas irreführende Information. Es liegen ja keine Werte vor, die summiert werden können. Wie kann man die Anzeige der Nullwerte vermeiden?

### Deaktivieren Sie die Anzeige der Nullwerte

Um die Anzeige von Nullen zu unterdrücken, kann unter *Extras/Optionen/Ansicht* das Kreuz im Kontrollkästchen *Nullwerte* gelöscht werden.

### Definieren Sie ein entsprechendes Format

Eine andere Möglichkeit ist, ein Format zu definieren, bei dem die Nullwerte unterdrückt werden. Das hat den Vorteil, daß Sie zwischen Formeln unterscheiden können, wo Sie die Anzeige des Nullwerts wegen fehlender vorrangiger Werte unterdrücken wollen, und solchen Nullen, die sich durch eine Berechnung vorhandener Werte ergeben, etwa bei einem Saldo. Im zweiten Fall ist es ja unbedingt erwünscht, den Nullwert anzuzeigen.

Ein solches Format kann unter *Format/Zellen/Zahlen* etwa folgendermaßen eingegeben werden:

```
0,00;-0,00;;
```

Lassen Sie sich durch die Beispiele der Zahlenformate in der rechten Tabelle zur Erstellung eigener Zahlenformate anregen.

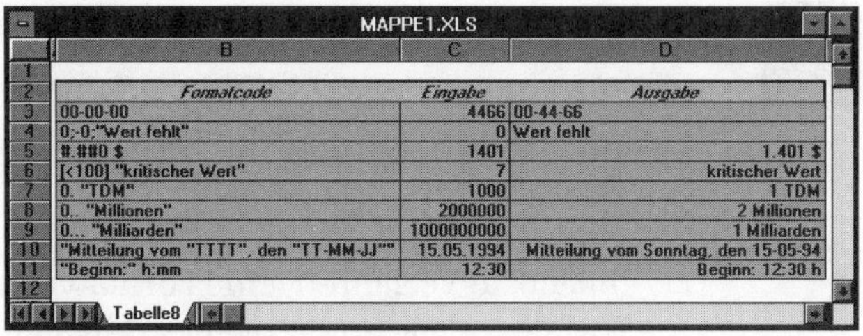

MAPPE1.XLS

| Formatcode | Eingabe | Ausgabe |
|---|---|---|
| 00-00-00 | 4466 | 00-44-66 |
| 0;-0;"Wert fehlt" | 0 | Wert fehlt |
| #.##0 $ | 1401 | 1.401 $ |
| [<100] "kritischer Wert" | 7 | kritischer Wert |
| 0. "TDM" | 1000 | 1 TDM |
| 0.. "Millionen" | 2000000 | 2 Millionen |
| 0... "Milliarden" | 1000000000 | 1 Milliarden |
| "Mitteilung vom "TTTT", den "TT-MM-JJ"" | 15.05.1994 | Mitteilung vom Sonntag, den 15-05-94 |
| "Beginn:" h:mm | 12:30 | Beginn: 12:30 h |

Tabelle8

# Schnell, bequem und kreativ - formatieren mit Formatvorlagen

Eine Kombination von verschiedenen Formaten unter einem Namen wird Formatvorlage genannt. Wenn einer Zelle oder einem Zellbereich diese Formatvorlage zugewiesen wird, dann werden alle Formate, die in der Formatvorlage zusammengefaßt sind, auf einmal dem markierten Zellbereich zugewiesen. Das Arbeiten mit Formatvorlagen ist ein Muß für alle, die großen Wert auf die Einheitlichkeit Ihrer Dokumente legen.

## Viele Eigenschaften auf einen Wisch - mehrere Formate in einem Arbeitsgang einer Zelle zuweisen

Sie weisen bestimmten Zellen z. B. Überschriften, immer wieder das gleiche Format zu, z. B. den Schriftschnitt *Fett*, die Schriftgröße *12*, die Schriftart *Litograph* und die Farbe *Blau*. Diesen Vorgang wiederholen Sie mittlerweile bei fast jeder Tabelle, um ein einheitliches Aussehen der Tabellen herzustellen. Kann man sich diesen Vorgang nicht vereinfachen?

### Erstellen Sie eine Formatvorlage

Formatieren Sie zunächst eine Zelle nach Ihren Wünschen. Tippen Sie dann in das Formatvorlagenfeld für diese Formatzusammenstellung einen Namen ein und bestätigen Sie Ihre Eingabe mit **Enter**. Anderen Zellen weisen Sie diese Formatvorlage zu, indem Sie die entsprechende Zelle markieren und aus dem Formatvorlagenfeld das selbstdefinierte Format auswählen.

## So können Sie eine Formatvorlage erstellen

In einer Formatvorlage können alle möglichen Formatierungsmerkmale zusammengefaßt werden, so daß die Gestaltung eines Zellbereichs in einem Zug geändert werden kann.

Das einfachste Verfahren, eine Formatvorlage zu definieren, besteht darin, eine Formatvorlage anhand eines Beispiels zu erstellen. Das heißt, daß Sie als erstes eine Zelle mit allen Formaten, die in der Formatvorlage enthalten sein sollen, formatieren.

1. Markieren Sie eine Zelle und formatieren Sie diese nach Ihren Wünschen.
2. Sorgen Sie dafür, daß sich das Dropdown-Listenfeld *Formatvorlage* in einer eingeblendeten Symbolleiste befindet. Sie finden es in der Symbolkategorie *Format*.

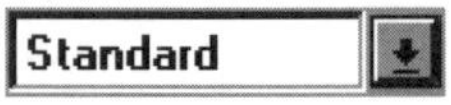


3. Klicken Sie in das Formatvorlagenfeld und tragen Sie dort den Namen der neuen Formatvorlage ein. Überschreiben Sie dazu einfach den momentan darin enthaltenen Namen.
4. Bestätigen Sie dann Ihre Eingaben mit **Enter**.
5. Weisen Sie anderen Zellen das neue Format zu, indem Sie die entsprechenden Zellen markieren und dann aus dem Dropdown-Listenfeld *Formatvorlage* das selbst definierte Format auswählen.

Das *Standardformat* muß den Zellen nicht ausdrücklich zugewiesen werden, es sei denn, Sie haben eine Zelle vorübergehend anders gestaltet und wollen wieder zum Standardformat zurück.

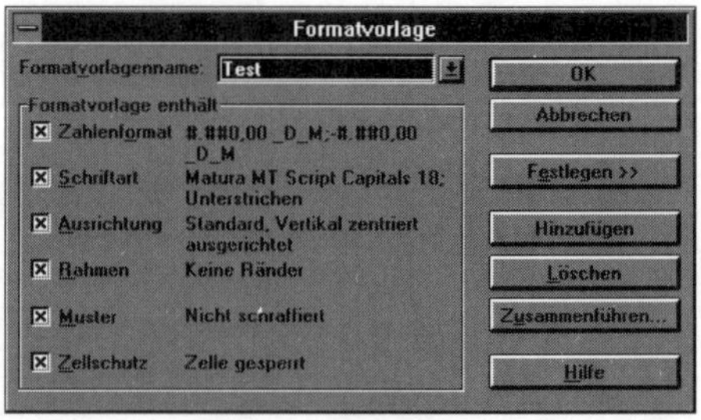


Zum Erstellen von Formatvorlagen können Sie auch den Befehl *Format/Formatvorlage* verwenden. Wählen Sie im Listenfeld *Formatvorlagenname* den Namen der Formatvorlage aus, die geändert werden soll, und klicken Sie anschließend auf *Festlegen*. Daraufhin öffnet sich das Register-Dialogfeld *Zellen formatieren*, in welchem Sie sämtliche Einstellungen vornehmen können. Wenn Sie auf *OK* klicken, gelangen Sie wieder in das Dialogfeld *Formatvorlage* zurück. Dort wird angezeigt, welche Einstellungen Sie vorgenommen haben. Wenn Sie damit einverstanden sind, dann bestätigen Sie mit *OK*.

Der Weg über das Menü mit *Format/Formatvorlage* ist etwas umständlicher, hat aber den Vorteil, daß Sie im Dialogfeld sich die Beschreibung der Formatvorlage ansehen können. Hauptsächlich wird dieses Dialogfeld aber gebraucht, um Formatvorlagen zu ändern oder eigene zu definieren.

## Wenn nicht alle selbstdefinierten Formate übernommen werden...

155

Sie haben eine Formatvorlage vorschriftsmäßig auf der Basis von Musterzellen definiert, aber wenn Sie die Formatvorlage anderen Zellen zuweisen, dann wird die Formatierung nur zum Teil ausgeführt. Woran kann das liegen?

### Haben Sie tatsächlich nur eine einzige Zelle als Basisformat markiert?

Wenn Sie beim Definieren einer Formatvorlage auf der Basis einer Musterzelle mehrere Zellen anstatt nur einer markiert haben und diese Zellen verschiedene Formate aufweisen, dann übernimmt Excel in die Formatvorlage nur diejenigen Formate, die allen markierten Zellen gemeinsam sind.

## So oft, bis Sie zufrieden sind - Formatvorlagen verändern

156

Sie haben eine Formatvorlage erstellt und möchten diese ändern. Auf welche Weise geht das schnell und problemlos?

### Verwenden Sie das Formatvorlagenfeld

Markieren Sie eine Zelle und verändern Sie diese entsprechend. Klicken Sie dann in das Formatvorlagenfeld, wählen Sie den Namen der Formatvorlage, die geändert werden soll, aus, und betätigen Sie die **Enter**-Taste. Daraufhin wird ein Hinweisfenster eingeblendet, das Sie mit *Ja* bestätigen, um das bestehende Format auf der Basis des Formats in der markierten Zelle neu festzulegen.

Jede Änderung einer bereits bestehenden Formatvorlage ändert auch das Aussehen aller Zellen, denen diese Formatvorlage bereits vorher zugewiesen worden ist. Ausgenommen sind allerdings Zellen, bei denen Sie zusätzlich zur Formatvorlage einzelne Formatierungsmerkmale manuell geändert haben. In diesem Fall werden diese Merkmale nicht geändert.

Wenn Sie also z. B. in den Spalten A bis Z manuell eine andere Schrift - etwa *Helvetica fett* - wählen und anschließend die Formatvorlage *Standard* um ein graues Muster erweitern, erscheinen zwar auch die Spalten A bis Z in grau, behalten aber die fette Helvetica. In Excel haben also bestimmte Formatierungen Vorrang vor anderen:

Formatveränderungen, die Sie manuell vornehmen, also entweder über die Symbolle der Symbolleiste oder über das Dialogfeld *Zellen formatieren*, haben Vorrang vor Einstellungen im Formatvorlagenfeld.

## Formatierungs-Chaos? - Zurücknehmen von Formatierungen

Sie haben einer Zelle z. B. erst ein eigendefiniertes Format mit einer besonderen Schriftart zugewiesen. Danach wollten Sie das Format ändern, weil Sie statt einem Text in die Zelle einen Wert eintragen möchten. Deshalb haben Sie dieser Zelle nun das Format *Prozent* zugewiesen. Die Zelle hat das Format *Prozent* zwar angenommen, aber das Format mit der besonderen Schriftart beibehalten. Sie haben jedoch erwartet, daß nun das Standardformat wieder erscheint. Was ist zu tun?

### Weisen Sie das Standardformat zu

Wenn Sie einer Zelle ein Zahlenformat zuweisen, wird auch nur das Format der Zahlen verändert, alle anderen Formatierungen werden beibehalten. Wählen Sie deshalb zusätzlich zum Zahlenformat *Prozent* das Format *Standard* aus.

Es ist ohne weiteres möglich, auf eine Zelle mehrere Formatvorlagen anzuwenden. Das geschieht sogar immer dann, wenn Sie anstelle des vorgegebenen Standardformats eine der anderen voreingestellten Formatvorlagen verwenden. Da diese Formate nur das Zahlenformat festlegen, wird auch nur das Zahlenformat geändert. Die anderen Merkmale bleiben erhalten. Ein neues Format ändert also immer nur die Merkmale, die in diesem Format definiert sind.

Wird der Standard dann nachträglich geändert, behält die doppelt - etwa mit den Formatvorlagen *Standard* und *Prozent* - formatierte Zelle allerdings die Einstellungen der alten Standarddefinition.

## Ordnung muß sein - selbstdefinierte Formatvorlagen schnell aus dem Formatvorlagenfeld entfernen

Sie möchten wieder einmal Ordnung machen in Ihrer Formatvorlagenliste. Deshalb möchten Sie einige Formatvorlagen, die Sie nicht mehr benötigen, löschen. Leider haben Sie übersehen, daß ein Format, das gelöscht wurde, doch noch in einer Arbeitsmappe verwendet wurde. Was passiert nun?

### Verwenden Sie das Dialogfeld Formatvorlage

Rufen Sie über *Format/Formatvorlage* das Dialogfeld *Formatvorlage* auf und wählen Sie den Namen der zu löschenden Formatvorlage aus. Klicken Sie auf die Schaltfläche *Löschen*, um die Formatvorlage aus der Liste zu entfernen.

Wurde irrtümlich eine Formatvorlage gelöscht, die in einer Tabelle noch verwendet wird, dann werden die Zellen, denen bisher die gelöschte Formatvorlage zugewiesen war, wieder auf das Standardformat zurückgesetzt.

## Weiterverwendung - eine Formatvorlage in eine andere Arbeitsmappe übertragen

Sie haben mit viel Kreativität ideale Formatvorlagen erstellt. Deshalb möchten Sie diese auch in einer anderen Arbeitsmappe als in der, für die sie erstellt wurden, verwenden. Nur leider sind sie nirgends zu finden. Wie kommt man an diese Vorlagen heran, ohne sie für die momentan aktuelle Arbeitsmappe neu definieren zu müssen?

### Führen Sie die Formatvorlagen zusammen

Sorgen Sie dafür, daß sowohl die Arbeitsmappe mit der gewünschten Formatvorlage als auch die Arbeitsmappe, in der die Formatvorlage zusätzlich angewendet werden soll, geöffnet ist. Wählen Sie dann *Format/Formatvorlage* und markieren Sie unter *Formatvorlagenname* den Namen der betreffenden Vorlage. Klicken Sie auf *Zusammenführen* und markieren Sie die Arbeitsmappe, der das ausgewählte Format zugeführt werden soll.

## Das Zusammenführen von Formatvorlagen

Änderungen an Druckformaten oder die Definition neuer Druckformate gelten normalerweise nur für die aktuelle Arbeitsmappe. Das Bedürfnis, bestimmte Gestaltungsvarianten zu verwenden, beschränkt sich aber meist nicht auf eine Datei. Wenn Sie einmal Gefallen an einer bestimmten Kombination von Schriften, Farben und Mustern gefunden haben, wollen Sie diese immer wieder verwenden können. Deshalb erlaubt es Excel, Formatvorlagen aus einer bestehenden Arbeitsmappe in die aktuelle Arbeitsmappe zu übernehmen. Gehen Sie dazu folgendermaßen vor:

1. Öffnen Sie beide Arbeitsmappen. Diejenige, in der die Formatvorlage definiert wurde, und diejenige, in der diese angewendet werden soll.
2. Wählen Sie dann in der Arbeitsmappe, die als Empfänger auftritt, den Befehl *Format/Formatvorlage* und klicken Sie auf *Zusammenführen.*
3. Wählen Sie Im Dialogfeld den Namen der Arbeitsmappe aus, die die begehrten Formatvorlagen liefern soll.
4. Bestätigen Sie Ihre Eingaben mit *OK.*

Excel prüft zunächst, ob es Namensübereinstimmungen zwischen den in beiden Arbeitsmappen definierten Formatvorlagen gibt.

Das Programm vergleicht die Namen der in beiden Tabellen definierten Formatvorlagen. Enthält die angewählte Arbeitsmappe neue Formate, die in der aktiven Arbeitsmappe nicht vorkommen, ist die Sache problemlos. Diese Formate werden in die aktive Arbeitsmappe übertragen und können dann wie üblich benutzt werden.

In der Regel kommen in beiden Mappen aber wenigstens einige gleichnamige Formatvorlagen vor, wie eben das Standardformat. Deshalb verhält sich Excel vorsichtig und fragt erst einmal nach, ob Formatvorlagen mit gleichem Namen zusammengeführt werden sollen. Antworten Sie mit *Ja*, werden die Formate der aktiven Arbeitsmappe durch die Formate der anderen Arbeitsmappe ersetzt, bei *Nein* dagegen bleiben die eigenen Definitionen bei den gleichnamigen Vorlagen erhalten, nur die anderen Vorlagen werden übernommen.

Diese Methode ist interessant, wenn es sich um sehr spezielle Formatierungen handelt und die beiden Tabellen sehr ähnlich sind.

# Eine für alle - selbstdefinierte Formatvorlagen in allen Arbeitsmappen verwenden

Sie haben sich in einer Arbeitsmappe unübertrefflich gute Formatvorlagen zusammengestellt, so daß Sie über diese eigentlich auch in allen neuen Arbeitsmappen verfügen möchten. Leider gelten Formatvorlagen nur immer für die aktuelle Arbeitsmappe. Wie kann man diese Formate für alle zukünftigen Arbeitsmappen zur Verfügung stellen?

## Speichern Sie die Arbeitsmappe als Standardarbeitsmappe

Wenn Sie die Arbeitsmappe mit den gewünschten Formaten unter dem Namen MAPPE.XLT im Verzeichnis XLSTART speichern, können Sie diese Arbeitsmappe als Standard verwenden.

### So speichern Sie eine Arbeitsmappe als Standardarbeitsmappe

1. Aktivieren Sie die Arbeitmappe mit den Formaten, die ab sofort allen Arbeitsmappen zur Verfügung stehen sollen.
2. Wählen Sie *Datei/Speichern unter* und tippen Sie in das Eingabefeld *Dateiname* den Namen MAPPE ein.
3. Markieren Sie in der Liste *Dateityp* den Eintrag *Mustervorlage*.
4. Wechseln Sie in das Excel-Unterverzeichnis XLSTART.
5. Bestätigen Sie die Eingaben mit *OK*.

Wenn Sie wie oben beschrieben vorgehen, wird von dieser Arbeitsmappe immer eine Kopie geöffnet, wenn Sie den Befehl *Datei/Neu/Arbeitsmappe* wählen oder auf das Symbol *Neue Arbeitsmappe* klicken. Somit stehen auch die Formatvorlagen für alle Arbeitsmappen, die zukünftig geöffnet werden, zur Verfügung.

Dieser Trick funktioniert nicht nur bei Arbeitsmappen. Folgende Dateien im Verzeichnis XLSTART werden von Excel als Vorlagen verwendet:

| Vorlage | wird eingefügt mit |
|---|---|
| MAPPE.XLT | *Datei/Neu* |
| TABELLE.XLT | *Einfügen/Tabelle* |
| DIAGRAMM.XLT | *Einfügen/Diagramm* |
| MODUL.XLT | *Einfügen/Makro/Visual-Basic-Modul* |
| MAKRO.XLT | *Einfügen/Makro/MS Excel-4.0-Makro* |

## Standard festlegen - eine Schriftart für alle Arbeitsmappen

Die Standardarbeitsmappe ist schon in Ordnung, nur was nicht gefällt, ist die Standardschriftart. Diese sollte für alle Arbeitsmappen geändert werden.

### Verwenden Sie das Dialogfeld Optionen

Wählen Sie *Extras/Optionen* und das Register *Allgemein*. Öffnen Sie das Listenfeld *Standardschriftart* und markieren Sie die gewünschte Schriftart. Bestätigen Sie die Änderung mit *OK*. Die Änderung wird erst wirksam, nachdem Sie Excel neu gestartet haben.

Die Änderung der Standardschriftart wird in der Datei EXCEL5.INI, die sich im Windows-Verzeichnis befindet, hinterlegt, und zwar im Abschnitt [Microsoft Excel]. Der Eintrag lautet: Font=*Schrift, Größe*, z. B. Font= MS Sans Serif, 10.

## Welches ist die schnellste Methode, um Tabellen zu formatieren?

Die Zeit ist knapp, und trotzdem legen Sie Wert darauf, eine Tabelle optisch ansprechend zu präsentieren. Mit anderen Worten, Ihnen geht das Formatieren mit Formatvorlagen auch noch zu langsam. Wie kann man eine einheitliche, optisch ansprechende Formatierung blitzschnell erreichen?

### Verwenden Sie die Funktion AutoFormat

Markieren Sie eine beliebige Zelle innerhalb des Datenbereichs und klicken Sie auf das Symbol *AutoFormat*, wenn das zuletzt verwendete AutoFormat auf den Tabellenbereich angewendet werden soll. Möchten Sie aus den vorhandenen Formaten eins aussuchen, dann drükken Sie die **Umschalt**-Taste, während Sie auf das Symbol *AutoFormat* klicken. Bei jedem Klicken wird das nächste AutoFormat angezeigt.

## Tabellenformatierung mit Autoformat

**1.** Markieren Sie eine beliebige Zelle innerhalb des Datenbereichs, der mit einem automatischen Format belegt werden soll.

Nur wenn der Datenbereich nicht geschlossen ist, also Leerzeilen oder Leerspalten enthält, sollten Sie den gesamten Bereich vor dem Aufruf des Befehls markieren.

Ist eine markierte Zelle nicht von Datenzellen umgeben, erhalten Sie die Meldung „AutoFormat kann die aktive Zelle nicht als Teil eines Bereichs erkennen...". Versuchen Sie die Autoformatierung bei einer Auswahl von mehreren Bereichen, erfahren Sie ebenfalls, daß das nicht möglich ist.

**2.** Wählen Sie *Format/AutoFormat*. Wenn Sie nur eine einzige Zelle innerhalb des Datenbereichs markiert haben, erweitert Excel nun die Markierung auf den gesamten Datenbereich automatisch. Außerdem wird das Dialogfeld *AutoFormat* eingeblendet.

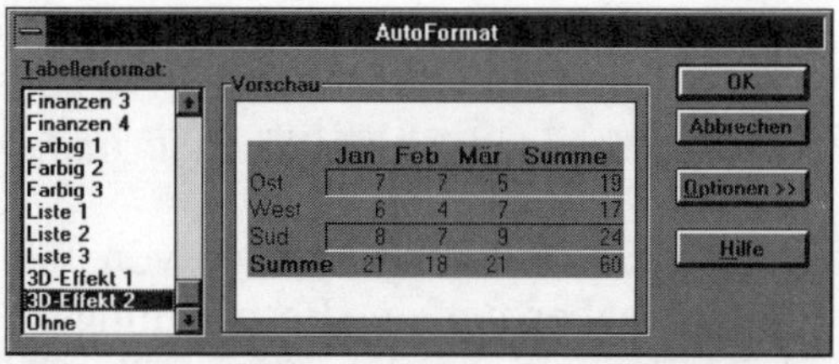


**3.** Aus der Liste *Tabellenformat* können 16 vordefinierte Tabellenformate ausgewählt werden. Das aktuelle Format kann unter *Vorschau* begutachtet werden.

Wenn Sie auf die Schaltfläche *Optionen* klicken, wird das Dialogfeld *Formatierung* eingeblendet. Hier können Einzelformatierungen aktiviert oder deaktiviert werden. Auf diese Weise können auf der Basis der 14 eingebauten Formate weitere Formate erzeugt werden.

**4.** Klicken Sie auf *OK*, wenn Sie das Format für die Tabelle übernehmen möchten.

Die praktische AutoFormat-Funktion geht davon aus, daß die meisten Tabellen einen regelmäßigen Aufbau haben und bietet für solche Tabellen eine Anzahl fertiger Tabellenmuster an.

*Tabellen-strukturen*

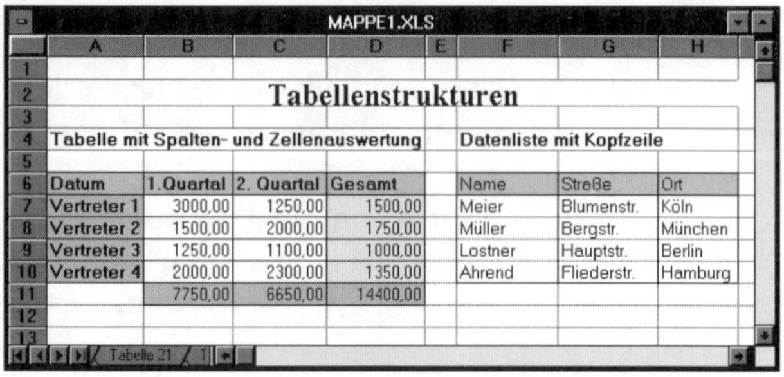
MAPPE1.XLS

**Tabellenstrukturen**

| Tabelle mit Spalten- und Zellenauswertung | | | | | Datenliste mit Kopfzeile | | |
|---|---|---|---|---|---|---|---|
| Datum | 1.Quartal | 2. Quartal | Gesamt | | Name | Straße | Ort |
| Vertreter 1 | 3000,00 | 1250,00 | 1500,00 | | Meier | Blumenstr. | Köln |
| Vertreter 2 | 1500,00 | 2000,00 | 1750,00 | | Müller | Bergstr. | München |
| Vertreter 3 | 1250,00 | 1100,00 | 1000,00 | | Lostner | Hauptstr. | Berlin |
| Vertreter 4 | 2000,00 | 2300,00 | 1350,00 | | Ahrend | Fliederstr. | Hamburg |
| | 7750,00 | 6650,00 | 14400,00 | | | | |

Mit Regelmäßigkeit einer Tabelle ist in erster Linie gemeint, daß sich Formeln in einer Spalte immer auf die gleiche Anzahl von Zellen links oder auch rechts neben der Spalte beziehen, Formeln in einer Zeile auf die gleiche Anzahl von Zellen über oder auch unter der Zeile.

Es ist dieselbe Regelmäßigkeit, die auch für die automatische Gliederung erwartet wird. Tabellen, die automatisch gegliedert werden können, lassen sich auch automatisch formatieren.

Ein anderer Grundtyp von Tabellen sind die Datenlisten. Diese Tabellen haben nur eine Beschriftungszeile am Anfang der Tabelle und darunter die Datensätze. In beiden Fällen läßt sich eine Tabelle automatisch formatieren.

Die mit *Liste* bezeichneten Tabellenformate sind insbesondere für Datenlisten geeignet, aber auch die anderen Muster lassen sich auf Datenlisten anwenden. Die Merkmale für die Vorspalte und die Formelzellen kommen dann eben nicht zur Anwendung.

Jedes Format enthält Festlegungen für den Tabellenkopf, die linke(n) Beschriftungsspalte(n), zusammenfassende Formelzeilen und -spalten und die Datenblöcke. Das Programm erkennt auch mehrere untereinander oder/und nebeneinanderliegende Datenblöcke mit den jeweiligen Zwischenergebnissen. Festgelegt werden jeweils für jede Komponente:

- Zahlenformat
- Rahmenart
- Schriftart
- Muster
- Ausrichtung
- Spaltenbreite und Zeilenhöhe

Sobald Sie sich für ein Tabellenformat entschieden haben, sucht Excel in dem betroffenen Tabellenbereich nach den verschiedenen Komponenten. Findet Excel z. B. eine Summenzeile, wird sie dem Muster entsprechend formatiert. Fehlt dagegen eine Summenzeile, kommt das Format für die Summenzeile nicht zur Anwendung. Es kommt also nicht darauf an, daß der Tabellenbereich alle Komponenten des Musters enthält.

Außerdem können Sie einzelne Merkmale des Musters auch auslassen. Benutzen Sie dazu die Schaltfläche *Optionen* im Dialogfeld *AutoFormat.* Sie finden dann unter *Formatierung* sechs Kontrollkästchen, mit deren Hilfe Sie bestimmen können, welche Dimension der Formatierung Sie für Ihren Tabellenbereich übernehmen wollen.

Haben Sie z. B. bereits eine bestimmte Schriftart ausgesucht, lassen Sie das Kontrollkästchen *Schriftart* einfach leer.

In einigen Fällen ist es z. B. besser, wenn Sie *Breite/Höhe* nicht ankreuzen. Solange *Breite/Höhe* angekreuzt ist, optimiert Excel automatisch die Zeilen- und Spaltenabmessungen. Das kann aber zu Problemen führen, wenn z. B. Beschriftungen verwendet werden, die in die Nachbarzellen reichen.

Durch die Auswahl der Merkmale können auch Tabellenmuster überlagert werden. Wenn Sie etwa *Muster* und *Rahmenart* von *3-D-Effekt 1* übernehmen wollen, das Zahlenformat aber von *Finanzen 3*, kreuzen Sie im ersten Durchgang über *Optionen* nur die Kästchen *Muster* und *Rahmenart* an, im zweiten Durchgang mit Tabellenformat *Finanzen 3* kreuzen Sie nur *Zahlenformat* an.

## Mehr Komfort durch exzellente Bedienung

Die Dialogsymbolleiste enthält eine Reihe von Schaltflächen für Dialogfelder. Diese Schaltflächen dienen nicht nur der Gestaltung von Dialogblättern für VBA-Prozeduren, sondern können auch in ganz normalen Tabellen verwendet werden. Schaltflächen, Kontrollkästchen, Optionsfelder und Dropdown-Listen können aus der Dialogsymbolleiste in eine Tabelle gezogen und mit Tabellenbereichen aus allen aktiven Arbeitsmappen verbunden werden. Dieser Abschnitt will Ihnen einige Anregungen zur Vewendung dieser Bedienelemente in Excel-Tabellen geben.

# Ja oder Nein? - Schnelle Entscheidungen in der Tabelle

Eine Zelle Ihrer Tabelle soll, je nach Wunsch, den Wert WAHR oder FALSCH erhalten, ohne daß man jedes Mal den Wert selbst eintippen muß.

## Verwenden Sie das Kontrollkästchen aus der Dialogsymbolleiste

Fügen Sie ein Kontrollkästchen aus der Dialogsymbolleiste in die Tabelle ein und verbinden Sie dieses mit der Zelle, die durch Klicken auf das Kontrollkästchen den Wert WAHR oder FALSCH annehmen soll.

### So fügen Sie ein Kontrollkästchen ein

1. Blenden Sie die Dialogsymbolleiste ein.
2.  Klicken Sie auf die Schaltfläche für *Kontrollkästchen* und ziehen Sie innerhalb der Tabelle einen Rahmen auf, in dem das Kontrollkästchen erscheinen soll. Wenn Sie die Maustaste loslassen, wird das Kontrollkästchen eingefügt.
3. Um eine Zelle mit dem Kontrollkästchen zu verbinden, klicken Sie mit der rechten Maustaste auf das Kontrollkästchen.
4. Klicken Sie im Kontextmenü auf den Befehl *Objekt formatieren.*
5. Wählen Sie das Register *Steuerung* und klicken Sie in das Eingabefeld *Ausgabeverknüpfung.* Tragen Sie hier den entsprechenden Zellbezug ein oder markieren Sie die Zelle in der Tabelle.
6. Klicken Sie auf *OK*, um das Dialogfeld zu schließen.
7. Setzen Sie, solange das Kontrollkästchen mit dem Standardtext markiert ist, den Mauszeiger in den Standardtext und verändern Sie diesen wunschgemäß.

Beispielsweise könnten Sie eine „intelligente" Urlaubs-Checkliste erstellen, wobei bezüglich der Intelligenz dieser Liste Ihrem Einfallsreichtum fast keine Grenzen gesetzt sind.

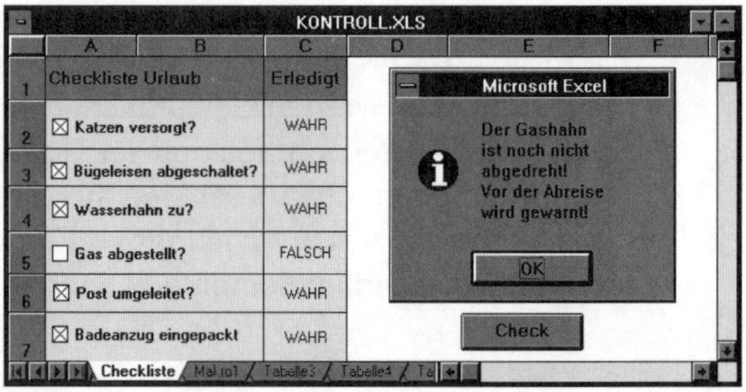

In der Abbildung sehen Sie eine Urlaubs-Checkliste. Durch die Symbolschaltfläche *Check* wird ein Makro aufgerufen, das die Einträge in der Spalte C prüft und in Abhängigkeit davon eine mehr oder weniger intelligente Empfehlung ausspricht.

## Schneller rechnen - der effektive Praxiseinsatz von Bedienungselementen

Die Blumenhändlerin Anneliese A. wünschte sich schon seit langem, daß sie ihren Kunden den Preis für bestimmte Blumen, z. B. Astern, in Abhängigkeit von einer bestimmten Menge in Sekundenschnelle mitteilen kann. Aus diesem Grund möchte Sie sich mit Excel einen Blumenrechner erstellen, der wie in der Tabelle aussehen könnte.

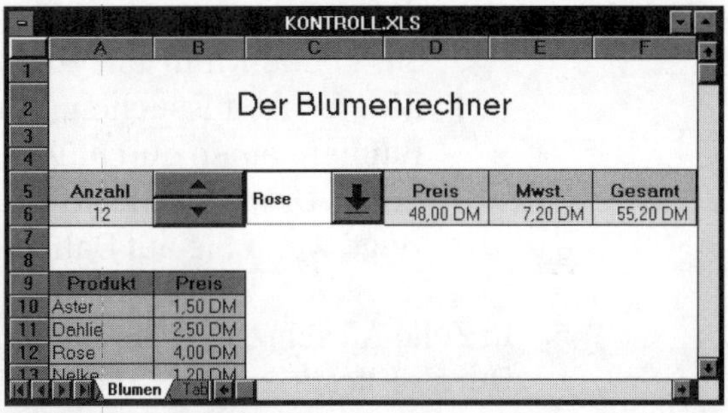


### Kombinieren Sie ein Dropdown-Listenfeld mit einem Drehfeld

Fügen Sie mit Hilfe der Dialogsymbolleiste in eine Tabelle ein Dropdown-Listenfeld (zur Auswahl des Artikels) und ein Drehfeld (zur Auswahl der Anzahl) ein und legen Sie für jedes Feld ein extra Ausgabefeld fest. Verwenden Sie die Funktion INDEX() zur Ermittlung des Preises.

### Das Kombinieren von einem Dropdown-Listenfeld mit einem Drehfeld

1. Legen Sie als erstes eine Liste mit den verschiedenen Blumennamen und dem dazugehörigen Preis an (siehe Abbildung oben).
2. Fügen Sie dann aus der Dialogsymbolleiste ein Dropdown-Listenfeld in die Tabelle ein und weisen Sie diesem den Bereich der Tabelle zu, in dem die Blumennamen aufgelistet sind. Klicken Sie dazu mit der rechten Maustaste auf das Dropdown-Listenfeld und wählen Sie den Befehl *Objekt formatieren*, so daß das gleichnamige Dialogfeld eingeblendet wird. Im Register *Steuerung* klicken Sie in das Eingabefeld *Listenbereich* und markieren in der Tabelle den Blumennamenbereich, nämlich: Blumen!A10:A50.

3. Legen Sie im Feld *Ausgabeverknüpfung* die Zelle für den Ausgabewert fest, nämlich C5.
4. Nachdem Sie das Dialogfeld mit *OK* geschlossen haben, positionieren Sie das Dropdown-Listenfeld genau auf dem Bereich C5:C6, um die Ausgabezelle zu verdecken, da Sie diese Information nicht sichtbar in der Tabelle benötigen. (Die Zelle C5 liefert die Ordinalzahl des Blumennamenbereichs A10:A50 entsprechend der Auswahl in der Dropdown-Liste.) Diesen Ausgabewert verwenden Sie später, um den Preis zu errechnen.

! Sie können nun mit Hilfe der Dropdown-Liste die gewünschte Blumenart aussuchen, ohne einen Bildlauf in der Liste mit den Blumennamen durchführen zu müssen. Wenn Sie z. B. auf *Astern* in der Dropdown-Liste klicken, wird in der Ausgabezelle 1 angezeigt, wenn Sie auf Dahlie klicken, usw.

5. In Zelle A5 schreiben Sie *Anzahl*. Daneben fügen Sie ein Drehfeld ein. Durch Klicken mit der rechten Maustaste auf das Drehfeld und Auswählen des Befehls *Objekt formatieren* öffnen Sie das Dialogfeld, wo Sie das Register *Steuerung* aktivieren. Setzen Sie den *Minimalwert* auf 1, den *Maximalwert* auf 1000 und die *Schrittweite* ebenfalls auf 1.
6. Klicken Sie in das Feld *Ausgabeverknüpfung*, um dieses zu aktivieren, und markieren Sie in der Tabelle die Zelle A6 und bestätigen Sie die Eingaben mit *OK*.
7. Positionieren Sie das Drehfeld auf den Bereich B5:B6.

   Nun können Sie durch Klicken auf das Drehfeld den Eintrag in der Zelle A6 steuern. Wenn Sie auf den Pfeil nach oben klicken, wird die Zahl jeweils um eins erhöht, klicken Sie auf den Pfeil nach unten, wird die Zahl um eins reduziert.
8. Nun muß noch der Nettopreis, die Mehrwertsteuer und der Bruttopreis errechnet werden. Dazu schreiben Sie in die Zelle D5 *Preis*, in die Zelle E5 *MwSt* und in die Zelle F5 *Gesamt*. In die jeweiligen Zellen darunter werden die entsprechenden Formeln eingetragen. (E6=D6*0,15 und F6=D6+E6)

9. In der Zelle D6 sollte nun unter Verwendung der Funktion INDEX() und der Ausgabezelle, die mit dem Dropdown-Listenfeld verbunden ist, der Preis im Blumennamenbereich festgelegt werden. Der Eintrag in Zelle D6 lautet:

```
=INDEX(Blumen!$A$10:$B$50;$C$5;2)*$A$6
```

Die Syntax der Funktion INDEX lautet:

```
=INDEX(Matrix;Zeile;Spalte)
```

*Matrix* ist ein Zellbereich, im Fall der Blumenhändlerin Anneliese A. handelt es sich hier eben um den Blumennamenbereich, also um den Bereich A10:B50. *Zeile* gibt die Zeile in *Matrix* an, aus der ein Wert geliefert werden soll. Im Beispiel die Zelle C5, weil diese als Ausgabezelle des Dropdown-Listenfeldes festgelegt wurde und den Wert liefert, der im Dropdown-Listenfeld ausgewählt wurde, und zwar als Ordinalzahl, die der Auswahl im Blumennamenbereich entspricht. *Spalte* ist schließlich die Spalte in *Matrix*, aus der der Wert geliefert werden soll.

In der Dialogsymbolleiste wird neben dem Drehfeld auch eine Bildlaufleiste zum direkten Ausgeben von Zahlen zur Verfügung gestellt. Auch hier wird das Objekt mit einer Ausgabezelle verknüpft, und es kann der Zahlenbereich und die Schrittweite frei definiert werden.

# Keine Angst vor großen Tabellen

In diesem Kapitel erhalten Sie Hinweise zu Problemen, die sich beim Arbeiten mit großen Tabellen ergeben können, z. B. im Hinblick auf die Verarbeitungsgeschwindigkeit. Ein anderes Problem ist damit verbunden, daß im Excel-Fenster nicht die gesamte Tabelle angezeigt werden kann, sondern nur ein kleiner Ausschnitt davon. Wie Sie trotzdem den Überblick bewahren, dazu können Sie sich in diesem Kapitel Anregungen holen.

## Wenn der Rechner in die Knie geht - auf Befehl berechnen

Sie arbeiten an der Optimierung einer sehr komplexen Tabelle mit vielen voneinander abhängigen Formeln an einem Rechner, der nicht mehr den aktuellen Software-Anforderungen entspricht. Dazu müssen mehrere Arbeitsmappen gleichzeitig geöffnet sein. Leider zeigt Excel immer häufiger die Sanduhr an, um Sie darauf hinzuweisen, daß momentan keine Eingaben erfolgen können. Excel führt nämlich nach jeder Änderung eine Neuberechnung der betroffenen Zellen durch. Das wäre aber gar nicht notwendig; es würde genügen, die Neuberechnung am Schluß der Arbeit an der Tabelle vorzunehmen.

### Auf manuelle Berechnung umschalten

Wählen Sie *Extras/Optionen* und das Register *Berechnen*. Aktivieren Sie die Option *Auf Befehl* und bestätigen Sie mit *OK*. Um eine manuelle Berechnung in allen geöffneten Tabellen durchzuführen, betätigen Sie die **F9**-Taste oder klicken auf das Symbol *Neu berechnen*. Um eine manuelle Berechnung nur in der aktiven Tabelle durchzuführen, betätigen Sie **Umschalt**+**F9**.

### So schalten Sie auf manuelle Berechnung um

Wenn Sie z. B. eine Zahlenkolonne mit 600 Werten eingeben müssen, bringt es wenig Nutzen, jedesmal eine vorläufige Summe dieser Werte zu sehen. Vor allem bei der Eingabe großer Datenmengen ist es sinnvoller, die automatische Neuberechnung zunächst abzuschalten. Gehen Sie dazu folgendermaßen vor:

1. Öffnen Sie das Menü *Extras* und wählen Sie den Befehl *Optionen* und das Register *Berechnen*.
2. Aktivieren Sie die Option *Auf Befehl*, um die manuelle Berechnung einzustellen. Das Kontrollkästchen *Vor dem Speichern neu berechnen* wird dabei automatisch aktiviert. Es gibt auch meist keinen Grund, daran etwas zu ändern, weil damit wenigstens garantiert ist, daß die Datei immer vollständig durchgerechnet ist, wenn sie abgespeichert wird.

   Wenn Sie allerdings an einer großen Arbeitsmappe arbeiten und häufiger zwischendurch abspeichern, kann es aber doch angenehmer sein, das Kontrollkästchen leer zu lassen.
3. Sobald in die Arbeitsmappe ein Wert eingegeben wird, der eine Formel betrifft, erscheint in der Statuszeile die Aufforderung: „Berechnen". Wenn Sie in allen Blättern der Arbeitsmappe eine Neuberechnung durchführen möchten, kann **F9** oder das Symbol *Neu berechnen* verwendet werden. Das Symbol finden Sie in der Kategorie *Werkzeug*. Das Klicken auf das Symbol entspricht dem Klicken auf die Befehlsschaltfläche *Neu berechnen* im Register. Soll die Berechnung auf die aktive Tabelle beschränkt werden, dann betätigen Sie **Umschalt**+**F9**. Das entspricht der Schaltfläche *Datei berechnen* im Register *Berechnen*.

Die manuelle Neuberechnung läuft nicht wie die automatische Berechnung im Hintergrund. Während der Berechnung können also normalerweise keine Daten eingegeben werden. Geschieht das doch, wird die Neuberechnung sofort abgebrochen. Das gilt auch, wenn Sie **Esc** verwenden. (Bei der automatischen Berechnung unterbricht eine Eingabe nur vorübergehend, die Berechnung wird anschließend sofort wieder aufgenommen.)

Wird eine Datei in einem Zustand abgespeichert, in dem die Neuberechnung nicht auf dem aktuellen Stand ist, betrachtet Excel die Berechnung als unvollständig. Wird eine Datei geöffnet, die mit der unvollständig berechneten Datei verknüpft ist, oder wird eine Formel eingegeben, die sich auf diese Datei bezieht, erscheint der Hinweis „Datei enthält unvollständige Berechnung". In diesem Fall sollten Sie *Abbrechen* wählen, die betreffende Datei öffnen und neu berechnen. Wenn Sie dagegen mit *OK* antworten, werden möglicherweise nicht aktuelle Daten übernommen.

# Bildlauf in einer großen Tabelle - und immer die Überschriften im Blick

Wenn Sie in einer großen Tabelle einen Bildlauf durchführen, verlieren Sie die Überschriften aus den Augen und wissen bald nicht mehr, welches Datum wohin gehört. Stellen Sie sich z. B. vor, Sie markieren die Zelle A999 und stehen plötzlich mitten in der Zahlenwüste, ohne jede Orientierung, was die Zahlen bedeuten sollen.

## Fixieren Sie die Überschriften

Markieren Sie die Zellen entsprechend und verwenden Sie das Symbol oder den Menübefehl *Fenster fixieren*, um den oberen und den linken Ausschnitt oder beide im Blickfeld festzuhalten. Das Symbol ist in der Kategorie *Werkzeug* untergebracht.

### So werden Überschriften fixiert

1. Setzen Sie den Zellcursor in eine Zelle, die rechts neben der oder den Spalte(n) und/oder unter der oder den Zeile(n) liegt, die fixiert werden soll(en). Wenn Sie z. B. sowohl die Zeile 1 als auch die Spalte B als Überschrift fixieren möchten, dann markieren Sie die Zelle B2.
2. Wählen Sie dann den Befehl *Fenster/Fixieren* oder verwenden Sie das Symbol *Fenster fixieren*.

**Horizontale Überschriften** Zeile unterhalb der Überschrift markieren.

**Vertikale Überschriften** Spalte rechts von der Überschrift markieren.

**Horizontale und vertikale Überschriften** Zelle am Schnittpunkt der Überschriften markieren. Es werden alle Zellen über der markierten Zelle und alle links von der markierten Zelle fixiert.

Excel begrenzt den fixierten Beschriftungsbereich mit Strichen. Wenn Sie nun Spalten oder Zeilen ins Fenster rücken, die bisher nicht sichtbar waren, bleiben die fixierten Titelzeilen oder Beschriftungsspalten im Fenster sichtbar. Die fixierten Bereiche können aber trotzdem weiter mit dem Zellcursor angesprungen werden, wenn etwas geändert werden soll.

Soll die Fixierung wieder aufgehoben werden, benutzen Sie *Fenster/Fixierung aufheben* oder klicken auf das Symbol *Fenster fixieren*.

# Ansichten und Einsichten - verschiedene Tabellenausschnitte gleichzeitig betrachten

Wenn Sie eine Tabelle auf dem Papier und eine Tabelle auf einem Bildschirm vergleichen, hat das Papier einen Vorteil, der am Bildschirm bisher nur schwer wettgemacht werden konnte: Beim Betrachten einer großen Tabelle kann der Blick in Bruchteilen von Sekunden zu einer beliebigen Stelle wandern. Am Bildschirm dagegen muß normalerweise der eher kleine Bildschirm über die Gesamttabelle geschoben werden. Das ist trotz Bildlaufleisten, Mausbewegungen und einigen Tastenkombinationen eine eher lästige Angelegenheit. Wie kann man sich behelfen?

## Teilen Sie das Fenster

Positionieren Sie dazu den Zellcursor an der Stelle, an der das Fenster geteilt werden soll, und wählen Sie *Fenster/Teilen*.

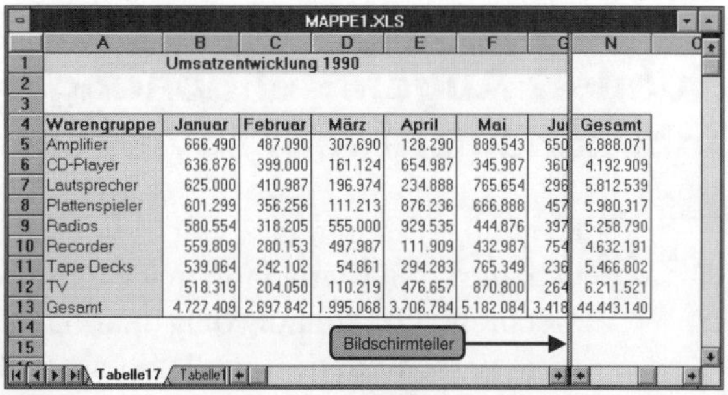


| | A | B | C | D | E | F | G | N |
|---|---|---|---|---|---|---|---|---|
| 1 | | Umsatzentwicklung 1990 | | | | | | |
| 2 | | | | | | | | |
| 3 | | | | | | | | |
| 4 | Warengruppe | Januar | Februar | März | April | Mai | Ju | Gesamt |
| 5 | Amplifier | 666.490 | 487.090 | 307.690 | 128.290 | 889.543 | 650 | 6.888.071 |
| 6 | CD-Player | 636.876 | 399.000 | 161.124 | 654.987 | 345.987 | 360 | 4.192.909 |
| 7 | Lautsprecher | 625.000 | 410.987 | 196.974 | 234.888 | 765.654 | 296 | 5.812.539 |
| 8 | Plattenspieler | 601.299 | 356.256 | 111.213 | 876.236 | 666.888 | 457 | 5.980.317 |
| 9 | Radios | 580.554 | 318.205 | 555.000 | 929.535 | 444.876 | 397 | 5.258.790 |
| 10 | Recorder | 559.809 | 280.153 | 497.987 | 111.909 | 432.987 | 754 | 4.632.191 |
| 11 | Tape Decks | 539.064 | 242.102 | 54.861 | 294.283 | 765.349 | 236 | 5.466.802 |
| 12 | TV | 518.319 | 204.050 | 110.219 | 476.657 | 870.800 | 264 | 6.211.521 |
| 13 | Gesamt | 4.727.409 | 2.697.842 | 1.995.068 | 3.706.784 | 5.182.084 | 3.418 | 44.443.140 |
| 14 | | | | | | | | |
| 15 | | | | | | | | |

## Wie Sie ein Fenster teilen

1. Im Menü *Fenster* befindet sich der Befehl *Teilen*. Mit diesem Befehl kann das Fenster in vier Teilfenster geteilt werden. Wo das geschehen soll, bestimmen Sie durch die Stellung der aktiven Zelle. Das Teilungskreuz berührt jeweils den linken und den oberen Rand der aktiven Zelle.
2. Wollen Sie nur zwei Teilfenster, müssen Sie die aktive Zelle in die erste Zeile bzw. Spalte setzen. Soll das Fenster vertikal und horizontal geteilt werden, dann markieren Sie innerhalb der Tabelle eine Zelle. Nach Aufruf des Befehls wird das Fenster oberhalb und links von der markierten Zelle geteilt.

Durch Ziehen der Bildschirmteiler kann die Teilung jederzeit korrigiert werden. Dazu müssen Sie nur den Mauszeiger auf einem Bildschirmteiler positionieren, so daß er die Form eines unterbrochenen Doppelpfeils annimmt, und dann den Bildschirmteiler in die gewünschte Richtung ziehen.

3. Ist das Fenster geteilt, verändert sich der Menübefehl in *Fenster/Teilung aufheben*. Durch Auswählen dieses Befehls können die Bildschirmteiler wieder entfernt werden. Eine andere und schnellere Möglichkeit besteht darin, auf einen Bildschirmteiler doppelt zu klicken. Auf diese Weise können Sie auch nur den horizontalen oder nur den vertikalen Bildschirmteiler entfernen.

Bei geteilten Fenstern kann der Bildschirmausschnitt jeweils in zwei Teilfenstern synchron verschoben werden, während er in den beiden anderen Teilfenstern stehen bleibt. Wandern Sie z. B. in dem linken oberen Teilfenster mit der Zellmarkierung 20 Spalten nach rechts, wird das linke untere Teilfenster synchron verschoben, dagegen bleiben die beiden rechten Teilfenster davon unberührt. Entsprechendes gilt für Bewegungen in der Vertikalen.

## Hundert Augen - unabhängige Tabelleneinsichten, soviel Sie wollen

Es genügt Ihnen nicht, vier Teilausschnitte einer Tabelle einsehen zu können, deren Bildlauf dann in jeweils zwei Teilfenstern synchron verläuft. Sie möchten den Bildlauf völlig unabhängig durchführen können, um möglichst viele verschiedene Tabellenausschnitte begutachten zu können.

### Öffnen Sie neue Fenster

Wählen Sie den Befehl *Fenster/Neues Fenster* so oft, bis so viele Fenster dargestellt werden, wie Tabellenausschnitte eingesehen werden sollen. Wählen Sie *Fenster/Anordnen*, um die Fenster zur gleichzeitigen Einsicht anzuordnen.

### So öffnen und ordnen Sie neue Fenster an

1. Öffnen Sie das Menü *Fenster* und wählen Sie den Befehl *Neues Fenster*. Daraufhin wird ein weiteres Fenster derselben Arbeitsmappe geöffnet. Excel numeriert die Anzahl der geöffneten Fenster fortlaufend. Öffnen Sie so viele neue Fenster, wie Sie Tabellenausschnitte einsehen möchten.
2. Ordnen Sie die Fenster mit dem Befehl *Fenster/Anordnen* an. Ein Vorteil dabei ist, daß in jedem Fenster ein vom anderen Fenster unabhängiger Bildlauf durchgeführt werden kann. Einträge, die Sie im aktiven Fenster vornehmen, werden in allen Fenstern angezeigt.

Für die Anordnung gibt es folgende Möglichkeiten:

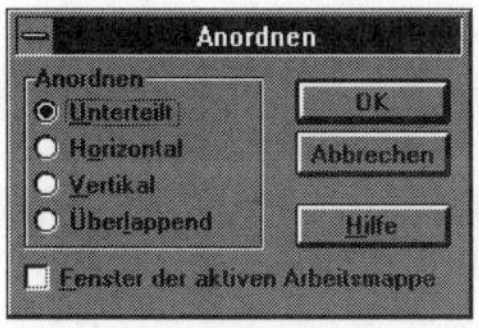


**Unterteilt** verkleinert die Fenster so, daß alle auf den Bildschirm passen.

**Horizontal** teilt den Arbeitsbereich in gleichgroße untereinander angeordnete Fenster.

**Vertikal** teilt den Arbeitsbereich in gleichgroße nebeneinander angeordnete Fenster.

**Überlappend** ordnet die Fenster so an, daß wenigstens die Titelleiste erreichbar ist, um schnell ein anderes Fenster zu aktivieren.

**Fenster der aktiven Arbeitsmappe** Haben Sie mit *Fenster/Neues Fenster* für ein Dokument weitere Zusatzfenster geöffnet, können Sie die Anordnung der Fenster auf die Fenster dieser Datei einschränken, wenn sie aktiv ist. Kreuzen Sie das Kontrollkästchen *Fenster der aktiven Arbeitsmappe* an. Wenn dieses Kontrollkästchen nicht aktiviert ist, werden durch den Befehl *Fenster/Neues Fenster* sämtliche geöffneten Arbeitsmappen auf dem Bildschirm verteilt angezeigt, also alle diejenigen Arbeitsmappen, die im unteren Teil des Menüs *Fenster* angezeigt werden.

Wollen Sie ein einzelnes Fenster möglichst groß anzeigen, ohne den Vollbildmodus zu benutzen, wählen Sie *Unterteilt*. Dabei darf aber nur ein einziges Fenster geöffnet sein.

## So groß wie möglich, so klein wie nötig - zoomen Sie sich den Datenbestand zurecht

Kann man sich auch den Überblick über alle Daten einer großen Tabelle verschaffen, ohne Bildschirmausschnitte und neue Fenster? Es geht Ihnen nämlich in erster Linie um die Anordnung der Daten und nicht um deren Inhalt.

### Verwenden Sie Zoomfeld

Öffnen Sie das Zoomfeld, indem Sie auf den Pfeil neben dem Feld klicken und wählen Sie die gewünschte Verkleinerungs- bzw. Vergrößerungsstufe aus.

### Verwenden Sie die Lupensymbole

Etwas weniger Optionen haben Sie, wenn Sie mit den beiden Lupensymbolen aus der Kategorie *Werkzeug* arbeiten. Damit können Sie aber umso schneller zwischen den verschiedenen Verkleinerungs- bzw. Vergrößerungsstufen wählen, pro Klick eine Stufe rauf oder runter.

### Verwenden Sie den Befehl Ansicht/Zoom

Öffnen Sie das Menü *Ansicht* und wählen Sie den Befehl *Zoom*. Aktivieren Sie im Dialogfeld *Zoom* die gewünschte Option und bestätigen Sie die Auswahl mit *OK*.

Die Option *An Markierung anpassen* im Dialogfeld *Zoom* bedeutet, daß die markierten Zellen das gesamte Fenster ausfüllen. Wählen Sie *Benutzerdefiniert*, können Sie fast stufenlos zwischen 10 und 400% der Standardgröße wählen.

Auf den Ausdruck der Tabelle hat die Funktion keinen Einfluß, die Skalierung des Ausdrucks wird mit Hilfe des Befehls *Datei/Seite einrichten* im Register *Seite* erreicht.

## Wenn auf A einmal F folgen soll - unwichtige Tabellenteile vorübergehend entfernen

170

Am liebsten wäre es Ihnen, wenn Sie eine Sichtweise der Tabelle erhalten könnten, die nur die für das momentane Problem relevanten Zellen darstellt. Ist das in Excel möglich?

### Blenden Sie unnötige Zeilen oder Spalten aus

Markieren Sie die Spalten- oder Zeilenköpfe, die ausgeblendet werden können, öffnen Sie das Kontextmenü und wählen Sie *Ausblenden*.

### Das Ausblenden unnötiger Zeilen und Spalten

**1.** Wollen Sie z. B. neben der Spalte A gleich die Spalte F sehen, markieren Sie die Spaltenköpfe von B bis E. Zum Ausblenden stehen wie immer mehrere Möglichkeiten zur Verfügung:

**Menübefehl** Wählen Sie im Menü *Format/Spalte* oder *Zeile* und dann *Ausblenden.*

**Kontextmenü** Klicken Sie über der Markierung auf die rechte Maustaste und wählen Sie den Befehl *Ausblenden.*

**Maus** Positionieren Sie den Mauszeiger auf die rechte Spaltenkopfbegrenzung der Markierung und ziehen Sie mit der Maus so weit nach links, bis die Spalten, im Beispiel B bis E, verschwunden sind. Wenn es sich um Zeilen handelt, positionieren Sie den Mauszeiger auf der unteren Begrenzungslinie und ziehen mit der Maus nach oben.

**2.** Um die ausgeblendeten Spalten oder Zeilen später wieder einzublenden, markieren Sie die beiden Zeilen oder Spalten, die die ausgeblendeten einschließen, im Beispiel wären das A und F, und benutzen Sie den Befehl *Einblenden* aus dem Kontextmenü.

Diese manuelle Methode ist aber nicht besonders elegant, wenn Sie die Tabelle öfters mal ohne die Spalten B bis E und mal mit den Spalten B bis E sehen bzw. bearbeiten wollen. Hier hilft der Ansichten-Manager.

Weitere Informationen zum Ansichten-Manager finden Sie auf Seite 76.

## Ansichtssache - erstellen Sie verschiedene Ansichten derselben Tabelle

Sie haben ein Tabellenmodell entwickelt. Aber noch steht die endgültige Fassung nicht fest. Sie probieren verschiedene Möglichkeiten aus. Deshalb wäre es gut, wenn die verschiedenen Ansichten der Tabelle festgehalten und bei Bedarf wieder aktiviert werden könnten, um Vergleiche anzustellen.

## Verwenden Sie den Ansichten-Manager

Um eine Ansicht zu definieren, sollten Sie zunächst alle Einstellungen vornehmen, die für diese Ansicht gewünscht sind, und dann den Befehl *Ansicht/Ansichten-Manager* aufrufen. Klicken Sie auf *Hinzufügen*, um eine neue Ansicht zu definieren. Um eine Ansicht auszuwählen, markieren Sie den entsprechenden Namen im Dialogfeld *Ansichten-Manager* und klicken auf *Anzeigen*.

### So arbeiten Sie mit dem Ansichten-Manager

Mit dieser Funktion könnten Sie z. B. dieselbe Tabelle einmal mit allen Spalten und einmal mit ausgeblendeten Spalten als je eine Ansicht definieren. Jede Ansicht wird jeweils unter einem Namen zusammen mit der Arbeitsmappe gespeichert, so daß diese jederzeit aufgerufen werden können. Es ist ungefähr so, als würden Sie eine Tabelle in verschiedenen Versionen speichern.

1. Um eine Ansicht zu definieren, sollten Sie zunächst alle Einstellungen vornehmen, die für diese Ansicht gewünscht sind, und dann den Befehl *Ansicht/Ansichten-Manager* aufrufen, um den Ansichten-Manager zu öffnen, der, falls vorhanden, bereits definierte Ansichten anzeigt:

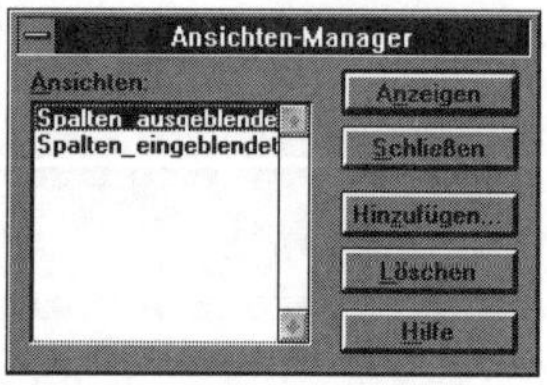


Wird dieser Befehl im Menü nicht angeboten, muß das Zusatzprogramm ANSICHT.XLA mit Hilfe des Add-In-Managers zu den Zusätzen hinzugefügt werden, die mit Excel geladen werden. Weitere Informationen zum Add-In-Manager finden Sie auf Seite 74.

2. Klicken Sie auf die Schaltfläche *Hinzufügen*, wenn Sie eine Ansicht definieren möchten:
3. Geben Sie einen Namen ein, der die Ansicht möglichst gut kennzeichnet.

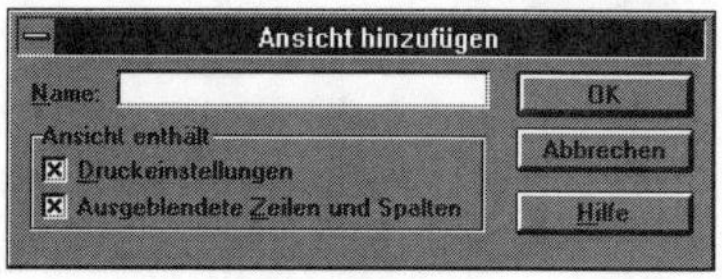


Beachten Sie, daß das erste Zeichen ein Buchstabe sein muß. Der Ansichtenname darf bis zu 255 Zeichen lang sein, was aber nicht sonderlich sinnvoll ist, weil später in der Liste nur ca. 18 Zeichen angezeigt werden.

Bei Bedarf können Sie zwei Kontrollkästchen ankreuzen, die zur Information dienen: *Druckeinstellung* und *Ausgeblendete Zeilen und Spalten*.

4. Eine einmal definierte Ansicht kann jederzeit wieder angezeigt werden. Wählen Sie dazu aus dem Dialogfeld *Ansichten-Manager* den entsprechenden Namen und benutzen Sie *Anzeigen*. Wollen Sie nur eine Ansicht sehen, reicht ein Doppelklick auf den Namen. Überflüssig gewordene Ansichten können Sie mit der Schaltfläche *Löschen* entfernen.

5. Es ist auch möglich, für eine Datei mehrere Fenster zu öffnen, und in jedem dieser Fenster eine andere Ansicht anzeigen zu lassen. Dann kann mit **Strg**+**F6** zwischen den Ansichten gewechselt werden. Die Fenster können auch mit *Fenster/Anordnen* gleichzeitig sichtbar gemacht werden. Am besten kreuzen Sie dazu dann *Fenster der aktiven Arbeitsmappe* an.

   Eine Einschränkung muß beachtet werden: Ansichten können weder angezeigt noch definiert werden, wenn in einer Tabelle ein Objekt, z. B. ein eingebettetes Diagramm, ausgewählt ist. In diesem Fall erhalten Sie eine Fehlermeldung.

**!** Ansichten können ebenso wie Szenarios zum Ausdruck in Berichten zusammengestellt werden.

Weitere Informationen über das Erstellen von Szenarios finden Sie auf Seite 284.

## Die Überwachungskamera - entfernte Zellen beobachten

Sie bearbeiten eine umfangreiche, komplexe Tabelle und müssen beim Arbeiten oft quer über das Arbeitsblatt „springen", um die Auswirkungen der Datenmanipulationen in abhängigen Zellen zu beobachten. Dafür erscheint Ihnen die Methode des Fensterteilens nicht effizient genug. Gibt es noch was Besseres?

### Machen Sie sich ein Bild

Markieren Sie den zu beobachtenden Ausschnitt der Tabelle und klicken Sie auf das Kamerasymbol.

## Verwenden Sie die Kamera

Wenn Sie z. B. eine Angebotskalkulation erstellt haben und je nach Höhe des Gewinnzuschlags den Angebotspreis sehen möchten, dieser aber nicht mehr im sichtbaren Teil der Tabelle abgebildet wird, dann können Sie folgendermaßen vorgehen:

1. Markieren Sie den Teil der Tabelle, der beobachtet werden soll. Im Beispiel ist das nur eine Zelle, nämlich die letzte in der Tabelle mit dem Angebotspreis.
2.  Klicken Sie dann auf das Kamerasymbol aus der Kategorie *Werkzeug*. Daraufhin verwandelt sich der Mauszeiger in ein Fadenkreuz. Klicken Sie auf die Stelle in der Tabelle, an der das Objekt eingefügt werden soll:

*Angebotskalkulation mit einer mit dem Kamerasymbol kopierten Zelle*

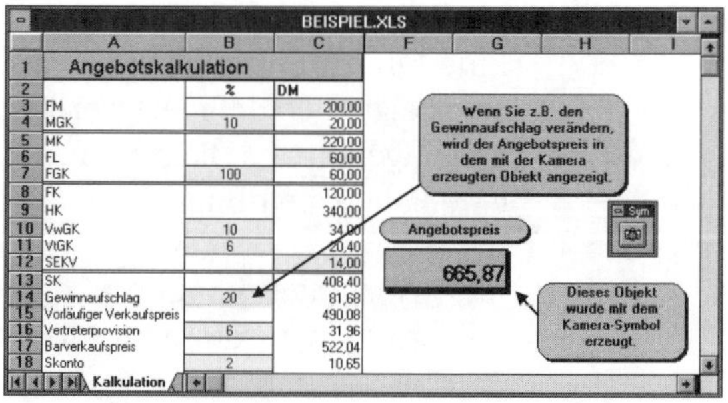


3. Wenn Sie nun z. B. den Gewinnaufschlag in Zelle B14 verändern, können Sie die Auswirkung dieser Veränderung in dem mit der Kamera erzeugten Objekt ablesen.

Mit dem Symbol *Kamera* erzeugen Sie stets ein verknüpftes Grafikobjekt der markierten Zellen, das bedeutet, daß sich das „Abbild" entsprechend der Veränderung in der Originalzelle verändert.

Diese Lösung hat vor allem auch den Vorteil, daß Sie mit einem Doppelklick auf das „Abbild" direkt an die Stelle springen können, wo das Original in der Tabelle angesiedelt ist.

Ein mit der Kamera erzeugtes Bild kann nicht nur in derselben Arbeitsmappe, sondern auch in einer anderen eingefügt werden und behält trotzdem die Verknüpfung zu den kopierten Zellen. Wollen Sie das Grafikobjekt wieder entfernen, markieren Sie es mit einem Mausklick und betätigen die **Entf**-Taste. Wie Sie mit dem Kamerasymbol verschiedene Tabellenbereiche auf einer Seite ausdrucken können, lesen Sie auf Seite 318.

# Gliederung optimal einsetzen

Worum geht es bei der Gliederungsfunktion? Häufig sind Tabellen so aufgebaut, daß in bestimmten Zeilen oder Spalten Informationen zusammengefaßt werden, die in benachbarten Zeilen oder Spalten vorliegen. Einfaches Beispiel ist eine Serie von zwölf Monatsspalten, deren Werte in einer Jahresspalte zusammengefaßt werden.

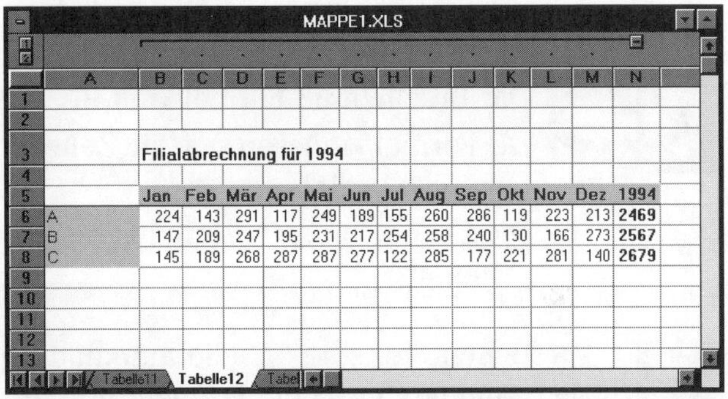


| | Jan | Feb | Mär | Apr | Mai | Jun | Jul | Aug | Sep | Okt | Nov | Dez | 1994 |
|---|---|---|---|---|---|---|---|---|---|---|---|---|---|
| A | 224 | 143 | 291 | 117 | 249 | 189 | 155 | 260 | 286 | 119 | 223 | 213 | **2469** |
| B | 147 | 209 | 247 | 195 | 231 | 217 | 254 | 258 | 240 | 130 | 166 | 273 | **2567** |
| C | 145 | 189 | 268 | 287 | 287 | 277 | 122 | 285 | 177 | 221 | 281 | 140 | **2679** |

Die Tabelle verfügt in diesem Beispiel über eine Hierarchie aus zwei Ebenen, die Monatsebene und die Jahresebene. Die Gliederungsfunktion erlaubt in diesem Fall, bei Bedarf die einzelnen Monatspalten, also die untergeordnete Ebene, auszublenden, so daß nur die Jahreswerte angezeigt werden.

Das Beispiel läßt sich leicht ausbauen, indem etwa noch Spalten für die Quartalsergebnisse eingefügt werden. In diesem Fall arbeitet die Tabelle mit drei Ebenen. Der Benutzer kann entscheiden, ob er alle Ebenen sehen oder ausdrucken will, nur die Quartalswerte und die Jahreswerte oder nur die Jahreswerte.

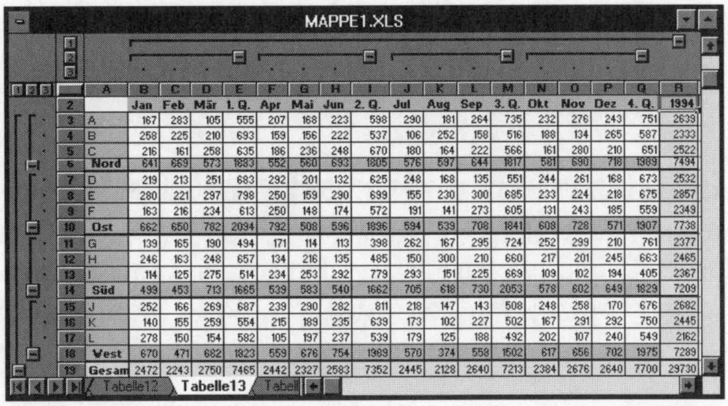


| | Jan | Feb | Mär | 1. Q. | Apr | Mai | Jun | 2. Q. | Jul | Aug | Sep | 3. Q. | Okt | Nov | Dez | 4. Q. | 1994 |
|---|---|---|---|---|---|---|---|---|---|---|---|---|---|---|---|---|---|
| A | 167 | 283 | 105 | 555 | 207 | 168 | 223 | 598 | 290 | 181 | 264 | 735 | 232 | 276 | 243 | 751 | 2639 |
| B | 258 | 225 | 210 | 693 | 159 | 156 | 222 | 537 | 106 | 252 | 158 | 516 | 188 | 134 | 265 | 587 | 2333 |
| C | 216 | 161 | 258 | 635 | 186 | 236 | 248 | 670 | 180 | 164 | 222 | 566 | 161 | 280 | 210 | 651 | 2522 |
| Nord | 641 | 669 | 573 | 1883 | 552 | 560 | 693 | 1805 | 576 | 597 | 644 | 1817 | 581 | 690 | 718 | 1989 | 7494 |
| D | 219 | 213 | 251 | 683 | 292 | 201 | 132 | 625 | 248 | 168 | 135 | 551 | 244 | 261 | 168 | 673 | 2532 |
| E | 280 | 221 | 297 | 798 | 250 | 159 | 290 | 699 | 155 | 230 | 300 | 685 | 233 | 224 | 218 | 675 | 2857 |
| F | 163 | 216 | 234 | 613 | 250 | 148 | 174 | 572 | 191 | 141 | 273 | 605 | 131 | 243 | 185 | 559 | 2349 |
| Ost | 662 | 650 | 782 | 2094 | 792 | 508 | 596 | 1896 | 594 | 539 | 708 | 1841 | 608 | 728 | 571 | 1907 | 7738 |
| G | 139 | 165 | 190 | 494 | 171 | 114 | 113 | 398 | 262 | 167 | 295 | 724 | 252 | 299 | 210 | 761 | 2377 |
| H | 246 | 163 | 248 | 657 | 134 | 216 | 135 | 485 | 150 | 300 | 210 | 660 | 217 | 201 | 245 | 663 | 2465 |
| I | 114 | 125 | 275 | 514 | 234 | 253 | 292 | 779 | 293 | 151 | 225 | 669 | 109 | 102 | 194 | 405 | 2367 |
| Süd | 499 | 453 | 713 | 1665 | 539 | 583 | 540 | 1662 | 705 | 618 | 730 | 2053 | 578 | 602 | 649 | 1829 | 7209 |
| J | 252 | 166 | 269 | 687 | 239 | 290 | 282 | 811 | 218 | 147 | 143 | 508 | 248 | 258 | 170 | 676 | 2682 |
| K | 140 | 155 | 259 | 554 | 215 | 189 | 235 | 639 | 173 | 102 | 227 | 502 | 167 | 291 | 292 | 750 | 2445 |
| L | 278 | 150 | 154 | 582 | 105 | 197 | 237 | 539 | 179 | 125 | 188 | 492 | 202 | 107 | 240 | 549 | 2162 |
| West | 670 | 471 | 682 | 1823 | 559 | 676 | 754 | 1989 | 570 | 374 | 558 | 1502 | 617 | 656 | 702 | 1975 | 7289 |
| Gesam | 2472 | 2243 | 2750 | 7465 | 2442 | 2327 | 2583 | 7352 | 2445 | 2128 | 2640 | 7213 | 2384 | 2676 | 2640 | 7700 | 29730 |

Werden solche Tabellen für mehrere Filialen einer Handelskette in einem Arbeitsblatt untereinander angelegt, sind auch zeilenweise Zusammenfassungen möglich. Angenommen, es wird zwischen vier Vertriebsgebieten unterschieden, dann können die Ergebnisse der Filialen nach Gebieten zusammengefaßt werden und schließlich als Gesamtergebnis. Die folgende Abbildung zeigt die Gesamttabelle.

## Ein bißchen Ordnung - und Excel gliedert die Tabelle selbst! 173

Excel erlaubt eine automatische Gliederung und eine manuelle Gliederung. Unter welchen Voraussetzungen kann man die automatische Gliederung verwenden?

### Beachten Sie die Regeln

- Die Tabelle muß Formeln mit Bezügen auf andere Zellen enthalten.
- Die Formeln müssen sich auf Zellen in derselben Spalte oder in derselben Zeile beziehen.
- Die Bezüge müssen einheitlich sein und dürfen nur in eine Richtung gehen.

Versuchen Sie, eine Tabelle automatisch zu gliedern, die nur Texte und Konstanten, aber keine Formeln enthält, erhalten Sie die Fehlermeldung „Gliederung kann nicht erstellt werden". In so einem Fall können Sie nur manuell gliedern.

Wichtig ist vor allem der dritte Punkt. Es ist nicht möglich, die automatische Gliederung anzuwenden, wenn sich eine Additionsformel z. B. auf eine Zelle weiter links und gleichzeitig auf eine Zelle weiter rechts bezieht oder auf eine Zelle weiter links und gleichzeitig eine Zelle weiter unten. Wenn in Zelle C4 die Formel steht =B4+D4, hat die Formel Bezüge in zwei verschiedene Richtungen; Excel reagiert mit einer Fehlermeldung. (Allerdings kann Excel nicht verhindern, daß in einer bestehenden Gliederung nachträglich „unsaubere" Formeln eingetragen werden.)

## Gliederung - der schnellste Weg 174

Auf welche Weise kann man eine automatische Gliederung am bequemsten erstellen? Muß man den Menübefehl zu Hilfe nehmen, oder geht es auch schneller?

## Erstellen Sie sich eine Gliederungssymbolleiste

Am schnellsten arbeiten Sie, wenn Sie sich die Gliederungssymbole, die allerdings in verschiedenen Kategorien verstreut sind, zu Nutze machen. Aus diesem Grund sollten Sie sich eine extra Gliederungs-Symbolleiste erstellen.

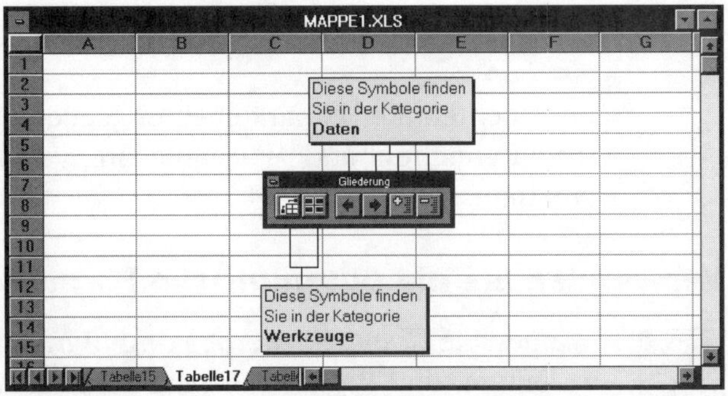


Weitere Informationen zum Erstellen von Symbolen und Symbolleisten finden Sie ab Seite 58.

### Das Erstellen einer eigenen Gliederungs-Symbolleiste

1. Stellen Sie sich eine Symbolleiste mit den benötigten Gliederungssymbolen zusammen.
2. Markieren Sie eine beliebige Zelle im Arbeitsblatt, falls die Tabelle nichts als die zu gliedernde Tabelle enthält. Soll dagegen nur ein bestimmter Bereich gegliedert werden, muß zunächst dieser Bereich markiert werden.
3.  Klicken Sie dann auf das Symbol *Gliederungssymbole anzeigen* oder wählen Sie den Befehl *Daten/Gliederung* und im Untermenü *AutoGliederung*. Da es sich um eine neue Gliederung handelt und deshalb noch keine Gliederungssymbole angezeigt werden können, fragt Excel, ob eine neue Gliederung erstellt werden soll. Beantworten Sie die Frage mit *OK*.
4. Excel erstellt nun eine Gliederung und fügt die Gliederungssymbole in die Tabelle ein. Dabei werden die aktuellen Einstellungen im Dialogfeld *Einrichten* aus dem Menü *Daten/Gliederung* verwendet. Wenn Sie die Gliederung wieder aus der Tabelle entfernen möchten, dann wählen Sie *Daten/Gliederung/Entfernen*. Leider gibt es kein Symbol, das diesem Befehl entspricht.

# In einem Schritt - Formatierung kommt gleich mit!

Sie möchten die Lesbarkeit einer gegliederten Tabelle noch erhöhen, z. B. durch entsprechende Formatierung von Zwischensummen und Gesamtsummen.

## Verwenden Sie die automatische Formatierung

Wählen Sie *Daten/Gliederung* und *Einrichten*, um das Dialogfeld *Einrichten* zu öffnen, und kreuzen Sie das Kontrollkästchen *Automatische Formatierung* an. Klicken Sie danach auf die Schaltfläche *Erstellen.*

## Wie Sie die automatische Formatierung anwenden

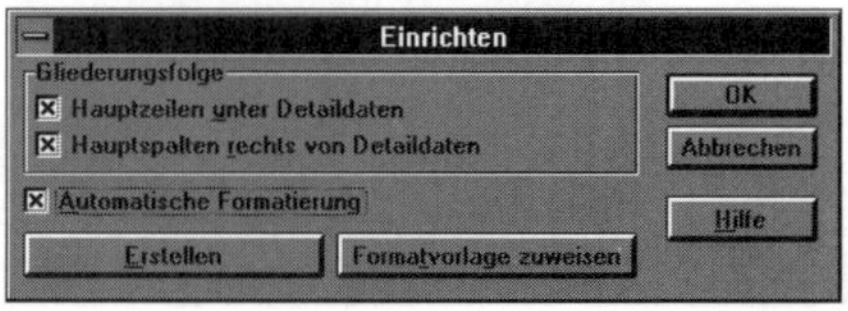


1. Öffnen Sie das Menü *Daten* und wählen Sie die Befehle *Gliederung* und *Einrichten*, um das Dialogfeld *Einrichten* zu öffnen.
2. Das Kontrollfeld *Automatische Formatierung* ist zunächst leer. Wenn Sie dieses Feld ankreuzen, versieht Excel die verschiedenen Gliederungsebenen mit vordefinierten Formatvorlagen. *Spaltenebene_1* ist z. B. die Formatvorlage für die nächsthöhere Ebene über den eigentlichen Daten.

Das Format gilt jeweils für komplette Spalten oder Zeilen. Wenn Sie das Kontrollkästchen nicht ankreuzen, können Sie auch später die Druckformate noch zuweisen. Dazu müssen Sie entweder den gesamten gegliederten Bereich oder eine Ebene innerhalb der Gliederung markieren, erneut *Daten/Gliederung/Einrichten* aufrufen und *Formatvorlage zuweisen* benutzen. In beiden Fällen stehen die speziellen Formatvorlagen, die Excel dabei verwendet, für eine weitere Bearbeitung sowohl in dem Listenfeld *Formatvorlage* als auch im Dialogfeld *Format/Formatvorlage* zur Verfügung.

In dem Dialogfeld *Einrichten* ist unter *Gliederungsfolge* als Vorgabe angekreuzt: *Hauptzeilen unter Detaildaten.* Das entspricht dem häufigsten Tabellenaufbau, wo etwa die Kolonnensummen unter den Zahlenkolonnen stehen. Erscheint die Summe ausnahmsweise über der Zahlenkolonne, muß das Feld leer bleiben. Vorgabe ist auch *Hauptspalten rechts von Detaildaten.* Formeln wie Quersummen stehen normalerweise rechts von den addierten Werten. Soll die Formelspalte dagegen links von den Wertespalten stehen, muß das Kreuz gelöscht werden.

## Same procedure as last year? - Neue Daten in eine bestehende Gliederung einbeziehen

176

Wie geht man vor, wenn eine gegliederte Tabelle erweitert wurde und die neuen Daten ebenfalls gegliedert werden sollen?

### Verwenden Sie den Befehl AutoGliederung

Wenn die Tabelle um weitere Spalten und/oder Zeilen erweitert wird, muß auch der zu gliedernde Bereich dementsprechend angepaßt werden. Dazu markieren Sie den gesamten zu gliedernden Bereich und erstellen eine neue Gliederung. In diesem Fall können Sie leider das Symbol aus der Symbolleiste nicht verwenden, sondern Sie müssen den Befehl *Daten/Gliederung/AutoGliederung* auswählen. Sie werden von Excel gefragt, ob Sie die bestehende Gliederung ändern wollen. Bestätigen Sie, wird die alte Gliederung durch die neue ersetzt.

## Für mehr Platz im Fenster - Gliederung platzsparend verwenden

177

Excel verwendet für die Anzeige der Gliederungssymbole ziemlich viel Platz. Wie kann man diesen Platz für die Anzeige der Daten erhalten, ohne auf eine Gliederung verzichten zu müssen?

### Das Ausblenden der Gliederungssymbole

Wenn Sie auf das Symbol *Gliederungssymbole anzeigen* klicken, werden die Symbole der Gliederung ein- bzw. ausgeblendet. Wenn Sie mit Hilfe dieses Symbols die Gliederungssymbole entfernt haben, sind zwar die Gliederungssymbole nicht mehr zu sehen, aber die Gliederung bleibt trotztdem erhalten.

## Und doch! - Für automatische Gliederung ungeeignet und trotzdem gliedern

178

Sie möchten eine Tabelle gliedern, die die Bedingungen für eine automatische Gliederung nicht erfüllt. Wie geht das? Was muß man dabei beachten?

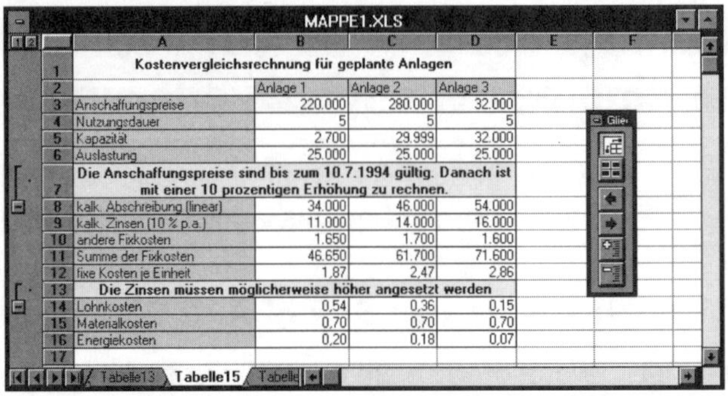


Nehmen Sie als Beispiel ein Tabellenblatt, in dem einige kurze Tabellen untereinander angelegt sind. Zwischen den Tabellen sind jeweils längere Texte eingefügt, die Erläuterungen zu diesen Tabellen enthalten. Diese Texte sollen bei Bedarf ausgeblendet werden können.

## Verwenden Sie die Symbole Guppierung und Gruppierung aufheben

Markieren Sie die Zeilen bzw. Spalten, die zu einer Gliederungsebene zusammengefaßt werden sollen, und betätigen Sie das Symbol *Gruppieren*. Die Gruppierung kann wieder aufgehoben werden, indem Sie die entsprechenden Daten markieren und auf das Symbol *Gruppierung aufheben* klicken.

## So gruppieren Sie Spalten und Zeilen in einer Tabelle

1. Eine manuelle Gliederung können Sie ausführen, wenn die Bedingungen für eine automatische Gliederung nicht erfüllt sind. Allerdings sollten Sie auch hier sorgsam prüfen, welche Bereiche sich verschiedenen Ebenen zuordnen lassen, damit das Ganze wirklich Sinn macht. Im Beispiel stellen die Tabellen die höhere Ebene, die Texte die niedere Ebene dar. Die Texte müssen deshalb untergeordnet oder heruntergestuft werden.
2. Da bei dieser Funktion eine Mehrfachauswahl nicht erlaubt ist, müssen Sie jeden der Textbereiche zunächst markieren und dann auf das Symbol *Gruppierung* klicken. Oder Sie wählen den Befehl *Daten/Gliederung/Gruppierung*. In einem kleinen Dialogfeld entscheiden Sie, ob in dem markierten Bereich die Zeilen oder die Spalten gruppiert werden sollen.
3. Mit Hilfe des Symbols *Gruppierung aufheben* oder des Befehls *Daten/Gliederung/Gruppierung aufheben* entfernen Sie die Gruppierungen in dem markierten Bereich bei Bedarf wieder.

**4.** Mit einem Klick auf das Symbol für Ebene 1 können Sie nun bei Bedarf die Texte ausblenden, so daß nur noch die Tabellen sichtbar sind.

Wenn Sie gerade mal einen Entwurf für einen Vortrag oder einen Bericht entwerfen wollen, kann dieses Verfahren auch für eine bis zu neunstufige Textgliederung benutzt werden.

# Rund um Datenbanken und Datenlisten

Wer mit Excel 4.0 gearbeitet hat, wird sich fragen, warum Datenbanken jetzt mit dem Namen Listen bezeichnet werden. Ein Grund mag darin liegen, daß es seit Excel 5.0 nicht mehr notwendig ist, extra einen Datenbankbereich zu definieren, um die Datenbankfunktionen auf eine Tabelle anwenden zu können. Außerdem enthält Excel 5.0 sehr praktische neue Funktionen zur Listenbearbeitung bzw. Datenbankanwendung bereit. Dazu gehört die Möglichkeit, automatische Teilergebnisse für Gruppen von Daten zu erzeugen, die AutoFilter-Funktion und die Erzeugung von interaktiven Tabellen, mit denen Daten umgeordnet und unter wechselnden Gesichtspunkten zusammengefaßt werden können.

## Von Anfang an - optimaler Aufbau von Datenlisten

Im folgenden Abschnitt geht es um das Erstellen und Verwenden von Datenlisten. Dabei werden sowohl grundlegende Überlegungen zu Datenlisten erläutert, als auch Fragen zum Arbeiten mit Datenmasken und deren Handhabung.

## Wenn viel einzutippen ist - so geht's besser!

Es soll eine große Datenmenge direkt in eine Excel-Liste, also ohne Datenmaske, eingegeben werden. Auf welche Arbeitserleichterungen kann man dabei zurückgreifen?

### Arbeiten Sie mit fortlaufender Nummer

Wenn die Datenliste fortlaufend numeriert werden soll, können Sie z. B. den Befehl *Bearbeiten/Ausfüllen* verwenden. Dieser Befehl könnte z. B. auch dazu benutzt werden, um fortlaufende Artikel- oder Kundennummern zu vergeben.

Weitere Informationen über die Funktion *Ausfüllen* finden Sie ab Seite 98.

### Wiederkehrende Formatierungen übertragen

Wenn Sie die Datensätze formatiert haben, z. B. mit Rahmen, dann möchten Sie vermutlich diese Formatierung nicht jedesmal neu vornehmen müssen. Deshalb ist es sinnvoll, einen neuen Datensatz jeweils vor dem letzten einzufügen. Das hat den großen Vorteil, daß die Formatierung der bisherigen Zeilen automatisch auf die neue Zeile übertragen wird.

Wenn Sie beim Eingeben der Daten eine bestimmte Reihenfolge einhalten möchten und deshalb immer nur in die nächste leere Zeile Daten eintragen, dann sollten Sie eine komplette formatierte Datenzeile markieren, das Pinselsymbol anklicken und das Format der Zeile auf soviele Zeilen übertragen, wie neu angelegt werden sollen.

### Die Eindeutigkeit von Schlüsselfeldern sicherstellen

Soll ein Schlüsselfeld, wie z. B. Artikelnummer, Kundennummer oder Rechnungsnummer, verwendet werden, müssen Sie bedenken, daß Excel Sie nicht automatisch darauf hinweist, wenn ein Schlüssel zweimal verwendet worden ist. In diesem Fall sollten Sie sich eines Makros bedienen, um die Eindeutigkeit der Schlüsselfelder sicherzustellen. Der im Pseudocode formulierte Algorithmus des Makros könnte etwa wie folgt aussehen:

```
WENN(FORMEL.SUCHEN(TEXT(KundNum;);;;;;)=WAHR
    Hinweis auf Doppeleintrag
SONST Übernehmen der Kundennummer
ENDE.WENN()
```

## Fehlermeldung beim Aufrufen der Datenmaske - was nun?

Sie möchten viele Daten in eine Liste eingeben und möchten deshalb zur Dateneingabe die Datenmaske verwenden. Beim Aufruf des Befehls *Daten/Maske* meldet Excel jedoch einen Fehler. Woran kann das liegen?

### Wenn bereits einige Datensätze direkt in die Liste eingetragen wurden

Steht der Zellcursor beim Aufruf des Befehls *Daten/Maske* außerhalb des Datenbereichs, wird eine Fehlermeldung angezeigt. Markieren Sie grundsätzlich eine beliebige Zelle innerhalb des Datenbereichs, damit Excel den Listenbereich automatisch erkennt.

### Wenn Sie bereits den ersten Datensatz mit der Datenmaske eingeben möchten

Falls Sie die Datenfelder gerade in eine Tabelle eingetragen haben und sofort, also vom ersten Datensatz an, mit der Datenmaske arbeiten möchten, dann muß der Zellcursor auf einem beliebigen Feldnamen stehen. Excel meldet dann, daß keine Kopfzeile gefunden wurde und fragt, ob die erste Zeile als solche verwendet werden soll. Wenn Sie mit *OK* antworten, wird die Datenmaske korrekt mit den entsprechenden Feldern angezeigt.

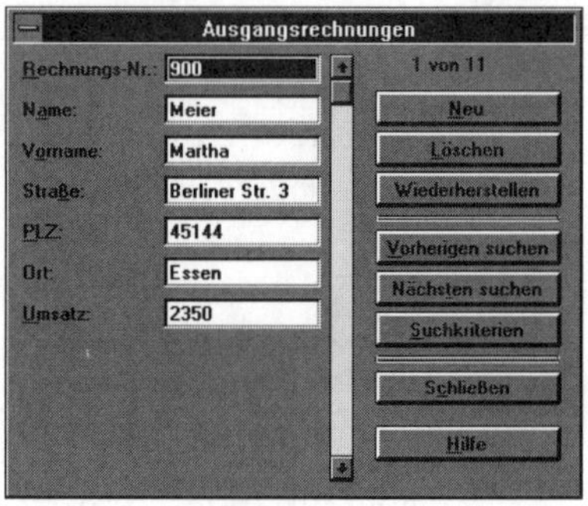


### Vermeiden Sie Leerzeilen

Um die Zeile mit den Feldnamen von den Datenzeilen abzuheben, ist es sinnvoll, mit Rahmen oder Mustern zu arbeiten. Dagegen sollte vermieden werden, die Zeile mit den Feldnamen durch eine Leerzeile von den Datenzeilen zu trennen, weil Excel dann Schwierigkeiten hat, den Listenbereich korrekt zu bestimmen. Ebenso sollte über den Feldnamen keine extra Kopfzeile eingefügt werden. Der Listenbereich endet immer an der ersten Leerzeile bzw. an der ersten Leerspalte.

## Andersrum - die Reihenfolge der Datenfelder

Sie geben Daten mit Hilfe der Datenmaske in eine Tabelle ein. Um von einem Datenfeld in das nächste zu gelangen, verwenden Sie die Tab-Taste, so daß Sie die Datenmaske in der Reihenfolge der Felder ausfüllen. Aber eigentlich wäre Ihnen eine andere Reihenfolge lieber.

### Verändern Sie die Reihenfolge der Felder in der Liste

Die Reihenfolge der Felder in der Datenmaske entspricht der Reihenfolge der Felder in der Liste. Soll die Reihenfolge geändert werden, müssen die Felder im Listenbereich entsprechend umgestellt werden. Dazu können Sie evtl. die Funktion *Daten/Sortieren* verwenden.

Weitere Informationen über das Sortieren von Daten finden Sie ab Seite 267.

## Rösselsprung - schnelle Cursor-Bewegungen durch die Datenmaske 182

Wie kann man die einzelnen Felder der Datenmaske am schnellsten markieren? Wie gelangt man ins nächste Feld?

### Verwenden Sie die Tab-Taste

Um jeweils ins nächste Datenfeld zu gelangen, können Sie die Tab-Taste benutzen. Die Eingabemarke wird dadurch immer ins jeweils nächste Datenfeld gesetzt.

### Verwenden Sie die Alt-Taste in Kombination mit dem unterstrichenen Buchstaben des Feldnamens

Um ein bestimmtes Feld in der Maske schnell zu markieren, können auch die jeweils unterstrichenen Buchstaben in Kombination mit der Alt-Taste benutzt werden. Excel unterstreicht diese Buchstaben automatisch unter Vermeidung von Duplikaten.

### Verwenden Sie die Maus

Wenn Sie in das gewünschte Eingabefeld klicken, wird das Feld aktiviert und die Einfügemarke gesetzt.

## Formatfrage - Formeln und Formate für jeden Datensatz neu einfügen? 183

Sie haben eine Datenliste erstellt, in der auch Formeln vorkommen. Müssen die Formeln und Formate für jeden Datensatz neu eingegeben werden? Wie kann man sicherstellen, daß diese Formeln immer korrekt berechnet werden?

### Lassen Sie diese Aufgabe von der Datenmaske erledigen

Ein sehr großer Vorteil beim Eintragen von Datensätzen mit Hilfe der Datenmaske ist, daß Formeln automatisch in den neuen Datensatz kopiert werden. Sie müssen dazu lediglich den ersten Datensatz mit den entsprechenden Formeln direkt eingeben. Alle Datensätze, die danach über die Datenmaske eingegeben werden, bekommen diese Formeln automatisch von Excel. Das gleiche gilt für die Formatierungen.

### So verwenden Sie die Datenmaske

1. Tippen Sie den ersten Datensatz in die Datenliste direkt ein, um die gewünschte Formel bzw. Funktion für ein Datenfeld zu erstellen und den Datensatz in gewünschter Weise zu formatieren.
2. Rufen Sie danach die Datenmaske mit *Daten/Maske* auf. Allen Datensätzen, die mit Hilfe der Datenmaske eingegeben werden, wird automatisch das Format aus der vorherigen Zeile zugewiesen. Enthält die Datenliste ein berechnetes Feld, also eine Zelle mit einer Formel, wird diese ebenfalls in die nächste Zeile kopiert und somit auch immer korrekt berechnet.

# Die schnelle Abfrage - Datenlisten lesen und lesen lassen

Von Datenmasken bzw. Datenlisten wird einerseits eine effektive Speicherung von Informationen erwartet, andererseits eine leicht handhabbare Abfrage und Auswertung. Wenn Sie mehr über das Filtern von Datenlisten wissen möchten, dann schlagen Sie in dem folgenden Kapitel nach.

## Wieviel sind's? - Die Anzahl gefundener Datensätze nach einer Suche

Sie möchten wissen, wie viele Datensätze gefunden wurden, die dem eingegebenen Suchkriterium entsprechen? Was kann man tun?

### Werfen Sie einen Blick auf die Statuszeile

In der Statuszeile wird zunächst angezeigt, wie viele Datensätze, die dem Suchkriterium entsprechen, gefunden wurden. Diese Information wird jedoch nicht mehr angezeigt, sobald Sie weitere Befehle in der Liste ausführen.

### Verwenden Sie die Funktion ZÄHLENWENN()

Verwenden Sie die Funktion ZÄHLENWENN( ), um sich die Anzahl der Datensätze anzeigen zu lassen, die einem bestimmten Suchkriterium entsprechen. Die Funktion ZÄHLENWENN( ) könnte z. B. lauten:

```
=ZÄHLENWENN(B2:B12;"Meier")
```

Die allgemeine Schreibweise der Funktion ZÄHLENWENN( ) lautet:

=ZÄHLENWENN(Bereich;Suchkriterien)

**Bereich** ist der Bereich, in dem nach übereinstimmenden Zeichenfolgen gesucht werden soll, im Beispiel ist das der Bereich B2:B12.

**Suchkriterien** gibt an, nach was gesucht werden soll, wobei eine Zahl, z. B. 45144, eine Zeichenfolge, z. B. „Meier", oder ein Ausdruck, z. B. „>3000", verwendet werden darf.

## AutoFilter - selbst gestrickt

Bisher wurden immer Daten gesucht bzw. gefunden, die mit einem bestimmten Suchkriterium übereinstimmten. Sie möchten aber Daten suchen, die eben nicht mit einem bestimmten Kriterium übereinstimmen oder solche, die einem bestimmten Wertebereich entsprechen. Kann man dazu selbst Suchkriterien definieren?

### Wählen Sie Benutzerdefiniert

Zum Selbstdefinieren von Suchkriterien öffnen Sie das AutoFilter-Listenfeld der betreffenden Spaltenüberschrift und markieren den Eintrag *Benutzerdefiniert.* Im Dialogfeld *Benutzerdefinierter AutoFilter* können Suchkriterien definiert werden.

### Wie Suchkriterien selbst definiert werden

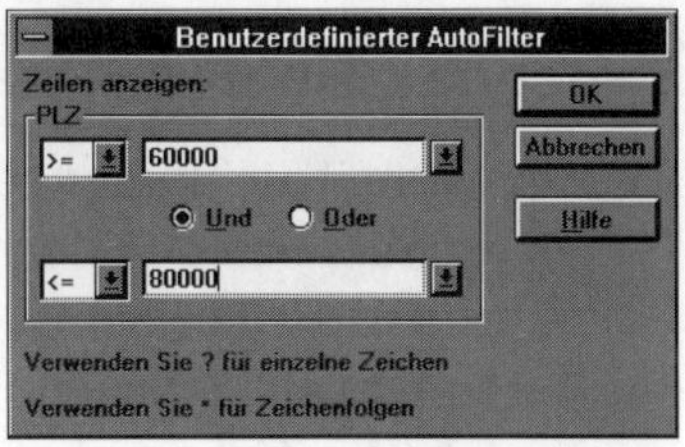


1. Die Abfrage durch Eingabe benutzerdefinierter Suchkriterien ist ziemlich problemlos. Sie öffnen in der betreffenden Spaltenüberschrift (Feldnamen) das Kriterienlistenfeld und wählen *Benutzerdefiniert,* woraufhin ein Dialogfeld zur Eingabe der gewünschten Suchkriterien geöffnet wird.
2. Hier können Sie einen Vergleichsoperator aus einer Liste auswählen. Daneben kann entweder aus dem Listenfeld ein Kriterium ausgewählt oder eingetragen werden. Geben Sie einen bestimmten Wert, einen ungefähren Wert oder einen Wertebereich ein. Dazu können auch Stellvertreterzeichen wie ? und * verwendet werden, um Näherungswerte zu finden.

Wurde z. B. das Kriterienlistenfeld „PLZ“ geöffnet, filtert das Kriterium

>60000

alle Datensätze mit einer PLZ heraus, die größer als 60000 ist. Ist der Feldname „Artikelbezeichnung“, sucht das Kriterium:

Rollo X?S

Datensätze mit Artikelbezeichnungen wie „Rollo XTS“ oder „Rollo XVS“<

<R

Datensätze mit Artikelbezeichnungen, die mit den Buchstaben A bis Q beginnen.

>R

Datensätze mit Artikelbezeichnungen, die in der Sortierreihenfolge über dem R liegen, also ab „Ra“ aufwärts. Vergleiche mit Werten in anderen Spalten sind hier nicht erlaubt, z. B.

B<stand < Sollbestand

In diesem Fall müssen Sie mit der Funktion Spezialfilter arbeiten.

## Sicherer Umgang mit dem Kriterienbereich

Sie möchten schnell den Kriterienbereich markieren, obwohl momentan der Zellcursor weit davon entfernt ist. Außerdem möchten Sie regelmäßig mehrere bestimmte Kriteriensätze zum Filtern derselben Liste verwenden.

### Benennen Sie den Kriterienbereich

Damit Sie immer genau wissen, welcher Bereich in der Tabelle als Kriterienbereich definiert ist, und Sie diesen Bereich als Sprungziel angeben können, sollten Sie über das Namensfeld der Bearbeitungsleiste diesem Bereich einen Namen zuweisen. Sie können dann mit Hilfe des Befehls *Bearbeiten/Gehe zu* bzw. mit **F5** den Kriterienbereich markieren.

### Richten Sie verschiedene Kriterienbereiche ein und benennen Sie diese

Wenn Sie mehrere bestimmte Kriteriensätze auf dieselbe Tabelle anwenden möchten, sollten Sie verschiedene Kriterienbereiche einrichten und diesen über das Namensfeld in der Bearbeitungsleiste einen Namen zuweisen. Verwenden Sie dann diese Namen im Dialogfeld *Spezialfilter*, um Excel den Kriterienbereich mitzuteilen. Auf diese Weise können Sie einfach durch Angabe des Namens den Kriterienbereich verändern.

## Extra Ausgabe! - Spezialfilterextrakte in ein extra Blatt kopieren

Beim Versuch, den Filterextrakt in eine andere Tabelle zu kopieren, meldet Excel, daß das nicht möglich ist. Wie kann man erreichen, daß die gefilterten Daten in ein anderes Blatt kopiert werden?

### Wechseln Sie vor dem Befehlsaufruf in das Blatt mit dem Ausgabenbereich

Rufen Sie den Befehl *Daten/Filter/Spezialfilter* aus dem Blatt auf, das den Ausgabenbereich enthalten soll.

### So filtern Sie in ein anderes Blatt

Normalerweise können Sie als Ausgabenbereich nur einen Bereich innerhalb der Tabelle angeben, in der sich die Liste befindet. Wenn Sie jedoch die Ausgabe in einem anderen Blatt wünschen, dann müssen Sie so vorgehen:

1. Aktivieren Sie das Blatt, das den Ausgabenbereich enthalten soll, und rufen Sie von dort aus den Befehl *Daten/Filter/Spezialfilter* auf.
2. Im Dialogfeld *Spezialfilter* soll die Option *An eine andere Stelle kopieren* aktiviert sein.
3. Klicken Sie dann in das Eingabefeld *Listenbereich*, um es zu aktivieren. Wechseln Sie in die Tabelle, die die Liste enthält, und markieren Sie den gesamten Listenbereich.
4. Aktivieren Sie das Eingabefeld *Kriterienbereich*. Markieren Sie den Kriterienbereich. Falls sich der Kriterienbereich in einer extra Tabelle befindet, dann wechseln Sie dort hin.

5. Aktivieren Sie das Feld *Ausgabenbereich*, daraufhin wechselt Excel automatisch in die Tabelle, von der aus Sie den Befehl *Daten/Filter/Spezialfilter* aufgerufen haben. Klicken Sie in dieser Tabelle die linke obere Ecke des Aufgabenbereichs, damit der Bezug zu dieser Zelle in das Feld *Ausgabenbereich* eingetragen wird.
6. Bestätigen Sie Ihre Eingaben mit *OK*.

## Wenn nach einer Suche alle Datensätze wiedergegeben werden...

Sie haben eine Abfrage mit dem Befehl *Daten/Filter/Spezialfilter* durchgeführt, aber Excel zeigt alle Datensätze weiterhin an. Woran kann das liegen?

### Prüfen Sie die folgenden Möglichkeiten

- Die Kriterien werden tatsächlich von allen Datensätzen erfüllt.
- Fehlerhafte Spaltenüberschrift im Kriterienbereich. Das Kriterium unter diesem Feldnamen hat keine Wirkung auf die Suche.
- Der Kriterienbereich enthält eine Leerzeile. Leerzeichen werden als Kriterien verstanden, die keine Einschränkungen enthalten, also beliebige Werte zulassen.

Enthält ein Kriterienbereich mehrere Zeilen, interpretiert Excel die Kriterien bekanntlich als ODER-Verknüpfungen. Steht z. B. unter der Überschrift PLZ das Kriterium <40000 und darunter noch ein leeres Feld, sucht Excel Datensätze, in denen die Postleitzahl >40000 ist oder einen beliebigen Wert hat. Ergebnis: Alle Datensätze erfüllen das Kriterium.

Überprüfen Sie in diesem Fall den Bereich, den Sie als Kriterienbereich angegeben haben. Drücken Sie **F5**, falls Sie diesen Bereich benannt haben. Bei Doppelklick auf den Namen des Kriterienbereichs wird der Bereich markiert, so daß Sie sehen können, ob er eine überflüssige Leerzeile enthält.

# Datensortierung - bringen Sie die Daten in die richtige Reihenfolge

Das Sortieren von Daten kann zwar in beliebigen Teilen von Tabellen erfolgen, bei Datenlisten taucht der Wunsch nach Sortierung aber besonders häufig auf.

## Sortieren geht über Studieren - Datenlisten ganz schnell ordnen

Sie haben eine Liste eingegeben, und zwar in der Reihenfolge, wie die Daten vorlagen, also völlig unsortiert. Jetzt möchten Sie Ordnung schaffen und die Liste auf die schnellste und einfachste Weise sortiert auf dem Bildschirm ausgeben.

### Verwenden Sie die Sortiersymbole in der Standardsymbolleiste

Um die gesamte Liste zu sortieren, markieren Sie eine beliebige Zelle innerhalb der Spalte, nach der sortiert werden soll, und klicken entweder auf *Aufsteigend sortieren* oder *Absteigend sortieren*. Wenn Sie die Liste vor dem Auswählen des Symbols markieren, dann bewegen Sie gegebenenfalls den Zellcursor mit der **Tab**-Taste in die Spalte, nach der sortiert werden soll.

Achten Sie darauf, daß Excel auch wirklich die gesamte Liste markiert, weil sonst die Gefahr besteht, daß Sie Daten aus dem Zusammenhang reißen. Falls das einmal passieren sollte, verwenden Sie das Symbol *Rückgängig*.

Wie Sie der Gefahr, daß eine Liste unvollständig sortiert wird, weil nicht der gesamte Listenbereich markiert wurde, vorbeugen können, lesen Sie auf Seite 271.

**Sortierschlüssel**

Der Sortierschlüssel ist die Spalte, in der sich beim Aufrufen des Befehls der Zellcursor befindet. Wenn Sie z. B. eine Adressenliste so sortieren möchten, daß die Nachnamen in alphabetischer Reihenfolge angeordnet werden, dann muß der Zellcursor in einer beliebigen Zelle im Feld *Nachna-*

*me* stehen. Soll die Liste dagegen nach Postleitzahlen sortiert werden, dann muß der Zellcursor vor Aufrufen des Befehls in einer beliebigen Zelle des Feldes *Postleitzahlen* stehen.

### Sortiervorgang rückgängig machen

Ein Sortiervorgang kann unmittelbar nach dem Sortieren mit dem Befehl *Bearbeiten/Rückgängig* wieder rückgängig gemacht werden. Analog dazu kann auch auf das Symbol *Rückgängig* geklickt werden. Eine andere Möglichkeit wäre es, die Datei vor dem Sortiervorgang zu speichern. Dann könnten Sie die Datei nach dem Sortiervorgang ohne zu speichern schließen und haben so den ursprünglichen Zustand der Datenliste wieder hergestellt.

Wenn aber zwischen dem Sortiervorgang und dem Wunsch, diesen ungeschehen zu machen, mehrere Befehle ausgeführt bzw. Daten hinzugefügt wurden, oder sogar mehrere Tage dazwischen liegen, dann greifen die oben genannten Lösungen nicht mehr. Dieser Problematik können Sie vorbeugen, indem Sie die Zeilen in der Datenliste mit der AutoAusfüllen-Funktion in einer zusätzlichen Spalte numerieren. Wenn Sie dann zu einem späteren Zeitpunkt die ursprüngliche Reihenfolge der Liste wieder herstellen möchten, dann sortieren Sie die Liste nach dieser Spalte.

## Mehr Sortierschlüssel - mehr Ordung!

Sie haben eine Liste nach Nachnamen sortiert und stellen fest, daß sich etliche Datensätze, die im Feld *Nachname* den Eintrag *Meier* aufweisen, darin befinden. Deshalb möchten Sie ein zweites Sortierkriterium festlegen, nämlich *Vorname*, damit die Meiers nach Vornamen sortiert in der Liste erscheinen.

### Verwenden Sie den Befehl Daten Sortieren

Markieren Sie eine beliebige Zelle innerhalb der Datenliste und wählen Sie *Daten/Sortieren*, um das Dialogfeld *Sortieren* aufzurufen. Geben Sie unter *Sortieren nach* den Sortierschlüssel *Nachname* ein und unter *Anschließend nach* den Sortierschlüssel *Vorname*.

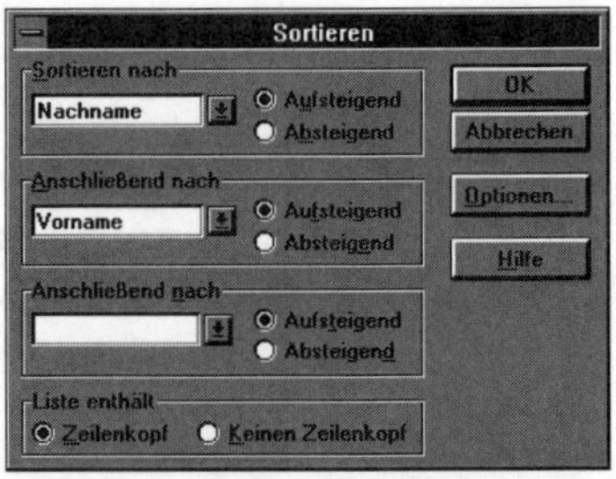

Es können bis zu drei Sortierschlüssel festgelegt werden, wobei die Sortierreihenfolge der einzelnen Sortierschlüssel unabhängig voneinander einstellbar ist, wie aufsteigend oder absteigend.

## Mehr als drei Sortierschlüssel - geht das auch?

Sie möchten nach mehr als drei Sortierschlüsseln sortieren, z. B. in einer Adressenliste nach *Nachname*, und innerhalb von *Nachname* nach *Vorname*, und innerhalb von *Vorname* nach *PLZ* und innerhalb von *PLZ* noch nach *Straßen*. Excel läßt aber im Dialogfeld *Sortieren* nur drei Sortierschlüssel zu.

### Erstellen Sie eine Sortierhierarchie

Sobald Sie mehrere Sortierschlüssel festlegen, bilden Sie eine Sortierhierarchie: Der erste Sortierschlüssel wird in sich nach nachrangigen Sortierschlüsseln sortiert. Wenn Sie nach mehr als drei Sortierschlüsseln sortieren möchten, dann müssen Sie den Sortiervorgang mit den nachrangigen Sortierschlüsseln zuerst ausführen.

### Das Sortieren nach mehreren Sortierschlüsseln

1. Im Beispielfall könnten Sie die Sortierung in zwei Durchgängen erledigen. Öffnen Sie das Sortierdialogfeld, indem Sie *Daten/Sortieren* aufrufen und als Sortierschlüssel *Straßen* eingeben, um die Datenliste alphabetisch sortiert nach Straßennamen darzustellen. Die Straßennamen stellen im Beispiel die unterste Sortierebene dar.
2. Im zweiten Sortiervorgang legen Sie dann als ersten Sortierschlüssel wieder *Namen*, als nächsten *Vornamen* und als dritten *PLZ* fest.

## Ihre persönliche Hitliste - Sortierreihenfolge ändern

Ihre Kundschaft ist international. Deshalb wird in Ihrer Kundenliste in einem Feld jeweils das Herkunftsland eingetragen, wie z. B. Afrika, Griechenland usw. Nun möchten Sie die Liste nach diesen Ländern sortieren, aber nicht so, daß die Länder mit A an erster Stelle stehen, sondern nach einer individuell festzulegenden Reihenfolge. Wie macht man das?

## Sortieren Sie nach einer selbstdefinierten Reihenfolge

Die Reihenfolge der Sortierung kann in der *Benutzerliste*, die Sie mit *Extras/Optionen/AutoAusfüllen* aufrufen, festgelegt werden. Um die selbst definierte Sortierreihenfolge anzuwenden, wählen Sie *Daten/Sortieren* und *Optionen*, um dort die selbstdefinierte Sortierreihenfolge zu markieren und mit *OK* den Sortiervorgang einzuleiten.

### So sortieren Sie nach einer selbstdefinierten Reihenfolge

1. Legen Sie zunächst die Reihenfolge der Länder fest, indem Sie den Befehl *Extras/Optionen* und *AutoAusfüllen* wählen.
2. Markieren Sie unter *Benutzerliste* den Eintrag *Neue Liste* und klicken Sie anschließend in das Eingabefeld *Listeneinträge*.
3. Schreiben Sie nun die Namen der einzelnen Länder in diese Liste, wobei Sie nach jedem Eintrag die **Enter**-Taste betätigen. Klicken Sie abschließend auf die Schaltfläche *OK*.
4. Positionieren Sie den Zellcursor in die Spalte, nach der sortiert werden soll, rufen Sie den Befehl *Daten/Sortieren* auf und klicken Sie im Dialogfeld *Sortieren* auf die Schaltfläche *Optionen*.

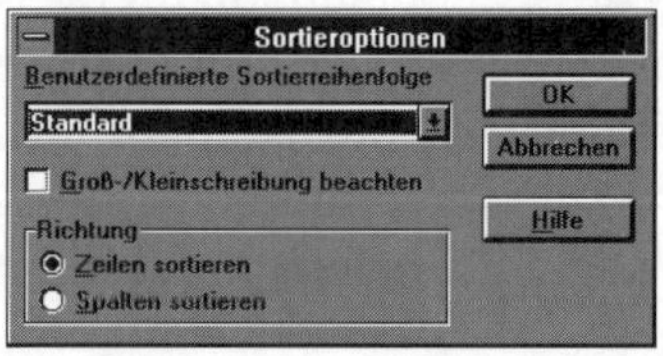


5. Wählen Sie aus der Liste *Benutzerdefinierte Sortierreihenfolge* die soeben erstellte Reihenfolge aus und klicken Sie auf *OK*, um in das Dialogfeld *Sortieren* zurückzukehren. Klicken Sie hier ebenfalls auf *OK*, um die Sortierung vorzunehmen.

Benutzerdefinierte Reihenfolgen können immer nur beim ersten Sortierschlüssel angewendet werden. Wenn mehrere benutzerdefinierte Sortierungen erwünscht sind, müssen diese einzeln vorgenommen werden, und zwar die Sortierung mit dem niedersten Rang zuerst.

# Excel hat nicht alle Datensätze sortiert - woran liegt das?

Sie möchten eine Adressenliste nach Namen sortieren. Deshalb haben Sie eine beliebige Zelle in der Spalte mit der Überschrift *Namen* markiert und dann den Befehl *Daten/Sortieren* verwendet. Aber Excel hat nur einen Teil der Datenliste sortiert, weil sich innerhalb der Liste eine Leerzeile befindet und Excel deshalb nur den Bereich bis dahin als Liste erkannt hat. Wie kann erreicht werden, daß eine Liste, obwohl sich darin eine Leerzeile befindet - was manchmal einfach nicht zu vermeiden ist - vollständig sortiert wird?

## Legen Sie einen Datenbankbereich fest

Markieren Sie die gesamte Liste, wählen Sie *Einfügen/Namen/Festlegen*, geben Sie den Namen *Datenbank* ein und klicken Sie auf *OK*. Markieren Sie eine Zelle in der Spalte, nach der sortiert werden soll, und wählen Sie *Daten/Sortieren*, daraufhin wird der gesamte Listenbereich, einschließlich Leerzeile, sortiert. Die Leerzeilen werden dabei an das Ende der Datenliste gestellt.

Seit der Version Excel 5.0 erkennt Excel, sobald der Zellcursor innerhalb dieses Bereichs in einer beliebigen Zelle steht, automatisch die Position der Datenliste in der Tabelle und wie die einzelnen Spalten heißen, wodurch eine vorherige Festlegung dieses Bereichs als Datenbankbereich entfällt.

Wenn jedoch in der Liste Leerzeilen enthalten sind, was bei einer sehr großen Liste mit mehreren Hundert Einträgen nicht ohne weiteres feststellbar ist, dann erkennt Excel nur den Bereich bis zur Leerzeile als Datenliste.

Diese Problem läßt sich durch die Definition des Listenbereichs als Datenbankbereich umgehen. Dabei ist es jedoch wichtig, daß Sie für die Definition des Datenbankbereichs tatsächlich den Namen *Datenbank* verwenden. Denn wenn Sie mit Hilfe der Datenmaske Daten in eine Liste eingeben, dann erweitert Excel diesen Bereich, der *Datenbank* genannt wurde, automatisch. Definitionen anderer Namen paßt Excel nicht automatisch an. Wurde der Datenbankbereich auf diese Weise von Excel automatisch erweitert, können Sie ohne Neudefinition auf die Datenliste mit Hilfe des Namens *Datenbank* auf die Liste zugreifen.

Die Zuweisung des Namens *Datenbank* zu einer Liste ist nicht nur beim Sortieren von Datenlisten nützlich, um zu verhindern, daß möglicherweise nur ein Teil der Liste erfaßt und sortiert wird, sondern auch dann, wenn Sie mit Hilfe von Formeln auf den Listenbereich zugreifen. So liefert z. B. die Formel

```
=INDEX(Datenbank;ZEILEN(Datenbank);4)
```

den letzten Wert in der Spalte 4 einer Liste, die *Datenbank* benannt wurde.

Noch ein Beispiel: Die Formel

```
=SUMME(INDEX(Datenbank;;3)
```

liefert die Summe der 3. Spalte in der Datenbank.

Die Reihenfolge der Sortierung bei aufsteigender Sortierreihenfolge ist folgendermaßen festgelegt:

- Zahlen werden von der kleinsten negativen Zahl bis zur größten positiven Zahl geordnet.
- Text und Text, der Zahlen enthält, wird in folgender Reihenfolge sortiert:

```
0 1 2 3 4 5 6 7 8 9 (Leerzeichen)
! " $ % & ' ( ) * + , - . / : ; < = > ? @ [ \ ] ^ _ ` { | } ~ ¦
A Ä B C D E F G H I J K L M N O P Q R S T U Ü V W X Y Z
```

- Der Wahrheitswert WAHR vor dem Wahrheitswert FALSCH
- Die Fehlerwerte haben beim Sortieren den gleichen Wert
- Leerzellen werden immer ans Ende gestellt

! Bei absteigender Sortierreihenfolge dreht sich die Sortierreihenfolge um, wobei die Leerzellen eine Ausnahme bilden; diese werden immer ans Ende angefügt.

# Zellteilung - den Inhalt einer Zelle aufteilen

Sie haben eine Adressenliste erstellt. Eine Spalte haben Sie mit *Tel.Nr.* überschrieben und in diese Spalte die Telefonnummern mit Vorwahl und Rufnummer, getrennt durch einen Schrägstrich, z. B. 09851/6543, eingetragen. Im nachhinein stellen Sie fest, daß es für die Datenauswertung und der Übersichtlichkeit halber besser gewesen wäre, die Telefonnummer getrennt nach Vorwahl und Rufnummer in der Datenliste zu verwalten. Da die Datenliste schon etliche Datensätze beinhaltet, würde es zuviel Aufwand bedeuten, die Trennung manuell vorzunehmen. Deshalb suchen Sie nach einer Möglichkeit, diesen Vorgang zu automatisieren.

## Verwenden Sie den Texteditor

Markieren Sie die Spalte mit der zusammengesetzten Telefonnummer. Wählen Sie *Daten/Text in Spalten*, um den Text-Assistenten aufzurufen. Aktivieren Sie unter *Ursprünglicher Datentyp* die Option *Getrennt*. Klicken Sie auf *Weiter*, aktivieren Sie im *Schritt 2* unter Trennzeichen *Anderes* und geben Sie den Schrägstrich ein. Wenn Sie jetzt auf *Ende* klicken, wird die nächste Spalte mit den Rufnummern gefüllt. Bleibt Ihnen nur noch, die Überschriften auszubessern.

## Verwenden Sie die Funktionen TEIL(), FINDEN() und LÄNGE()

*Beispiel zum Trennen von Text in Spalten*

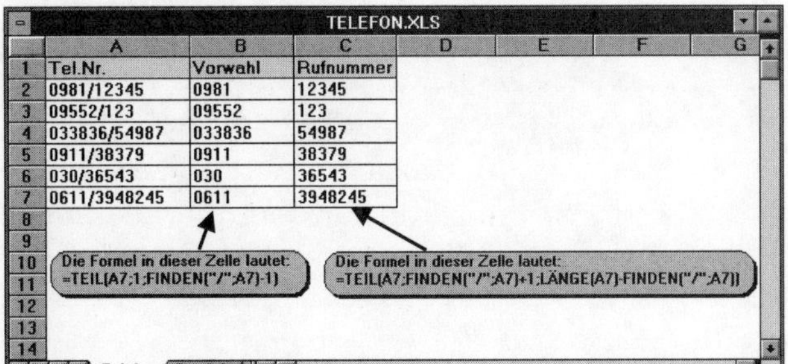
TELEFON.XLS

| | A | B | C |
|---|---|---|---|
| 1 | Tel.Nr. | Vorwahl | Rufnummer |
| 2 | 0981/12345 | 0981 | 12345 |
| 3 | 09552/123 | 09552 | 123 |
| 4 | 033836/54987 | 033836 | 54987 |
| 5 | 0911/38379 | 0911 | 38379 |
| 6 | 030/36543 | 030 | 36543 |
| 7 | 0611/3948245 | 0611 | 3948245 |

## Verwenden Sie die Funktionen TEIL(), FINDEN() und LÄNGE()

1. Tippen Sie in A1 die Überschrift *Tel.Nr.* und darunter verschiedene Telefonnummern ein, indem Sie die Vorwahl von der Rufnummer durch einen Schrägstrich trennen.
2. Tippen Sie in B2 die Formel ein, die die Vorwahl von der Rufnummer trennt:

   ```
   =TEIL(A2;1;FINDEN(„/“;A2)-1)
   ```

3. Tippen Sie in C2 die Formel ein, die die Rufnummer aus der Zelle C2 extrahiert:

   ```
   =TEIL(A2;FINDEN(„/“;A2)+1;LÄNGE(A2)-FINDEN(„/“;A2))
   ```

4. Kopieren Sie die beiden Formeln nach unten, so weit die Datenliste reicht.
5. Wandeln Sie die Formeln in Spalte B und C in Werte um, indem Sie beide Spalten kopieren, den Befehl *Bearbeiten/Inhalte einfügen* und die Option *Werte* wählen.
6. Entfernen Sie, falls gewünscht, die Spalte A aus der Liste.

# Jenseits von Excel - Zugriff auf externe Datenbanken mit MS Query

Mit Excel 5.0 wird für den Zugriff auf externe Datenbestände MS Query als eigenständige Anwendung ausgeliefert. MS Query enthält eine Untermenge der Funktionen des Datenbankprogramms Microsoft Access und ersetzt das Zusatzprogramm Q + E aus den älteren Excel-Versionen. Mit Hilfe von MS Query können Verbindungen zu zahlreichen Datenbanken auf dem eigenen oder auf anderen Rechnern hergestellt werden.

MS Query bedient sich dabei einer Schnittstelle, die Microsoft unter der Bezeichnung Open Database Connectivity (ODBC) für die Windows-Umgebung zur Verfügung stellt. Sie erlaubt den freien Austausch von Daten zwischen den Microsoft-Anwendungen und Datenbanken verschiedener Hersteller.

## Nachschlag - ODBC-Treiber nachträglich installieren

Sie haben MS Query zwar installiert, aber nicht mit allen Treibern. Nun benötigen Sie ausgerechnet die Treiber, die von Ihnen bei der Installation nicht berücksichtigt wurden. Wie kann man das nachholen?

### Verwenden Sie den ODBC-Manager

Rufen Sie aus dem Programm-Manager erst *Symstemsteuerung* auf und dann den *ODBC-Manager*. Öffen Sie das Dialogfeld *Treiber* und binden Sie mit Hilfe der Schaltfläche *Hinzufügen* den benötigten Treiber ein.

#### Installation eines ODBC-Treibers

1. Wechseln Sie in den Windows-Programm-Manager und rufen Sie aus der Hauptgruppe die Systemsteuerung auf.
2. Klicken Sie zweimal auf das Symbol *ODBC*, um den ODBC-Manager zu öffnen.
3. Klicken Sie hier auf die Schaltfläche *Treiber*, um das Dialogfeld *Treiber* zu öffnen. In dem Listenfeld werden alle Treiber, die sich auf der Festplatte befinden, angezeigt.

**4.** Klicken Sie dann auf die Schaltfläche *Hinzufügen*, um das Dialogfeld *Treiber hinzufügen* zu öffnen.

**5.** Tippen Sie in das Eingabefeld das Laufwerk und das Verzeichnis ein, in dem sich der gewünschte Treiber befindet. Sie können das Laufwerk und das Verzeichnis auch mit Hilfe der Schaltfläche *Durchsuchen* in das Eingabefeld einfügen.

**6.** Bestätigen Sie Ihre Eingaben mit *OK*, um in das Dialogfeld *Treiber* zurückzukehren.

**7.** Im Dialogfeld *Treiber* können Sie nun aus der Liste den gewünschten Treiber auswählen.

**8.** Quittieren Sie mit *OK*, um den Treiber zu installieren.

Falls sich der benötigte Treiber nicht auf der Festplatte befindet, müssen Sie das Excel Setup-Programm aufrufen, um den Treiber zu installieren.

Wenn Sie im Dialogfeld *Treiber* auf die Schaltfläche *Info* klicken, können Sie sich Informationen zum ausgewählten Treiber anzeigen lassen.

## Die schnelle Auswahl - bestimmte Daten in Excel einfügen

Sie möchten Daten aus einer anderen Datenbank in eine Excel-Tabelle einfügen. Aber Sie benötigen nicht die gesamte Datenmenge, sondern nur einen ganz bestimmten Teil davon. Zum Beispiel möchten Sie aus einer Adressendatenbank alle diejenigen Datensätze herausfiltern, die mit einem bestimmten Suchkriterium übereinstimmen, etwa solche, die im Feld *Nachnamen* den Eintrag *Meier* aufweisen.

### Verwenden Sie die Schaltfläche Kriterium wie Auswahl

Markieren Sie dazu im Datenbereich einen Eintrag, der mit dem Suchkriterium, z. B. *Meier*, übereinstimmt und klicken Sie auf das Symbol *Kriterium wie Auswahl*.

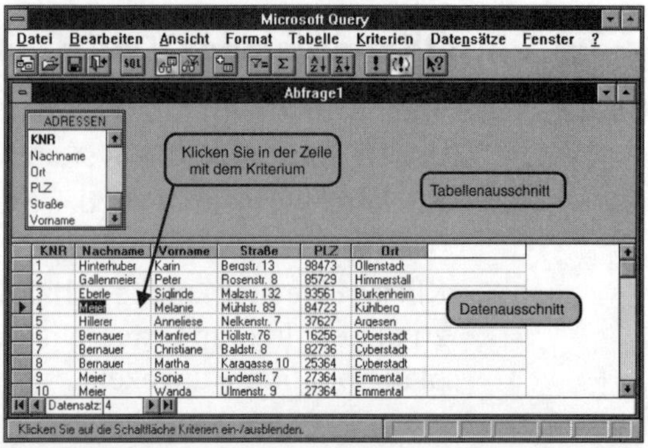

Voraussetzung für das Filtern von Daten, die mit einem Suchkriterium übereinstimmen, ist allerdings, daß der Befehl *AutoAbfrage* aktiviert ist. Dies entspricht der Standardeinstellung. Falls der Befehl *AutoAbfrage* nicht aktiviert ist, werden die Datensätze nicht automatisch gefiltert.

Den Befehl *AutoAbfrage* können Sie auswählen, indem Sie die Symbolschaltfläche *AutoAbfrage* betätigen oder unter *Datensätze* den Befehl auswählen.

Ist der Befehl *AutoAbfrage* nicht aktiviert, müssen Sie extra auf die Symbolschaltfläche *Ausführen* klicken, um die Abfrage durchzuführen.

# Die schnelle Auswahl - auch mit verschiedenen Kriterien

Sie suchen in einer fremden Datenbank alle *Meiers* und *Hinterhubers*, d. h., Sie möchten in einer fremden Datenbank nicht nur nach einem, sondern nach mehreren Kriterien Datensätze herausfiltern und diese Datensätze in eine Excel-Tabelle zur weiteren Verarbeitung einfügen. Wenn Sie jedoch *Meier* als Suchkriterium ausgewählt haben, dann werden die Daten sofort gefiltert, und es besteht keine Möglichkeit mehr, ein weiteres Suchkriterium festzulegen.

## Deaktivieren Sie die automatische Abfrage

Klicken Sie zunächst auf das Symbol *AutoAbfrage*, um dieses zu deaktivieren. Markieren Sie dann im Datenausschnitt die Zelle, die das erste Suchkriterium enthält, und klicken Sie auf das Symbol *Kriterien wie Auswahl*. Klicken Sie danach auf das zweite Suchkriterium und dann nochmals auf das Symbol *Kriterien wie Auswahl*. Mit dem Klicken auf das Symbol *Ausführen* werden die Daten gefiltert.

### Wie Sie mehrere Kriterien festlegen

1. Wenn das Symbol *AutoAbfrage* aktiviert ist, wird das Ergebnis der Abfrage sofort angezeigt, nachdem Sie das Kriterium festgelegt haben. Dies entspricht der Standardeinstellung und wird in den meisten Fällen wohl auch erwünscht sein. Wollen Sie jedoch in einem Feld mehrere Kriterien festlegen, dann müssen Sie diesen Befehl deaktivieren.

2. Klicken Sie auf die Zelle mit dem ersten Suchkriterium und dann auf das Symbol *Kriterium wie Auswahl.* Klicken Sie auf das zweite Feld mit dem zweiten Suchkriterium und dann wieder auf das Symbol *Kriterium wie Auswahl* usw.
3. Wenn Sie alle Kriterien festgelegt haben, betätigen Sie das das Symbol *Ausführen*, um die Abfrage auszuführen.

Beachten Sie dabei die folgenden Regeln: Wenn Sie mehrere Kriterien im selben Feld festlegen, wertet MS Query diese automatisch als Oder-Verknüpfung. Wenn Sie z. B. im Feld *Nachname* das Kriterium *Meier* festgelegt haben und im gleichen Feld anschließend das Kriterium *Bernauer*, dann werden alle Datensätze angezeigt, die entweder das eine oder das andere Kriterium erfüllen. Wenn Sie danach in einem anderen Feld, in dem noch keine Kriterien festgelegt wurden, ein weiteres Kriterium bestimmen, dann wird dieses von MS Query als Und-Verknüpfung definiert.

## Komplexes Filtern - ganz leicht und komfortabel

Sie kommen mit der Methode *Kriterium wie Auswahl* nicht zum erwünschten Ergebnis, da Sie eine Datenbank nach komplexen Kriterien mit logischen Vergleichen filtern möchten. Dabei möchten Sie sich anzeigen lassen, welche logischen Operatoren eingesetzt werden können. Außerdem erscheint Ihnen die Methode *Kriterien wie Auswahl* ungeeignet, weil die Suchkriterien nicht übersichtlich dargestellt werden können.

### Verwenden Sie das Dialogfeld Kriterien hinzufügen

Wählen Sie *Kriterien/Kriterien hinzufügen*, um das Dialogfeld aufzurufen. Legen Sie hier die gewünschten Kriterien fest und betätigen Sie die Schaltfläche *Hinzufügen* bzw. *Schließen.*

### Verwenden Sie den Kriterienausschnitt

Blenden Sie den Kriterienausschnitt ein, indem Sie auf das Symbol *Kriterien ein/aus* klicken. Ziehen Sie die Felder, für die Kriterien festgelegt werden sollen, vom Tabellenbereich in den Kriterienbereich und tippen Sie die Abfragekriterien unterhalb der Feldnamen ein.

## Verwenden Sie das Dialogfeld Kriterien hinzufügen

1. Wenn Sie das Dialogfeld *Kriterien hinzufügen* zu Hilfe holen möchten, wählen Sie den Befehl *Kriterien/Kriterien hinzufügen*. Solange noch keine Kriterien definiert wurden, sind die Optionen *Und* und *Oder* noch abgeblendet. Sie werden erst interessant, wenn Sie mit mehreren Kriterien gleichzeitig arbeiten.
2. Öffnen Sie das Listenfeld *Feld*, welches alle Felder der Datenbank auflistet, und markieren Sie dasjenige, in dem nach bestimmten Daten gesucht werden soll.
3. Legen Sie im Listenfeld *Operator* die Bedingung für das gewählte Feld fest. Wenn Sie nach Datensätzen suchen, die gleich dem eingetragenen Wert sind, dann wählen Sie z. B. den Operator *ist gleich*.
4. Im Listenfeld *Wert* kann der Wert, nach dem gesucht wird, entweder eingetippt werden oder mit Hilfe des Dialogfeldes *Wert[e] auswählen*, das durch Klicken auf die Schaltfläche *Werte* aufgerufen wird, eingetragen werden.

Sie können einen oder mehrere Werte durch Klicken auf den gewünschten Wert auswählen. Mehrere Werte benötigen Sie z. B., wenn Sie als Opterator *liegt zwischen* ausgewählt hätten. In diesem Fall müßten zwei Werte, getrennt durch ein Semikolon, eingegeben werden. Wenn Sie die Werte über das Dialogfeld *Werte[e] auswählen* eingeben, werden die Semikolons automatisch eingefügt.

5. Mit *Hinzufügen* wird das Kriterium in den Kriterienbereich eingetragen.

Um ein zusätzliches Kriterium einzutragen, kann nun die Option *Und* oder für ein alternatives Kriterium die Option *Oder* gewählt werden. Soll kein weiteres Suchkriterium festgelegt werden, beenden Sie die Kriteriendefinition mit *Schließen*.

6. Je nachdem, ob *AutoAbfrage* aktiviert ist oder nicht, wird das Ergebnis sofort angezeigt. Falls nicht, wählen Sie *Ausführen*.

## Verwenden Sie den Kriterienausschnitt

1. Wenn der Kriterienausschnitt bisher noch nicht eingeblendet wurde, dann wählen Sie *Ansicht Kriterien* oder klicken auf das Symbol *Kriterien ein/ausblenden.* Sie können dann die Kriterien direkt in den Kriterienausschnitt eintippen.

2. Auch hier müssen Sie jedoch zunächst die Felder auswählen, für die überhaupt Kriterien festgelegt werden sollen. Klicken Sie dazu im Tabellenbereich auf den Feldnamen und ziehen Sie diesen in ein Feld des Kriterienausschnitts in der Reihe *Kriterienfeld.*

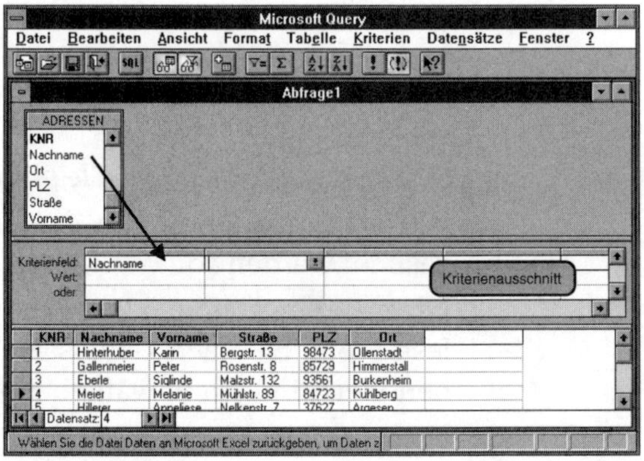


Wenn Sie mehrere Feldnamen gleichzeitig auswählen möchten, verwenden Sie die **Umschalt**- oder **Strg**-Taste. Sollen alle Feldnamen in den Kriterienausschnitt übernommen werden, dann ziehen Sie den Stern (*) in den Kriterienausschnitt. Außerdem haben Sie die Möglichkeit, die Feldnamen über die Tastatur in die Zeile *Kriterienfeld* einzutippen.

3. Als nächstes müssen Sie wieder entscheiden, welche Datensätze aus der gesamten Datenbank extrahiert werden sollen. Die Abfragekriterien tragen Sie im Kriterienausschnitt in die Zeile *Wert* ein. Hierbei können Sie im Prinzip so vorgehen, wie Sie es beim Filtern von Datensätzen in Excel kennengelernt haben. Wenn Sie Und-Verknüpfungen bilden möchten, dann müssen die Kriterien hierfür in der gleichen Zeile eingetragen sein, Oder-Verknüpfungen dagegen in einer neuen Zeile, also untereinander.

Achten Sie darauf, wenn Sie mehrere Kriterien eingeben möchten, daß *AutoAusführen* nicht aktiviert ist.

Wenn Sie nachschlagen möchten, wie Listen in Excel gefiltert werden, dann schlagen Sie die Seite 263 auf.

## Gegen Fehlerteufel und für Unentschlossene - einzelene Kriterien im Kriterienausschnitt bearbeiten

Sie haben verschiedene Kriterien in den Kriterienausschnitt eingetragen, müssen aber einzelne Kriterien korrigieren. Wie geht das am effektivsten?

### Verwenden Sie das Dialogfeld Kriterien bearbeiten

Klicken Sie doppelt auf die Zelle mit dem Kriterium, das bearbeitet werden soll, um das Dialogfeld *Kriterien bearbeiten* zu öffnen, und nehmen Sie hier die notwendigen Änderungen vor. Wenn Sie auf das Kriterium im Kriterienausschnitt klicken, wird die entsprechende Zelle markiert, und Sie haben die Möglichkeit, das Kriterium direkt zu editieren.

Wenn Sie ein einzelnes Kriterium entfernen möchten, dann markieren Sie es und betätigen die **Entf**-Taste.

Zum Löschen aller Kriterien wählen Sie *Kriterien/Alle Kriterien entfernen*. Ist *AutoAbfrage* aktiviert, werden augenblicklich sämtliche Datensätze wieder im Datenausschnitt angezeigt. Ansonsten klicken Sie auf *Ausführen*, um alle Datensätze anzuzeigen.

# Werkzeuge der Tabellenauswertung und -analyse

Wenn ein Kalkulationsmodell mit Daten und Formeln erst einmal aufgebaut ist, kann es immer wieder benutzt werden. Ein Modell für einen Wochenbericht kann jedesmal mit neuen Daten gefüllt werden. Sie brauchen nur die Wochennummer zu wechseln. Die Formeln von Excel liefern Ihnen die Berechnungen für die neuen Daten.

Formeln sind aber nicht die einzige Form, um Excel zu veranlassen, Daten für Sie zu berechnen und auszuwerten. Das Programm stellt Ihnen darüber hinaus komplexe Werkzeuge zur Verfügung, um bereits vorhandene Daten und Modelle zu analysieren und auszuwerten.

Mit dem Werkzeug *Zielwertsuche* können Sie nach dem Wert suchen, den eine Variable annehmen muß, um ein bestimmtes Ergebnis zu erzielen. Bei dem Solver sind die Optionen umfangreicher, es kann nicht nur ein Zielwert angegeben, sondern auch festgelegt werden, daß der Zielwert ein Maximum oder ein Minimum erreichen soll. Außerdem kann die Größe des Zielwerts nicht nur von einer, sondern von mehreren Variablen abhängen. Und schließlich können Nebenbedingungen formuliert werden, etwa derart, daß bestimmte Werte ganzzahlig sein sollen, oder sich in bestimmten Größenbereichen bewegen müssen usw.

## Gezielt und gleich getroffen - Zielwertsuche leichtgemacht

200

Mit einer Formel wird aufgrund der eingegebenen Werte ein Ergebnis berechnet. Dabei hängt das Ergebnis von den Werten ab, auf die sich die Formel bezieht. Sie möchten aber ein bestimmtes Ergebnis erhalten und suchen deshalb den passenden Wert. Dazu ein Beispiel:

Sie haben 20.000,- DM geerbt. Das ist zwar wunderbar, aber Sie möchten in 10 Jahren einen Kredit ablösen und benötigen dafür mindestens 50.000,- DM. Sie erkundigen sich bei einer Bank nach den Zinsen und erfahren, daß Sie momentan mit einem Zinssatz von 8,5% rechnen können, was bedeutet, daß Sie nach zehn Jahren bei jährlicher Verzinsung den Betrag von 45.219,67 DM bekommen würden. Die Konseqenz daraus ist, daß Sie sich entweder nach einer anderen Bank umsehen müssen, die Ihnen mehr Zin-

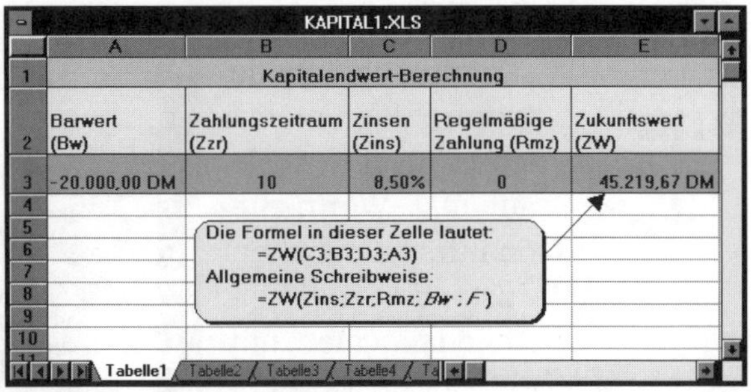


sen zahlt, oder daß Sie eine regelmäßige Zahlung leisten, um den Defizitbetrag ebenfalls zu erwirtschaften. Vorerst wollen Sie deshalb ausrechnen, welchen Zinssatz eine Bank zahlen müßte, damit Sie das erwünschte Ergebnis erreichen.

## Führen Sie eine Zielwertsuche durch

Markieren Sie die Zelle, deren Zielwert Sie suchen, und wählen Sie *Extras/ Zielwertsuche*. Tippen Sie den gewünschten Zielwert ein und geben Sie den Bezug zur veränderbaren Zelle an. Schließen Sie die Eingaben mit *OK* ab.

### So verwenden Sie die Zielwertsuche

1. Markieren Sie die Zelle, deren Zielwert Sie suchen, im Beispiel ist das die Zelle E3, die den Zukunftswert bei einem Zinssatz von 8,5% enthält.
2. Öffnen Sie das Menü *Extras* und wählen Sie den Befehl *Zielwertsuche*, um das Dialogfeld *Zielwertsuche* zu öffnen.

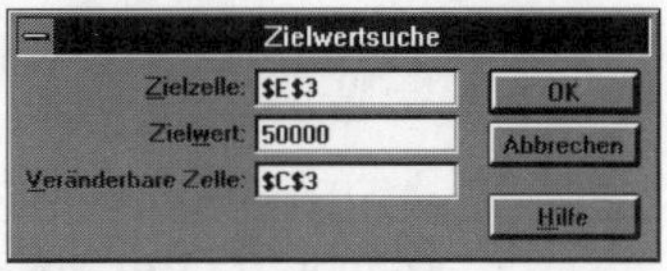


3. Da Sie die entsprechende Zelle in der Tabelle bereits markiert haben, ist die Zielzelle, nämlich E3, bereits unter *Zielzelle* eingetragen.
4. Tippen Sie unter *Zielwert* den gewünschten Wert ein, im Beispiel ist das der Betrag 50.000,- DM.
5. Legen Sie unter *Veränderbare Zelle* den Bezug auf die Zelle fest, die den Wert enthält, nach dem gesucht wird. Tippen Sie den Bezug ein oder markieren Sie ihn in der Tabelle, im Beispiel ist das C3.
6. Klicken Sie abschließend auf *OK*, um die Zielwertsuche durchzuführen. Es wird ein Dialogfeld eingeblendet, das den Status der Zielwertsuche bekannt gibt. Die Zelle C3 zeigt das neue Ergebnis an: Die Bank müßte 9,6% jährlich zahlen, damit Sie nach 10 Jahren einen Betrag von 50.000 DM Ausbezahlt bekommen.

7. Wenn Sie die Lösung in die Tabelle übernehmen möchten, dann klicken Sie auf *OK*. Wenn Sie den ursprünglichen Zustand wieder herstellen möchten, um eine neue Berechnung durchzuführen, dann klicken Sie auf *Abbrechen*.

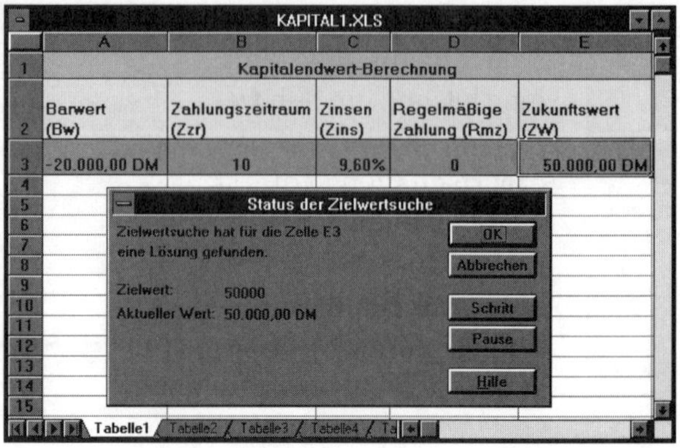


Falls Sie keine geeignete Bank finden, können Sie überprüfen, wie hoch die regelmäßige jährliche Zahlung sein müßte, damit Sie am Ende doch auf den Betrag von 50.000,- DM kommen. In diesem Fall ändert sich im Dialogfeld *Zielwertsuche* der Eintrag im Feld *Veränderbare Zelle* in D3. Das Ergebnis zeigt, daß Sie bei einem Zinssatz von 8,5 Prozent jährlich 322,- DM zusätzlich zahlen müßten, um auf das gewünschte Ergebnis zu kommen.

## Was wäre wenn? - So erstellt man Blitz-Szenarios

Sie möchten ein Darlehen aufnehmen und wollen deshalb wissen, welche Belastung auf Sie zukommt. Wie hoch ist z. B. die monatliche Belastung (Annuität) für einen Kredit über 300.000,- DM der innerhalb von 20 Jahren getilgt werden soll, wenn der jährliche Zinssatz 7,5% beträgt? Wie hoch ist die Restschuld nach 10 Jahren? Und wenn die monatliche Belastung zu hoch ausfällt, wie sieht es aus, wenn man die Laufzeit auf 30 Jahre erhöht?

Es sollen also unterschiedliche Szenarios anhand eines Tabellenmodells durchgespielt werden. Die verschiedenen Szenarios möchten Sie irgendwie festhalten, um diese später noch einmal prüfen zu können.

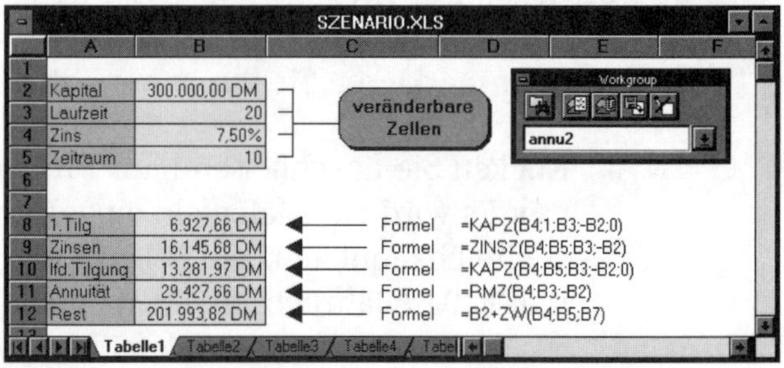

## Verwenden Sie das Szenariofeld aus der Workgroup-Symbolleiste

Markieren Sie die veränderbaren Zellen und weisen Sie dem Szenario im Szenariofeld einen Namen zu. Wiederholen Sie diesen Vorgang für alle gewünschten Eingangsdaten. Wenn Sie die unterschiedlichen Szenarios betrachten möchten, dann wählen Sie diese in der Szenarioliste aus.

### So definieren und wählen Sie Szenarios

1. Blenden Sie zunächst die *Workgroup-Symbolleiste* ein, in der sich das *Szenariofeld* befindet.
2. Aktivieren Sie die Tabelle, die als Szenariogrundlage dienen soll, und geben Sie die gewünschten Werte in die veränderbaren Zellen ein (siehe obige Abbildung).
3. Markieren Sie die veränderbaren Zellen, klicken Sie in das *Szenariofeld* und vergeben Sie für das momentane Ergebnis einen Namen, z. B. *annu1*.

   Es können bis zu 32 veränderbare Zellen festgelegt werden. Die veränderbaren Zellen dürfen selbst keine Formel enthalten. Der Name des Szenarios darf aus bis zu 255 Zeichen bestehen.

4. Wenn Sie ein weiteres Szenario hinzufügen möchten, markieren Sie die gewünschten veränderbaren Zellen und legen die Werte dafür fest. Die veränderbaren Zellen können für jedes Szenario unterschiedlich sein.
5. Aktivieren Sie dann das Szenariofeld und tippen Sie einen Namen für das zweite Szenario ein.
6. Wenn Sie sich die einzelnen Szenarios ansehen möchten, dann klicken Sie auf den Pfeil, um das Szenario-Listenfeld zu öffnen, und wählen Sie den Namen des gewünschten Szenarios aus; daraufhin zeigen die veränderbaren Zellen die Werte an, die sie zum Definitionszeitpunkt hatten.

Ein Szenario kann auch mit Hilfe des *Szenario-Managers* definiert werden. Wählen Sie dazu *Extras Szenario-Manager*. Der *Szenario-Manager* kann auch zum Löschen und Bearbeiten der einzelnen Szenarios verwendet werden.

# Der totale Überblick - Szenarios zu einem Bericht zusammenfassen

Sie haben verschiedene Szenarios definiert. Leider kann man die Szenarios mit Hilfe des Szenariofeldes nur einzeln auf den Bildschirm holen. Was kann man tun, wenn man sich über die einzelnen Szenarios einen Überblick verschaffen möchte, um diese miteinander vergleichen zu können?

## Erstellen Sie einen Übersichtsbericht

Verwenden Sie dazu den Befehl *Extras/Szenario-Manager* und wählen Sie die Schaltfläche *Bericht.*

### Das Erstellen eines Berichts mit dem Szenario-Manager

1. Wählen Sie *Extras/Szenario-Manager*, daraufhin öffnet sich das Dialogfeld *Szenario-Manager.*
2. Klicken Sie auf die Schaltfläche *Bericht*, um das Dialogfeld *Szenariobericht* zu öffnen.

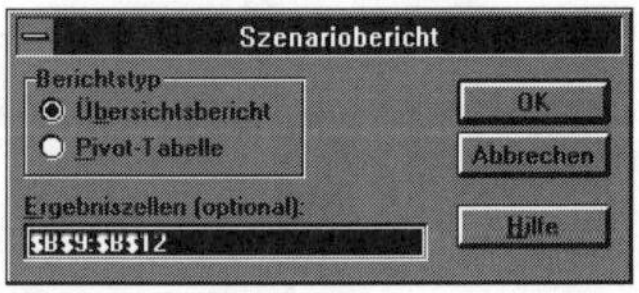


3. Aktivieren Sie unter *Berichtstyp* die Option *Übersichtsbericht.*
4. Klicken Sie in das Eingabefeld *Ergebnisszellen* und markieren Sie die gewünschten Zellen in der Tabelle.
5. Beststätigen Sie abschließend Ihre Eingaben mit *OK.* Daraufhin wird der Bericht in einem extra Tabellenblatt, das *Übersichtsbericht* benannt wird, angezeigt.

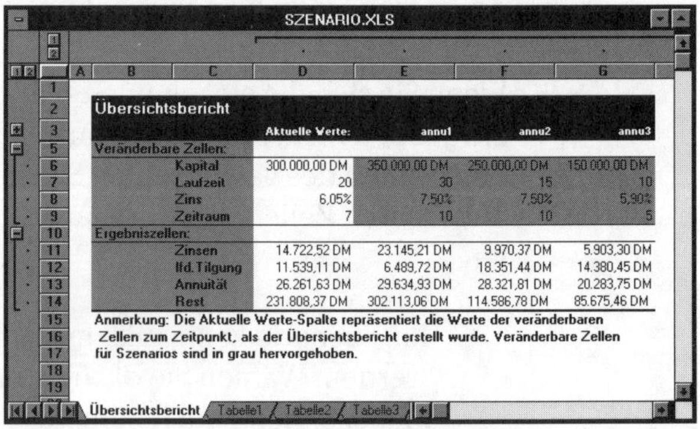


Falls in Ihrem Übersichtsbericht die veränderbaren Zellen und die Ergebniszellen nicht als Namen, sondern als Bezüge angegeben werden, dann liegt das daran, daß Sie diesen Zellen in der Tabelle keine Namen zugewiesen haben. Gegebenenfalls können die Zellen im Übersichtsbericht überschrieben werden.

# Stellen Sie Ihre Bedingungen - Optimierungsprobleme effizient gelöst

„Was-wäre-wenn-Berechnungen", die von einer einzigen veränderbaren Zelle abhängen, können mit der Zielwertsuche durchgeführt werden. Wenn jedoch der Wert einer Zelle von mehreren Variablen abhängt und sowohl Zielzelle als auch die zu verändernden Zellen bestimmten Nebenbedingungen unterworfen werden müssen, z. B. weil Grenzwerte nicht überschritten werden dürfen, kommen Sie mit „Was-wäre-wenn-Berechnungen" nicht zum Ziel. Was ist im Falle des nachfolgenden Beispiels zu tun?

Eine Diät-Assistentin soll für eine Patientengruppe eine vom Arzt verordnete Diät realisieren. Bei der Diät sollen ausschließlich Kohlenhydrate und Fette in einem bestimmten Verhältnis, und zwar pro Tag mindestens 300 Einheiten Kohlenhydrate und zwischen 12 und 60 Einheiten Fette, verzehrt werden. die Kosten dieser Diät sollen dabei allerdings minimiert werden. Die Preise pro Kilogramm Brot und Fett sind bekannt. In welchem Mengenverhältnis muß die Diät-Assistentin nun von beiden Nahrungsmitteln einkaufen, damit die vorgenannten Bedingungen erfüllt sind?

## Verwenden Sie den Solver

Der Solver minimiert die Kosten der zu beschaffenden Nahrungsmittel anhand der von Ihnen festzulegenden Zielfunktion unter gleichzeitiger Beachtung der aufgestellten Nebenbedingungen.

### So arbeiten Sie mit dem Solver

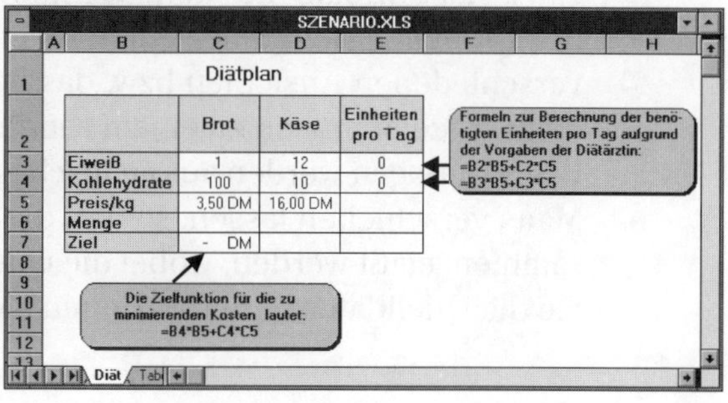


1. Erstellen Sie eine Tabelle für den Diätplan entsprechend der Abbildung.
2. In die Zelle C7 wird die Zielfunktion für die zu minimierenden Kosten eingetragen. Die Funktion lautet:

```
=C5*C6+D5*D6
```

**3.** Die Zellen E3 und E4 enthalten die Formeln zur Berechnung der pro Tag benötigten Einheiten von Kohlenhydraten und Fetten der verwendeten Nahrungsmittel. Diese lauten:

```
=C3*C6+D3*D6
=C4*C6+D4*D6
```

**4.** Starten Sie nun den Solver, indem Sie *Extras Solver* wählen, und legen Sie die Nebenbedingungen unter Verwendung der *Hinzufügen*-Schaltfläche entsprechend der Abbildung fest.

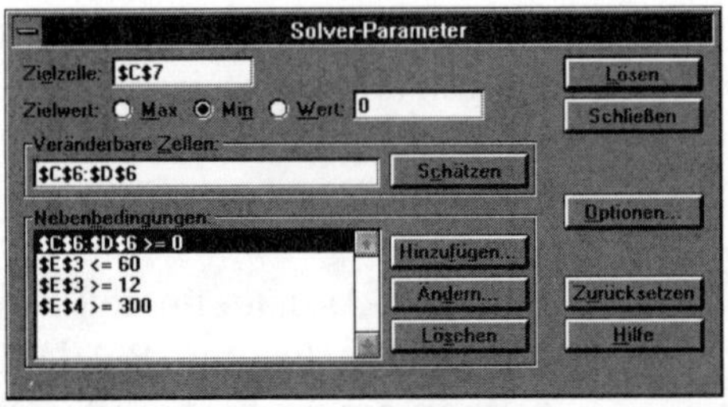


**5.** Nach dem Betätigen der Schaltfläche *Lösen* berechnet der Solver die benötigten Mengen der Nahrungsmittel unter Beachtung der aufgestellten Restriktionen und Nebenbedingungen und der gleichzeitigen Minimierung der Kosten.

**6.** Der Solver findet eine Lösung, die er in die entsprechenden Zellen der Ausgangstabelle einträgt, und zwar 2,9 kg Brot und 0,75 kg Käse. Die hierfür benötigten Kosten betragen 22,34 DM.

# Der Dreh- und Angelpunkt - die Pivot-Tabellen

Pivot-Tabellen sind eine Weiterentwicklung der Kreuztabellen der Version 4.0 von Excel. Man kann sich darunter eine Tabelle vorstellen, deren Datenanordnung „gedreht" werden kann. Es wird dadurch ermöglicht, von einer Ausgangstabelle mehrere Sichten zu erzeugen. Beim Erstellen der Pivot-Tabellen steht Ihnen ein Assistent zur Seite, so daß das Wechseln der verschiedenen Ansichten bzw. das Betrachten der Daten unter wechselnden Gesichtspunkten zu einem Kinderspiel wird. Aus Zeilen- und Spaltenbeschriftungen werden automatisch Schaltflächen erzeugt, die sich mit der Maus verschieben lassen, so daß die Daten jeweils neu geordnet bzw. zusammengefaßt werden, wobei die Quelldaten nicht geändert werden. Falls Sie die Quelldaten ändern, können Sie die Pivot-Tabelle aktualisieren.

# Beobachtungswinkel - Datenlisten aus verschiedenen thematischen Perspektiven

Sie haben eine Datenliste erstellt und möchten diese unter verschiedenen Gesichtspunkten auswerten.

Im Beispiel soll von der Datenliste rechts ausgegangen werden. Dabei wird unterstellt, daß eine Firma die Umsätze nach Jahr, Quartal, Verkaufsgebiet, Vertreter, Produkt, verkaufter Stückzahl und Umsatz in eine Liste eingetragen hat:

KREUZ.XLS

| | A | B | C | D | E | F | G |
|---|---|---|---|---|---|---|---|
| 1 | Jahr | Quartal | Gebiet | Vertreter | Produkt | Stück | Umsatz |
| 2 | 1990 | 1 | Nord | Meier | A | 500 | 11500 |
| 3 | 1990 | 1 | Süd | Müller | A | 200 | 4600 |
| 4 | 1990 | 1 | West | Schmidt | A | 150 | 3450 |
| 5 | 1990 | 1 | Ost | Huber | A | 200 | 4600 |
| 6 | 1990 | 1 | Nord | Meier | B | 300 | 3600 |
| 7 | 1990 | 1 | Süd | Müller | B | 350 | 4200 |
| 8 | 1990 | 1 | West | Schmidt | B | 400 | 4800 |
| 9 | 1990 | 1 | Ost | Huber | B | 250 | 3000 |
| 10 | 1990 | 2 | Nord | Meier | A | 385 | 8855 |
| 11 | 1990 | 2 | Süd | Müller | A | 364 | 8554 |
| 12 | 1990 | 2 | West | Schmidt | A | 298 | 7003 |
| 13 | 1990 | 2 | Ost | Huber | A | 289 | 6647 |
| 14 | 1990 | 2 | Nord | Meier | B | 283 | 3396 |
| 15 | 1990 | 2 | Süd | Müller | B | 162 | 1944 |
| 16 | 1990 | 2 | West | Schmidt | B | 295 | 3540 |

Umsatz

So möchten Sie die verschiedenen Felder der Datenliste in Gruppen zusammenfassen, z. B. um auf einen Blick zu erkennen, welcher Umsatz mit dem Produkt A im Verkaufsgebiet Nord im 1. Quartal erzielt wurde, was momentan aus der Liste nicht ohne weiteres erkennbar ist.

## Verwenden Sie den Pivot-Tabellen-Assistenten

Markieren Sie eine beliebige Zelle in der Datenliste und klicken Sie auf das Symbol *Pivot-Tabelle* oder wählen Sie *Daten/Pivot-Tabelle.* Folgen Sie den ausführlichen Anweisungen des Pivot-Tabellen-Assistenten.

### So verwenden Sie den Pivot-Tabellen-Assistenten

1. Markieren Sie eine beliebige Zelle in der Liste und klicken Sie auf das Symbol *Pivot-Tabelle*, um den Pivot-Tabellen-Assistenten aufzurufen.
2. Klicken Sie auf die Schaltfläche *Weiter.* Im Schritt 2 des Pivot-Tabellen-Assistenten können Sie den Bereich der Daten, die analysiert werden sollen, angeben. Excel hat automatisch den gesamten Listenbereich markiert. Diesen Eintrag können Sie jetzt ändern oder übernehmen.

3. Klicken Sie auf die Schaltfläche *Weiter*. Im Schritt 3 des Pivot-Tabellen-Assistenten findet die entscheidende Arbeit statt, denn hier bestimmen Sie die Anordnung der Daten. Ziehen Sie die rechts angeordneten Schaltflächen, die jeweils eine Spalte in der Datenliste repräsentieren, in das Pivot-Feld, indem Sie auf die jeweilige Schaltfläche klicken, und diese bei gedrückter Maustaste je nach Wunsch in das Seiten-, Zeilen-, Spalten- oder Datenfeld ziehen.

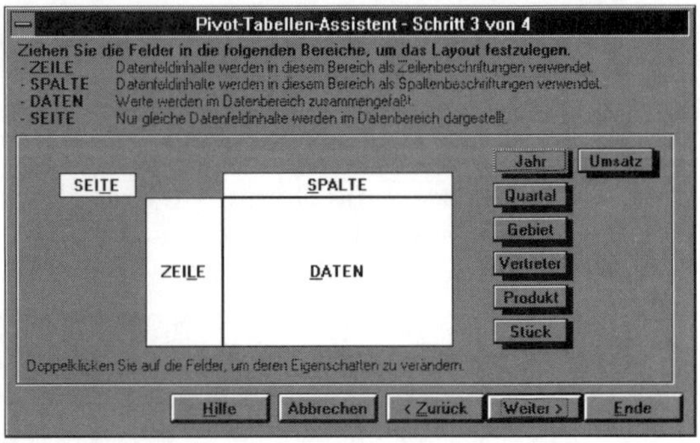


4. Klicken Sie auf *Weiter*, um den Schritt 4 des Pivot-Tabellen-Assistenten einzublenden. Hier können Sie festlegen, wo die Pivot-Tabelle erstellt werden soll. Solange die Einfügemarke im Feld *Pivot-Tabelle beginnen in* blinkt, können Sie ein Tabellenblatt und die linke obere Ecke des Bereichs, an dem die Pivot-Tabelle erstellt werden soll, markieren.
5. Klicken Sie auf *Ende*, um die Pivot-Tabelle zu erstellen.

Die einzelnen Felder in der Pivot-Tabelle können Sie nach Belieben neu anordnen. Dazu müssen Sie lediglich die jeweilige Schaltfläche in das gewünschte Feld ziehen.

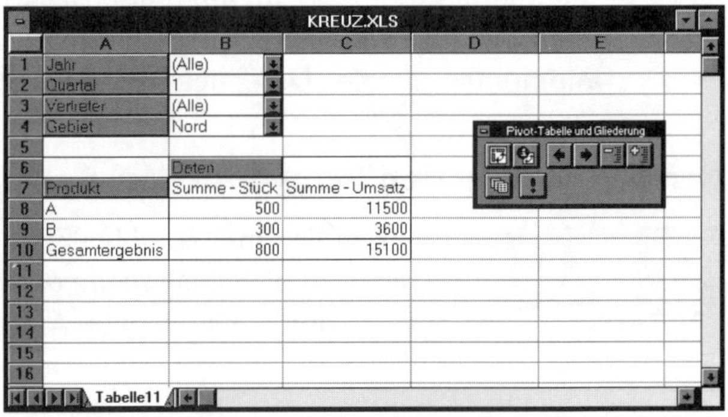


## Wie es gefällt - Pivot-Tabellen mit einem bestimmten Zahlenformat

Sie haben eine Pivot-Tabelle erstellt und anschließend die Zahlen mit einem bestimmten Zahlenformat belegt. Nachdem Sie in der Pivot-Tabelle ein Seitenfeld geöffnet haben, um einen anderen Aspekt der Tabelle begutachten zu können, wurde das Zahlenformat wieder auf das Standardformat zurückgestellt. Wie kann man erreichen, daß das eingestellte Zahlenformat auch bei einem Perspektivenwechsel noch eingestellt bleibt?

### Formatieren Sie die Zahlen beim Erstellen der Pivot-Tabelle

Ziehen Sie im Schritt 3 des Pivot-Tabellen-Assistenten die einzelnen Felder in das Pivot-Feld und klicken Sie dann zweimal auf das entsprechende Feld, um das Dialogfeld *Pivot-Tabelle-Feld* aufzurufen. Wählen Sie hier die Schaltfläche *Zahlen* und markieren Sie im Dialogfeld *Zahlen formatieren* das gewünschte Zahlenformat. Die auf diese Weise formatierten Zahlenformate verändern sich auch bei einem Perspektivenwechsel nicht.

### Formatieren Sie die Zahlen nachträglich

Klicken Sie in eine beliebige Zelle des Feldes, das formatiert werden soll. Wenn Sie z. B. das Feld *Summe-Umsatz* formatieren möchten, klicken Sie in eine Zelle im Bereich C7:C10 und betätigen das Symbol *Pivot-Tabelle-Feld.* Klicken Sie im Dialogfeld auf die Schaltfläche *Zahlen* und markieren Sie das gewünschte Zahlenformat.

## Mitmachen - Pivot-Tabelle schnell erweitern und aktualisieren

206

Sie fügen der Datenliste, die als Basis für eine Pivot-Tabelle dient, eine weitere Spalte hinzu, z. B. weil Sie die Verkaufszahlen nicht nur pro Quartal, sondern auch pro Monat auflisten möchten. Wie kann die Pivot-Tabelle mit möglichst geringem Aufwand aktualisiert werden?

### Verwenden Sie Bereichsnamen

Weisen Sie dem Listenbereich einen Namen zu und verwenden Sie diesen Namen im Schritt 2 des Pivot-Tabellen-Assistenten. Bei einer Erweiterung des Listenbereichs werden diese neuen Zeilen oder Spalten bei einer Aktualisierung der Pivot-Tabelle über das Symbol *Aktualisieren* dann ohne extra Angabe erfaßt. Statt dem Symbol können Sie auch den Befehl *Daten/Daten aktualisieren* verwenden.

Um das neue Feld in die Pivot-Tabelle einzufügen, markieren Sie eine Zelle innerhalb der Pivot-Tabelle und klicken auf das Symbol *Pivot-Tabelle*, um den Pivot-Tabellen-Assistenten zu öffnen. Dieser meldet sich mit Schritt 3, um Ihnen sofort die Möglichkeit zu geben, das neue Feld in den Pivot-Bereich zu ziehen.

## Bekanntes neu präsentiert - aus den Seiten einer Pivot-Tabelle Tabellenblätter erzeugen 207

Sie haben in einer Pivot-Tabelle Seitenfelder erstellt (in der Abbildung sind das gleich mehrere, nämlich *Jahr*, *Quartal*, *Vertreter* und *Gebiet*), um die Daten nach Seiten filtern zu können. Wenn Sie z. B. das Seitenfeld *Vertreter* öffnen, können Sie sich durch Auswahl eines Vertreters dessen Umsätze in der aktuellen Tabelle anzeigen zu lassen. Sie möchten sich jedoch die Umsätze der einzelnen Vertreter auf verschiedenen Tabellen ansehen können.

### Verwenden Sie das Symbol Seite anzeigen

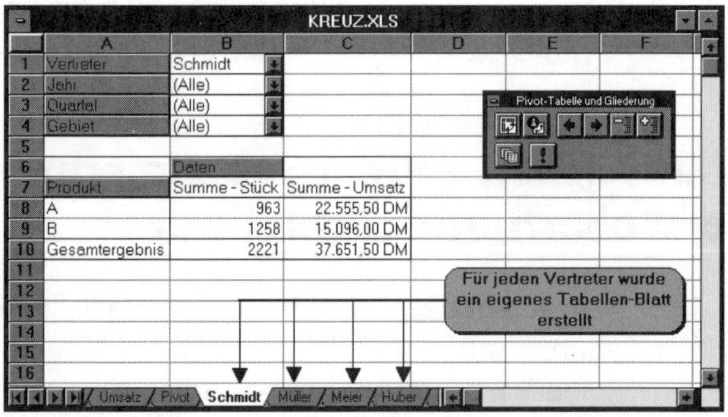


Markieren Sie eine beliebige Zelle innerhalb der Pivot-Tabelle und klicken Sie auf das Symbol *Seite anzeigen*. Wählen Sie im Dialogfeld *Seiten anzeigen* den gewünschten Eintrag aus, z. B. *Vertreter*, und klicken Sie auf *OK*, daraufhin wird für jeden einzelnen Vertreter eine Tabelle in die Arbeitsmappe eingefügt. Die Register werden automatisch benannt.

## Anders als sonst - Berechnungsfunktionen von Pivot-Tabellen ändern 208

Wenn das Datenfeld einer Pivot-Tabelle numerische Werte enthält, dann wird auf diese in der Standardeinstellung die Funktion SUMME() angewendet. Falls das Datenfeld Text enthält, ist dies die Funktion ANZAHL(). Im Beispiel wurden die Summen der Felder *Stück* und *Umsatz* berechnet, was der Standardeinstellung entspricht. Wie muß man vorgehen, wenn man andere Ergebnisse erzielen möchte?

## Verwenden Sie das Pivot-Tabellen-Feld

Markieren Sie eine beliebige Zelle innerhalb der Pivot-Tabelle und klicken Sie auf das Symbol *Pivot-Tabellen-Feld*. Im Dialogfeld können Sie die Funktion, die das Datenfeld zusammenfassen soll, auswählen:

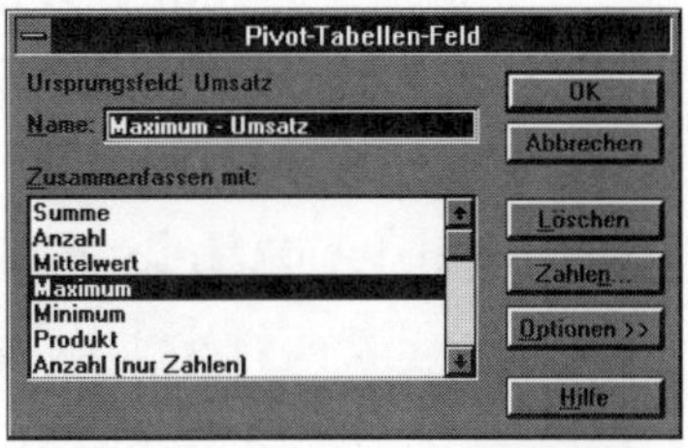


# Äpfel und Birnen zählen - Gruppen in Pivot-Tabellen

Sie haben eine Pivot-Tabelle erstellt, die die monatlich verkauften Stückzahlen von Obst und Gemüse wiedergibt. Die Tabelle könnte z. B. folgendermaßen aussehen.

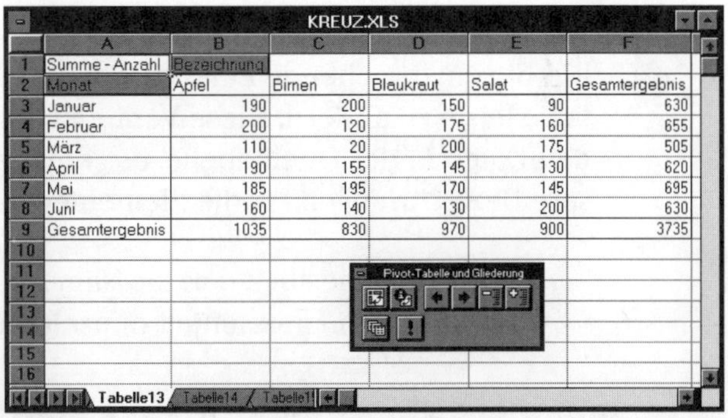

| Summe - Anzahl | Bezeichnung | | | | |
|---|---|---|---|---|---|
| Monat | Äpfel | Birnen | Blaukraut | Salat | Gesamtergebnis |
| Januar | 190 | 200 | 150 | 90 | 630 |
| Februar | 200 | 120 | 175 | 160 | 655 |
| März | 110 | 20 | 200 | 175 | 505 |
| April | 190 | 155 | 145 | 130 | 620 |
| Mai | 185 | 195 | 170 | 145 | 695 |
| Juni | 160 | 140 | 130 | 200 | 630 |
| Gesamtergebnis | 1035 | 830 | 970 | 900 | 3735 |



Sie möchten nun Äpfel und Birnen zu einer Gruppe, nämlich Obst, und Blaukraut und Salat ebenfalls zu einer Gruppe, nämlich Gemüse, zusammenfassen, um die Tabelle noch übersichtlicher zu gestalten.

## Verwenden Sie das Symbol Gruppierung

Markieren Sie die Felder, die zu einer Gruppe zusammengefaßt werden sollen, z. B. die Zellen *Äpfel* und *Birnen*, und klicken Sie auf die Schaltfläche *Gruppierung*. Wiederholen Sie diesen Vorgang, falls gewünscht, für die Zellen *Blaukraut* und *Salat*.

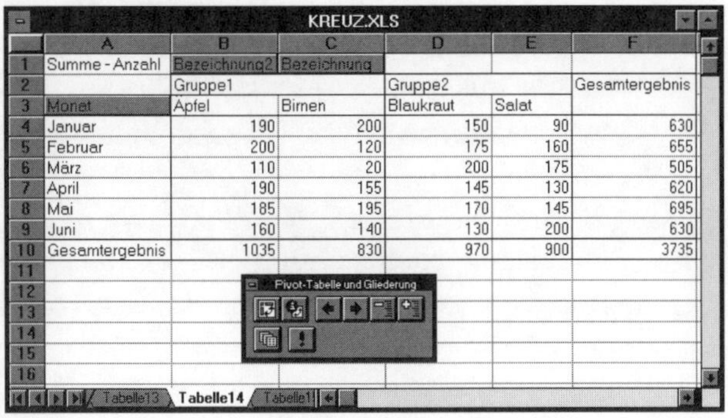

| Summe - Anzahl | Bezeichnung2 | Bezeichnung | | | |
|---|---|---|---|---|---|
| | Gruppe1 | | Gruppe2 | | Gesamtergebnis |
| Monat | Äpfel | Birnen | Blaukraut | Salat | |
| Januar | 190 | 200 | 150 | 90 | 630 |
| Februar | 200 | 120 | 175 | 160 | 655 |
| März | 110 | 20 | 200 | 175 | 505 |
| April | 190 | 155 | 145 | 130 | 620 |
| Mai | 185 | 195 | 170 | 145 | 695 |
| Juni | 160 | 140 | 130 | 200 | 630 |
| Gesamtergebnis | 1035 | 830 | 970 | 900 | 3735 |

Um die Gruppierung wieder aufzuheben, markieren Sie die entsprechenden Zellen und verwenden das Symbol *Gruppierung aufheben*. Die Gruppierung kann ebenso auf Zeilenfelder angewendet werden.

## Mit einem Blick alles klar - aussagekräftige Pivot-Tabellen

Sie möchten die Aussagekraft der Pivot-Tabelle noch verbessern. Welche Möglichkeiten gibt es?

### Überschriften formulieren

Wenn Sie Elementnamen in der Pivot-Tabelle ändern wollen, brauchen Sie nur die entsprechende Zelle zu markieren und den Namen in der Bearbeitungsleiste zu ändern. Diese Veränderung berührt nicht die Zuordnung zu den Daten in der Quelltabelle, es geht hier also nur darum, eventuell bessere Bezeichnungen für die Elemente einzuführen.

Beachten Sie aber, daß die Namen eindeutig sein müssen. Es ist nicht erlaubt, zwei Elementen denselben Namen zu geben.

### Verwenden Sie das Symbol AutoFormat

Die schnellste und einfachste Möglichkeit, Pivot-Tabellen zu formatieren, besteht darin, die Funktion *AutoFormat* anzuwenden. Stellen Sie dazu den Zellcursor in die Pivot-Tabelle und klicken Sie auf das Symbol *AutoFormat* oder wählen Sie *Format/AutoFormat*.

Die Formatierung mit *AutoFormat* wirkt sich nicht auf Seitenfelder aus.

# Excel in der Windows-Welt

Der Datenaustausch zwischen Programmen ist das Thema dieses Kapitels. Die einfachste Möglichkeit stellt in diesem Zusammenhang der Datenaustausch über die Zwischenablage dar. Diese Art des Datenaustausches ist jedoch statischer Natur, denn wenn die Daten ausgeschnitten bzw. kopiert und in ein anderes Dokument wieder eingefügt sind, dann besteht zwischen der Datenquelle und der eingefügten Kopie der Daten keinerlei Verbindung mehr.

Arbeiten Sie jedoch mit Programmen, die unter Windows laufen und OLE-fähig sind, dann kann der Datenaustausch zwischen diesen Programmen dynamisch erfolgen. Sie können entweder durch eine Verknüpfung dafür sorgen, daß Änderungen der Quelldaten in den mit den Quelldaten verknüpften Dateien automatisch aktualisiert werden, oder daß durch Einbetten von Daten einer anderen Anwendung in ein Dokument, diese Daten auf Mausklick aus der aktuellen Anwendung heraus mit den Befehlen der anderen Anwendung arbeiten.

## Von hier nach da - einfacher Datenaustausch per Zwischenablage

Sie möchten Daten aus einer Excel-Tabelle in ein anderes Programm übernehmen. Dies könnte z. B. eine Excel-Tabelle sein, in der Sie Vertreterumsätze bis zu einem bestimmten Zeitpunkt aufgelistet und berechnet haben. In einem Schreiben möchten Sie diese Umsätze Ihren Filialleitern zur Kenntnis geben. Aus diesem Grund sollen die Daten aus der Excel-Tabelle in ein Dokument von MS WinWord 6.0 eingefügt werden. Dabei ist es nicht erwünscht, daß mögliche Veränderungen der Vertreterumsätze in der Excel-Tabelle im Textverarbeitungsdokument aktualisiert werden, da dieses Schreiben ein einmaliger Vorgang zu einem bestimmten Zeitpunkt ist. Welches ist der schnellste und einfachste Weg, die Daten in das Textverarbeitungsdokument zu bekommen?

### Kopieren Sie die Daten in die Zwischenablage

Die einfachste Möglichkeit, Daten zwischen verschiedenen Programmen auszutauschen, ist immer noch die Zwischenablage. Kopieren Sie dazu die Daten in die Zwischenablage, wechseln Sie nach MS WinWord 6.0 und fügen Sie dort den Inhalt der Zwischenablage mit *Bearbeiten/Einfügen* in das entsprechende Dokument ein.

#### Das Arbeiten mit der Zwischenablage

1. Markieren Sie in der Excel-Tabelle die Daten, die nach MS WinWord 6.0 kopiert werden sollen.
2. Wählen Sie den Befehl *Bearbeiten/Kopieren* oder klicken Sie auf das Symbol *Kopieren*.
3. Ist MS WinWord 6.0 und das Dokument, in das die Tabelle eingefügt werden soll, geöffnet, können Sie mit **Alt+Tab** oder mit dem Symbol *Microsoft Word* aus der Microsoft-Symbolleiste nach MS WinWord 6.0 wechseln. Andernfalls können Sie das Symbol auch dazu benutzen, MS WinWord 6.0 aufzurufen.
4. Setzen Sie in MS WinWord 6.0 die Einfügemarke an die Stelle, an der die Tabelle eingefügt werden soll.
5. Wählen Sie dann *Bearbeiten/Einfügen*. Daraufhin wird die Tabelle aus der Zwischenablage an die markierte Stelle kopiert.

Die Daten können in MS WinWord 6.0 noch formatiert und mit den Befehlen des Word-Menüs *Tabelle* bearbeitet werden. Eine Verbindung zu der Datenbasis, also der Excel-Tabelle, besteht nicht mehr.

## Kunsthandel - Grafiken über die Zwischenablage im- oder exportieren

Sie haben in MS WinWord 6.0 eine Grafik erstellt und möchten diese in eine Excel-Tabelle einfügen.

### Verwenden Sie den Befehl Grafik einfügen

Kopieren Sie die Grafik in MS WinWord 6.0 in die Zwischenablage und wechseln Sie zu Excel. Öffnen Sie das Menü *Bearbeiten* bei gedrückter **Umschalt**-Taste, dadurch wird anstelle des Befehls *Einfügen* der Befehl *Grafik einfügen* angeboten. Wenn Sie diesen Befehl auswählen, wird die Grafik in die Excel-Arbeitsmappe an der Stelle des Zellcursors eingebettet.

Sollen Grafiken aus Excel exportiert werden, öffnen Sie bei gedrückter **Umschalt**-Taste das Menü *Bearbeiten* und wählen den Befehl *Grafik kopieren*.

## Die richtige Entscheidung treffen - Datenobjekte einbetten oder verknüpfen?

Sie möchten ein Datenobjekt, z. B. eine Excel-Tabelle, in ein Dokument eines anderen Programms, z. B. MS WinWord 6.0, übernehmen. Nun wissen Sie nicht, für welche der beiden Methoden Sie sich entscheiden sollen, für das Einbetten oder das Verknüpfen. Wo liegt der Unterschied?

### Verwenden Sie Einbetten, wenn Daten nicht geändert werden sollen

Verwenden Sie die Methode des Einbettens immer dann, wenn sich die in ein Dokument übernommenen Daten nicht verändern sollen, falls die Quelldaten verändert werden, wenn es aber andererseits jederzeit möglich sein soll, die Daten mit Hilfe der Anwendung, mit der sie erstellt wurden, zu bearbeiten.

### Verwenden Sie Verknüpfen, wenn Daten häufig geändert werden sollen

Immer wenn Sie mit Daten arbeiten, die häufig geändert werden müssen, dann sollten Sie mit einer Verknüpfung arbeiten.

**Einbetten**

Beim Einbetten werden die Daten, die mit einer Server-Anwendung erstellt wurden, mit einem Verweis auf diese Anwendung gespeichert. Werden die Daten in der Quelldatei verändert, verändern sich die Daten in der Zielanwendung nicht. Doppelklicken Sie auf die Daten in der Client-Anwendung, dann meldet sich automatisch die Server-Anwendung, und Sie haben die Möglichkeit, die Daten mit Hilfe der Befehle der Server-Anwendung zu verändern. Sind mehrere Dokumente mit Daten einer Server-Anwendung verbunden, dann müssen die Daten in jeder Client-Anwendung separat verändert werden.

Beim Einbetten wird das Datenobjekt voll in das aktuelle Programm integriert. Anschließend wird aber die Verbindung zu der Quelldatei abgeschnitten. Die Datei, die vorübergehend als Quelldatei dient, und die Datei mit dem eingebetteten Objekt sind also vollkommen unabhängig voneinander.

### Verknüpfen

Sie arbeiten z. B. mit einer monatlich zu verändernden Preisliste. Diese Preisliste ist mit vielen Angebotsschreiben an Kunden verknüpft. Eine Veränderung einzelner Positionen der Preisliste hat sofortige Auswirkungen auf die mit ihr verknüpften Angebotsschreiben. Anstatt in all diesen Angebotsschreiben entsprechende Preisanpassungen vorzunehmen, genügt es, die Änderung einmal, und zwar in der als Quelldatei fungierenden Preisliste, vorzunehmen.

Beim Verknüpfen werden nicht die Quelldaten des Objekts von der Quelldatei in die Zieldatei kopiert, sondern lediglich die sogenannten Präsentationsdaten, die Regeln, wie das Objekt angezeigt wird, und eine Referenz auf die Datenquelle. Das hat den Vorteil, daß die Zieldatei nur wenig Speicherplatz für diese Verknüpfung benötigt. Andererseits müssen Sie beachten: Wenn Sie die Quelldatei löschen, gehen auch in der Zieldatei die verknüpften Daten verloren.

Die Client-Anwendung ist das Programm, das die Daten aufnimmt. Die Server-Anwendung ist das Programm, mit dem die Daten erstellt wurden.

## Auf Knopfdruck im Bilde - Daten aus einer Fremdanwendung als Symbol in Excel einbetten

Sie möchten Daten aus einer anderen Anwendung in eine Excel-Tabelle einbetten. Die einzufügenden Daten müssen noch erstellt werden. Allerdings sollen diese nicht als sichtbarer Text in Excel zur Verfügung stehen, denn das würde nur die Übersichtlichkeit des Tabellenblattes verhindern. Statt dessen sollen die Daten quasi auf Knopfdruck zur Information bereitstehen.

Stellen Sie sich z. B. eine Excel-Tabelle mit komplizierten Formeln vor. Diese Formeln würden Sie gerne bei Bedarf statt in Formelschreibweise in der üblichen mathematischen Notation darstellen.

## Verwenden Sie den Befehl Einfügen Objekt

Wenn Sie diesen Befehl verwenden, wird das Datenobjekt als Symbol in der Excel-Tabelle angezeigt. Mit einem Doppelklick auf das Symbol kann der Inhalt angesehen und bearbeitet werden. Um eine Formel in mathematischer Notation darzustellen, verwenden Sie das Objekt *Microsoft Formel-Editor.*

### Das Einfügen von Objekten

1. Wählen Sie *Einfügen/Objekt*, um das Dialogfeld *Objekt* zu öffnen, und aktivieren Sie das Register *Erstellen*.
2. Wählen Sie aus der Liste *Objekttyp* das gewünschte Objekt aus, z. B. *Microsoft Formel-Editor 2.0*, aktivieren Sie das Kontrollkästchen *Als Symbol* und klicken Sie auf *OK*, um die Server-Anwendung zu starten, die mit diesem Objekttyp verbunden ist.

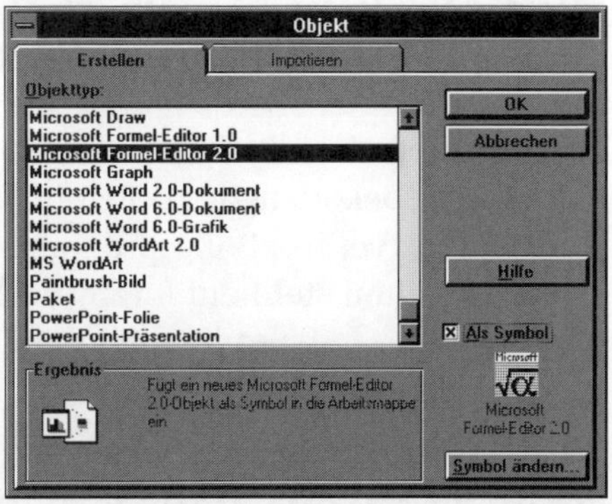


3. Wenn Sie das angebotene Symbol ändern möchten, klicken Sie auf *Symbol ändern*. Markieren Sie das gewünschte Symbol oder klicken Sie auf die Schaltfläche *Durchsuchen*, wenn das gewünschte Symbol nicht zur Verfügung steht (siehe Hintergrundinfos).
   Hier haben Sie außerdem die Möglichkeit, die Beschriftung des Symbols festzulegen, wenn Sie in das Eingabefeld *Titel* klicken.
4. Editieren Sie nun die Formel und verlassen Sie den Formel-Editor bzw. die Server-Anwendung, daraufhin wird das Symbol an der aktuellen Cursorposition in die Excel-Tabelle eingefügt.
5. Das Symbol kann, solange es von Markierkästchen umgeben ist, verschoben und vergrößert oder verkleinert werden. Außerdem kann aus dem Kontextmenü der Befehl *Objekt formatieren* gewählt werden, um dem Symbol einen Rahmen oder ein Muster zuzuweisen.
6. Klicken Sie doppelt auf das Symbol, wenn Sie die Information abrufen möchten, in diesem Fall eine Formel in mathematischer Schreibweise.

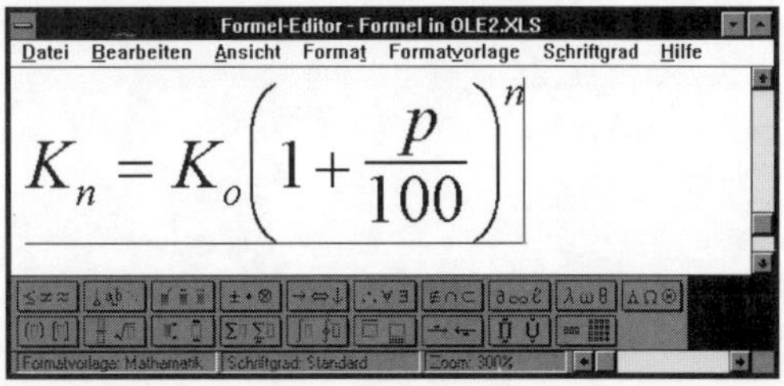

Sie können z. B. eines der Symbole verwenden, die der Programm-Manager von Windows zur Verfügung stellt. Dazu müssen Sie, wenn Sie im Dialogfeld *Symbol ändern* auf die Schaltfläche *Durchsuchen* klicken, im Dialogfeld *Durchsuchen* in das Verzeichnis von Windows wechseln und die Datei PROGMAN.EXE markieren. Wenn Sie eines der Programm-Symbole für Non-Windows-Anwendungen verwenden möchten, dann markieren Sie die Datei MORICONS.DLL.

Ein weiteres Beispiel zum Einfügen von Objekten finden Sie auf Seite 164.

## Unbekannte Fremdobjekte - Datenobjekt ohne Ursprungsanwendung bearbeiten

Sie haben von einer Kollegin oder einem Kollegen eine Excel-Arbeitsmappe bekommen, in die ein Datenobjekt eingebettet ist, das mit Hilfe eines Textverarbeitungsprogramms erstellt wurde. Dieses Textverarbeitungsprogramm steht auf Ihrem Rechner aber nicht zur Verfügung, weil Sie mit einem anderen Textverabeitungsprogramm arbeiten. Wie kann das Datenobjekt trotzdem bearbeitet werden?

### Wandeln Sie das eingebettete Objekt in das richtige Dateiformat um

Klicken Sie zweimal auf das Objekt. Daraufhin wird das Dialogfeld *Umwandeln* geöffnet. Hier können Sie angeben, mit welchem Programm das Objekt bearbeitet werden soll, und zwar werden in der Liste alle diejenigen Anwendungen angezeigt, mit dem das Objekt bearbeitet werden kann.

Im Dialogfeld *Umwandeln* können die Optionen *Umwandeln in* und *Aktivieren als* aktiviert werden. Verwenden Sie *Umwandeln in*, wenn Sie das eingebettete Objekt permanent in das Dateiformat Ihrer Textverarbeitung umwandeln möchten. Verwenden Sie *Aktivieren als*, wenn das eigentliche Datenformat unangetastet bleiben soll und Sie das eingebettete Objekt nur vorübergehend in einer geeigneten Anwendung bearbeiten möchten.

# Drag & Drop - Datensprung von Arbeitsmappe zu Arbeitsmappe funktioniert nicht

Sie möchten einen Datenblock von einer Arbeitsmappe in eine andere mit Hilfe von Ziehen und Ablegen kopieren. Aber leider funktioniert das nicht.

## Excel zweimal starten

Das Ziehen und Ablegen kann von einer Anwendung in die andere erfolgen, wenn beide Programme OLE 2.0 unterstützen. Sie können aber keine Daten von einer Arbeitsmappe in eine andere ziehen. Falls Sie das doch machen möchten, müssen Sie Excel zweimal starten. Danach haben Sie die Möglichkeit, markierte Daten von Excel nach Excel zu kopieren, indem Sie die Daten in Excel 1 markieren, die **Strg**-Taste drücken und die Daten bei gedrückter Maustate nach Excel 2 ziehen. Wenn Sie diesen Vorgang ohne die **Strg**-Taste durchführen, werden die Daten von der einen Excel-Anwendung in die andere verschoben.

# Ältere Adreßlisten - Textdateien als Tabelle einlesen

Sie haben sich mit einem Textverarbeitungsprogramm eine Adressenliste erstellt. Die einzelnen Einträge wurden durch ein Komma voneinander getrennt. Diese Adressendatei möchten Sie nun in Excel einlesen, um verschiedene Auswertungen mit Hilfe der Listen- und Datenbankfunktionen durchführen zu können. Das bedeutet natürlich, daß jedes Datenfeld in eine einzelne Spalte bzw. Zelle eingelesen werden soll.

## Verwenden Sie den Text-Assistenten

Öffnen Sie die Textdatei, die importiert werden soll. Dabei wird automatisch der Text-Assistent aufgerufen. Folgen Sie den Anweisungen des Text-Assistenten.

## So arbeiten Sie mit dem Text-Assistenten

1. Wählen Sie *Datei/Öffnen* und markieren Sie unter *Dateityp* den entsprechenden Eintrag, z. B. *Alle Dateien *.** oder *Textdateien (*.prn;*.txt; *.csv)*, wählen Sie im Listenfeld *Dateiname* den entsprechenden Eintrag aus und klicken Sie auf *OK*.
2. Daraufhin öffnet sich ein Hinweisfenster, in dem Sie gefragt werden, ob die Datei als Textdatei geöffnet werden soll. Beantworten Sie diese Frage mit *OK*, um den Text-Assistenten zu öffnen.

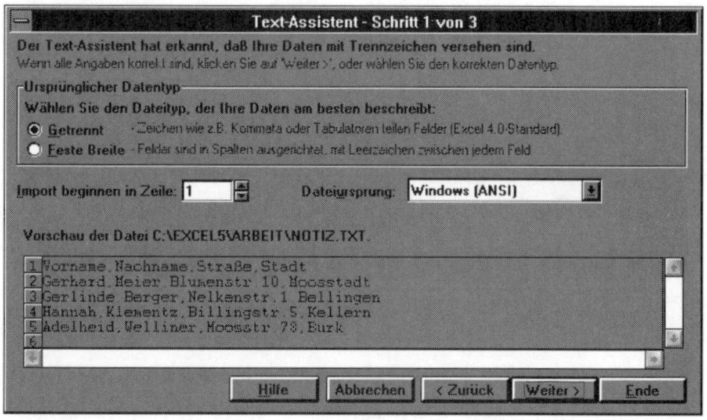


3. Unter *Ursprünglicher Datentyp* müssen Sie entscheiden, welcher Datentyp für die Datei angenommen werden kann. Dabei wird zwischen *Getrennt* und *Feste Breite* unterschieden. Das im Problem formulierte Beispiel gehört zum Datentyp *Getrennt*, da die einzelnen Einträge durch Kommas voneinander getrennt sind.

   Unter *Import beginnen in Zeile* können Sie angeben, ab welcher Zeile mit dem Datenimport begonnen werden soll. Wenn z. B. die erste Zeile nicht in Excel benötigt wird, könnten Sie hier 2 angeben, um die Daten ab der zweiten Zeile einzulesen.

   Unter *Dateiursprung* kann die Herkunft der Daten bestimmt werden. Das betrifft die für die Daten verwendeten Zeichencodes. Windows-Textdateien verwenden den ANSI-Code, DOS- oder OS/2-Textdateien den ASCII-Code.
4. Wenn Sie auf die Schaltfläche *Weiter* klicken, wird Schritt 2 des Text-Assistenten eingeblendet:

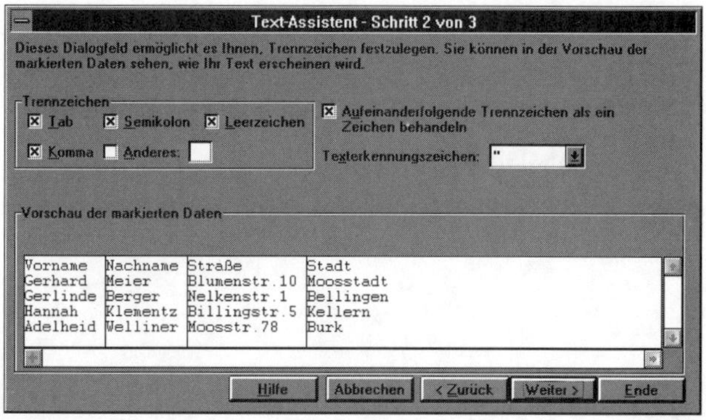

Hier können Sie unter *Trennzeichen* angeben, welches Trennzeichen verwendet wurde. Aktivieren Sie deshalb das Kontrollkästchen *Komma*.

Falls das verwendete Trennzeichen nicht angeboten wird, kreuzen Sie das Kontrollkästchen *Anderes* an und tippen das entsprechende Zeichen in das Eingabefeld daneben ein.

Durch die Eingabe mehrerer Trennzeichen können Eingabefehler abgefangen werden. In diesem Fall sollten Sie das Kontrollkästchen *Aufeinanderfolgende Trennzeichen als ein Zeichen behandeln* aktivieren, um zu verhindern, daß eine überflüssige Spalte erzeugt wird.

**5.** Das Klicken auf die Schaltfläche *Weiter* öffnet den Schritt 3 des Text-Assistenten. Hier geht es darum, ob alle Spalten übernommen werden sollen oder nur ein Teil davon.

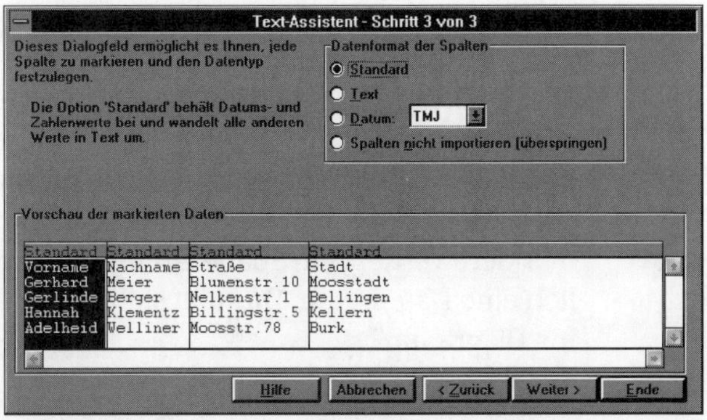


Falls eine Spalte nicht übernommen werden soll, markieren Sie die unter *Vorschau* angezeigt Spalten, indem Sie in diese Spalte klicken. Aktivieren Sie dann unter *Datenformat der Spalten* die Option *Spalten nicht importieren (überspringen)*.

Für die Spalten, die übernommen werden sollen, kann einzeln das Datenformat festgelegt werden, indem Sie die jeweilige Spalte markieren und unter *Datenformat der Spalten* die entsprechende Option aktivieren.

**6.** Klicken Sie auf die Schaltfläche *Ende*, um den Vorgang abzuschließen. Excel legt daraufhin eine neue Arbeitsmappe mit einem Tabellenblatt an. Der Name der Quelldatei erscheint in der Titelleiste.

# Daten im Rampenlicht - Diagramme, schnell und übersichtlich

Das Umsetzen numerischer Daten in ein Diagramm ist gar nicht immer so einfach. Obwohl Excel den Anwendern und Anwenderinnen sehr viel Arbeit bei der Erstellung von Diagrammen abnimmt, gibt es doch einige inhaltliche Grundsätze zu beachten.

## Das Diagramm und seine Datenbasis

Daten für die grafische Darstellung in einem Diagramm auszuwählen, ist in den meisten Fällen schnell erledigt. Mit einem Zug der Maus sind einige Spalten und Zeilen markiert. Solche blitzschnellen Bedientechniken haben aber auch immer eine Kehrseite, es kann nämlich blitzschnell etwas falsch markiert werden, ein Spalte zuviel, eine Zeile zuwenig, und dann fehlt plötzlich eine Datenreihe. Da stellt sich z. B. die Frage, wie bekommt man diese ins Diagramm?

## Hilfe! - Im Diagramm fehlt eine Datenreihe

Sie stellen fest, daß eine Datenreihe falsch oder überflüssig ist oder eine Datenreihe fehlt. Wie kann man dieses Problem schnell beheben?

### Eingebettetes Diagramm

Ziehen Sie die Datenreihe mit der Maus in das Diagramm.

### Einfügen über die Zwischenablage

Kopieren Sie die fehlende Datenreihe in die Zwischenablage und fügen Sie diese mit *Bearbeiten/Einfügen* in das Diagrammblatt ein.

### Eingebettetes Diagramm

1. Markieren Sie die Datenreihe in der Tabelle.
2. Positionieren Sie den Mauszeiger auf dem Rahmen der Markierung, drücken Sie die Maustaste und ziehen Sie die Datenreihe bei gedrückter Maustaste in das Diagramm.

Diese Methode können Sie allerdings nur dann verwenden, wenn es sich bei dem Diagramm um ein eingebettetes handelt.

### Das Einfügen von Daten über die Zwischenablage

**1. Möglichkeit**

1. Markieren Sie die fehlende Datenreihe.
2. Kopieren Sie diese mit *Bearbeiten/Kopieren* oder mit Hilfe des Symbols *Kopieren* in die Zwischenablage.
3. Wählen Sie anschließend im Diagrammblatt den Befehl *Bearbeiten Einfügen*.

**2. Möglichkeit**

1. Sie können aber auch im Diagrammblatt den Befehl *Einfügen/Neue Daten* wählen.
2. Daraufhin öffnet sich ein Dialogfeld, in welchem der hinzuzufügende Bereich mitgeteilt werden kann, indem Sie den Bezug auf diesen Bereich eintippen oder den Bereich im entsprechenden Blatt markieren.
3. Durch Klicken auf *OK* wird die neue Datenreihe erstellt.

Wenn aus irgendeinem Grund die Zuordnung der einzufügenden Daten nicht eindeutig ist, dann öffnet Excel das Dialogfeld *Inhalte einfügen*, in welchem Sie festlegen können, ob es sich bei den Daten um Datenreihen oder um Rubriken handelt.

Die einfachste Möglichkeit, eine Datenreihe aus einem Diagramm zu entfernen, besteht darin, die Datenreihe zu markieren und dann die **Entf**-Taste zu betätigen.

## Von hinten nach vorne - Rubrikenreihenfolge umkehren

Sie haben ein Diagramm erzeugt und stellen fest, daß für eine aussagekräftige Darstellung des Diagramms die Umkehrung der Reihenfolge der Rubriken hilfreich wäre.

### Formatieren Sie die Achsen

Klicken Sie zweimal auf die Achse, deren Werte umgedreht werden sollen. Wählen Sie im Register *Skalierung* das Kontrollkästchen *Rubriken in umgekehrter Reihenfolge* bzw. *Größen in umgekehrter Reihenfolge.*

### Wie Sie die Reihenfolge umkehren

1. Wenn Sie die Reihenfolge genau umkehren möchten, dann sollten Sie auf die Rubrikenachse bzw. die Größenachse doppelklicken, um das Dialogfeld *Achsen formatieren* zu öffnen.
2. Aktivieren Sie das Register *Skalierung* und das Kontrollkästchen *Rubriken in umgekehrter Reihenfolge* bzw. *Größen in umgekehrter Reihenfolge.*
3. Wenn Sie mit *OK* bestätigen, wird die Reihenfolge umgekehrt.

## Umstellungswünsche? - Die Reihenfolge der Datenreihen bearbeiten

220

Sie stellen fest, daß eine neue Anordnung der Datenreihen vermutlich mehr Klarheit in Ihr Diagramm bringen würde.

### Formatieren Sie die Datenreihe

Um die Reihenfolge von Datenreihen festzulegen, sollten Sie aus dem Menü *Format* den Befehl am Ende des Menüs, der den markierten Diagrammtyp angibt, wählen, um das entsprechende Dialogfeld aufzurufen. Aktivieren Sie dann das Register *Datenreihen anordnen* und verändern Sie die Reihenfolge, indem Sie im Listenfeld *Anordnung der Datenreihen* die entsprechende Datenreihe markieren und dann auf die Schaltfläche *Nach oben* oder *Nach unten* klicken.

## Nachbesserung - grafische Was-wäre-wenn-Analysen

221

Sie haben ein Diagramm erstellt und möchten wissen, was passiert, wenn ein oder mehrere Datenpunkt(e) andere Werte annehmen würden.

### Ziehen Sie den Datenpunkt in die Länge

Klicken Sie zweimal auf den gewünschten Datenpunkt und ziehen Sie diesen nach oben oder nach unten. Der zugehörige Wert in der Tabelle ändert sich entsprechend.

### So ändern Sie Datenpunkte im Diagramm

1. Markieren Sie den entsprechenden Datenpunkt im Diagramm, indem Sie zweimal hintereinander auf diesen klicken (nicht doppelt klicken, sondern langsam zweimal klicken!).
2. Positionieren Sie dann den Mauszeiger am oberen Ende der Datenpunktmarkierung, so daß er die Form eines Doppelpfeils annimmt, und ziehen Sie die Datenpunktmarkierung nach oben oder nach unten.

   Ist der Wert im Diagramm festgelegt, wird die Tabelle entsprechend geändert. Voraussetzung ist allerdings, daß der entsprechende Tabellenbereich nicht gesperrt ist.

> ! Es können nur Datenpunktmarkierungen in zweidimensionalen Diagrammen mit der Maus gezogen werden.

Der Spielraum der Veränderung ist dabei nicht durch die gegebenen Höchst- und Niedrigstwerte der aktuellen Skalierung eingegrenzt. Soll also ein Wert erreicht werden, der über dem bisherigen Höchstwert liegt, muß einfach die Datenpunktmarkierung über die Zeichnungsfläche hinaus gezogen werden. Die Skalierung wird entsprechend angepaßt.

## Auch das geht - Formelergebnisse im Diagramm manipulieren

222

In einem Diagramm soll eine Datenpunktmarkierung durch Ziehen geändert werden. Der Datenpunkt ist das Ergebnis einer Formel. Kann man trotzdem durch Ziehen der Datenpunktmarkierung im Diagramm den Wert verändern?

### Dialogfeld Zielwertsuche

In diesem Fall bietet Excel einen besonderen Service, denn es wird automatisch das Dialogfeld *Zielwertsuche* geöffnet. Auf diese Weise kann für eine in die Formel eingehende Variable der Wert gesucht werden, der notwendig ist, um den markierten Zielwert in der Formel zu erreichen. Beachten Sie, daß die veränderbare Zelle einen Wert enthalten muß, also keine Formel.

Excel zeigt den Status der Zielwertsuche in einem eigenen Dialogfeld an. Die Berechnung wird so oft wiederholt, bis der Zielwert erreicht ist oder der Grenzwert für Iterationen, der unter *Extras/Optionen/Berechnen* eingestellt ist.

Ist bei der angegebenen Zahl der Iterationen keine brauchbare Lösung gefunden, erhalten Sie einen entsprechenden Hinweis. Dann können Sie mit *Abbrechen* den ursprünglichen Wert wiederherstellen.

Solche Manipulationen direkt am Diagramm müssen nicht unbedingt nach dem Motto gehen: „Lüge mit Diagramm“; gerade bei Planspielen kann es Sinn machen, mit dieser Methode zu arbeiten.

## Bitte so bleiben! - Diagramme einfrieren

In der Regel wird die Tatsache, daß eine Veränderung der Daten eine Veränderung im Diagramm hervorruft und umgekehrt, erwünscht sein. Was aber, wenn Sie zu Repräsentationszwecken eine größere Anzahl von verschiedenen Diagrammdarstellungen benötigen, die auf der selben Datenbasis beruhen? Dabei soll jedes einzelne Diagramm erhalten bleiben, und zwar auch dann, wenn sich die Datenbasis verändert.

### Wandeln Sie das Diagramm in ein Grafikobjekt um

Dazu müssen Sie das Diagramm in die Zwischenablage kopieren, in ein Zeichenprogramm einfügen, von da aus wieder in die Zwischenablage kopieren und abschließend in die Excel-Tabelle einfügen.

### Die Umwandlung von Diagrammen in Grafikobjekte

1. Aktivieren Sie das Diagramm und fügen Sie es mit *Bearbeiten/Kopieren* in die Zwischenablage ein.
2. Wechseln Sie nun in ein Zeichenprogramm, z. B. in das Windows-eigene Paintbrush.
3. Mit dem Befehl *Bearbeiten/Einfügen* fügen Sie das Diagramm aus der Zwischenablage in das Zeichenprogramm ein.
4. Jetzt müssen Sie noch einmal den Befehl *Bearbeiten/Kopieren*, oder auch *Bearbeiten/Ausschneiden*, wählen, um das „Grafikobjekt" in die Zwischenablage zu übernehmen.
5. Wechseln Sie zu Excel und fügen Sie nun das „Grafikobjekt" mit *Bearbeiten/Einfügen* wieder in die Tabelle ein.

Bei diesem Vorgang ist zu beachten, daß das Diagramm in Excel eine Vektorgrafik, das grafische Objekt in Paintbrush aber eine Pixelgrafik ist. Das hat zur Folge, daß das grafische Objekt empfindlich auf Größenveränderungen reagiert. Es wäre deshalb zu empfehlen, die Größe von vornherein genau festzulegen, und dann auch nicht mehr zu ändern.

## Was eigentlich gar nicht geht - die Darstellung von Winkelfunktionen in einem Netzdiagramm

224

Sie möchten Winkelfunktionen in Abhängigkeit vom Winkel in einem Netzdiagramm darstellen.

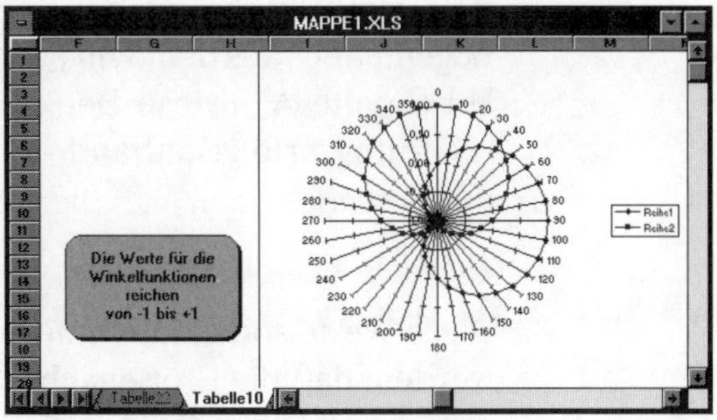


Hierbei taucht folgendes Problem auf: Zum einen erwartet Excel als Beschriftung der Größenachsen des Netzdiagrammes Text, während Sie bei der vorliegenden Problemstellung mit numerischen Werten, nämlich den Winkeln arbeiten wollen. Zum anderen ordnet Excel die Größenachsen innerhalb des Vollkreises, die bei dem vorliegenden Problem entsprechend den Werten der Winkel beschriftet werden sollen, automatisch in regelmäßigen Abständen an, und zwar auch dann, wenn die entsprechenden Werte in der Ausgangstabelle unregelmäßig aufeinander folgen.

## Wandeln Sie numerische Größenachsenbeschriftungen in Text um und ordnen Sie diese regelmäßig an

Wandeln Sie die numerischen Werte, die Sie als Beschriftung der Größenachsen verwenden wollen, d. h. im vorliegenden Beispiel die Winkel, mit der Funktion TEXT() in Text um, und sorgen Sie dafür, daß diese regelmäßig, z. B. in 10°-Schritten, aufeinander folgen.

### So stellen Sie Winkelfunktionen im Kreis dar

Die Winkelfunktionen lassen sich sehr gut in einem Kreis darstellen. Sinus und Cosinus eines Winkels bewegen sich zwischen 0 und 1, wobei der Funktionswert für 360° identisch ist mit dem Funktionswert für 0°.

1. Erstellen Sie zunächst die Wertetabelle für Sinus und Cosinus. Die Spalte A dieser Tabelle soll die Winkel enthalten und in den Spalten D und E sollen der Sinus und der Cosinus dieses Winkels berechnet werden. Dies erfolgt anhand der Formeln

   =SIN(Winkel) und COS(Winkel)

   Da den Funktionen SIN() und COS() die Winkel jedoch im Bogenmaß übergeben werden müssen, benötigen Sie noch eine Hilfsspalte, im Beispiel die Spalte C, zur Berechnung des Bogenmaßes aus dem Winkel (Spalte A). Diese Berechnung erfolgt anhand der Formel

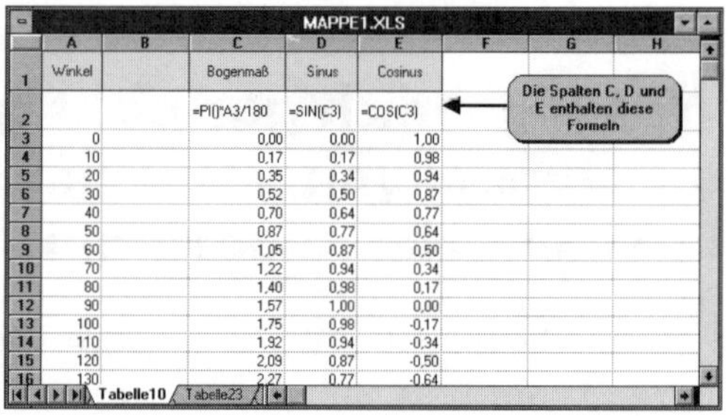

MAPPE1.XLS

| | A | B | C | D | E |
|---|---|---|---|---|---|
| 1 | Winkel | | Bogenmaß | Sinus | Cosinus |
| 2 | | | =PI()*A3/180 | =SIN(C3) | =COS(C3) |
| 3 | 0 | | 0,00 | 0,00 | 1,00 |
| 4 | 10 | | 0,17 | 0,17 | 0,98 |
| 5 | 20 | | 0,35 | 0,34 | 0,94 |
| 6 | 30 | | 0,52 | 0,50 | 0,87 |
| 7 | 40 | | 0,70 | 0,64 | 0,77 |
| 8 | 50 | | 0,87 | 0,77 | 0,64 |
| 9 | 60 | | 1,05 | 0,87 | 0,50 |
| 10 | 70 | | 1,22 | 0,94 | 0,34 |
| 11 | 80 | | 1,40 | 0,98 | 0,17 |
| 12 | 90 | | 1,57 | 1,00 | 0,00 |
| 13 | 100 | | 1,75 | 0,98 | -0,17 |
| 14 | 110 | | 1,92 | 0,94 | -0,34 |
| 15 | 120 | | 2,09 | 0,87 | -0,50 |
| 16 | 130 | | 2,27 | 0,77 | -0,64 |



   =PI()*Winkel/180

2. Diese Werte sollen nun innerhalb eines Netzdiagramms so dargestellt werden, daß die Größenachsen des Netzdiagramms den Winkeln entsprechen und auf diesen Größenachsen die jeweilig zugehörigen Funktionswerte, d. h. der Sinus und der Cosinus des Winkels, angeordnet werden.

Hierbei taucht das Problem auf, daß die Größenachsen bei Netzdiagrammen mit Text beschriftet werden, im Beispiel aber numerische Werte, nämlich die Winkel, verwendet werden sollen. Deshalb müssen diese zunächst in Text umgewandelt werden.

**3.** Fügen Sie dazu in Ihre Wertetabelle eine neue Spalte ein (Spalte B), die die in Text umgewandelten Winkel enthält. Die Umwandlung erfolgt mit Hilfe der Funktion TEXT(*Wert;Textformat*), wobei *Wert* der Bezug auf den entsprechenden numerischen Wert darstellt, und für *Textformat* „0", d. h. Ganzzahldarstellung, gewählt wird, z. B.

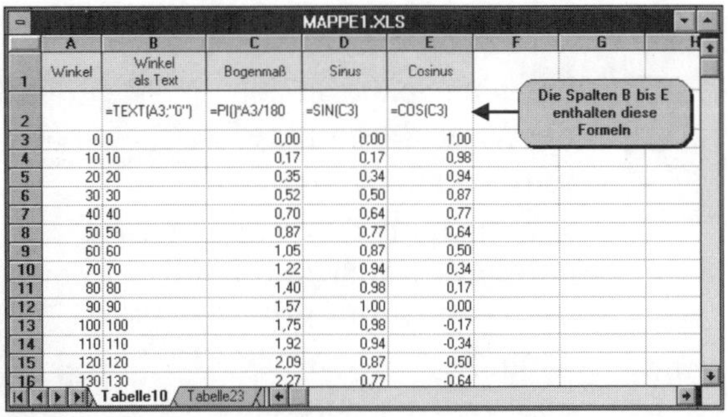


| | A | B | C | D | E |
|---|---|---|---|---|---|
| 1 | Winkel | Winkel als Text | Bogenmaß | Sinus | Cosinus |
| 2 | | =TEXT(A3;"0") | =PI()*A3/180 | =SIN(C3) | =COS(C3) |
| 3 | 0 | 0 | 0,00 | 0,00 | 1,00 |
| 4 | 10 | 10 | 0,17 | 0,17 | 0,98 |
| 5 | 20 | 20 | 0,35 | 0,34 | 0,94 |
| 6 | 30 | 30 | 0,52 | 0,50 | 0,87 |
| 7 | 40 | 40 | 0,70 | 0,64 | 0,77 |
| 8 | 50 | 50 | 0,87 | 0,77 | 0,64 |
| 9 | 60 | 60 | 1,05 | 0,87 | 0,50 |
| 10 | 70 | 70 | 1,22 | 0,94 | 0,34 |
| 11 | 80 | 80 | 1,40 | 0,98 | 0,17 |
| 12 | 90 | 90 | 1,57 | 1,00 | 0,00 |
| 13 | 100 | 100 | 1,75 | 0,98 | -0,17 |
| 14 | 110 | 110 | 1,92 | 0,94 | -0,34 |
| 15 | 120 | 120 | 2,09 | 0,87 | -0,50 |
| 16 | 130 | 130 | 2,27 | 0,77 | -0,64 |

=TEXT(A3;"0")

**4.**  Erstellen Sie nun das Netzdiagramm. Markieren Sie dazu die Werte in Spalte B, D und E und rufen Sie den Diagramm-Assistenten auf, indem Sie auf das Symbol *Diagramm-Assistent* klicken. Als Ergebnis erhalten Sie das Diagramm, wie es in der Abbildung dargestellt ist.

Auf eine Besonderheit sei hier noch einmal hingewiesen: Da Excel beim Netzdiagramm die Größenachsen in regelmäßigen Abständen darstellt, müssen die Winkel in Ihrer Wertetabelle ebenfalls in regelmäßiger Schrittfolge, im Beispiel in 10°-Schritten, angeordnet sein, da sonst Wertetabelle und Diagramm nicht übereinstimmen.

## Zweierlei Maß - stark unterschiedliche Größen in einem Diagramm

225

Es wurden die durchschnittlichen Werte der Sonneneinstrahlung im Verlauf eines Jahres aufgezeichnet und auf die einzelnen Monate gemittelt. Sie dienen als Vergleich für die ermittelten Leistungen einer Solaranlage.

Beim Versuch, die Daten zu vergleichen, fällt auf, daß die Zahlen so unterschiedlich groß sind, daß eine Darstellung innerhalb eines Diagramms unmöglich erscheint. In einem anderen Diagramm-Typus würde man sich an dieser Stelle einer zweiten Y-Achse bedienen. Da dies im Netzdiagramm nicht möglich ist, muß eine andere Methode gewählt werden.

### Fügen Sie eine neue Spalte ein

Ein neue Spalte, in der die Werte durch 10 geteilt werden, bietet sich hier als Ausweg an. Für die Darstellung im Diagramm muß dann die erste, zweite und vierte Spalte als Datenbereich markiert werden.

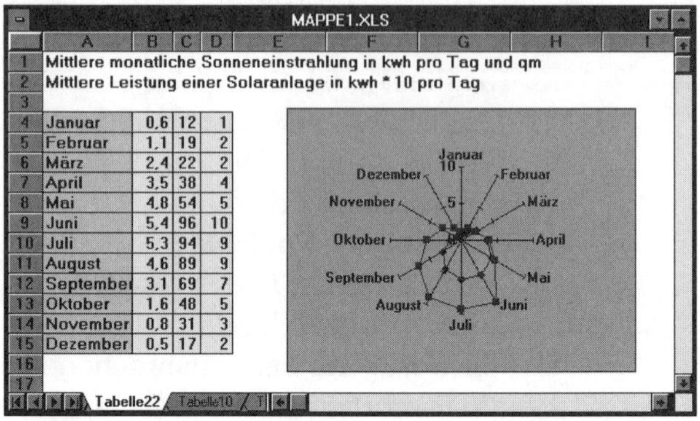


## Nur eine numerische Achse im 3-D-Oberflächendiagramm - muß das sein? 226

Das 3-D-Oberflächendiagramm verfügt nur über eine numerische Achse. Kann man diese Einschränkung umgehen?

### Wählen Sie gleiche Abstände für die Werte auf der x- und y-Achse

Das 3-D-Oberflächendiagramm verfügt nur über eine numerische Achse (die z- oder Größenachse). Die x-Achse und die y-Achse sind nichtnumerische Achsen. Diese Beschränkung läßt sich unter Umständen umgehen, indem man die Werte für die x- und die y-Achse in gleichen Abständen wählt.

Das 3-D-Oberflächendiagramm entspricht einem um eine Achse erweiterten Liniendiagramm, kommt also dem, was man aus der Mathematik als 3-D-Diagramm kennt, am nächsten. Weitere „echte“ 3-D-Diagramme sind das Liniendiagramm, bei dem mehrere Datenreihen als Bänder dargestellt werden, und das Säulendiagramm, das klassische 3-D-Diagramm, in dem die Daten in einem x-y-z-Koordinatensystem als Säulen erscheinen.

# Tips zur Gestaltung

Die ganze grafische Schönheit der Balken, Linien oder Kreissegmente eines Diagramms ist mehr oder weniger verlorene Liebesmüh, wenn z. B. die Beschriftung des Diagramms nicht in Ordnung ist.

## Blind zeichnen - komplette Diagramme trotz ausgeblendeter Datenreihen

227

Sie haben in einer Tabelle einige Spalten ausgeblendet und dann ein Diagramm erstellt. Im Diagramm werden die ausgeblendeten Datenreihen nicht dargestellt. Andererseits möchten Sie das Diagramm trotzdem mit allen tatsächlichen Datenreihen zeichnen. Gibt es da einen Trick?

### Deaktivieren Sie das Kontrollkästchen Nur sichtbare Zellen werden gezeichnet

Wenn Sie das erreichen möchten, dann aktivieren Sie zunächst das Diagramm und wählen dann *Extras/Optionen* und das Register *Diagramm*. Deaktivieren Sie das Kontrollkästchen *Nur sichtbare Zellen werden gezeichnet* und quittieren Sie mit *OK*.

Die Einstellung bezieht sich nur auf das aktuelle Diagramm. Das bedeutet, daß Sie das Diagramm sowohl mit als auch ohne die ausgeblendeten Datenreihen in einer Tabelle darstellen können.

## Sofortbild - eingebettete Diagramme blitzschnell erzeugen

228

Sie möchten erreichen, daß mehrere Diagramme im gleichen Format und Stil erzeugt werden, und das so schnell wie möglich, also ohne den Diagramm-Assistenten zu Hilfe zu nehmen.

### Verwenden Sie die Vorzugsform

Markieren Sie die Daten, die als Diagramm gezeichnet werden sollen, und klicken Sie auf das Symbol *Vorzugsform*.

# Ihr Lieblingsdiagramm - immer wieder blitzschnell erzeugen

Ihre Diagramme werden fast immer in derselben Form erstellt. Es wäre nützlich, wenn Sie dieses Format irgendwie festhalten könnten, damit mit einem Mausklick das richtig formatierte Diagramm erzeugt wird.

## Definieren Sie Ihre eigene Vorzugsform

Erstellen Sie ein Diagramm Ihrer Vorstellung, wählen Sie *Extras/Optionen/Diagramm*, klicken Sie auf *Aktuelles Diagramm* und legen Sie für das erstellte Diagrammformat einen Namen fest.

### Das Erstellen einer Vorzugsform

1. Erstellen Sie zunächst ein Diagramm, das Ihren Wünschen entspricht, und welches zukünftig beim Klicken auf das Symbol *Vorzugsform* erstellt werden soll.
2. Achten Sie darauf, daß das Diagramm aktiviert ist, wenn Sie den folgenden Befehl wählen: *Extras/Optionen/Diagramm*.
3. Bei *Vorzugsform* klicken Sie auf die Schaltfläche *Aktuelles Diagramm* und vergeben anschließend in dem sich daraufhin öffnenden Dialogfeld einen Namen für dieses Diagramm.

Jedes Diagramm, das zukünftig als Vorzugsdiagramm mit dem Symbol *Vorzugsform* erstellt wird, entspricht den Formatierungen des von Ihnen zuletzt als Vorzugsform festgelegten Diagramms. Das gilt auch für spätere Arbeitssitzungen mit Excel.

Sie haben die Möglichkeit, sich eine ganze Reihe von Vorzugsformen festzulegen. Die auf diese Weise festeglegten Vorzugformen können entweder wieder über *Extras/Optionen/Diagramm* ausgewählt werden, oder auch über den Befehl *Format/AutoFormat*. Im Dialogfeld *AutoFormat* müssen Sie unter *Vorlagen anzeigen* auf die Option *Benutzerdefinierte* klicken. Daraufhin werden in der Liste *Diagrammtypen* alle selbstdefinierten Formate angezeigt.

# So drucken Sie mit Pfiff!

Natürlich möchten Sie Ihre Dateien nicht nur auf dem Bildschirm begutachten, sondern auch professionell ausdrucken. Excel stellt zum Ausdrukken der Dateien Optionen zur Verfügung, mit deren Hilfe die Druckausgabe auf vielfältige Weise beeinflußt werden kann. Dabei sollten Sie jedoch immer bedenken, daß die Qualität des Druckergebnisses ganz entscheidend von den Fähigkeiten Ihres Drucker abhängt, denn nicht alle Optionen, die Excel zur Verfügung stellt, werden von allen Druckern unterstützt. Je nach Druckertyp bieten sich unterschiedliche Möglichkeiten der Einstellung und dementsprechend sind unterschiedliche Optionen wählbar.

## Das Wesentliche drucken - Druckbereiche fest im Griff

Im Normalfall druckt Excel automatisch den Datenbereich einer Tabelle aus, sofern Sie nichts anderes festgelegt haben. Wie Sie Teilbereiche einer Tabelle ausdrucken, möglicherweise sogar auf einem einzigen Blatt, das erfahren Sie in diesem Kapitel.

## Schnell und ohne Umverpackung - Teilbereiche einer Tabelle drucken

Excel legt den Druckbereich automatisch fest. Es wird einfach das Rechteck aus der Tabelle genommen, das augenblicklich Daten enthält. Im Unterschied zu einem Textprogramm, bei dem in der Regel der gesamte Text gedruckt wird, sollen in einem Tabellenkalkulationsprogramm aber meist nur bestimmte Bereiche aus dem gesamten Arbeitsblatt gedruckt werden. Wie muß man dazu vorgehen?

### Einen Teilbereich drucken

Wenn ein Teilbereich einer Tabelle nur einmal ausgedruckt werden soll, dann erreichen Sie das gewünschte Ergebnis am schnellsten, wenn Sie den Bereich, der gedruckt werden soll, in der Tabelle markieren, den Befehl *Datei/Drucken* wählen und im Dialogfeld die Option *Markierung* aktivieren. Durch Klicken auf *OK* wird der markierte Bereich ausgedruckt.

### Mehrere Teilbereiche drucken

Wenn Sie mehrere Teilbereiche einer Tabelle drucken möchten, dann markieren Sie unter Verwendung der Strg-Taste die auszudruckenden Bereiche und wählen dann den Befehl *Datei/Drucken*. Wenn Sie die Option *Markierung* aktivieren, wird durch Klicken auf *OK* jeder Bereich auf einer extra Seite ausgedruckt.

## Nicht lange Fackeln - vordefinierte Tabellenteile einfach per Mausklick drucken

Aus einer Tabelle soll immer derselbe Teilbereich gedruckt werden. Muß man diesen Teilbereich vor jedem Ausdruck markieren oder gibt es da einen Trick, so daß beim Auswählen des Druckbefehls automatisch nur dieser Bereich gedruckt wird?

### Definieren Sie einen Druckbereich

Wenn Sie in einer Tabelle immer wieder einen ganz bestimmten Bereich ausdrucken möchten, dann empfiehlt es sich, diesen ausdrücklich als Druckbereich zu definieren.

Am schnellsten geht das, wenn Sie den entsprechenden Bereich markieren und dann auf das Symbol *Druckbereich festlegen* klicken. Excel weist daraufhin dem markierten Bereich den Namen *Druckbereich* zu.

Mit Hilfe des Symbols *Druckbereich festlegen* können Sie auch eine Mehrfachauswahl als Druckbereich festlegen. Wenn Sie sich zu einem späteren Zeitpunkt vergewissern möchten, ob der Druckbereich noch richtig definiert ist, dann können Sie mit F5 das Dialogfeld *Gehe zu* öffnen und durch einen Doppelklick auf *Druckbereich* den zu druckenden Bereich markieren.

# Welchen hätten Sie gern? - Bereiche einmal definieren und einzeln bei Bedarf ausdrucken

232

In einer Tabelle läßt sich nur ein einziger Druckbereich festlegen. Sie möchten aber mehrere Bereiche definieren, um diese bei Bedarf einzeln auszudrucken, ohne daß Sie jeden vorher markieren müssen.

## Verwenden Sie Namen

Weisen Sie den verschiedenen Druckbereichen unterschiedliche Namen zu.

### So verwalten Sie Ihre Druckbereiche mit Namen

1. Ein erster Schritt, eine solche Situation zu vereinfachen, ist, für die verschiedenen Druckbereiche Namen zu vergeben. Wählen Sie dazu sprechende Namen, die gleich verraten, welche Teiltabelle gemeint ist. Rein aufzählende Namen wie *DBereich1* sind zwar nicht verboten, verschenken aber die Information, die Ihnen helfen soll, die Arbeit zu vereinfachen und zu beschleunigen.
2. Da Excel nun aber pro Arbeitsblatt immer nur einen Bereich als Druckbereich auffaßt - der Name „Druckbereich" gehört zu den reservierten Namen - kommt es darauf an, den Wechsel von einem Druckbereich zum anderen Druckbereich zu vereinfachen.
3. Markieren Sie im Namensfeld der Bearbeitungszeile den entsprechenden Namen, um den Bereich in der Tabelle zu markieren.

> Sie können sich auch mit dem Befehl *Gehe-zu* behelfen: Wenn Sie verschiedene Teilbereiche eines Arbeitsblatts mit Namen belegt haben, können Sie mit **F5** das *Gehe zu* Dialogfeld öffnen und den gewünschten Bereich mit einem Doppelklick markieren.

4. Diesen Bereich können Sie nun ganz einfach als Druckbereich definieren, indem Sie auf das Symbol *Druckbereich festlegen* klicken. Der ursprüngliche Name des Bereichs bleibt dabei erhalten, nur der Druckbereich wird neu zugewiesen.

## So geht es doch - verschiedene Druckbereiche gleichzeitig definieren 233

Aus einem umfangreichen Tabellenblatt sollen einzelne Bereiche ausgewählt und in bestimmter Reihenfolge gedruckt werden, ohne daß vorher jedesmal der Druckbereich markiert und definiert werden muß.

### Definieren Sie verschiedene Ansichten

Definieren Sie die einzelnen Druckbereiche und erstellen Sie davon jeweils eine Ansicht. Soll der Ausdruck eines bestimmten Bereichs erfolgen, wählen Sie die entsprechende Ansicht.

### Die Ansichten mit verschiedenen Druckbereichen definieren

Auf den ersten Blick umständlicher, aber bei häufig benutzen Tabellen auf Dauer praktischer, ist es, wenn Sie für eine Tabelle, in der abwechselnd verschiedene Druckbereiche verwendet werden, entsprechende Ansichten definieren.

1. Definieren Sie dazu den ersten Druckbereich und rufen dann den Befehl *Ansicht/Ansichten-Manager* auf.
2. Benutzen Sie *Hinzufügen* und geben Sie einen Namen für diese Ansicht ein.
3. Verfahren Sie so für alle benötigten Druckbereiche. Verwenden Sie Namen für die Ansichten, die erkennen lassen, um welchen Druckbereich es sich handelt.

Soll nun der Ausdruck eines bestimmten Druckbereichs erfolgen, wählen Sie *Ansichten/Ansichten-Manager* erneut und im Dialogfeld die entsprechende Ansicht mit einem Doppelklick.

## Papier sparen - mehrere Bereiche auf einem Blatt ausdrucken 234

In den bisher beschriebenen Fällen druckt Excel die einzelnen Bereiche der Mehrfachauswahl jeweils auf eine neue Seite, egal wie klein der jeweilige Bereich ist. Was kann man tun, um diese Bereiche zusammenhängend auszudrucken?

## Kopieren Sie die Tabellenbereiche auf ein Extrablatt

Wenn Sie mehrere kleine Tabellen auf einer Seite zusammen ausdrucken wollen, die im Arbeitsblatt nicht benachbart sind, haben Sie natürlich immer die Möglichkeit, diese Bereiche in einem freien Teil der Tabelle oder auch in einer neuen Tabelle zusammenzukopieren, so daß sie einen geschlossenen Bereich bilden. Das gilt insbesondere auch, wenn Teile aus mehreren Dateien zusammengestellt werden sollen.

## Verwenden Sie die Kamera

Eine andere Lösung bietet hier das Kamerasymbol aus der Werkzeug-Symbolleiste. Machen Sie jeweils ein Bild von dem auszudruckenden Bereich und stellen Sie die Bildobjekte in einer eigenen Tabelle zusammen.

### Das Zusammenstellen von Tabellenteilen mit der Kamera

1. Markieren Sie einen Bereich, der ausgedruckt werden soll.
2. Klicken Sie nun auf das Symbol *Kamera*; der markierte Bereich wird von einem Laufrahmen umgeben.
3. Klicken Sie nun auf eine Stelle der Tabelle oder einer neuen leeren Tabelle, wird an dieser Stelle ein getreues Abbild des markierten Bereichs eingefügt.
4. Das Bild läßt sich mit der Maus verschieben. Wenn Sie die **Alt**-Taste hinzunehmen, läßt sich das Bild auch präzise auf den Zellinien plazieren.
5. Stellen Sie auf diese Weise alle benötigten Tabellenteile zusammen, die Sie ausdrucken möchten.
6. Wenn sich die Bildobjekte in derselben Tabelle wie die Daten befinden, dann markieren Sie den Bereich, in dem sich die Bildobjekte befinden, und wählen *Datei/Drucken/Markierung*.
7. Wenn sich die Bildobjekte in einem separaten Tabellenblatt befinden, dann können Sie das Symbol *Drucken* verwenden. Die Abbilder sind dabei automatisch mit den Originalbereichen verknüpft. Ein Doppelklick auf eines der Bilder führt direkt zum Originalbereich. Ist die Datei nicht geöffnet, wird sie automatisch geöffnet. Werden die Daten im Originalbereich geändert, zeigt das Abbild den aktuellen Stand.

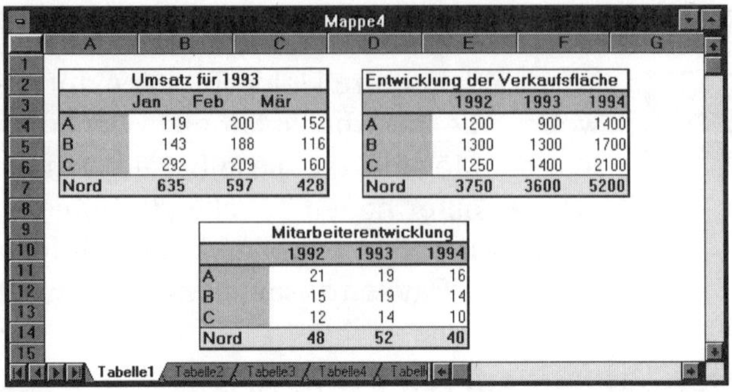


*Tabelle mit mehreren Tabellenbildern*

Wenn Sie die Objekte nachträglich formatieren möchten, dann markieren Sie die Objekte und wählen den Befehl *Format/Objekt*. Sollen alle erstellten Objekte in gleicher Weise formatiert werden, können Sie alle auf einmal markieren, indem Sie beim Klicken auf die einzelnen Objekte die **Umschalt**-Taste gedrückt halten.

# Das richtige Drumherum - Drucktitel und Seitenlayout

Drucktitel und Überschriften bieten sich immer dann an, wenn Sie eine Tabelle, die sich über mehrere Seiten erstreckt, ausdrucken möchten.

## Kopflos? - Spaltenüberschriften auf jeder Druckseite

Insbesondere bei mehrseitigen Tabellen ist es recht unerfreulich, wenn auf der zweiten Seite die Beschriftung für die Spalte fehlt. Dann ist nicht mehr ohne weiteres erkennbar, auf welche Zeilenbeschriftung sich die Daten beziehen.

### Legen Sie einen Drucktitel fest

Wählen Sie *Datei/Seite einrichten* Register *Tabelle*. Aktivieren Sie das Eingabefeld *Druckbereich* und markieren Sie den entsprechenden Bereich in der Tabelle. Legen Sie die Zeilen oder Spalten, die auch auf der zweiten und weiteren Seite erscheinen sollen, unter *Drucktitel* fest.

## So legen Sie einen Drucktitel fest

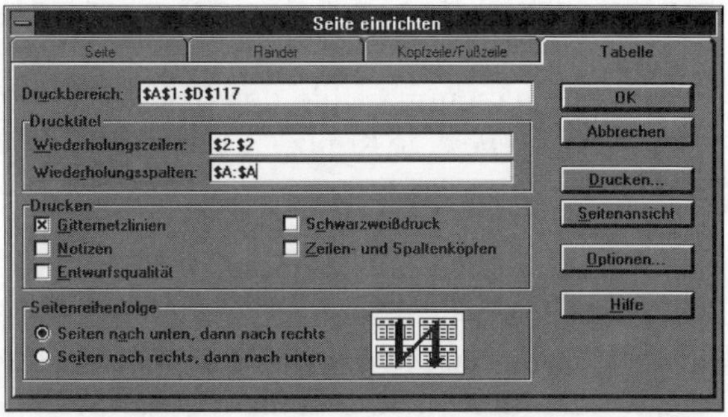


1. Wählen Sie *Datei/ Seite einrichten*, daraufhin öffnet sich das gleichnamige Dialogfeld. Aktivieren Sie das Register *Tabelle*.
2. Klicken Sie in das Eingabefeld *Druckbereich*, um das Eingabefeld zu aktivieren, und markieren Sie dann in der Tabelle den Bereich, der gedruckt werden soll. Falls für die Tabelle bereits ein Druckbereich festgelegt war, erscheint dieser Bezug im Eingabefeld.
3. Klicken Sie dann unter *Drucktitel* in das Eingabefeld *Wiederholungszeilen* und/oder *Wiederholungsspalten* und markieren Sie in der Tabelle die Zeile(n) bzw. Spalte(n), die auf jeder auszudruckenden Seite erscheinen sollen. Hierbei wird von Excel immer die gesamte Zeile bzw. Spalte markiert, sobald Sie in eine Zeile bzw. Spalte klicken.

Im Beispiel wurde der Bereich A1 bis D117 als Druckbereich ausgewählt. Zusätzlich wurde die Zeile 2 und die Spalte A als Überschrift, die auf jeder Seite erscheinen soll, festgelegt.

Überprüfen Sie vor dem Ausdrucken das Ergebnis, indem Sie *Datei/Seitenansicht* wählen oder auf das Symbol zum Wechseln in den Seitenansichts-Modus klicken.

Die Bereichseinträge unter *Druckbereich* und *Drucktitel* sind voneinander unabhängig. Zeilen oder Spalten, die in beiden Bereichen enthalten sind, werden nicht doppelt gedruckt (im Gegensatz zur Version 4 von Excel).

Der Druckbereich wird in der Tabelle durch eine gestrichelte Line angezeigt. Diese werden jedoch gegebenenfalls durch Rahmenformatierungen überdeckt.

Mit dem Einrichten der Bereiche *Druckbereich* und *Drucktitel* definiert Excel gleichlautende Namen für diese Bereiche. Diese können mit **F5** markiert werden. Ist im Dialogfeld *Drucken* die Option *Markierung* gewählt, wird ein eventuell vorher definierter Druckbereich ignoriert.

## Wenn sich die Kopfzeile versteckt...

Sie haben mit Hilfe des Befehls *Datei/Seite einrichten*, Register *Kopfzeile/Fußzeile* eine Kopfzeile definiert. Excel druckt diese jedoch nicht aus, woran kann das liegen?

### Überprüfen Sie die Randeinstellungen

Wenn Sie für ein Dokument Kopf- oder Fußzeilen definieren, sollten Sie darauf achten, daß Sie die Ränder oben und unten nicht zu klein setzen. Excel plaziert die Kopf- und Fußzeilen jeweils unabhängig von Ihren Randeinstellungen mit 1,3 cm Abstand vom oberen bzw. unteren Papierrand. Wenn Sie nun unter *Datei/Seite einrichten*, Register *Ränder* die Ränder *Oben* und *Unten* kleiner als 1,4 cm setzen, kann es passieren, daß die Kopf- oder Fußzeilen von den Daten des eigentlichen Druckbereichs überschrieben werden.

Glücklicherweise läßt sich das schon in der Seitenansicht erkennen, es ist also nicht nötig, den Papierkorb mit mißlungenen Ausdrucken zu füllen. Einen Blick auf die Seitenansicht - die Schaltfläche zum Aufrufen der Seitenansicht befindet sich im Dialogfeld - sollten Sie bei neuen Ausdrucken zur Kontrolle des Druckbereichs und der Druckeinstellungen immer werfen; die paar Sekunden können viel Ärger ersparen.

**So unterscheiden sich Drucktitel und Kopfzeile**

Ein Drucktitel ist ein Bereich in einer Tabelle, der auf jeder Seite wiederholt wird.

Eine Kopfzeile ist ein zusätzlicher Text, der auf jeder Seite ausgedruckt werden soll. In Büchern oder Zeitschriften zeigen beispielsweise die Kopfzeilen oft die Kapitelüberschrift und die Seitenzahl an. Eine Fußzeile erscheint am Ende des Papierrands ebenfalls als zusätzlicher Text, der nicht in der Tabelle enthalten ist.

# Spätstart - Seitennumerierung mit einer beliebigen Zahl beginnen lassen

Bei Textverarbeitungsprogrammen kann man die Seitennumerierung festlegen, die Numerierung kann mit einer beliebigen Zahl beginnen. Kann Excel das auch?

## Manipulieren Sie die Kopfzeile

Addieren Sie im Dialogfeld *Kopfzeile* die entsprechende Seitenzahl zu der ersten Seite hinzu.

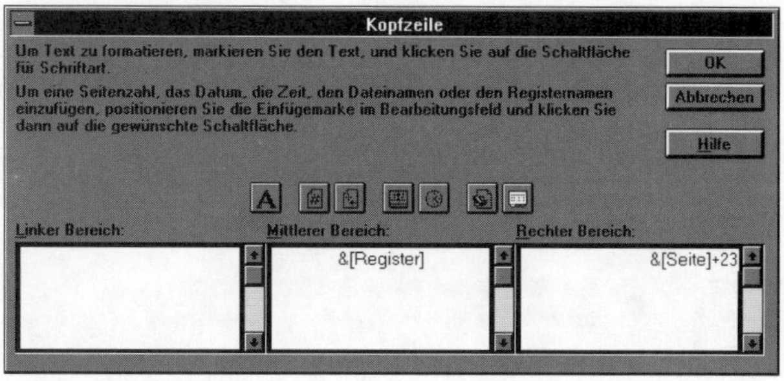


### So bearbeiten Sie die Kopfzeile

1. Wählen Sie *Datei/Seite einrichten* und Register *Kopfzeile/Fußzeile.*
2. Klicken Sie auf die Schaltfläche *Benutzerdefinierte Kopfzeile.*
3. Soll die Numerierung am rechten Seitenrand erscheinen, dann klicken Sie in das Eingabefeld *Rechter Bereich.*
4. Klicken Sie auf das Symbol zum Eintragen der Seitennummer (Doppelkreuz), um den Platzhalter für die Seitennummer einzutragen.
5. Anstatt die Numerierung mit 1 zu beginnen, kann auch ein beliebiger anderer Wert benutzt werden. Soll die erste Seite z. B. die Seite 24 sein, weil es sich um den zweiten Teil eines Berichts handelt, brauchen Sie nur das Symbol zum Festlegen der Seitenzahl anklicken und anschließend ein Pluszeichen (+) und die Anzahl der Seiten, die der ersten Seite hinzugerechnet werden sollen. Wenn der Ausdruck mit 24 beginnen soll, müßten Sie +23 hinter den Platzhalter für die Seitenzahl schreiben.

# Zu wenig Platz? - Wie Sie mehr auf einer Seite unterbringen

238

Sie möchten Ihre Daten auf einer Seite unterbringen. Im Seitenansichts-Modus mußten Sie jedoch feststellen, daß die Tabelle größer als eine Seite ist. Deshalb haben Sie die Spaltenbreite verkleinert. Das reicht aber immer noch nicht aus; was kann man tun? Und wenn mehrere Seiten benötigt werden, kann man dann wenigstens verhindern, daß auf der letzten Seite zwei Zeilen bzw. Spalten ausgedruckt werden?

## Verwenden Sie die Optionsgruppe Skalierung

Wählen Sie erst *Datei/Seite einrichten*, Register *Seite* und dann unter *Skalierung* entweder *Verkleinern/Vergrößern* oder *Anpassen*.

### Verkleinern/Vergrößern

Wenn Sie diese Option wählen, können Sie im benachbarten Textfeld einen Prozentsatz eingeben, der das Maß der Verkleinerung oder Vergrößerung bestimmt. Die Größenveränderung ist in diesem Fall immer proportional, d. h., die Höhe und die Breite werden auf denselben Prozentsatz gebracht. Dabei wird die Originalgröße als 100% angenommen. Werte zwischen 10 und 400 sind erlaubt.

Wenn der Druckbereich aus Daten besteht, machen natürlich nur solche Verkleinerungen Sinn, die die Lesbarkeit des Ausdrucks erhalten. Muten Sie Ihren Mitmenschen also keine Tabellen zu, die nur mit beigelegter Lupe zu benutzen sind. Kontrollieren Sie die Einstellung in der Seitenansicht mit Zoom. Wenn die Daten in dieser Einstellung nicht gut lesbar sind, ist die Verkleinerung zu stark.

### Anpassen

Bei der Option *Anpassen* kann festgelegt werden, auf wie viele Seiten in der Breite und in der Höhe der gesamte Druckbereich gedruckt werden soll. Voreingestellt ist immer *1 Seite breit, 1 Seite hoch*.

Auch wenn Sie von vornherein wissen, daß die Tabelle mehrere Seiten Platz braucht, ist es unerfreulich, wenn bei normaler Einstellung auf der letzten Seite nur noch zwei Zeilen auftauchen oder wenn eine oder zwei schmale Spalten neue Seiten erfordern.

Außerdem kann bei sehr großen Tabellen die Frage auftauchen, wie viele Seiten überhaupt gewünscht sind, denn je nach Auflage macht es einen ganz schönen Unterschied, ob ein Dokument 40 oder nur 32 Seiten umfaßt.

Die Option *Anpassen* hat den Vorteil, daß Excel selbst die Verkleinerung aussucht, die notwendig ist, um die gewünschte Seitenanpassung zu erreichen.

Nehmen wir an, Sie wollen erreichen, daß ein Ausdruck, der bei der Standardeinstellung für den Druckbereich 5 Seiten in der Breite und 4 Seiten in der Höhe braucht, also insgesamt 20 Seiten, auf 12 Seiten reduziert werden soll. Das können Sie erreichen, wenn Sie *Anpassen* anwählen und 3 für Seiten breit und 4 für Seiten hoch eingeben. Am besten kontrollieren Sie das Ergebnis immer noch einmal in der Seitenansicht.

Wird dagegen nur für die Breite ein neuer Wert eingetragen, das Feld *Höhe* dagegen leer gelassen, hat das den Effekt, daß der gesamte Ausdruck zwar in der Breite komprimiert wird, nicht aber in der Höhe. In der Höhe werden weiter soviele Seiten gedruckt, wie sich aus der Standardeinstellung ergibt. Entsprechendes gilt, wenn nur die Höhenangabe verändert wird. Wenn Sie den Normalzustand wiederherstellen wollen, müssen Sie 100% unter *Verkleinern/Vergrößern* eingeben.

## Miniposter - Diagramm so groß wie möglich ausdrucken

Sie möchten ein Diagrammblatt ausdrucken, und zwar so, daß es die gesamte Seite des Blattes ausnutzt, aber unter Beibehaltung der Seitenverhältnisse.

### Verwenden Sie den Befehl Datei Seite einrichten

Zum Festelgen des Seitenlayouts für Diagramme können Sie wie gewohnt den Befehl *Datei/Seite einrichten* verwenden und das Register *Diagramm* auswählen.

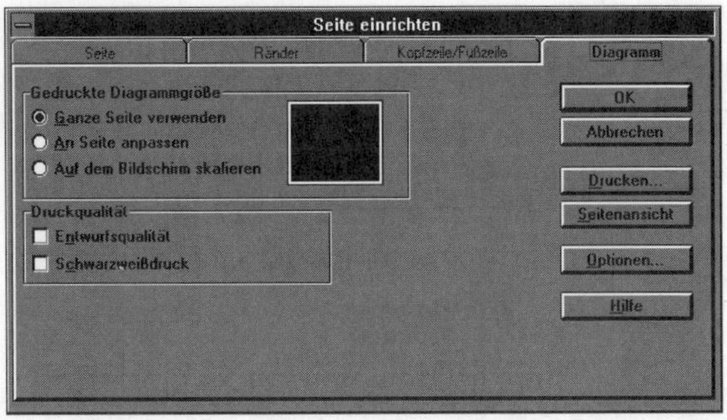

Die Option *Ganze Seite verwenden* nutzt die ganze Druckseite aus. Das Diagramm wird entsprechend vergrößert, allerdings nicht proportional, das heißt, es kann passieren , daß sich das Höhen-/Breitenverhältnis verändert.

Falls das Höhen-/Breitenverhältnis beibehalten werden muß, wählen Sie die Option *An Seite anpassen*. Die Grafik wird dann auch so groß wie möglich ausgedruckt, wobei jedoch die Vergrößerung proportional erfolgt, das heißt, die Höhen-/Breitenverhältnisse werden beibehalten.

Wenn Sie die Option *Auf Bildschirmgröße skalieren* einstellen, wird das Diagramm in genau der Größe, wie es auf dem Bildschirm erscheint, ausgedruckt. In diesem Fall haben Sie die Möglichkeit, den Ausdruck durch Verkleinern oder Vergrößern des Dokumentfensters in der Ausdruckgröße zu beeinflussen.

# Daten und Dateien optimal sichern

Die gesetzlichen Bestimmungen des Datenschutzes können und sollen hier nicht erläutert werden. Der wesentliche Punkt ist, daß der Mißbrauch von personenbezogenen Daten verhindert werden muß. Wie das geschehen soll, darüber wird es an Ihrem Arbeitsplatz vielleicht detaillierte Vorschriften geben. Hier geht es nur darum, auf ein paar ganz einfache technische Möglichkeiten hinzuweisen.

Wenn Sie in einer Tabelle personenbezogene Daten verwenden müssen, haben Sie die Möglichkeit, Ihren Arbeitsablauf so einzurichten, daß diese Daten in den Zeiten, wo Sie nicht am Gerät arbeiten, unzugänglich bleiben.

## Streng vertraulich! - Dateischutz mit Kennwort

Wie kann man erreichen, daß nicht zugriffsberechtigte Personen eine bestimmte Datei nicht öffnen können, oder zwar öffnen, die Datei aber nur lesen, und nicht verändern können?

### Vergeben Sie ein Kennwort

Wählen Sie *Datei/Speichern unter* und die Schaltfläche *Optionen*. Tippen Sie hier ein Sicherungskennwort oder Schreibschutzkennwort ein und bestätigen Sie Ihre Eingaben mit *OK*.

#### Wie Sie ihre Datei schützen

Den Zugriff auf eine Tabelle mit einem Kennwort zu schützen, ist eine Möglichkeit. Dieser Schutz wirkt aber nur, solange Ihr Kennwort geheim bleibt. Wenn Sie ein Kennwort verwenden, das andere leicht erraten können, z. B. Ihren Vornamen oder Ihr Geburtsdatum, wird der Schutz nicht lange halten. Der regelmäßige Wechsel eines Kennworts macht Böswilligen das Leben schon etwas schwerer.

1. Kennworte werden beim Speichern der Datei vergeben. Benutzen Sie dazu im Dialogfeld *Datei/ Speichern unter* die Schaltfläche *Optionen*.

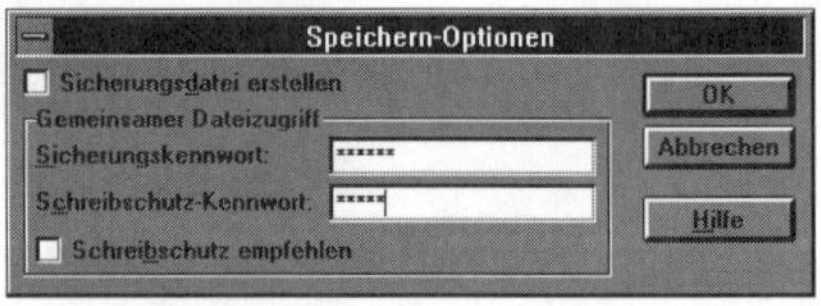


2. Ein Kreuz im ersten Kontollkästchen *Sicherungsdatei erstellen* veranlaßt Excel, bei jedem erneuten Speichern der Datei den Zustand der Datei vor den Änderungen in der aktuellen Sitzung gesondert abzuspeichern. Die Datei erhält denselben Dateinamen, als Dateityp wird BAK verwendet.
3. Darunter finden Sie zwei Textfelder für Kennworte. Das *Sicherungskennwort* unter *Gemeinsamer Dateizugriff* sperrt überhaupt den Zugang zu einer Datei. Nur derjenige, der das hier eingegebene Kennwort beim Öffnen der Datei korrekt eingibt, hat eine Chance, auf die Daten zuzugreifen.
4. Geben Sie eine Zeichenfolge von maximal 15 Zeichen ein. Alle Zeichen, auch Leerzeichen, sind erlaubt. Wenn Sie allerdings Groß- und Kleinbuchstaben mischen, müssen Sie sich die genaue Schreibweise merken, weil Excel bei der Wiedereingabe des Kennworts eine exakte Übereinstimmung verlangt.
5. Wenn Sie nur diese Sperre beim Öffnen der Datei errichten wollen, reicht es, wenn Sie hier Ihr Kennwort eintragen und dann mit *OK* bestätigen.
6. Um Sie davor zu schützen, durch einen unbemerkten Tippfehler - die Eingabe wird ja nicht angezeigt - ein falsches Kennwort einzugeben, folgt ein weiteres Dialogfeld, in dem Sie das Kennwort noch einmal eingeben müssen.
7. Zusätzlich oder auch unabhängig von der Zugriffssperre für die ganze Datei kann unter *Schreibschutzkennwort* ein Kennwort vergeben werden, mit dem die Datei gegen Veränderungen geschützt wird. Auch hier wird eine Kontrolleingabe verlangt.

Benutzen Sie nur das Schreibschutzkennwort, bedeutet dies, daß zwar jeder die Datei öffnen darf, Änderungen aber nur der vornehmen kann, der dieses Schreibschutzkennwort kennt. Praktisch läuft das so ab: Wenn die schreibgeschützte Datei geöffnet wird, erscheint dieses Dialogfeld.

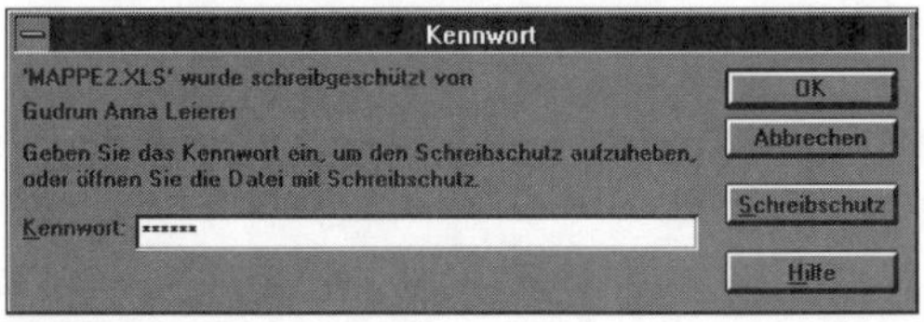

Wird das Schreibschutzkennwort richtig eingegeben, wird der Schreibschutz aufgehoben. Im anderen Fall können Sie die Schaltfläche *Schreibschutz* benutzen. Die Datei erscheint im Fenster mit dem Namenszusatz *Schreibgeschützt.* Änderungen sind zwar möglich, aber wenn Sie *Datei/Speichern* benutzen, wird die Datei nicht gespeichert, sondern das Dialogfeld *Datei/speichern unter* angeboten, d. h., Sie können die geänderte Datei zwar unter einem anderen Namen abspeichern, die Originaldatei aber bleibt unverändert.

Natürlich können Sie die beiden Kennworte auch gleichzeitig verwenden, also sowohl vor das Öffnen als auch vor das Ändern eine Sperre setzen.

Wenn Sie das Kontrollkästchen *Schreibschutz empfehlen* ankreuzen, erzeugt Excel beim Öffnen dieser Datei einen Hinweis, falls in dem Dialogfeld von *Datei/Öffnen* das Kontrollkästchen *Schreibschutz* nicht angekreuzt wird.

Der Schutz einer Arbeitsmappe kann jederzeit entfernt werden, indem Sie das Kennwort im Eingabefeld löschen und zweimal mit *OK* bestätigen. Die Frage: „Vorhandene Datei ersetzen?" beantworten Sie mit *Ja.*

## Arbeitsmappen schützen - sichern Sie Ihre Ordnung vor Ihren Kollegen

Sie arbeiten mit mehreren Personen gemeinsam an einer Arbeitsmappe. Leider kommt es häufig vor, daß die Blattreihenfolge und die Fenstergröße nicht mehr Ihrer letzten Vorgabe entsprechen. Wie kann man das verhindern?

### Schützen Sie das Dokument

Wählen Sie *Extras/Dokument schützen/Arbeitsmappe*, geben Sie, wenn Sie wollen, ein Kennwort ein (optional) und bestätigen Sie Ihre Eingaben mit *OK.*

### Das Schützen der Arbeitsmappe

Wenn Sie verhindern möchten, daß die Blattreihenfolge einer Arbeitsmappe verändert wird oder daß das Arbeitsmappenfenster vergrößert oder verkleinert bzw. verschoben wird, dann gehen Sie folgendermaßen vor:

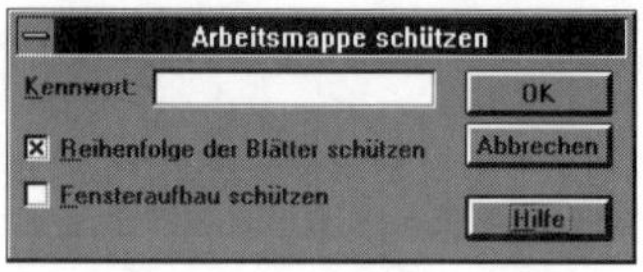


1. Wählen Sie den Befehl *Extras/Dokument schützen/Arbeitsmappe*.
2. Mit dem Kontrollkästchen *Reihenfolge der Blätter schützen* kann verhindert werden, daß in der Mappe Blätter verschoben, eingefügt oder gelöscht werden können.
3. Mit dem Kontrollkästchen *Fensteraufbau schützen* kann verhindert werden, daß die Position und die Größe des Fensters verändert wird. Aus der Titelleiste verschwinden dazu die entsprechenden Schaltflächen und, falls das Fenster im Fenstermodus auf dem Bildschirm dargestellt wird, der Fensterrahmen. Außerdem können die Befehle *Fenster/Neues Fenster* und *Fenster/Anordnen* nicht mehr verwendet werden.
4. Auch hier kann ein Kennwort eingegeben werden, es ist aber nicht erforderlich. Wenn Sie ohne Kennwort arbeiten wollen, lassen Sie das Feld einfach frei.

Um den Arbeitsmappenschutz wieder aufzuheben, wählen Sie in diesem Fall die Befehle *Extras/Dokument schützen* und *Arbeitsmappenschutz aufheben*. Falls Sie ein Kennwort eingegeben haben, müssen Sie, um den Arbeitsmappenschutz aufzuheben, das Kennwort wissen.

## Tabellen einfrieren - Überschreiben aller Zellen verhindern

Das Schützen aller Zellen in einem Blatt wäre z. B. dann sinnvoll, wenn ein Dokument seinen endgültigen Zustand erreicht hat, an dem nichts mehr geändert werden darf, etwa eine fertige Monats- oder Jahresabrechnung, eine komplette Inventurliste etc. Oder wenn ein Dokument an eine andere Stelle nur zum Anschauen weitergereicht wird.

### Verwenden Sie das Dialogfeld Blatt schützen

Wählen Sie *Extras/Dokument schützen/Blatt*, geben Sie in das Dialogfeld *Blatt schützen*, falls gewünscht, ein Kennwort ein und bestätigen Sie Ihre Eingaben mit *OK*.

### Tabellenblätter schützen

1. Wählen Sie die Befehle *Extras/Dokument schützen/Blatt.*
2. In dem Dialogfeld *Blatt schützen* können Sie ein Kennwort eingeben. Die Eingabe eines Kennworts ist aber nicht notwendig. Die Kontrollkästchen *Inhalte, Objekte* und *Szenarios* sind in der Voreinstellung angekreuzt. Wenn Sie für das eine oder andere Element keinen Schutz wünschen, können Sie das entsprechende Kontrollkästchen deaktivieren.
3. Mit dem Betätigen von *OK* wird der Blattschutz wirksam. Wenn Sie versuchen, im aktiven Blatt eine Eingabe zu machen, meldet sich ein Fenster mit dem Hinweis: „Gesperrte Zellen können nicht geändert werden".

## Zellen ausbruchsicher machen - so schützen Sie einzelne Zellen vor dem Überschreiben

Kann man auch ganz bestimmte Zellen einer Tabelle schützen, so daß in manchen Zellen eine Eingabe erlaubt ist und in manchen nicht?

Zum Beispiel wäre es sehr ärgerlich, eine komplizierte Formel irrtümlich zu löschen oder mit irgendeinem Wert zu überschreiben, weil der Zellzeiger falsch positioniert worden ist. Die Gefahr droht insbesondere, wenn andere Personen, die sich vielleicht mit Excel nicht so gut auskennen, in die Tabelle bestimmte Daten eingeben sollen. Wie können die Zellbereiche unterschiedlich behandelt werden?

### Wenn nur wenige Zellen gesperrt werden sollen

Markieren Sie das gesamte Arbeitsblatt, wählen Sie *Format/Zellen/Schutz* und deaktivieren Sie das Kontrollkästchen *Gesperrt,* um zunächst für die gesamte Tabelle den Schutz aufzuheben. In einem zweiten Druchgang markieren Sie dann nur die wenigen Zellen, die gesperrt werden sollen, und aktivieren für diese den Schutzsstatus *Gesperrt.*

### Wenn viele Zellen gesperrt werden sollen

Markieren Sie die Zellen, die freigegeben werden sollen. Wählen Sie *Format/Zellen* und heben Sie im Register *Schutz* die Zellsperre auf. Wählen Sie anschließend *Extras/Dokument schützen/Blatt.*

## Wenn nur wenige Zellen gesperrt werden sollen

1. Wenn nur wenige Zellen gesperrt werden sollen, sollten Sie die gesamte Tabelle markieren (Anklicken des Alles-auswählen-Feldes in der linken oberen Ecke).
2. Wählen Sie danach den Befehl *Format/Zellen* und klicken Sie auf die Registerkarte *Schutz*. Hier finden Sie das Kontrollkästchen *Gesperrt*.
3. Löschen Sie das Kreuz bei *Gesperrt* und bestätigen Sie Ihre Eingabe mit *OK*.
4. Markieren Sie dann die Zellen, die gesperrt werden sollen. Liegen die Zellen nicht in einem Block, drücken Sie **Strg**, um weitere Zellbereiche zu markieren.
5. Wählen Sie wieder *Format/Zellen/Schutz* und kreuzen Sie *Gesperrt* für die ausgewählen Zellen an.

! Mit dem Kontrollfeld *Formel ausblenden* können Sie außerdem noch erreichen, daß für die markierten Zellen die Formeln in der Bearbeitungszeile nicht angezeigt werden.

6. Anschließend benutzen Sie *Extras/Dokument schützen/Blatt*.

## Wenn viele Zellen gesperrt werden sollen

1. Wenn nur wenige Zellen für Veränderungen freigegeben werden sollen, markieren Sie zunächst diese Zellen.
2. Als nächstes wählen Sie den Befehl *Format/Zellen*, um in der Registerkarte *Schutz* die Zellsperre aufzuheben.
3. Wählen Sie anschließend *Extras/Dokument schützen/Blatt*.

Hinweis: Auch wenn der Inhalt der nicht gesperrten Zellen geändert werden kann, verhindert *Dokument schützen* Änderungen an der Formatierung der gesamten Tabelle, auch das Einfügen und Löschen von Zellen, die Vergabe neuer Namen, Änderungen der Spaltenbreite und Zeilenhöhe sind für die gesamte Tabelle unterbunden.

## Nur für Eingeweihte - verstecktes Ausblenden von Modulen und Tabellenblättern

Wenn Sie ein VBA-Modul oder ein Tabellenblatt vor dem Zugriff anderer Anwender schützen wollen, können Sie dieses Blatt über *Bearbeiten/Blatt/ Ausblenden* oder *Format/Blatt/Ausblenden* ausblenden. Dies ist jedoch kein besonders sicherer Schutz, da jeder Anwender das ausgeblendete Blatt mit der Befehlsfolge *Bearbeiten/Blatt/Einblenden* oder *Format/Blatt/Einblenden* wieder sichtbar machen kann. Gibt es eine wirksamere Methode zum Schützen von Blättern?

### Schreiben Sie ein VBA-Modul

In diesem VBA-Modul wird der Sichtbar-Eigenschaft des auszublendenden Anwendungsobjekts die Eigenschaft *xlSehrAusgeblendet* zugewiesen. Ein Einblenden über Menübefehle ist dann nicht mehr möglich. Zum Einblenden wird ein weiteres VBA-Modul benötigt, das der Sichtbar-Eigenschaft des ausgeblendeten Anwendungsobjekts den Wert WAHR zuweist. Beide VBA-Module finden Sie im Detail ab Seite 360.

## Der Vergeßlichkeit vorbeugen - können Arbeitsmappen automatisch gespeichert werden?

Es passiert Ihnen häufiger, daß Sie so vertieft in Ihre Arbeit sind, daß Sie nicht daran denken, die Datei zwischendurch zu speichern. Das könnte natürlich unter Umständen fatale Folgen haben. Wie kann man sich gegen die eigene Vergeßlichkeit schützen? Kann Excel dabei helfen?

### Verwenden Sie das Add-In Automatisches Speichern

Aktivieren Sie im Add-In-Manager den Eintrag *Automatisches Speichern.* Wählen Sie danach aus dem Menü *Extras* den Befehl *Automatisches Speichern* und kreuzen Sie im Dialogfeld das Kontrollkästchen *Automatisch speichern alle* an und legen Sie das Speicherintervall fest.

## So schalten Sie das automatische Speichern ein

Mit Excel 5.0 wird ein integriertes Makro geliefert, das Ihre Dokumente automatisch in bestimmten Zeitabständen sichert. Dieses Makro mit dem Namen AUTOSAVE.XLA kann mit Hilfe des Add-in-Managers in die Liste der automatisch zur Verfügung stehenden Makros aufgenommen werden.

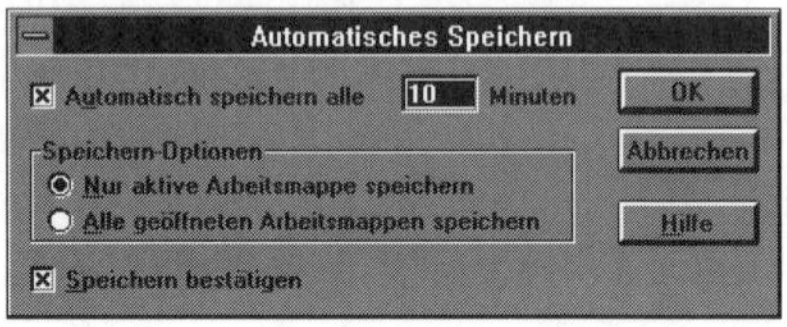


1. Verwenden Sie *Extras/Add-in-Manager* und wählen Sie im Listenfeld *Automatisches Speichern* aus.
2. Wenn Sie Ihre Eingabe mit *OK* bestätigen wird in das Menü *Extras* der Befehl *Automatisches speichern* eingefügt.
3. Wenn Sie diesen Befehl anwählen, stellt Ihnen das Dialogfeld verschiedene Einstellmöglichkeiten bereit.
4. Hier können Sie ein Zeitintervall angeben, um die Häufigkeit der Speicherung festzulegen. Außerdem läßt sich die automatische Speicherung auf die aktive Arbeitsmappe beschränken.
5. Wenn Sie *Speichern bestätigen* ankreuzen, werden Sie jedesmal in einem Dialogfeld gefragt, ob Sie wirklich speichern wollen, oder ob die Speicherung diesmal übersprungen werden soll.
6. Ist ein neues Dokument noch nicht abgespeichert worden, öffnet das Makro, wenn die Speicherung fällig ist, das Dialogfeld *Datei/Speichern unter.*

Bedenken Sie, daß zu häufige Speicherung auf lange Sicht zu ziemlichen Zeitverlusten führen kann. An einem Platz, wo Tabellen nur angeschaut, aber nicht geändert werden, ist die automatische Speicherung natürlich überflüssig.

Wenn Sie hauptsächlich in einem Dokument arbeiten und andere Dokumente nur zum Anschauen öffnen, also keine Änderungen darin vornehmen, sollten Sie die Nachfrage ausschalten und nur das aktive Dokument speichern lassen. Das geht dann in der Regel sekundenschnell. Diese Situation ist für flüssiges Arbeiten sicher am besten.

Gegen den Verlust von Daten, die bereits auf einem Laufwerk gespeichert sind, müssen andere Maßnahmen getroffen werden. Die Zuverlässigkeit von Festplatten soll hier überhaupt nicht angezweifelt werden. Über Jahre hinweg können sie mit einer kaum noch vorstellbaren Schnelligkeit und Genauigkeit fehlerfrei arbeiten. Aber wie bei allen technischen Geräten ist der Fehlerfall nie endgültig auszuschließen. Die Wahrscheinlichkeit mag zwar gering sein, aber niemand weiß, wann der Fall eintritt.

Die Sicherheit Ihrer Daten ist aber nicht nur eine technische Frage. Auch durch Bedienungsfehler können Daten von der Festplatte gelöscht oder zerstört werden. Zwar gibt es Hilfsprogramme, um irrtümlich gelöschte Dateien zu retten. Diese Programme sind aber nur anwendbar, wenn der Fehler gleich erkannt wird.

Ein Sicherheitsproblem ganz anderer Art sind Computerviren, die Ihre Programme und Daten bedrohen.

Ehe Sie also das Risiko eingehen, die Arbeit von einer Woche, einem Monat oder gar einem ganzen Jahr durch einen katastrophalen Spannungsstoß über die örtliche Stromversorgung oder durch die Wahl eines falschen Dateinamens zu verlieren, akzeptieren Sie lieber die lästige Pflicht zur Datensicherung, und richten Sie Ihre Arbeitsumgebung so ein, daß diese Pflicht möglichst unaufwendig erledigt werden kann. Dazu eignen sich die schon erwähnten Batch-Programme.

## Sicherungsbereich auf der Platte

Um sich gegen Bedienungsfehler abzusichern, hilft schon, Tabellen zusätzlich in einem Sicherungsbereich auf der Platte zu sichern. Zu diesem Zweck können Sie ein gesondertes Verzeichnis anlegen, um die Daten dann regelmäßig aus dem normalen Verzeichnis für die Tabellendateien in dieses Verzeichnis zu kopieren.

## Nutzung von Streamer Tapes

Gegen den Ausfall der Festplatte hilft aber nur die Kopie der Festplattendateien auf andere Datenträger. Das können Disketten sein. Wenn die Datenmenge aber sehr groß ist, sollten Sie die Nutzung von Streamer Tapes erwägen. Diese kleinen Magnetband-Speichergeräte haben inzwischen eine Kapazität, die es erlaubt, ganze Festplatten in wenigen Minuten zu sichern.

# Tips zu Excel-4.0-Makros

In diesem Kapitel sind ein paar Hinweise zusammengestellt, die Ihnen helfen sollen, Makros möglichst effektiv einzusetzen. Dabei geht es nicht um die Programmierung der Makros selbst oder um einzelne Makrofunktionen - dieses Thema würde den Rahmen dieses Buches bei weitem sprengen, sondern um die Fragen, wie Makros erstellt und vor allem wie sie am besten in Ihre Arbeit eingebunden werden können. Was hilft z. B. ein Makro, das irgendwann mal in einer Vorlage aufgezeichnet worden ist, wenn der Erfinder vergessen hat, in welcher Datei sich seine Erfindung herumtreibt?

## Befehlsmakros

In diesem Kapitel werden Tips und Tricks zu Excel-4.0-Befehlsmakros angeboten. Befehlsmakros sind solche, die eine Folge von Excel-Befehlen, die in einer Makrovorlage gespeichert sind, abarbeiten.

## Hilfe - ich finde mein Makro nicht mehr!

Sie haben ein Makro mit dem Namen *In dieser Arbeitsmappe* aufgezeichnet, können es aber nicht mehr finden.

### Führen Sie einen Bildlauf ans Ende der Arbeitsmappe durch

Egal in welcher Sprache Sie das Makro aufgezeichnet haben, wenn Sie nicht vor dem Aufzeichnen eine Makrovorlage oder ein Modul in die Arbeitsmappe eingefügt haben, wird das Blatt mit dem Makro am Ende der Arbeitsmappe eingefügt. Wenn Sie ein Excel-4.0-Makro aufzeichnen, wird das Blatt von Excel *Makro1* genannt, falls es das erste Makro ist, das aufgezeichnet wurde. Wenn Sie das Makro mit Visual Basic aufgezeichnet haben, wird das Blatt mit dem Makro *Modul1* genannt.

# Nachschulung - Vorhandenes Makro durch eine neue Makroaufzeichnung erweitern

Sie haben ein Makro aufgezeichnet, das Sie jetzt erweitern möchten. Das setzt jedoch voraus, daß Sie das Makro an das andere Makro anfügen können. Wie kann man erreichen, daß das Makro in einer bestimmten Makrovorlage und innerhalb dieser, ab einer bestimmten Position aufgezeichnet wird?

## Teilen Sie Excel die Position mit

Klicken Sie auf die Zelle, ab der das neue Makro aufgezeichnet werden soll, wählen Sie *Extras/Makro aufzeichnen/Position festlegen* und beginnen Sie die Aufzeichnung mit *Extras/Makro aufzeichnen/Ab Position.*

### Das Erweitern eines Makros

1. Um das Makro ab einer bestimmten Position in einem bestimmten Makroblatt aufzuzeichnen, müssen Sie Excel mitteilen, wo das Makro aufgezeichnet werden soll. Aktivieren Sie dazu in der gewünschten Makrovorlage die Zelle, ab der das Makro aufgezeichnet werden soll.
2. Wählen Sie dann aus dem Menü *Extras* die Befehle *Makro aufzeichnen* und *Position festlegen.* Damit haben Sie Excel die Position mitgeteilt.
3. Nun müssen Sie Excel nur noch anweisen, auch tatsächlich mit der Aufzeichnung an dieser und keiner anderen Stelle zu beginnen. Dies geschieht, indem Sie das Menü *Extras* öffnen und die Befehle *Makro aufzeichnen* und *Ab Positon aufzeichnen* wählen.

Das Makro muß an der Stelle erweitert werden, wo sich momentan die Funktion =RÜCKSPRUNG( ) befindet. Um das Makro an genau dieser Stelle fortzusetzen, muß die Funktion =RÜCKSPRUNG( ) nicht gelöscht werden. Wenn Sie den Zellcursor auf dieser Zelle positionieren, dann wird die Rücksprungfunktion überschrieben. Wenn Sie die Makroaufzeichnung beenden, wird an das Ende des Makros eine neue Rücksprungfunktion eingefügt.

# Späte Taufe - einem Makro erst nach der Aufzeichnung den Namen zuweisen

Sie haben ein Makro mit dem Befehl *Ab Position aufzeichnen* aufgezeichnet und deshalb hat das Makro keinen Namen, obwohl es sich dabei eigentlich um ein eigenständiges Makro handeln sollte. Wie kann man diesem Makro nachträglich einen Namen zuweisen?

## Verwenden Sie Namen Festlegen

Markieren Sie die Zelle über oder neben dem Makro. Öffen Sie das Dialogfeld *Namen festlegen*, indem Sie *Einfügen/Namen* und *Festlegen* wählen, und legen Sie einen Namen und die gewünschten Optionen für das Makro fest.

### So definieren Sie einen Namen für ein Makro

1. Markieren Sie die Zelle über oder neben dem Makro und tippen Sie in diese Zelle den Namen, den das Makro erhalten soll, ein.
2. Setzen Sie dann den Zellcursor auf den ersten Befehl und wählen Sie aus dem Menü *Einfügen* die Befehle *Namen* und *Festlegen*. Daraufhin öffnet sich das Dialogfeld *Namen festlegen*.
3. Übernehmen Sie den vorgegeben Namen oder tippen Sie in das Eingabefeld *Namen in der Arbeitsmappe* einen Namen für Ihr Makro ein. Aktivieren Sie unter *Makro* die Option *Befehl*, um Excel mitzuteilen, daß es sich hierbei um ein Befehlsmakro handelt. Außerdem können Sie hier eine Tastenkombination für das Makro festlegen. Bestätigen Sie Ihre Eingaben mit *OK*.

# Wechselhafte Beziehung - relative und absolute Aufzeichnung

Beim Aufzeichnen eines Makros verwendet Excel automatisch die zuletzt benutzte Bezugsart. Ihre Aufgabenstellung erfordert es jedoch, in bestimmten Bereichen relative Bezüge zu verwenden. Wie kann das erreicht werden?

### Verwenden Sie Relative Aufzeichnung

Die Art der Aufzeichnung kann im Menü *Extras* mit den Befehlen *Makro aufzeichnen* und *Relative Aufzeichnung* beeinflußt werden. Ein Häkchen neben dem Befehlsnamen zeigt an, daß der Befehl aktiv ist und die folgende Aufzeichnung mit relativen Bezügen erfolgt. Bei der relativen Aufzeichnung werden Zellbezüge durch die Entfernung von der aktiven Zelle definiert. Die normale Aufzeichnung verwendet dagegen absolute Zellbezüge. Die Aufzeichnungsart kann auch während der Aufzeichnung gewechselt werden, so daß es möglich ist, einen Teil des Makros mit relativen Zellbezügen, einen anderen mit absoluten Zellbezügen aufzuzeichnen.

## Der letzte Schliff - Makros komfortabel bearbeiten

Sie möchten ein aufgezeichnetes Makro als Ausgangsbasis für ein Makro nehmen, um dieses weiter zu entwickeln. Wie kann man die Makrobefehle in die Makrovorlage eingeben? Welche Hilfestellungen kann man sich dabei anzeigen lassen?

### Lassen Sie sich vom Funktions-Assistenten helfen

Markieren Sie in der Makrovorlage die Zelle, in die eine Makrofunktion eingefügt werden soll, und wählen Sie *Einfügen/Funktion,* um den Funktions-Assistenten aufzurufen.

Soweit Sie Makrobefehle selbst in die Makrovorlage eingeben, sollten Sie dies mit Hilfe des Befehls *Einfügen/Funktion* tun, also den Funktions-Assistenten zu Hilfe nehmen. Sie sparen damit nicht nur das Eintippen der Funktionsnamen, Sie vermeiden auch Schreibfehler. Insbesondere aber gibt Ihnen der Funktions-Assistent Hilfestellung bei der Eingabe der jeweils notwendigen bzw. möglichen Argumente. Außerdem können Sie über den Funktions-Assistenten direkt die Hilfe zu der gewählten Makrofunktion aufrufen, was umständliches Suchen in der Hilfe ersparen kann. Insbesondere dann, wenn Sie mit einer Funktion noch nicht vertraut sind, sollten Sie diese Möglichkeit in Anspruch nehmen.

Wenn Sie die Funktion bereits kennen und wissen, welche Argumente verlangt werden, dann können Sie die Funktion auch eintippen. Dabei sollten Sie sich jedoch nicht dazu verleiten lassen, den Funktionsnamen in Großbuchstaben einzugeben. Denn wenn Sie Kleinbuchstaben verwenden, dann wandelt Excel diese automatisch in Großbuchstaben um, wenn Excel die eingegebene Funktion erkennt. Ist dies nicht der Fall, bleiben die Kleinbuchstaben stehen, und Sie wissen, daß das, was Sie eingetippt haben, keine Makrofunktion war, bzw. zumindest der Name der Funktion falsch geschrieben wurde.

## Sofort loslegen - Makros blitzschnell ausführen

Sie haben ein Makro aufgezeichnet und möchten dieses auf die schnellste und bequemste Art und Weise ausführen. Wie kann das erreicht werden?

### Verwenden Sie eine Tastenkombination

Um das aufgezeichnete Makro auszuführen, stehen zwei Wege offen. Der schnellste ist, daß Sie einfach die Tastenkombination wählen, die beim Start der Aufzeichnung vorgegeben oder von Ihnen gewählt wurde, z. B. die Tastenkombination **Strg**+**a**.

Das setzt allerdings voraus, daß Sie sich die Tastenkombination gemerkt haben. Falls Sie sich diese nicht gemerkt haben, können Sie in der Makrovorlage selbst nachsehen, denn im Namen des Makros wird der Buchstabe genannt, wenn Sie im Dialogfeld *Aufzeichnen* das Kontrollkästchen *Shortcut* angekreuzt und einen Buchstaben festgelegt haben. Der Name könnte z. B. lauten Makro1(a). In diesem Fall kann das Makro mit der Tastenkombination **Strg**+**A** aufgerufen werden.

### Wählen Sie den Befehl aus dem Menü Extras

Falls Sie im Dialogfeld *Aufzeichnen* auf die Schaltfläche *Optionen* geklickt haben und dort das Kontrollkästchen *Befehl im Menü Extras* angekreuzt und in das Eingabefeld einen Namen eingetragen haben, finden Sie diesen Namen als Befehl im Menü *Extras*. In diesem Fall kann das Makro durch Klicken auf den entsprechenden Befehl aus dem Menü *Extras* aufgerufen werden.

# Eine Klingel für das Makro - Schaltflächen in der Tabelle

Gerade bei Aufgaben, die häufig wiederholt werden müssen, wäre es angenehm, diese mit dem Klick auf ein Symbol oder eine Schaltfläche erledigen zu können. Das gilt insbesondere für Mitarbeiter und Mitarbeiterinnen, die sich in Excel nicht so gut auskennen. Wie kann man eine Befehlsschaltfläche selbst herstellen und diese dann mit einem Makro verbinden, so daß das Makro durch Klicken auf diese Schaltfläche aufgerufen werden kann?

## Verbinden Sie eine Schaltfläche mit einem Makro

Zeichnen Sie mit dem Symbol *Befehlsschaltfläche* eine Schaltfläche und weisen Sie dieser im Dialogfeld *Zuweisen*, welches automatisch geöffnet wird, das gewünschte Makro zu.

### So fügen Sie eine Schaltfläche ein

Um aus einem Arbeitsblatt einzelne Tabellen einfacher ausdrucken zu können, soll für jeden Druckbereich eine Schaltfläche angelegt werden.

1.  Um eine Schaltfläche in einer Tabelle zu installieren, brauchen Sie das Symbol *Befehlsschaltfläche*. Es befindet sich sowohl in der Zeichensymbolleiste als auch in der Dialogsymbolleiste oder in der Werkzeuggruppe. Sobald das Symbol angeklickt ist, kann in der Tabelle der Platz markiert werden, der die Schaltfläche aufnehmen soll.
2. Sobald das Rechteck für die Schaltfläche mit der Maus gezogen ist, wird sofort das Dialogfeld *Zuweisen* geöffnet. Bei Schaltflächen wird also automatisch erwartet, daß sie einem Makro zugewiesen werden.
3. Falls das Makro bereits erstellt wurde, können Sie es nun in der Liste auswählen.
4. Falls das Makro noch nicht erstellt wurde, kann es auch gleich an Ort und Stelle aufgezeichnet werden, indem Sie auf die Schaltfläche *Aufzeichnung* klicken.

Um die Aufzeichnung zu beenden, brauchen Sie nur das Symbol für *Makro-Ende* anzuklicken, das automatisch eingeblendet wird. Oder Sie wählen aus dem Menü *Extras Makro aufzeichnen* und *Aufzeichnen beenden*. Wiederholen Sie die letzten Schritte für alle Schaltflächen, die nötig sind.

*Schaltflächen und Makro*

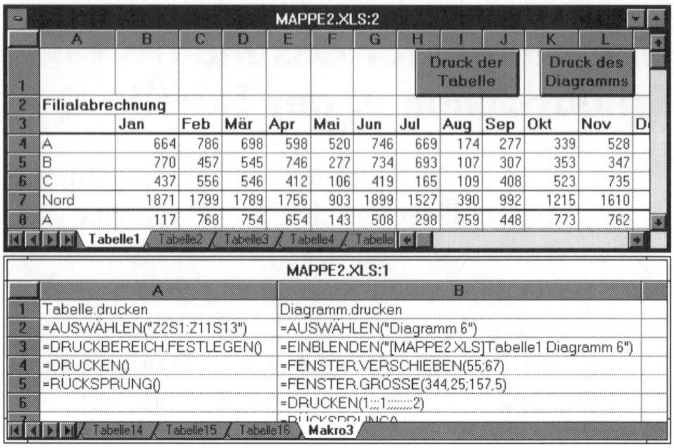


## Anfassen aber nicht drücken! - Befehlsschaltflächen editieren

253

Wenn Sie einer Befehlsschaltfläche ein Makro zugewiesen haben, dann wird das Makro ausgeführt, sobald Sie auf die Schaltfläche klicken. Nun möchten Sie aber die Schaltfläche noch verändern, z. B. verschieben oder anders beschriften.

### Verwenden Sie die Strg-Taste

Betätigen Sie, bevor Sie auf die Schaltfläche klicken, die **Strg**-Taste und halten Sie diese gedrückt, während Sie auf die Schaltfläche klicken. Dadurch wird verhindert, daß das Makro ausgeführt wird. Statt dessen wird die Schaltfläche mit Markierkästchen versehen, so daß sie bearbeitet werden kann.

### Klicken Sie mit der rechten Maustaste

Wenn Sie mit der rechten Maustaste auf die Befehlsschaltfläche klicken, wird die Schaltfläche ebenfalls mit Markierkästchen versehen. Gleichzeitig wird das Kontextmenü zum Bearbeiten der Schaltfläche eingeblendet. Ein Klick außerhalb der Schaltfläche beendet den Änderungsvorgang.

# Die Pförtner - Makros, die beim Öffnen und Schließen einer Datei aktiv werden

Wie kann man ein Makro einrichten, das automatisch beim Öffnen einer Arbeitsmappe ausgeführt wird? Zum Beispiel sollen die Analyse-Funktionen beim Öffnen einer Arbeitsmappe im Add-In-Manager zur Verfügung gestellt und beim Schließen der Arbeitsmappe wieder automatisch entfernt werden.

## Schreiben Sie ein Auto_Öffnen-Makro

Erstellen Sie das aus der Abbildung ersichtliche Auto_Öffnen-Makro.

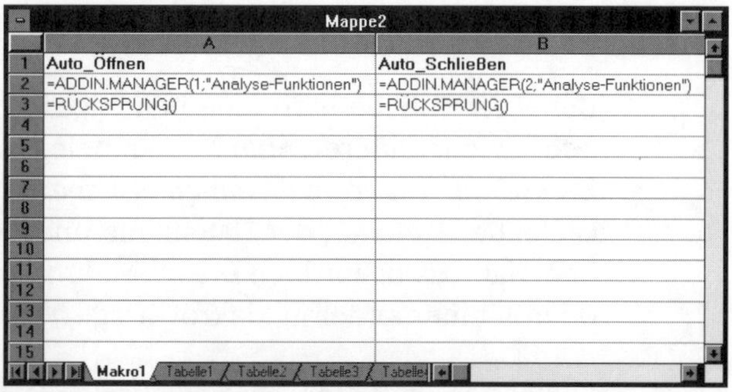


### Das Erzeugen eines automatischen Makros

1. Öffnen Sie das Menü *Extras* und wählen Sie die Befehle *Makro aufzeichnen* und *Aufzeichnen.*
2. Tippen Sie in das Eingabefeld *Makroname* den Namen *Auto_Öffnen* ein.
3. Betätigen Sie die Schaltfläche *Optionen* und legen Sie fest, daß das Makro als Excel-4.0-Makro aufgezeichnet und daß es in dieser Arbeitsmappe gespeichert werden soll.
4. Klicken Sie auf *OK*, damit die Aufzeichnung beginnen kann.
5. Öffnen Sie das Menü *Extras* und wählen Sie den Befehl *Add-In-Manager.*
6. Markieren Sie in der Liste den Eintrag *Analyse-Funktionen.*
7. Bestätigen Sie Ihre Eingaben mit *OK.*
8. Öffnen Sie das Menü *Extras* und wählen Sie die Befehle *Makro aufzeichnen* und *Aufzeichnung beenden.*
9. Gehen Sie zum Aufzeichen des Auto_Schließen-Makros analog vor.

Excel verwendet einige reservierte Bereichsnamen wie *Datenbankbereich*, *Druckbereich* etc. Dazu gehören auch die Namen *Auto_Öffnen* und *Auto_Schließen*. Beim Laden eines Dokuments prüft Excel automatisch, ob der Name *Auto_Öffnen* darin definiert worden ist. Ist das der Fall, wird das Makro, das mit dem Namen verknüpft ist, automatisch ausgeführt. Ist der Name *Auto_Schließen* verwendet worden, wird das entsprechende Makro beim Schließen der Datei ausgeführt.

Automatisch startende Makros können entweder aus einer Tabelle oder aus einer Makrovorlage angestoßen werden.

Bei einer Makrovorlage wird ein Makro, das beim Öffnen der Makrovorlage gestartet werden soll, direkt mit dem Namen *Auto_Öffnen* belegt.

Bei einer Tabelle wird eine beliebige Zelle mit dem Namen *Auto_Öffnen* oder einem anderen *Auto*-Namen belegt und diesem Namen wird dann im Dialogfeld von *Formel/Namen festlegen* unter *Zugeordnet zu* hinter einem Gleichheitszeichen der Dateiname und der Makroname des entsprechenden Makros zugeordnet. Dieses Makro kann in der globalen Makrovorlage oder in einer anderen Makrovorlage gespeichert sein.

Es können sogar mehrere solcher *Auto*-Namen in einer Datei verwendet werden, etwa *Auto_Öffnen1*, *Auto_Öffnen2*... Die verschiedenen Makro-Aufrufe werden dann nacheinander abgearbeitet.

Soll der Ablauf eines automatischen Startmakros verhindert werden, muß bei der Quittierung des Befehls *Datei/Öffnen* gleichzeitig die **Umschalt**-Taste gedrückt werden. Entsprechend muß beim Schließen ebenfalls die **Umschalt**-Taste benutzt werden, wenn ein *Auto_Schließen*-Makro übergangen werden soll.

Solche *Auto*-Makros können nur durch Benutzereingriff aktiviert werden, also nicht durch andere Makros aufgerufen werden.

Noch höhere Automationsgrade können erreicht werden, wenn eine Datei mit einem *Auto_Öffnen*-Makro in dem Startverzeichnis XLSTART plaziert wird. Das kann z. B. eine Makrovorlage sein, die ein komplettes Menüsystem und/oder eigene Symbolleisten installiert und beides mit einem *Auto_Schließen*-Makro wieder abbaut.

## Allround-Makros für alle Arbeitsmappen 255

Wenn ein Makro für viele Gelegenheiten einsetzbar ist, sollte es nicht mit einer bestimmten Arbeitsmappe verbunden werden, sondern von jeder Arbeitsmappe aus zugänglich sein. Wie macht man das?

### Speichern Sie das Makro in der persönlichen Arbeitsmappe

Wählen Sie im Menü *Extras* die Befehle *Makro aufzeichnen* und *Aufzeichnen* und im Dialogfeld die Schaltfläche *Optionen*. Aktivieren Sie hier die Option *Speichern in/Persönlicher Makroarbeitsmappe*.

Die persönliche Makroarbeitsmappe, die automatisch ausgeblendet und im Verzeichnis XLSTART unter dem Namen PERSONAL.XLS abgelegt wird, wird immer beim Start von Excel automatisch geladen. Makros, die immer zur Verfügung stehen sollen, sind in dieser Mappe gut aufgehoben. Es können in dieser Mappe übrigens sowohl Makrovorlagen als auch Visual-Basic-Module enthalten sein.

## Die persönliche Arbeitsmappe wird plötzlich als eingeblendete Datei geöffnet 256

Was passiert, wenn man aus Versehen die persönliche Makroarbeitsmappe PERSONAL.XLS, nachdem man daran einige Änderungen direkt vorgenommen hat, schließt, anstatt Sie nur auszublenden?

### Starten Sie Excel und verwenden Sie Fenster/Ausblenden

Während der Arbeitssitzung werden Sie vergeblich im Menü *Fenster* oder im Menü *Datei* danach suchen. Sobald Sie aber Excel verlassen und neu starten, wird die persönliche Arbeitsmappe automatisch geöffnet, nur diesmal als eingeblendete Datei. Wählen Sie dann den Befehl *Fenster/Ausblenden*.

# Excel fast wie selbst gemacht - eigene Makros als Menüpunkt

Kann man Makros in die Excel-Oberfläche integrieren, so daß man sie jederzeit als Menübefehl aufrufen kann?

## Integrieren Sie das Makro in das Menü Extras

Wenn Sie ein Makro, das in der persönlichen Arbeitsmappe gespeichert ist, in das Menü *Extras* integrieren, dann steht dieses Makro als Menübefehl immer zur Verfügung.

## Erstellen Sie ein Add-In

Oder Sie erstellen ein eigenes Add-In, das dann mit Hilfe des Add-In-Managers verwaltet werden kann. In diesem Fall können Sie dann immer über den Add-In-Manager bestimmen, ob das Makro verfügbar sein soll oder nicht.

Um ein Add-In zu erstellen, muß eine Makrovorlage oder ein Modul aktiv sein. Dann steht unter *Extras* der Befehl *Add-In erstellen* zur Verfügung, mit welchem eine Kopie der Arbeitsmappe als Add-In gespeichert werden kann. Im zugehörigen Dialogfeld kann man dann Namen und Verzeichnis für das Add-In wählen. Ein Add-In wird mit der Dateinamenserweiterung XLA gespeichert.

### Erstellen Sie ein Add-In

1. Aktivieren Sie die Makrovorlage, die das Befehlsmakro oder die benutzerdefinierte Funktion enthält, die als Add-In erstellt werden soll.
2. Wählen Sie im Menü *Extras* den Befehl *Add-In erstellen*.
3. Tippen Sie in das Dialogfeld *Add-In erstellen* einen Namen für das neue Add-In ein.
4. Wechseln Sie gegebenenfalls Laufwerk und Verzeichnis.
5. Bestätigen Sie die Eingaben mit *OK*.

Wenn Sie das Add-In erstellt haben, dann können Sie an diesem keine Veränderungen mehr vornehmen. Sie sollten also das Modul oder die Makrovorlage, aus der das Add-In stammt, auf jeden Fall aufbewahren, so daß Sie dort Änderungen und Ergänzungen vornehmen und gegebenenfalls ein neues Add-In erstellen können.

# Spürnase - Makrofehler schnell aufspüren

Sie haben ein Makro aufgezeichnet und danach editiert. Dabei hat sich ein Fehler eingeschlichen. Wie kann man diesem auf die Spur kommen?

## Makro im Einzelschritt abarbeiten

Sehen Sie sich das Makro im Einzelschrittmodus an. Positionieren Sie dazu den Mauszeiger in die Zelle des Makros, ab der das Makro ausgeführt werden soll, und klicken Sie auf das Symbol *Makroeinzelschritt.*

### So gehen Sie ein Makro Schritt für Schritt durch

1. Rufen Sie das Makro auf, indem Sie im Menü *Extras* den Befehl *Makro* auswählen.
2. Markieren Sie in der Liste das Makro, das ausgeführt werden soll, und betätigen Sie die Schaltfläche *Schritt*, daraufhin wird das Dialogfeld *Einzelschritt* eingeblendet.
3. Verwenden Sie die Schaltflächen des Dialogfeldes, um sich den nächsten Schritt oder auch die Auswertung anzusehen.

Im Dialogfeld *Einzelschritt* wird die jeweilige Zelladresse der Makrovorlage angezeigt. Darunter steht zunächst das, was in die jeweilige Zelle eingetragen ist. Zusätzlich enthält das Dialogfeld eine Anzahl von Schaltflächen, mit denen sich der Ablauf des Makros steuern läßt.

**Einzelschritt** Die angezeigte Anweisung wird ausgeführt und die nächste wird angezeigt.

**Auswerten** Die angezeigte Anweisung wird geprüft (sie wird dann kursiv angezeigt). Beim nächsten Klick auf *Auswerten* wird das Ergebnis angezeigt. Sie können diese Schaltfläche auch anstelle der Schaltfläche *Einzelschritt* verwenden. Sie haben dadurch den Vorteil, daß immer eine Auswertung des jeweiligen Einzelschritts erfolgt.

**Stop** Das Makro wird abgebrochen.

**Gehezu** Wechselt in die Makrovorlage zur markierten (aktiven) Zelle des Makros.

**Prozedurschritt** Übergang zur nächsten Prozedur bei einem Makro, das aus mehreren Untermakros besteht, sonst identisch mit *Einzelschritt.*

**Pause** Das Makro wird unterbrochen. Es kann anschließend mit dem Symbol für *Makro fortsetzen* (aus der Visual-Basic-Symbolleiste) weitergeführt werden.

**Weiter** Das Makro wird ohne Unterbrechung bis zum Schluß abgearbeitet.

## Funktionsmakros

Eine spezielle Sorte von Makros bilden die Funktionsmakros. Im Gegensatz zu Befehlsmakros, die eine Reihe von Befehlen automatisch abarbeiten, können mit Hilfe von Funktionsmakros eigene Funktionen für häufig wiederkehrende Operationen erstellt werden. Diese zusätzlichen Funktionen können dann in einer Tabelle oder in einem Makro wie die bereits eingebauten Funktionen benutzt werden.

Eine Funktion liefert jeweils einen Wert, der mit dem letzten Befehl des Makros, also mit RÜCKSPRUNG( ) übergeben wird. Dabei können zur Berechnung dieses Werts bis zu 13 verschiedene Argumente an das Makro übergeben werden, die darin in der entsprechenden Reihenfolge definiert werden müssen. Die Schreibweise der Funktion in einer Tabelle ist also entweder:

```
Funktionsname()
```

falls keine Argumente vorkommen, oder

```
Funktionsname(Argument1;...)
```

## Herr der Zahlen - aus aufwendigen Formeln einfach anwendbare Funktionen erstellen

Zur Berechnung des Flächeninhalts eines Dreiecks gibt es keine eingebaute Funktion. Deshalb müssen Sie jedesmal, wenn Sie eine solche Berechnung anstellen, eine Formel eingeben. Geht das nicht einfacher?

## Schreiben Sie ein Funktionsmakro

Zur Berechnung des Flächeninhalts eines Dreiecks gilt die Formel:

Flächeninhalt = 1/2 * Länge einer Seite * zugehörige Höhe

Das Funktionsmakro kann folgendermaßen in eine Makrovorlage eingetragen werden:

```
DREIECKINHALT
=ARGUMENT(„Seitenlänge")
=ARGUMENT(„Höhe")
Inhalt=1/2*Seitenlänge*Höhe
=RÜCKSPRUNG(Inhalt)
```

### So wird ein Funktionsmakro erstellt

1. Die erste Zeile des Makros bestimmt den Namen der Funktion.

   Das erste Zeichen des Funktionsnamens muß ein Buchstabe, ein Unterstreichungszeichen oder ein umgekehrter Schrägstrich (Backslash) sein. Der Name sollte so gewählt werden, daß der Sinn der Funktion klar erkennbar ist.

   Beachten Sie auch, einen eindeutigen Namen zu verwenden. Kommt der Name bereits einmal vor, überschreibt die neue Namensdefinition die alte.

2. Mit ARGUMENT( ) werden eventuelle Argumente der Funktion definiert. Für jedes Argument muß eine solche Zeile eingetragen werden. Dabei ist die Reihenfolge wesentlich. Wird die Funktion benutzt, ist das erste Argument in der Funktion das Argument, das mit dem ersten ARGUMENT-Befehl definiert wird etc. Wenn Sie also z. B.

   =DREIECKINHALT(12;4)

   eingeben, ist 12 der Wert der Seitenlänge, 4 der Wert der Höhe.

3. Nachdem Sie das Funktionsmakro in eine Makrovorlage eingegeben haben, muß die übliche Namensvergabe für das Makro folgen. Sie stellen den Zellzeiger auf die Zelle mit der Bezeichnung „DREIECKINHALT" und wählen *Einfügen/Namen/Festlegen*. Da es sich um ein Funktionsmakro handelt, müssen Sie unter der Rubrik *Makro* die Option *Funktion* wählen. In diesem Fall wird unter *Kategorie* automatisch *Benutzerdefiniert* eingestellt, so daß Sie diese Funktion in dem Dialogfeld von *Einfügen/Funktion* auch unter dieser Kategorie finden können.

**4.** Die Funktion können Sie nun mit *Einfügen/Funktion* in die Arbeitsmappe einfügen. Es öffnet sich wie gewohnt der Funktions-Assistent.

## Weil's wirklich gut ist - eigene Funktionen für alle Mappen 260

Wenn Sie eine benutzerdefinierte Funktion in einer Arbeitsmappe erstellt haben, können Sie diese Funktion nur in derselben Arbeitsmappe verwenden. Notfalls müssen Sie dafür sorgen, daß sowohl die Arbeitsmappe, die die Funktion enthält, als auch die Arbeitsmappe, in der die Funktion angewendet werden soll, geöffnet ist. Gibt es eine Möglichkeit, die Funktion für alle Arbeitsmappen zugänglich zu machen?

### Speichern Sie das Funktionsmakro in der persönlichen Arbeitsmappe

Wählen Sie aus dem Menü *Fenster* den Befehl *Einblenden*. Daraufhin öffnet sich das Dialogfeld *Einblenden*. Markieren Sie PERSON.XLS und klicken Sie auf *OK*. Tippen Sie nun auf die oben beschriebene Weise die Funktion in die persönliche Arbeitsmappe ein. Wenn Sie damit fertig sind, dann blenden Sie die persönliche Arbeitsmappe wieder aus (nicht schließen!).

## Frust beim Erstellen eigener Funktionen? - Das muß nicht sein! 261

Sie möchten Funktionsmakros erstellen, weil die benötigten Formeln von Excel-Funktionen nicht abgedeckt werden. Das erweist sich jedoch als schwieriger als Sie gedacht haben, denn statt Ergebnissen werden Fehlermeldungen geliefert.

### Halten Sie sich an die folgenden Regeln

- Werden bei Berechnungen in dem Funktionsmakro Argumente verwendet, müssen diese alle vorher mit der Funktion ARGUMENT() definiert sein.
- Alle Tabellenfunktionen können verwendet werden.
- Von den Makrofunktionen können nur diejenigen verwendet werden, die Werte verarbeiten oder liefern, wie URSPRUNG() oder ERGEBNIS().

- ➜ Makrofunktionen, die Menübefehle ausführen oder den Zellzeiger bewegen, sind nicht zugelassen.
- ➜ Der Befehl ARGUMENT() kann auch noch ein Argument für den Datentyp enthalten. Sofern dieses fehlt, wird angenommen, daß Sie eine Zahl oder einen Wahrheitswert verwenden wollen. Der Datentyp wird über folgende Zahlencodes bestimmt:

| | |
|---|---|
| **1** | Zahl |
| **2** | Text (Text, der beim Aufruf der Funktion direkt eingegeben wird, muß in Anführungszeichen stehen. Die Anführungszeichen werden vom Funktions-Assistenten automatisch hinzugefügt.) |
| **4** | Wahrheitswert (Für FALSCH kann FALSCH, 0 und „falsch". Für WAHR kann WAHR eine Zahl, die nicht 0 ist, und „wahr") |
| **8** | Bezug (Bezüge in A1- oder in Z1S1-Schreibweise und Bereichsnamen werden von Excel aktezptiert.) |
| **16** | Fehlerwert (Alle gültigen Fehlerwerte, vgl. die Tabellenfunktion FEHLER.TYP) |
| **64** | Matrix (Datenreihen, deren Einzelelemente beliebigen Datentypen angehören können.) |

Es können auch Werte angegeben werden, die durch Addition mehrerer Codes entstehen, z. B. 7 für Zahl, Text oder Wahrheitswert. Durch diese Angabe wird Excel eventuell veranlaßt, den vorliegenden Wert des Arguments in das angegebene Datenformat umzuwandeln. Wenn dies allerdings nicht möglich ist, erfolgt eine Fehlermeldung (#Wert!).

Eine andere Möglichkeit besteht darin, den Wert eines Argument einer bestimmten Zelle in der Tabelle zuzuweisen und diese Zelle mit dem Namen des Arguments zu benennen. In diesem Fall ist die Schreibweise:

```
=ARGUMENT(Name;Datentyp;Bezug)
```

Im Gegensatz zu sonstigen Makros können Funktionsmakros nicht mit dem Befehl *Extras/Makro aufzeichnen* erstellt werden.

# Rechnen Sie nicht ins Uferlose! - Die Anzahl der Iterationen und den Berechnungshöchstwert selbst bestimmen

262

Eine iterative Berechnung soll mit einer bestimmten Höchstzahl von Berechnungswiederholungen und einem bestimmten Änderungswert vorgenommen werden. Wie kann das erreicht werden?

## Verwenden Sie die Funktion BERECHNEN()

Erstellen Sie dieses Makro für Berechnungsoptionen.

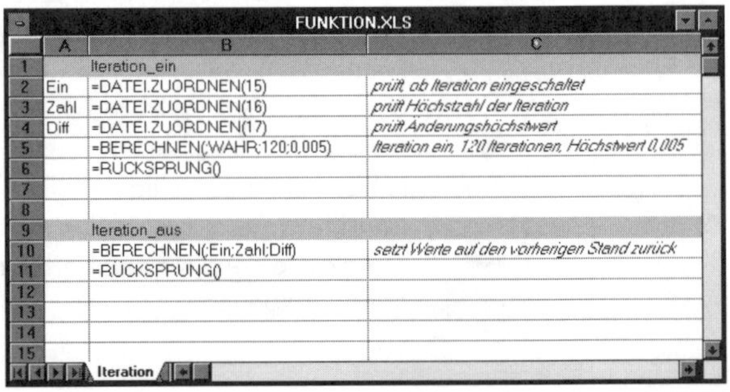

FUNKTION.XLS

| | A | B | C |
|---|---|---|---|
| 1 | | Iteration_ein | |
| 2 | Ein | =DATEI.ZUORDNEN(15) | prüft ob Iteration eingeschaltet |
| 3 | Zahl | =DATEI.ZUORDNEN(16) | prüft Höchstzahl der Iteration |
| 4 | Diff | =DATEI.ZUORDNEN(17) | prüft Änderungshöchstwert |
| 5 | | =BERECHNEN(;WAHR;120;0,005) | Iteration ein, 120 Iterationen, Höchstwert 0,005 |
| 6 | | =RÜCKSPRUNG() | |
| 7 | | | |
| 8 | | | |
| 9 | | Iteration_aus | |
| 10 | | =BERECHNEN(;Ein;Zahl;Diff) | setzt Werte auf den vorherigen Stand zurück |
| 11 | | =RÜCKSPRUNG() | |
| 12 | | | |
| 13 | | | |
| 14 | | | |
| 15 | | | |

Iteration

Wenn Sie für eine bestimmte Tabelle die iterative Berechnung mit einer bestimmten Höchstzahl von Berechnungswiederholungen und einem bestimmten Änderungshöchstwert einschalten wollen, ist es sinnvoll, in der Tabelle eine Zelle mit dem Namen „Auto_aktivieren“ zu belegen und eine weitere mit dem Namen „Auto_deaktivieren“. Dem ersten Namen wird dabei ein Makro zugeordnet, wie es unter dem Namen „Iteration_ein“ abgebildet ist.

Dieses Makro prüft zunächst die bisherige Einstellung der drei Werte mit der Funktion DATEI.ZUORDNEN(). Die Zellen B2 bis B4 sind mit den Namen „Ein“, „Zahl“ und „Diff“ belegt. Mit der Funktion BERECHNEN( ) wird dann die Iteration mit den für diese Tabelle festgelegten Werten eingeschaltet.

Wird eine andere Tabelle aktiviert, tritt das zweite Makro (Iteration_aus) in Aktion, das mit dem Namen „Auto-deaktivieren“ in der Tabelle verknüpft ist. Hier stellt der Befehl BERECHNEN( ) die Einstellungen zur Iteration wieder auf die vorherigen Werte zurück, so daß die Kontrolle über zirkuläre Formeln wieder wirksam wird.

# Über Grenzen schreiten - ein Makro für den Wechsel des Arbeitsverzeichnisses

Wie müßte ein Makro zum Anzeigen und/oder Wechseln des Arbeitsverzeichnisses formuliert werden?

## Verwenden Sie die Funktion VERZEICHNIS()

Schreiben Sie das rechts abgebildete Makro für Verzeichniswechsel.

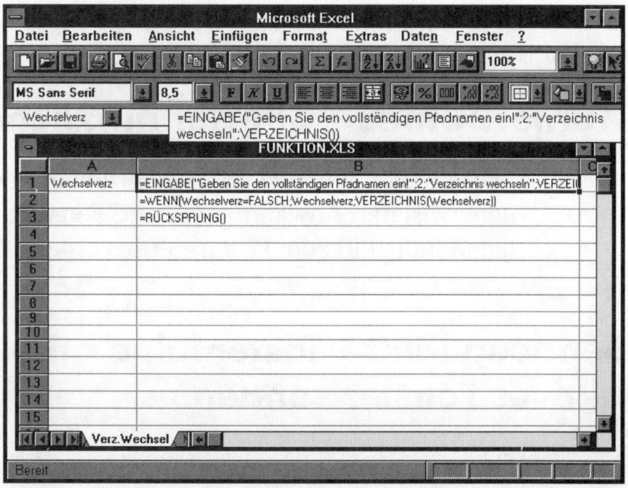


Um während einer Excel-Sitzung das Arbeitsverzeichnis wechseln zu können, sind verschiedene Lösungen mit einem Makro möglich. Die hier gewählte Lösung ist ganz schlicht: Es wird ein kleines Dialogfeld aufgerufen, in dem das aktuelle Verzeichnis angezeigt wird. Wenn Sie nur überprüfen möchten, in welchem Verzeichnis Sie sich momentan befinden, klicken Sie *OK* oder auf *Abbrechen*; das Dialogfeld wird dann wieder geschlossen, ohne daß ein Verzeichniswechsel stattfindet. Wenn Sie das Verzeichnis wechseln möchten, dann tippen Sie in das Eingabefeld das gewünschte Verzeichnis ein und klicken auf *OK*, um in dieses Verzeichnis zu wechseln.

Schreiben Sie das Makro in die persönliche Makrovorlage, damit es immer zur Verfügung steht. Falls gewünscht, kann es auch in das Menü *Extras* übernommen werden. Wählen Sie dazu *Extras/Makro*, markieren Sie in der Liste das entsprechende Makro und klicken Sie dann auf *Optionen*. Im Dialogfeld *Makro-Optionen* kann der Eintrag in das Menü *Extras* zugewiesen werden.Der Zelle B1 wurde mit *Einfügen/Name/Festlegen* der Name *Wechselverz* zugewiesen. Außerdem wurde unter *Makro* die Option *Befehl* aktiviert.

# Optimal arbeiten mit Visual Basic für Anwendungen

Visual Basic für Anwendungen, kurz VBA, ist die neue Programmiersprache von Excel 5.0. VBA tritt an die Stelle der Makrosprache der Vorversion, die aus Kompatibilitätsgründen auch weiterhin Bestandteil von Excel bleibt. Mit VBA steht Ihnen ein ausgefeiltes, leicht erlernbares Programmierwerkzeug zur Erstellung eigener Excel-Anwendungen zur Verfügung.

## Kunterbuntes - allerlei nützliche Tips zu VBA

In den folgenden Abschnitten werden bunt durchmischt Tips zu Interaktionen zwischen Anwendungen und Fenstern, Erstellung von selbstdefinierten Menüs und zum Datenschutz vorgestellt.

## Sendung läuft - Tastenfolge an ein aktives Fenster senden

Sie möchten in einer Windows-Anwendung, die Tastatureingaben erwartet, z. B. die Textverarbeitung MS WinWord 6.0, die Automatisierung einer Rechnungsstellung mit Hilfe eines VBA-Moduls steuern. Was ist zu tun?

### Verwenden Sie die Anweisung SendeTastenF

Die Anweisung *SendeTastenF* sendet eine Tastenfolge, die aus einem oder mehreren Tastenanschlägen bestehen kann, an das aktive Fenster, als ob sie über die Tastatur eingegeben worden wäre.

#### So arbeiten Sie mit der Anweisung SendeTastenF

1. Erstellen Sie ein neues VBA-Modul, dem Sie z. B. den Namen *Senden* geben.
2. Fügen Sie den aus der folgenden Abbildung ersichtlichen Programmcode in das Visual-Basic-Modul ein. Hierbei müssen Sie natürlich den der *Starte*-Anweisung zu übergebenden Pfad, der auf das zu startende Programm verweist, entsprechend anpassen.

*VBA-Modul zur Steuerung einer Windows-Anwendung mit Hilfe der SendeTastenF-Anweisung. Im vorliegenden Beispiel wird mit MS WinWord 6.0 gearbeitet.*

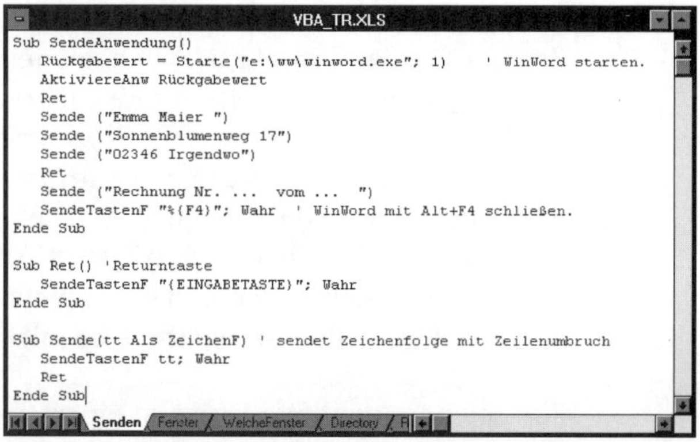

```
Sub SendeAnwendung()
   Rückgabewert = Starte("e:\ww\winword.exe"; 1)     ' WinWord starten.
   AktiviereAnw Rückgabewert
   Ret
   Sende ("Emma Maier ")
   Sende ("Sonnenblumenweg 17")
   Sende ("02346 Irgendwo")
   Ret
   Sende ("Rechnung Nr. ...  vom ...  ")
   SendeTastenF "%{F4}"; Wahr   ' WinWord mit Alt+F4 schließen.
Ende Sub

Sub Ret() 'Returntaste
   SendeTastenF "{EINGABETASTE}"; Wahr
Ende Sub

Sub Sende(tt Als ZeichenF) ' sendet Zeichenfolge mit Zeilenumbruch
   SendeTastenF tt; Wahr
   Ret
Ende Sub
```

**3.** Starten Sie die Prozedur, indem Sie die Schaltfläche *Makro ausführen* aus der Symbolleiste *Makro* betätigen. Die Textmarke muß sich hierbei innerhalb der zu startenden Prozedur, in unserem Fall innerhalb der Prozedur *SendeAnwendung()*, befinden.

*Das Ergebniss des Zeichentransfers in einem WinWord-6.0-Dokument*

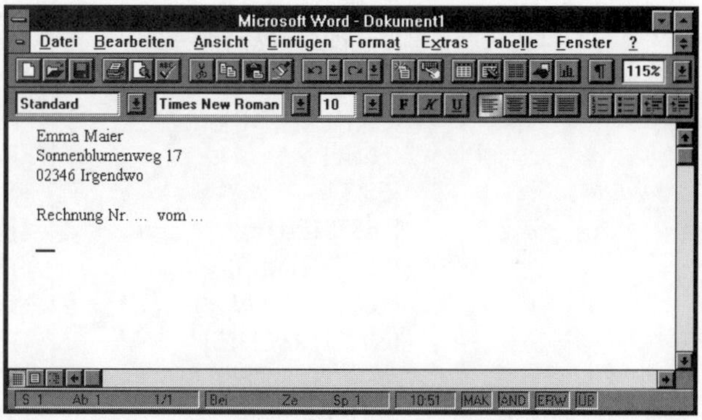


Die Anweisung *SendeTastenF* sendet eine Tastenfolge, die aus einem oder mehreren Tastenanschlägen bestehen kann, an das aktive Fenster, als ob sie über die Tastatur eingegeben worden wäre. *SendeTastenF* verwendet die folgenden Argumente:

**Zeichenfolge** ist ein Zeichenfolgenausdruck mit der zu sendenden Tastenfolge.

**Wartezeit** ist ein Wahrheitswert. Wenn er *Falsch* ist (Voreinstellung), setzt die Prozedur die Ausführung fort, sobald die Tastenfolge abgeschickt ist. Wenn er *Wahr* ist, muß die Tastenfolge verarbeitet werden, bevor die Prozedur die Ausführung fortsetzen kann.

Jede Taste wird durch mindestens ein Zeichen repräsentiert. Ein einzelnes Zeichen auf der Tastatur läßt sich mit dem Zeichen selbst angeben. „A" für das Argument Zeichenfolge repräsentiert z. B. den Buchstaben A. Das Pluszeichen (+), Caret-Zeichen (^), Prozentzeichen (%), die Tilde (˜) und die Klammern ( ) haben bei der *SendeTastenF*-Anweisung eine spezielle Bedeutung. Sie müssen jedes dieser Zeichen in geschweifte Klammern einschließen, damit es in der *SendeTastenF*-Anweisung verwendet werden kann. Für das Pluszeichen geben Sie beispielsweise {+} an. Die Zeichen für die geschweiften Klammern senden Sie mit der Folge {{} oder {}}.

Für Zeichen, die beim Drücken einer Taste nicht angezeigt werden (z. B. die **Enter**-Taste oder **Tab**-Taste), und für bestimmte Aktionstasten können Sie die folgenden Codes verwenden:

| TASTE | CODE | TASTE | CODE |
|---|---|---|---|
| **Bild ↑** | {BILD-NACH-OBEN} | **F1** | {F1}/{HILFE} |
| **Bild ↓** | {BILD-NACH-UNTEN} | **F2** | {F2} |
| **Einfg** | {EINFG} | **F3** | {F3} |
| **Enter** | {EINGABETASTE} | **F4** | {F4} |
| **Ende** | {ENDE} | **F5** | {F5} |
| **Entf** | {ENTFERNEN} oder {ENTF} | **F6** | {F6} |
| | | **F7** | {F7} |
| **Esc** | {ESC} | **F8** | {F8} |
| **Groß** | {FESTSTELL} | **F9** | {F9} |
| ← | {NACH-LINKS} | **F10** | {F10} |
| ↑ | {NACH-OBEN} | **F11** | {F11} |
| → | {NACH-RECHTS} | **F12** | {F12} |
| ↓ | {NACH-UNTEN} | **F13** | {F13} |
| **Num** | {NUM} | **F14** | {F14} |
| **Pos 1** | {POS1} | **F15** | {F15} |
| **Rollen** | {ROLLEN} | **F16** | {F16} |
| **Rück** | {RÜCKTASTE} oder {RÜCK} | **Umschalt** | + |
| **Tab** | {TAB} | **Strg** | ^ |
| **Untbr** | {UNTBR} | **Alt** | % |

Wenn **Umschalt**, **Strg** und/oder **Alt** gleichzeitig mit anderen Tasten gedrückt werden müssen, schließen Sie die Codes für die Tasten in Klammern ein. Wenn z. B. die **Umschalt**-Taste gleichzeitig mit den Tasten **E** und **C** gedrückt werden soll, geben Sie „+(EC)" an. Wenn die **Umschalt**-Taste zusammen mit **E** gedrückt werden soll, und im Anschluß daran **C** ohne **Umschalt**-Taste, geben Sie „+EC" an. Tastenwiederholungen können Sie in der Form {Taste

Zahl} angeben. Das Leerzeichen zwischen Taste und Zahl ist dabei zwingend erforderlich. {NACH-LINKS 30} wird zum Beispiel als 30maliges Drükken der -Taste interpretiert; {g 15} als 15maliges Drücken der Taste G.

## Wie viele Fenster sind offen? - So fragen Sie die aktuelle Fensterliste ab

Der Excel-4.0-Makro-Befehl *FENSTER(Typ, Suchkrit)* liefert die Namen aller geöffneten Excel-Fenster, die einem anzugebenden Suchkriterium entsprechen. Eine äquivalente VBA-Funktion ist jedoch nicht vorhanden. Was ist zu tun, wenn Sie mit VBA die *FensterListe* abfragen möchten?

### Erstellen Sie eine eigene VBA-Prozedur, die auf die Aufschrift-Eigenschaft des FensterListe-Objekts zugreift

Die zu erstellende VBA-Prozedur fragt die *FensterListe* unter Berücksichtigung eines Suchkriteriums ab, indem sie auf die *Aufschrift*-Eigenschaft des *FensterListe*-Objekts zugreift und das Ergebnis entsprechend den Einträgen in der Fensterliste in einem Datenfeld ablegt.

### So definieren Sie dieses Makro

1. Erstellen Sie ein neues VBA-Modul, dem Sie z. B. den Namen *Fenster* geben.
2. Fügen Sie den in der rechten Abbildung ersichtlichen Programmcode in das Visual-Basic-Modul ein.

```
VBA_TR.XLS
Sub FListe()    'ermittelt die Fenster der aktuellen Fensterliste
  Dim erg() Als ZeichenF
  numWindows = 0
  Vergleich = "*.XLS"
  Für Alle w In FensterListe
      Wenn w.Aufschrift Wie Vergleich Dann
        numWindows = numWindows + 1
        Redim Erhaltend erg(1 Bis numWindows)
        erg(numWindows) = w.Aufschrift
      Ende Wenn
  Nächste

  'Ausgabe der Fensterliste im Tabellenblatt "WelcheFenster"
   Für i = 1 Bis numWindows
      TabellenblattListe("WelcheFenster") _
      .ZelleListe(i; 1) = "Fenster " & i & ":"
      TabellenblattListe("WelcheFenster") _
      .ZelleListe(i; 2) = erg(i)
   Nächste
Ende Sub
Senden  Fenster  WelcheFenster  Directory
```

3. Bereiten Sie ein neues Tabellenblatt vor, dem Sie z. B. den Namen *WelcheFenster* geben. Dieses Tabellenblatt dient als Ausgabetabelle für die erstellte VBA-Prozedur *FListe( )*.
4. Starten Sie die Prozedur, indem Sie die Schaltfläche *Makro ausführen* aus der Symbolleiste *Makro* betätigen. Die Textmarke muß sich hierbei innerhalb der zu startenden Prozedur, in unserem Fall innerhalb der Prozedur *FListe( )* befinden.

*Das Ergebniss der Abfrage der FensterListe*

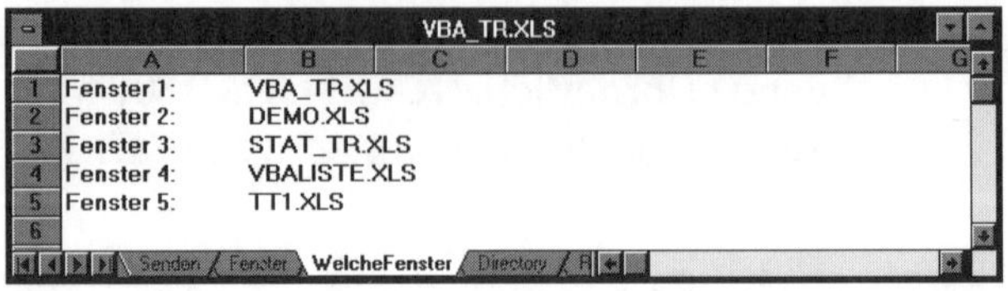


# Menüs heiß serviert - ich kann den richtigen Befehl im Kontextmenü nicht finden

Die Kontextmenüs sind eine feine Sache. Sie sorgen dafür, daß man Befehle an Ort und Stelle auswählen kann. Wenn man z. B. eine Zelle kopieren möchte, dann markiert man die Zelle und klickt über dieser Zelle mit der rechten Maustaste, um das Kontextmenü zu öffnen. Und fast immer hat man auch Glück - der gewünschte Befehl findet sich im Menü. Aber wenn das nicht der Fall ist, muß das Kontextmenü wieder geschlossen und der Befehl aus der Menüleiste ausgewählt werden. In diesem Fall hat man also die doppelte Arbeit. Deshalb wäre es gut, wenn man ein Kontextmenü selbst mit fehlenden Befehlen erweitern könnte, z. B. das Zellenkontextmenü mit dem Befehl *Inhalte löschen/Alles* aus dem Menü *Bearbeiten*.

## Fügen Sie dem Kontextmenü den benötigten Befehl hinzu

Zeichnen Sie ein Makro in der persönlichen Arbeitmappe auf, das den gewünschten Befehl ausführt. Aktivieren Sie den *Menü-Editor* in der *Visual-Basic*-Symbolleiste, tragen Sie in das Dialogfeld den neuen Befehl ein und stellen Sie die Verknüpfung zum erstellten Modul her.

## Die Erweiterung des Kontextmenüs

1. Zeichnen Sie ein Makro in der persönlichen Arbeitsmappe auf, das den gewünschten Befehl, oder auch mehrere, ausführt. Oder schreiben Sie das Makro in ein Modulblatt der persönlichen Arbeitsmappe.

! Was es bedeutet, ein Makro in der persönlichen Arbeitsmappe aufzuzeichnen, können Sie auf Seite 345 nachschlagen.

Wenn Sie den Befehl *Inhalte löschen/Alles* in das Kontextmenü einfügen möchten, dann muß das Modul folgendermaßen aussehen:

```
Sub ALösch()
        Auswahl.AllesLöschen
Ende Sub
```

Wenn Sie das Modul aufgezeichnet haben, und es aus diesem Grund überflüssige Befehle enthält, wie z. B. *Bereich(„C3“).Auswählen*, weil Sie vor dem Ausführen des Befehls eine Zelle ausgewählt haben, dann löschen Sie diese überflüssigen Befehlszeilen aus dem Modul.

2. Speichern Sie die persönliche Arbeitsmappe.
3. Klicken Sie auf das Symbol *Menü-Editor* in der *Visual-Basic-Symbolleiste*, um den Menü-Editor zu öffnen.

4. Öffnen Sie das Listenfeld *Menüleisten* und markieren Sie den Eintrag *Kontextmenü 1*.
5. Markieren Sie unter *Menüs* den Eintrag *Zelle(Tabellen)*, daraufhin werden in der Liste *Menüelemente* die Befehle, die sich momentan in dem Zellenkontextmenü befinden, angezeigt.
6. Markieren Sie in der Liste *Menüelemente* die Zeile unter *Inhalte löschen* und klicken Sie auf *Einfügen*, falls Sie an dieser Stelle den neuen Befehl einfügen möchten.
7. Daraufhin wird das Eingabefeld *Titel* aktiviert. Tippen Sie hier den Namen ein, unter dem der neue Befehl aufgerufen werden soll, z. B. *Alles löschen*.
8. Öffnen Sie als nächstes das Listenfeld *Makro*. Hier werden die momentan verfügbaren Makros aufgelistet, darunter auch das Makro, das Sie soeben erstellt haben. Wenn Sie es auch *ALösch* genannt haben, klicken Sie auf diesen Eintrag.
9. Klicken Sie auf die Schaltfläche *OK*, um den neuen Befehl in das Kontextmenü zu übernehmen.

**!** Mit Hilfe des Menü-Editors können nicht nur die Kontextmenüs individuell erweitert werden, sondern auf die gleiche Weise die Menüs der Menüleiste. Außerdem besteht die Möglichkeit, neue Menüs und Untermenüs in die Menüleiste einzufügen. Um den ursprünglichen Zustand eines Menüs wieder herzustellen, finden Sie im Menü-Editor die Schaltfläche *Zurücksetzen*.

# Unsichtbar - Arbeitsblatt versteckt ausblenden

Oft kommt es vor, daß Sie ein VBA-Modul oder ein Tabellenblatt vor dem Zugriff anderer Anwender schützen wollen. Hierzu können Sie dieses Blatt über *Bearbeiten/Blatt/Ausblenden* oder *Format/Blatt/Ausblenden* ausblenden. Dies ist jedoch kein besonders sicherer Schutz, da jeder Anwender das ausgeblendete Blatt mit der Befehlsfolge *Format/Blatt/Einblenden* wieder sichtbar machen kann. Wie kann man ein Blatt für den Anwender versteckt ausblenden?

## Weisen Sie der Sichtbar-Eigenschaft des Anwendungsobjekts die Eigenschaft xlSehrAusgeblendet zu

Erstellen Sie eine VBA-Prozedur, in der Sie der Sichtbar-Eigenschaft eines Anwendungsobjekts die Eigenschaft *xlSehrAusgeblendet* zuweisen. Ein auf diese Weise ausgeblendetes Blatt wird in der Liste der ausgeblendeten Blätter nicht aufgeführt und kann daher von anderen Anwendern über Menübefehle nicht wieder eingeblendet werden. Zum Einblenden diese Blattes wird eine weitere VBA-Prozedur benötigt, die die Sichtbar-Eigenschaft des ausgeblendeten Blatts auf WAHR setzt.

### So erstellen Sie die Prozeduren, die die Sichtbar-Eigenschaft ändern

1. Öffnen Sie ein neues Modul, indem Sie *Einfügen/Makro/Visual-Basic-Modul* wählen.
2. Fügen Sie den Programmcode der Prozeduren *Ausblenden( )* und *Einblenden( )* in das Modul ein.

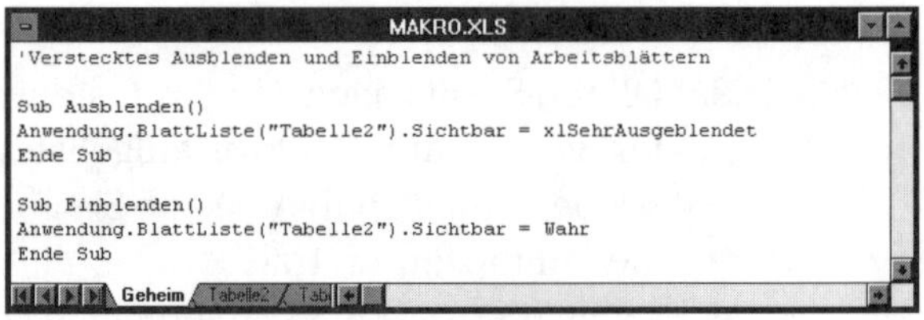


Falls Sie ein Tabellenblatt, Modul oder Diagrammblatt ausblenden wollen, müssen Sie auf dieses Anwendungsobjekt mit *BlattListe*(Blattname) zugreifen.

3.  Das Tabellenblatt, Modul oder Diagrammblatt wird ausgeblendet, indem Sie die Prozedur *Ausblenden( )*, z. B. über das Symbol *Makro ausführen*, starten oder dieser Prozedur ein eigenes Symbol zuweisen.
4. Wenn das Anwendungsobjekt wieder eingeblendet werden soll, muß in entsprechender Weise die Prozedur *Einblenden( )* gestartet werden.

Das Einblenden der auf diese Weise ausgeblendeten Blätter ist über Menübefehle nicht mehr möglich, so daß auf diese Weise ein wirksamer Blattschutz realisiert werden kann.

Weitere Informationen über das Schützen von Zellen, Blättern und Arbeitsmappen finden Sie ab Seite 327.

## Heißer Tip - trauen Sie keiner Statistik, die Sie nicht selbst mit VBA erstellt haben

Excel 5.0 stellt zwar eine ganze Reihe von leistungsfähigen Tabellenfunktionen zur statistischen Datenanalyse zur Verfügung, in manchen Fällen wird man damit jedoch nicht auskommen. In diesen Fällen bietet sich die Einbindung der in dem als Add-In mitgelieferten Analysis ToolPak enthaltenen statistischen und ingenieurwissenschaftlichen Prozeduren und Funktionen in eigenerstellte VBA-Prozeduren an. Die nachfolgenden Tips demonstrieren, wie man anspruchsvolle statistische Problemstellungen unter Verwendung entsprechender VBA-Prozeduren effizient lösen kann.

## Damit man sieht, wo's lang geht - Histogramme

Sie möchten im Rahmen einer statistischen Datenanalyse ein Histogramm mit absoluten und kumulierten relativen Häufigkeiten erstellen. Mit den von Excel standardmäßig angebotenen Balken- und Säulendiagrammdarstellungen kommen Sie dabei nicht ohne weiteres zum Ziel. Was ist zu tun?

## Verwenden Sie die VBA-Prozedur Histogramm aus dem Add-In Analyse-Funktionen-VBA

Das Add-In *Analyse-Funktionen-VBA* stellt zahlreiche VBA-Prozeduren bzw. -Funktionen zur statistischen Datenanalyse zur Verfügung, so u. a. auch die zur Lösung des vorgenannten Problems benötigte Prozedur *Histogramm*. Erstellen Sie unter Verwendung dieser Bibliotheksprozedur eine eigene VBA-Prozedur zur Erstellung von Histogrammen.

### Die Verwendung der VBA-Prozedur Histogramm

**1.** Erstellen Sie eine neue Tabelle mit dem Namen *HistoDat*. Sie soll die Daten enthalten, die Sie zu einem Histogramm verarbeiten wollen. Die Spalten 2 bis 8 dieser Tabelle enthalten z. B. das Körpergewicht von 90 Studentinnen in kg, die Spalte 9 die Klassengrenzen für die Histogrammdarstellung. Im vorliegenden Beispiel soll die Häufigkeit des Körpergewichts bezogen auf die Klassen 0 bis 55 kg, 56 bis 60 kg, 61 bis 65 kg, 66 bis 70 kg, 71 bis 75 kg und 76 bis 80 kg dargestellt werden.

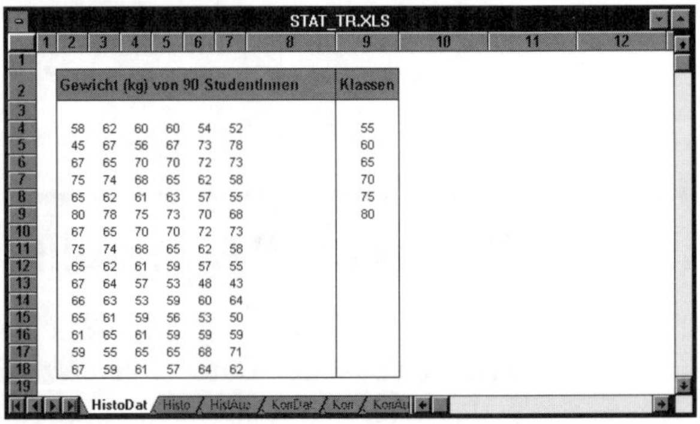


**2.** Stellen Sie sicher, daß Sie das Add-In *Analyse-Funktionen-VBA* geladen haben.

**3.** Fügen Sie in Ihre derzeit geöffnete Arbeitsmappe ein neues *Visual-Basic-Modul* ein, das Sie z. B. *Histo* nennen können.

**4.** Erstellen Sie einen Verweis auf die Visual-Basic-Bibliothek, die die benötigten Prozeduren und Funktionen zur statistischen Datenanalyse enthält. Dies erfolgt, indem Sie im Menü *Extras* den Befehl *Verweise* auswählen und in dem dann erscheinenden Dialogfeld *Verweise* unter *Verfügbare Verweise* das Kontrollkästchen bei *ATPVBADE.XLA* aktivieren.

5. Fügen Sie den Programmcode VBA-Prozedur Histogr( ) in das Visual-Basic-Modul ein

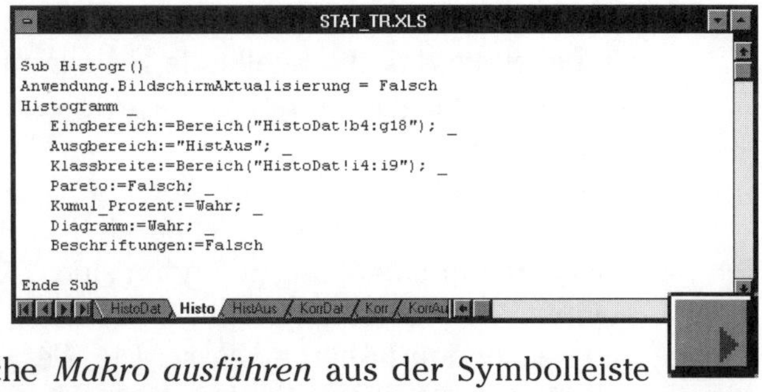


6. Starten Sie die Prozedur, indem Sie die Schaltfläche *Makro ausführen* aus der Symbolleiste *Makro* betätigen. Die Textmarke muß sich hierbei innerhalb der zu startenden Prozedur, in unserem Fall innerhalb der Prozedur *Histogr( )* befinden.

*Das fertige Histogramm, das für 6 verschiedene Klassen die Häufigkeit des Körpergewichts von 90 Studentinnen darstellt. Angegeben sind jeweils die Klassenobergrenzen.*

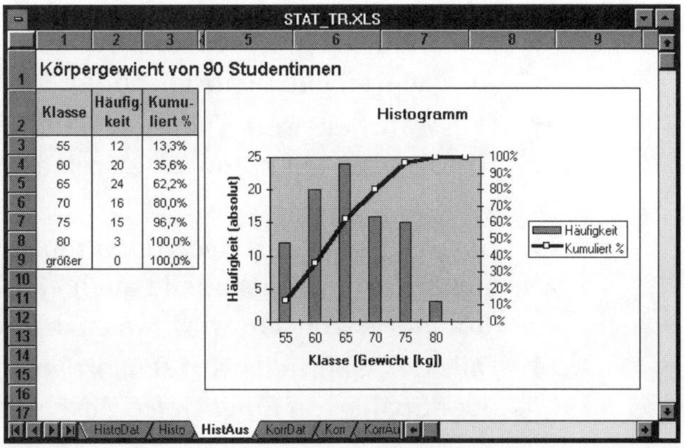


Die Funktion *Histogramm* zur Erstellung eines Histogramms berechnet einfache und kumulierte Häufigkeiten für einen Zellbereich von Daten und Klassen. Darüber hinaus liefert sie Daten über die Anzahl der Ausprägungen eines Wertes in einem Datensatz. In einer Histogrammtabelle werden die Bewertungsgrenzen und die Punktzahlen zwischen der unteren und der aktuellen Grenze dargestellt. Die häufigste Punktzahl bildet den Modalwert des Zellbereiches für Daten.

Der Prozedurvariablen *Eingbereich* der Prozedur *Histogramm* wird der Zellbereich, in dem die Ausgangsdaten für die Histogrammdarstellung zu finden sind, zugewiesen. Geben Sie entweder eine Spalte, eine Zeile oder einen Block numerischer Daten zur Ermittlung der Häufigkeit an. Der Bereich darf maximal 6.400 Zellen umfassen. Die Daten müssen numerisch sein.

Der Prozedurvariablen *Ausgbereich* wird der Name der neu anzulegenden Tabelle, die das zu erstellende Histogramm enthält, in Textform zugewiesen. Im vorliegenden Beispiel wurde der Name „*HistAus*" gewählt.

Der Prozedurvariablen *Klassbreite* weisen Sie den Bereich I4:I9 der Tabelle *HistoDat* zu. Dies ist der Zellbereich in dem die Klassengrenzen für die Histogrammdarstellung zu finden sind. Excel ermittelt die Anzahl der Datenpunkte zwischen der aktuellen Klasse und, falls vorhanden, der daran angrenzenden höheren Klasse. Die Werte an der unteren Klassengrenze werden ein-, die Werte an der oberen Klassengrenze ausgeschlossen. Wenn Sie keine Klassenbreite angeben, erstellt Excel eine Reihe von Klassen, die sich gleichmäßig zwischen dem niedrigsten und höchsten Wert der Daten verteilen.

- ➜ Der Wahrheitswert *Pareto* wird auf *WAHR* gesetzt, wenn die Daten der Ausgangstabelle in absteigender Häufigkeit dargestellt werden sollen.
- ➜ Der Wahrheitswert *Kumul_Prozent* wird auf *WAHR* gesetzt, wenn ein Histogramm mit kumulierten relativen Häufigkeiten generiert werden soll.
- ➜ Der Wahrheitswert *Diagramm* muß auf *WAHR* gesetzt werden, wenn außer der Ergebnistabelle auch eine grafische Darstellung des Histogramms gewünscht wird, was i. d. R. der Fall ist.
- ➜ Falls der Wahrheitswert *Beschriftung WAHR* ist, enthält die erste Zeile oder Spalte von *Eingbereich* Beschriftungen.

## Wo ist der Zusammenhang - Korrelationsrechnung

Sie möchten im Rahmen einer statistischen Datenanalyse mit den Befragungsergebnissen von 13 zufällig ausgewählten Erwachsenen den Zusammenhang zwischen mehreren Reihen von Merkmalsausprägungen dieser Befragung ermitteln. Mit der Tabellenfunktion *Korrel* kommen Sie zunächst nicht ans Ziel, da mit Hilfe dieser Funktion lediglich der Korrelationskoeffizent zwischen zwei Reihen von Merkmalsausprägungen ermittelt werden kann. Was ist zu tun?

## Verwenden Sie die VBA-Prozedur MKorrel aus dem Add-In Analyse-Funktionen-VBA

Das Add-In *Analyse-Funktionen-VBA* stellt zahlreiche VBA-Prozeduren bzw. -Funktionen zur statistischen Datenanalyse zur Verfügung, so u. a. auch die zur Lösung des vorgenannten Problems benötigte Prozedur *MKorrel*. Erstellen Sie unter Verwendung dieser Bibliotheksprozedur eine eigene VBA-Prozedur zur Durchführung der Korrelationsrechnung.

### Wie Sie mit der VBA-Prozedur MKorrel arbeiten

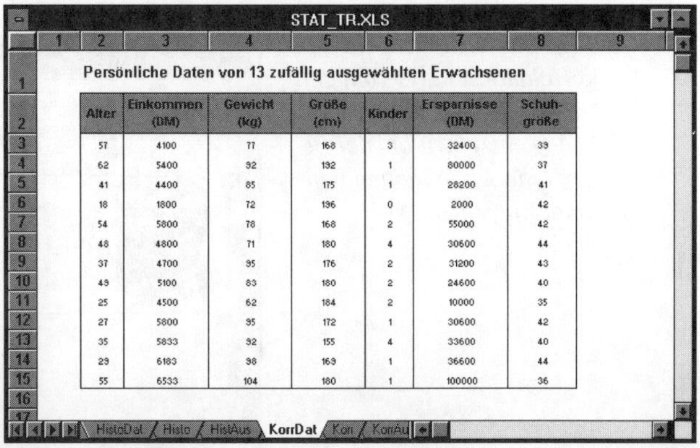

STAT_TR.XLS

Persönliche Daten von 13 zufällig ausgewählten Erwachsenen

| Alter | Einkommen (DM) | Gewicht (kg) | Größe (cm) | Kinder | Ersparnisse (DM) | Schuhgröße |
|---|---|---|---|---|---|---|
| 57 | 4100 | 77 | 168 | 3 | 32400 | 39 |
| 62 | 5400 | 92 | 192 | 1 | 80000 | 37 |
| 41 | 4400 | 85 | 175 | 1 | 28200 | 41 |
| 18 | 1800 | 72 | 196 | 0 | 2000 | 42 |
| 54 | 5800 | 78 | 168 | 2 | 55000 | 42 |
| 48 | 4800 | 71 | 180 | 4 | 30600 | 44 |
| 37 | 4700 | 95 | 176 | 2 | 31200 | 43 |
| 49 | 5100 | 83 | 180 | 2 | 24600 | 40 |
| 25 | 4500 | 62 | 184 | 2 | 10000 | 35 |
| 27 | 5800 | 95 | 172 | 1 | 30600 | 42 |
| 35 | 5833 | 92 | 155 | 4 | 33600 | 40 |
| 29 | 6183 | 98 | 169 | 1 | 36600 | 44 |
| 55 | 6533 | 104 | 180 | 1 | 100000 | 36 |



1. Erstellen Sie eine neue Tabelle mit dem Namen *KorrDat*, die die Datenreihen mit den bei der Befragung erhobenen Merkmalsausprägungen enthält. Die Spalte B der Datentabelle enthält z. B. das Alter, Spalte C das Einkommen, Spalte D das Gewicht, Spalte E die Körpergröße der Befragten usw. Bei der Korrelationsanalyse soll nun untersucht werden, ob zwischen den einzelnen Reihen von Merkmalsausprägungen, z. B. zwischen dem Alter und dem Einkommen der Befragten, ein Zusammenhang besteht.
2. Stellen Sie sicher, daß Sie das Add-In *Analyse-Funktionen-VBA* geladen haben.
3. Fügen Sie in Ihre derzeit geöffnete Arbeitsmappe ein neues *Visual-Basic-Modul* ein, das Sie z. B. *Korr* nennen können.
4. Erstellen Sie einen Verweis auf die Visual-Basic-Bibliothek, die die benötigten Prozeduren und Funktionen zur statistischen Datenanalyse enthält. Dies erfolgt, indem Sie im Menü *Extras* den Befehl *Verweise* auswählen und in dem dann erscheinenden Dialogfeld *Verweise* unter *Verfügbare Verweise* das Kontrollkästchen bei *ATPVBADE.XLA* aktivieren.

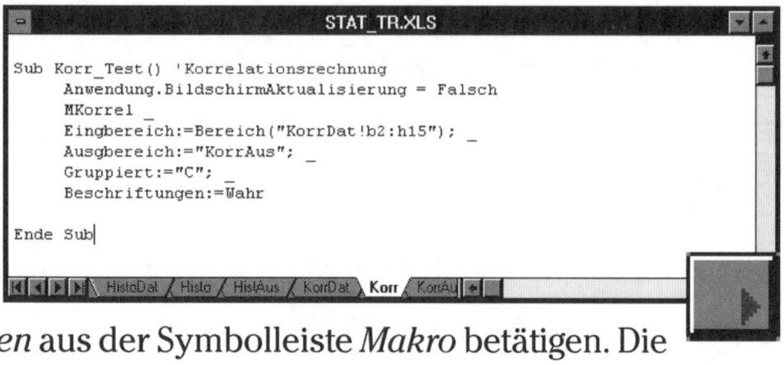


**5.** Fügen Sie den Programmcode in das Visual-Basic-Modul ein.

**6.** Starten Sie die Prozedur, indem Sie die Schaltfläche *Makro ausführen* aus der Symbolleiste *Makro* betätigen. Die Textmarke muß sich hierbei innerhalb der zu startenden Prozedur, in unserem Fall innerhalb der Prozedur *Korr_Test( )*, befinden.

*Das Ergebnis der durchgeführten Korrelationsanalyse mit den Korrelationskoeffizenten zwischen den einzelnen bei der Befragung erhobenen Reihen von Merkmalsausprägungen*

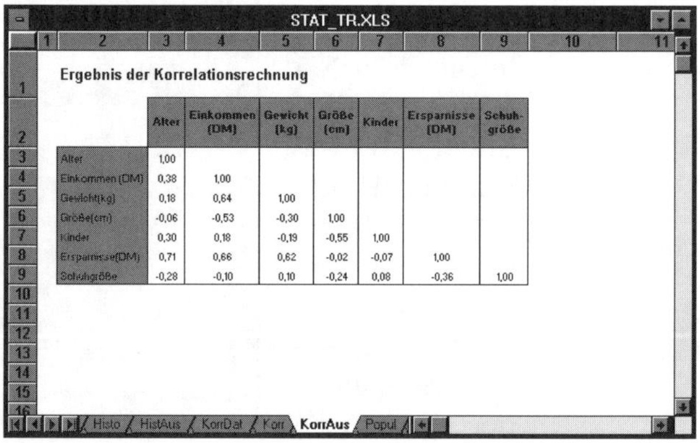
STAT_TR.XLS

Ergebnis der Korrelationsrechnung

| | Alter | Einkommen (DM) | Gewicht (kg) | Größe (cm) | Kinder | Ersparnisse (DM) | Schuhgröße |
|---|---|---|---|---|---|---|---|
| Alter | 1,00 | | | | | | |
| Einkommen (DM) | 0,38 | 1,00 | | | | | |
| Gewicht(kg) | 0,18 | 0,64 | 1,00 | | | | |
| Größe(cm) | -0,06 | -0,53 | -0,30 | 1,00 | | | |
| Kinder | 0,30 | 0,18 | -0,19 | -0,55 | 1,00 | | |
| Ersparnisse(DM) | 0,71 | 0,66 | 0,62 | -0,02 | -0,07 | 1,00 | |
| Schuhgröße | -0,28 | -0,10 | 0,10 | -0,24 | 0,08 | -0,36 | 1,00 |

Mit Hilfe der Funktion *MKorrel* zur Berechnung des Korrelationskoeffizienten können Sie untersuchen, ob zwei oder mehr Meßreihen jeweils paarweise miteinander verbunden sind, d. h., ob hohe Werte des einen Datensatzes mit hohen Werten des anderen zusammenhängen (positive Korrelation), ob niedrige Werte des einen Datensatzes mit hohen Werten des anderen zusammenhängen (negative Korrelation), oder ob zwischen den Werten der beiden Datensätze kein Zusammenhang besteht. Die Maßzahl für den Grad des Zusammenhangs zwischen den jeweiligen Merkmalsausprägungen, die bei der Korrelationsanalyse ermittelt wird, ist der Korrelationskoeffizient r, der zwischen -1 (hohe negative Korrelation) und +1 (hohe positive Korrellation) liegen kann. Ein Korrelationskoeffizent von r=0 zeigt an, daß zwischen zwei untersuchten Merkmalsausprägungen keinerlei Zusammenhang besteht.

Die Prozedurvariable *Eingbereich* ist der Eingabebereich. Geben Sie den Bezug für den Bereich der Tabellendaten ein, die Sie analysieren möchten. Der Eingabebereich muß aus zwei oder mehr Blöcken von Daten bestehen, die in Spalten oder Zeilen angeordnet sind.

Die Prozedurvariable *Ausgbereich* ist die erste Zelle (die obere linke Zelle) in der Ausgabetabelle oder der als Text eingegebene Name einer neuen Tabelle, die den Ausgabebereich aufnehmen soll. Hat die Zelle den Wert FALSCH, ist sie leer, oder fehlt die Angabe, wird die Ausgabetabelle in einer neuen Arbeitsmappe angelegt.

Die Prozedurvariable *Gruppiert* ist ein Zeichen, das angibt, ob die Daten im Eingabebereich zeilen- oder spaltenweise organisiert sind. Falls *Gruppiert* den Wert „C“ aufweist oder nicht eingegeben wird, sind die Daten spaltenweise organisiert. Falls *Gruppiert* den Wert „R“ aufweist, sind die Daten zeilenweise organisiert.

Die Prozedurvariable *Beschriftung* ist ein Wahrheitswert, der die Lage der Beschriftungen im Eingabebereich wie folgt angibt:

| | |
|---|---|
| Falls *WAHR* und spaltenweise Organisation der Datentabelle | Die erste Zeile des Eingabebereichs enthält die Beschriftungen. |
| Falls *WAHR* und zeilenweise Orientierung der Datentabelle | Die erste Spalte des Eingabebereichs enthält die Beschriftungen. |
| Falls *FALSCH* oder nicht angegeben | Es werden keine Beschriftungen berücksichtigt. |

## Wenn Sie die Übersicht behalten wollen - schnelle statistische Übersichtsanalyse 270

Sie möchten im Rahmen einer statistischen Datenanalyse mit den schon bekannten Befragungsergebnissen von 13 zufällig ausgewählten Erwachsenen eine Übersichtsanalyse durchführen, die alle grundlegenden statistischen Kenngrößen enthält. Die Anwendung der von Excel bereitgestellten statistischen Tabellenfunktionen führt zwar zum Ziel, ist aber in diesem Fall sehr umständlich. Was ist zu tun?

### Verwenden Sie die VBA-Prozedur DESCR aus dem Add-In Analyse-Funktionen-VBA

Das Add-In *Analyse-Funktionen-VBA* stellt zahlreiche VBA-Prozeduren bzw. -Funktionen zur statistischen Datenanalyse zur Verfügung, so u. a. auch die zur Lösung des vorgenannten Problems benötigte Prozedur *DESCR*. Erstellen Sie unter Verwendung dieser Bibliotheksprozedur eine eigene VBA-Prozedur zur Durchführung der statistischen Übersichtsanalyse.

## So verwenden Sie die VBA-Prozedur DESCR

**1.** Erstellen Sie eine neue Tabelle, die die Ausgangsdaten für die durchzuführende Übersichtsanalyse enthält. Im vorliegenden Beispiel können die Daten mit den Befragungsergebnissen von 13 Erwachsenen aus dem Beispiel zur Korrelationsanalyse auf Seite 364 wiederverwendet werden.

**2.** Stellen Sie sicher, daß Sie das Add-In *Analyse-Funktionen-VBA* geladen haben.

**3.** Fügen Sie in Ihre derzeit geöffnete Arbeitsmappe ein neues *Visual-Basic-Modul* ein, das Sie z. B. *Popula( )* nennen können.

**4.** Erstellen Sie einen Verweis auf die Visual-Basic-Bibliothek, die die benötigten Prozeduren und Funktionen zur statistischen Datenanalyse enthält. Dies erfolgt, indem Sie im Menü *Extras* den Befehl *Verweise* auswählen und in dem dann erscheinenden Dialogfeld *Verweise* unter *verfügbare Verweise* das Kontrollkästchen bei *ATPVBADE.XLA* aktivieren.

**5.** Fügen Sie den Programmcode der VBA-Prozedur Popula( ) in das Visual-Basic-Modul ein.

STAT_TR.XLS

```
Sub Popula()
  Anwendung.BildschirmAktualisierung = Falsch
  Descr _
  Eingbereich:=Bereich("KorrDat!b2:h15"); _
  Ausgbereich:="KennAus"; _
  Gruppiert:="C"; _
  Beschriftungen:=Wahr; _
  Übersicht:=Wahr; _
  DsGroß:=1; _
  DsKlein:=1; _
  Konfid:=95
Ende Sub
```

HistAus / KorrDat / Korr / KorrAus / Popul / KennA

**6.** Starten Sie die Prozedur, indem Sie die Schaltfläche *Makro ausführen* aus der Symbolleiste *Makro* betätigen. Die Textmarke muß sich hierbei innerhalb der zu startenden Prozedur, in unserem Fall innerhalb der Prozedur *Popula()* befinden.

STAT_TR.XLS

| | Alter | Einkommen (DM) | Gewicht (kg) | Größe (cm) | Kinder | Ersparnisse (DM) | Schuhgröße |
|---|---|---|---|---|---|---|---|
| Mittelwert | 41,3 | 4996,15 | 84,5 | 176,5 | 2 | 38062 | 40 |
| Standardfehler | 3,9 | 336,70 | 3,4 | 3,0 | 0 | 7365 | 1 |
| Median | 41,0 | 5100,00 | 85,0 | 176,0 | 2 | 31200 | 41 |
| Modus | #NV | 5800,00 | 91,5 | 180,0 | 1 | 30600 | 42 |
| Standardabweichung | 14,0 | 1214,00 | 12,3 | 10,9 | 1 | 26553 | 3 |
| Stichprobenvarianz | 195,9 | 1473803,42 | 151,6 | 117,8 | 1 | 705082564 | 9 |
| Kurtosis | -1,3 | 3,32 | -0,7 | 0,5 | 0 | 2 | -1 |
| Schiefe | -0,1 | -1,47 | -0,3 | 0,0 | 1 | 1 | -1 |
| Wertebereich | 44,0 | 4733,33 | 42,0 | 41,3 | 4 | 98000 | 10 |
| Minimum | 18,0 | 1800,00 | 61,5 | 154,7 | 0 | 2000 | 35 |
| Maximum | 62,0 | 6533,33 | 103,5 | 196,0 | 4 | 100000 | 44 |
| Summe | 537,0 | 64950,00 | 1099,0 | 2294,7 | 24 | 494800 | 526 |
| Anzahl | 13,0 | 13,00 | 13,0 | 13,0 | 13 | 13 | 13 |
| k-größter Wert(1) | 62,0 | 6533,33 | 103,5 | 196,0 | 4 | 100000 | 44 |
| k-kleinster Wert(1) | 18,0 | 1800,00 | 61,5 | 154,7 | 0 | 2000 | 35 |
| Konfidenzniveau(95.0 | 7,6 | 659,93 | 6,7 | 5,9 | 1 | 14434 | 2 |

KorrDat / Korr / KorrAus / Popul / KennAus / Reg

*Das Ergebnis der durchgeführten statistischen Übersichtsanalyse*

Die Funktion *DESCR* zur Berechnung von Populationskenngrößen liefert einen Überblick über die wichtigsten eindimensionalen (univariaten) Kenngrößen der Daten im Eingabebereich. Das Verfahren gibt Aufschluß über die zentrale Tendenz und Streuung der Daten. Die in der Ergebnistabelle enthaltenen Statistiken dienen üblicherweise als Ausgangspunkt für weitere Analysen und als Hinweis dafür, welche Tests anschließend durchzuführen sind. Es werden die folgenden Kenngrößen ermittelt:

- Mittelwert,
- Standardfehler,
- Median,
- Modalwert,
- Standardabweichung,
- Varianz,
- Kurtosis,
- Schiefe,
- Spannbreite,
- Minimum,
- Maximum,
- Summe,
- Anzahl,
- k-größte Werte,
- k-kleinste Werte,
- Konfidenzniveau.

Die Prozedurvariable *Eingbereich* ist der Eingabebereich. Geben Sie den Bezug für den Bereich der Tabellendaten ein, die Sie analysieren möchten.

Die Prozedurvariable *Ausgbereich* ist die erste Zelle (die obere linke Zelle) in der Ausgabetabelle oder der als Text eingegebene Name einer neuen Tabelle, die den Ausgabebereich aufnehmen soll. Hat die Zelle den Wert FALSCH, ist sie leer oder fehlt die Angabe, wird die Ausgabetabelle in einer neuen Arbeitsmappe angelegt.

Die Prozedurvariable *Gruppiert* ist ein Zeichen, das angibt, ob die Daten im Eingabebereich zeilen- oder spaltenweise organisiert sind. Falls *Gruppiert* den Wert „C“ aufweist oder nicht eingegeben wird, sind die Daten spaltenweise organisiert. Falls *Gruppiert* den Wert „R“ aufweist, sind die Daten zeilenweise organisiert.

Die Prozedurvariable *Beschriftung* ist ein Wahrheitswert, der die Lage der Beschriftungen im Eingabebereich wie folgt angibt:

| | |
|---|---|
| Falls *WAHR* und spaltenweise Organisation der Datentabelle | Die erste Zeile des Eingabebereichs enthält die Beschriftungen. |
| Falls *WAHR* und zeilenweise Orientierung der Datentabelle | Die erste Spalte des Eingabebereichs enthält die Beschriftungen. |
| Falls *FALSCH* oder nicht angegeben | Es werden keine Beschriftungen berücksichtigt. |

Die Prozedurvariable *Übersicht* ist ein Wahrheitswert. Hat er den Wert *WAHR*, erstellt DESCR den Übersichtsbericht. Hat er den Wert FALSCH oder fehlt die Angabe, wird kein Übersichtsbericht erstellt.

Die Prozedurvariable *DsGroß* ist eine ganze Zahl k. Wird *DsGroß* angegeben, zeigt DESCR den k-größten Datenpunkt an. Wird *DsGroß* nicht angegeben, wird der Wert nicht angezeigt.

Die Prozedurvariable *DsKlein* ist eine ganze Zahl k. Wird *DsKlein* angegeben, zeigt DESCR den k-kleinsten Datenpunkt an. Wird *DsKlein* nicht angegeben, wird der Wert nicht angezeigt.

Die Prozedurvariable *Konfid* ist das Konfidenzniveau für den Mittelwert. Wird *Konfid* angegeben, berechnet DESCR das dazugehörige (entsprechende) Konfidenzintervall für die Daten im Eingabebereich. Wird *Konfid* nicht angegeben, so wird das 95% Konfidenzintervall berechnet.

## Wenn der eine mit dem andern - Regressionsanalyse

271

Sie möchten im Rahmen einer statistischen Datenanalyse mit den schon bekannten Befragungsergebnissen von 13 zufällig ausgewählten Erwachsenen eine Regressionssanalyse einschließlich der grafischen Darstellung des linearen Zusammenhangs zwischen den zu untersuchenden Merkmalsausprägungen durchführen. Die Verwendung der von Excel standardmäßig bereitgestellten Funktionen TREND oder RGB liefert keine grafische Darstellung. Was ist zu tun?

## Verwenden Sie die VBA-Prozedur Regress aus dem Add-In Analyse-Funktionen-VBA

Das Add-In *Analyse-Funktionen-VBA* stellt zahlreiche VBA-Prozeduren bzw. -Funktionen zur statistischen Datenanalyse zur Verfügung, so u. a. auch die zur Lösung des vorgenannten Problems benötigte Prozedur *Regress*. Erstellen Sie unter Verwendung dieser Bibliotheksprozedur eine eigene VBA-Prozedur zur Durchführung der Regressionsanalyse.

### Das Arbeiten mit der VBA-Prozedur Regress

1. Erstellen Sie eine neue Tabelle, die die Ausgangsdaten für die durchzuführende Regressionsanalyse enthält. Im vorliegenden Beispiel können die Daten mit den Befragungsergebnissen von 13 Erwachsenen aus dem Beispiel zur Korrelationsanalyse auf Seite 364 wiederverwendet werden. Die Spalte B der Datentabelle enthält z. B. das Alter, Spalte C das Einkommen der befragten Personen. Bei der nachfolgenden Regressionsanalyse wird nun der vermutete Zusammenhang zwischen beiden Variablen näher untersucht.
2. Stellen Sie sicher, daß Sie das Add-In *Analyse-Funktionen-VBA* geladen haben.
3. Fügen Sie in Ihre derzeit geöffnete Arbeitsmappe ein neues *Visual-Basic-Modul* ein, das Sie z. B. *Reg* nennen können.
4. Erstellen Sie einen Verweis auf die Visual-Basic-Bibliothek, die die benötigten Prozeduren und Funktionen zur statistischen Datenanalyse enthält. Dies erfolgt, indem Sie im Menü *Extras* den Befehl *Verweise* auswählen und in dem erscheinenden Dialogfeld *Verweise* unter *Verfügbare Verweise* das Kontrollkästchen bei *ATPVBADE.XLA* aktivieren.
5. Fügen Sie den Programmcode der VBA-Prozedur Regr( ) zur Durchführung einer Regressionsanalyse in das Visual-Basic-Modul ein.

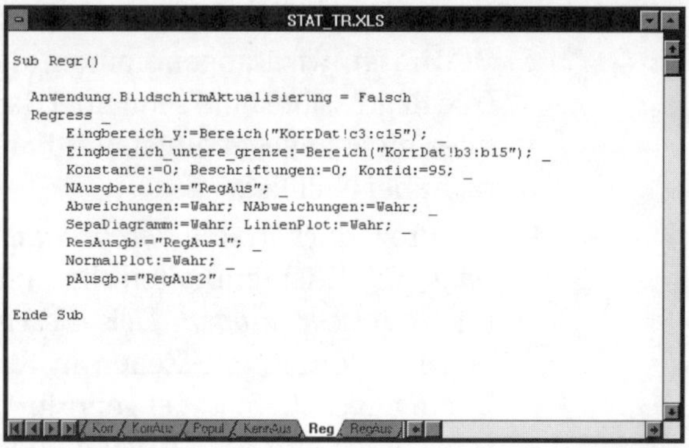

```
Sub Regr()

  Anwendung.BildschirmAktualisierung = Falsch
  Regress _
      Eingbereich_y:=Bereich("KorrDat!c3:c15"); _
      Eingbereich_untere_grenze:=Bereich("KorrDat!b3:b15"); _
      Konstante:=0; Beschriftungen:=0; Konfid:=95; _
      NAusgbereich:="RegAus"; _
      Abweichungen:=Wahr; NAbweichungen:=Wahr; _
      SepaDiagramm:=Wahr; LinienPlot:=Wahr; _
      ResAusgb:="RegAus1"; _
      NormalPlot:=Wahr; _
      pAusgb:="RegAus2"

Ende Sub
```

6. Starten Sie die Prozedur, durch Betätigung der Schaltfläche *Makro ausführen* in der Symbolleiste *Makro*. Die Textmarke muß sich hierbei innerhalb der zu startenden Prozedur, in unserem Fall innerhalb der Prozedur *Regr( )*, befinden.

*Regressionsanalyse in Form einer Übersichttabelle zur Regressionsstatistik mit dem Residuenplot, dem Quantilsplot und dem Diagramm mit der linearen Ausgleichsgeraden (Diagramm Kurvenanpassung)*

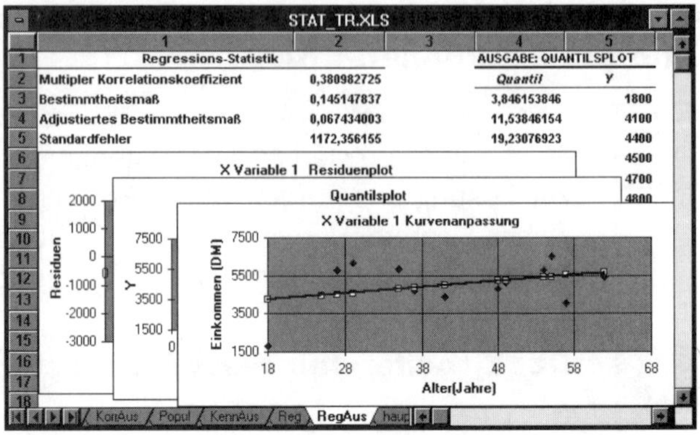


Die Funktion *REGRESS* führt eine lineare Regression durch. Dabei wird eine Gerade nach der Methode der kleinsten Quadrate durch eine Reihe von Beobachtungen angepaßt. Regressionsanalysen sind mannigfaltig anwendbar und haben die Aufgabe, den Zusammenhang zwischen zwei oder mehreren Variablen zu beschreiben. In unserem Beispiel wird z. B. der Zusammenhang zwischen dem Alter und dem Einkommen von befragten Personen untersucht. Die Regressionsanalyse liefert eine Gleichung für den linearen Zusammenhang zwischen den Merkmalsausprägungen Alter und Einkommen der durchgeführten Befragung. Als Maßzahl für die Güte dieses Zusammenhangs dient dabei das Bestimmtheitsmaß $r^2$, bzw. dessen Quadratwurzel, der Korrelationskoeffizent r. Beide Kenngrößen werden in der Tabelle zur Regressionsstatistik angegeben. Die Prozedurvariable *Eingbereich_y* ist der Eingabebereich der y-Werte (abhängige Variable).

- Die Prozedurvariable *Eingbereich_x* ist der Eingabebereich der x-Werte (unabhängige Variable).
- Die Prozedurvariable *Konstante* ist ein Wahrheitswert. Falls *Konstante* WAHR ist, wird angenommen, daß der y-Schnittpunkt bei Null liegt (die Regressionslinie schneidet den Nullpunkt). Falls *Konstante* FALSCH oder nicht angegeben ist, wird angenommen, daß der y-Schnittpunkt nicht bei Null liegt.
- Die Prozedurvariable *Beschriftung* ist ein Wahrheitswert. Falls *Beschriftung* WAHR ist, enthalten die erste Zeile oder Spalte des Eingabebereichs *Beschriftungen.* Falls *Beschriftung* FALSCH oder nicht angegeben ist, werden alle Zellen in Eingbereich_y und Eingbereich_x als Daten angesehen. Excel generiert dann die entsprechenden Datenbeschriftungen für die Ausgabetabelle.
- Die Prozedurvariable *Konfid* ist das Konfidenzniveau, das auf die Regression angewendet wird. Wird *Konfid* nicht angegeben, beträgt das Niveau 95%.

- Die Prozedurvariable *NAusgbereich* ist die erste Zelle (die obere linke Zelle) in der Ausgabetabelle oder der als Text eingegebene Name einer neuen Tabelle, die den Ausgabebereich aufnehmen soll. Hat die Zelle den Wert FALSCH, ist sie leer oder fehlt die Angabe, wird die Ausgabetabelle in einer neuen Arbeitsmappe angelegt. Excel 5.0 verwendet eine einzige Ausgabetabelle für REGRESS, während Excel 4.0 drei verschiedene Ausgabetabellen für die Übersicht, die Residuen und die Wahrscheinlichkeitsdaten verwendet.
- Die Prozedurvariable *Abweichungen* ist ein Wahrheitswert. Falls WAHR, nimmt REGRESS die Residuen in die Ausgabetabelle auf. Falls FALSCH oder nicht angegeben, werden keine Residuen aufgenommen.
- Die Prozedurvariable *NAbweichungen* ist ein Wahrheitswert. Falls WAHR, nimmt REGRESS standardisierte Residuen in die Ausgabetabelle auf. Falls FALSCH oder nicht angegeben, werden die standardisierten Residuen nicht aufgenommen.
- Die Prozedurvariable *SepaDiagramm* ist ein Wahrheitswert. Falls WAHR, generiert REGRESS für jedes X gegen die Residue ein separates Diagramm. Falls FALSCH oder nicht angegeben, werden keine separaten Diagramme generiert.
- Die Prozedurvariable *LinienPlot* ist ein Wahrheitswert. Falls WAHR, generiert REGRESS ein Diagramm, in dem die Regressionslinie an die beobachteten Werte angepaßt ist. Falls FALSCH oder nicht angegeben, wird das Diagramm nicht generiert.
- Die Prozedurvariable *ResAusgb* ist die erste Zelle (die obere linke Zelle) in der Residuenausgabetabelle oder der als Text eingegebene Name einer neuen Tabelle, die die Residuenausgabetabelle aufnehmen soll. Hat die Zelle den Wert FALSCH, ist sie leer oder fehlt die Angabe, wird die Residuenausgabetabelle in einer neuen Arbeitsmappe angelegt. Dieses Argument dient nur der Kompatibilität mit Excel 4.0. Es wird in Excel 5.0 ignoriert.
- Die Prozedurvariable *NormalPlot* ist ein Wahrheitswert. Falls *WAHR*, generiert REGRESS ein Diagramm der normalen Wahrscheinlichkeiten. Falls *FALSCH* oder nicht angegeben ist, wird kein Diagramm generiert.
- Die Prozedurvariable *PAusgb* ist die erste Zelle (die obere linke Zelle) in der Ausgabetabelle für die Wahrscheinlichkeitsdaten oder der als Text eingegebene Name einer neuen Tabelle, die die Wahrscheinlichkeitsausgabetabelle aufnehmen soll. Dieses Argument dient nur der Kompatibilität mit Excel 4.0. Es wird in Excel 5.0 ignoriert.

# Problemregister

## E



## F

## G

# Ihre Meinung ist uns wichtig

Tips & Tricks - das bedeutet leicht, den einen oder anderen Benutzer aus den Augen zu verlieren. Gibt es genug Stoff für „Power-User", fühlt sich der „normale" Anwender nicht ernst genommen. Wird's zu leicht, legt mancher das Buch enttäuscht weg. Deshalb möchten wir wissen, welche Tips Sie bevorzugen, welche Sie weitergebracht und welche Sie gelangweilt haben.

**Die besten Lesertips in der PC-Praxis - Und dafür gibt's auch noch 50,- DM**

Daneben gibt es sicher noch manchen Tip, den Sie aus Ihrer Erfahrung für besonders gut und wichtig halten. Diese Tips möchten wir kennenlernen, sie helfen uns, Ihre Wünsche als Anwender noch genauer zu berücksichtigen. Und damit alle davon profitieren, möchten wir die besten in der PC Praxis veröffentlichen. Wenn Ihrer dabei ist, gibt's dafür 50,- DM.

Folgende Bereiche der Tips & Tricks für Excel 5.0 haben mir besonders gut gefallen: ______________________

______________________

______________________

Diese Themenkreise kamen zu kurz: ______________________

______________________

______________________

**Das Niveau der Tips war:**

| | | |
|---|---|---|
| genau richtig | Anteil in %: | ___ |
| zu hoch | Anteil in %: | ___ |
| zu niedrig | Anteil in %: | ___ |

**Wofür setzen Sie Excel hauptsächlich ein?**

| | | |
|---|---|---|
| Tabellen/Rechnungen | Anteil in %: | ___ |
| Formulare | Anteil in %: | ___ |
| Listenbearbeitung | Anteil in %: | ___ |
| Buchhaltung | Anteil in %: | ___ |
| Präsentation/Diagramme | Anteil in %: | ___ |

Möchten Sie in Zukunft die abgedruckten Makros lieber auf Diskette? ☐ ja ☐ nein

Wieviel würden Sie für ein T & T-Buch mit Diskette ausgeben: _____ DM

Name, Vorname: ______________________

Str. + Nr.: ______________________

PLZ + Ort: ______________________

Tel.: ______________________

**Meinen besten PowerTip füge ich bei. ☐ ja ☐ nein**

Ich versichere, daß die mitgeschickten Tips/Makros ausschließlich von mir stammen und frei von Rechten Dritter sind. Zur Veröffentlichung ist es notwendig, daß DATA BECKER das ausschließliche Nutzungsrecht an den beigefügten Tips/Makros, d.h. das Recht zur weiteren Veröffentlichung, Vervielfältigung und Nutzung im In- und Ausland sowie zum Nachdruck in beliebigen Printmedien, erhält. Ich bestätige diese Übertragung durch meine Unterschrift.

______________________________________

Datum, Unterschrift

Die Speicherung der Daten erfolgt nach den Maßgaben des Datenschutzgesetzes, eine Weitergabe an Dritte erfolgt nicht.

Schicken oder faxen Sie diese Seite an:

DATA BECKER GmbH & Co. KG
Lektorat Tips & Tricks
Merowingerstr. 30
40223 Düsseldorf
0211/3190498

# *Wenn Sie an dieser Seite angelangt sind...*

dann haben Sie sicher schon auf den vorangegangenen Seiten gestöbert oder sogar das ganze Buch gelesen. Und Sie können nun sagen, wie Ihnen dieses Buch gefallen hat. Ihre Meinung interessiert uns!

Uns interessiert, ob Sie jede Menge „Aha-Erlebnisse" hatten, ob es vielleicht etwas gab, bei dem das Buch nicht weiterhelfen konnte, oder ob Sie einfach rundherum zufrieden waren (was wir natürlich hoffen). Wie auch immer – schreiben Sie uns! Wir freuen uns über Ihre Post, über Ihr Lob genauso wie über Ihre Kritik! Ihre Anregungen helfen uns, die nächsten Titel noch praxisnäher zu gestalten.

Apropos: die nächsten Titel. Wollen Sie am Ball bleiben? Wir informieren Sie gerne, was es Neues an Software und Büchern von **DATA BECKER** gibt.

Hier abtrennen

Bitte einschicken an:
***DATA BECKER*** GmbH & Co.KG,
Merowingerstraße 30,
40223 Düsseldorf

Sie können uns natürlich auch faxen:
**(02 11) 3 19 04 98**

DATA BECKER GmbH & Co.KG, Merowingerstraße 30, 40223 Düsseldorf

❑ Ja, schicken Sie mir Informationen zu Ihren Neuerscheinungen.

❑ Ja, ich möchte DATA BECKER Autor werden. Bitte schicken Sie mir Ihre Infos für Autoren.

Name, Vorname ..........................................................

Straße ..........................................................

PLZ, Ort ..........................................................

**441 131**